学ぶ人は、
変えて
ゆく人だ。

目の前にある問題はもちろん、

人生の問いや、

社会の課題を自ら見つけ、

挑み続けるために、人は学ぶ。

「学び」で、

少しずつ世界は変えてゆける。

いつでも、どこでも、誰でも、

学ぶことができる世の中へ。

旺文社

数学 II・B +ベクトル

基礎問題精講

六訂版

上園信武・齋藤正樹　共著

Basic Exercises in Mathematics II・B + Vectors

旺文社

本書の特長と利用法

本書は，入試に出題される基本的な問題を収録し，教科書から入試問題を解くための橋渡しを行う演習書です。特に，共通テスト，私立大に出題が多い小問集合が確実にクリアできる力をつけられるように以下の事柄に配慮しました。

●教科書では扱わないが，入試で頻出のものにもテーマをあてました。

●数学Ⅱ・B・ベクトルを183のテーマに分け，

基礎問→精講→解答→ポイント→演習問題

で１つのテーマを完結しました。

◆**基礎問とは**，入試に頻出の基本的な問題（これらを解けなければ合格できない）

◆**精講は**基礎問を解くに当たっての留意点と問題テーマの解説

◆**解答は**ていねいかつ，わかりやすいようにしました

◆**ポイントでは**問題テーマで押さえておかなければならないところを再度喚起し，テーマの確認

◆**演習問題では**基礎問の類題を掲載し，ポイントを確認しながら問題テーマをチェック

●１つのテーマは１ページもしくは２ページの見開きとし，見やすくかつ，効率よく学習できるように工夫しました。

●学習の利便性を図るために，数学Cの「ベクトル」を掲載しました。

著者から受験生のみなさんへ

受験勉強に王道はありません。「できないところを，1つ1つできるようにしていく」この積み重ねのくりかえしです。しかし，効率というものが存在するのも事実です。本書は，そこを考えて作ってありますので，かなりの効果が期待できるはずです。本書を利用した諸君が見事栄冠を勝ちとられることを祈念しています。

●上園信武（うえぞの　のぶたけ）

1980年九州大学理学部数学科卒業。鹿児島の県立高校教諭を経て，現在代々木ゼミナール福岡校の講師。また，『全国大学入試問題正解・数学』（旺文社）の解答者。

●齋藤正樹（さいとう　まさき）

早稲田大学基幹理工学研究科数学応用数理専攻修士課程修了。現在，早稲田中学校・高等学校 数学科主任。『全国大学入試問題正解・数学』（旺文社）の解答者。『毎年出る！センバツ40題 文系数学 標準レベル』『毎年出る！センバツ35題 文系数学 上位レベル』（旺文社）の執筆者。

CONTENTS

第1章 式と証明

第2章 複素数と方程式

第3章 図形と式

第4章 三角関数

第5章 指数関数と対数関数

第6章 微分法と積分法

第7章 数　列

第8章 ベクトル

第9章 統計的な推測

第１章 式と証明

1　3次式の展開

次の式を展開せよ．

(1)　$(x+2)^3$　　(2)　$(3x-y)^3$

(3)　$(x-2)(x^2+2x+4)$　　(4)　$(2x+y)(4x^2-2xy+y^2)$

基礎問Ⅰ・Aで少し扱った公式ですが，Ⅱ・Bの冒頭にあたって，再確認しておきます．

解　答

(1)　$(x+2)^3=x^3+3\cdot x^2\cdot 2+3\cdot x\cdot 2^2+2^3$

$=\boldsymbol{x^3+6x^2+12x+8}$

(2)　$(3x-y)^3=(3x)^3-3\cdot(3x)^2\cdot y+3\cdot 3x\cdot y^2-y^3$

$=\boldsymbol{27x^3-27x^2y+9xy^2-y^3}$

(3)　$(x-2)(x^2+2x+4)=x^3-2^3=\boldsymbol{x^3-8}$

(4)　$(2x+y)\{(2x)^2-2x\cdot y+y^2\}$

$=(2x)^3+y^3=\boldsymbol{8x^3+y^3}$

ポイント

・$(a+b)^3=a^3+3a^2b+3ab^2+b^3$

・$(a-b)^3=a^3-3a^2b+3ab^2-b^3$

・$(a+b)(a^2-ab+b^2)=a^3+b^3$

・$(a-b)(a^2+ab+b^2)=a^3-b^3$

演習問題 1

次の式を展開せよ．

(1)　$(2x-3y)^3$　　(2)　$(x-3y)(x^2+3xy+9y^2)$

2　3次式の因数分解

次の式を因数分解せよ.

(1)　x^3-8　　(2)　a^3+27b^3　　(3)　x^6-1

1 で学んだ3次式の展開公式を**逆からみる**と**ポイント**にあるような因数分解の公式が得られます.

(3)は6次式です. $x^6=(x^3)^2$ あるいは, $x^6=(x^2)^3$ と考えることでこれらの公式が使える形になりますが, 一方は正解しにくくなります.

解　答

(1)　$x^3-8=x^3-2^3=\boldsymbol{(x-2)(x^2+2x+4)}$

(2)　$a^3+27b^3=a^3+(3b)^3$

$=\boldsymbol{(a+3b)(a^2-3ab+9b^2)}$

(3)　$x^6-1=(x^3)^2-1=(x^3-1)(x^3+1)$

$=(x-1)(x^2+x+1)(x+1)(x^2-x+1)$

$=\boldsymbol{(x-1)(x+1)(x^2+x+1)(x^2-x+1)}$

注　(3)　$x^6-1=(x^2)^3-1$ と考えると…

$x^6-1=(x^2-1)(x^4+x^2+1)$

$=(x+1)(x-1)(x^4+x^2+1)$

で因数分解を終わらせてしまう可能性があります.

Ⅰ・A **4** によると, x^4+x^2+1 は次のように因数分解できます.

$x^4+x^2+1=(x^2+1)^2-x^2=(x^2+x+1)(x^2-x+1)$

ポイント
- $a^3+b^3=(a+b)(a^2-ab+b^2)$
- $a^3-b^3=(a-b)(a^2+ab+b^2)$

次の式を因数分解せよ.

$a^6-9a^3b^3+8b^6$

3 パスカルの三角形

(1)　パスカルの三角形を用いて，$(a+b)^5$ を展開したときの次の各項の係数を求めよ．

(ア)　a^4b　　(イ)　a^3b^2

(2)　パスカルの三角形を用いて，$(a+2b)^4$ を展開したときの次の各項の係数を求めよ．

(ア)　a^2b^2　　(イ)　ab^3

(3)　パスカルの三角形を用いて，$(a-b)^5$ を展開したときの次の各項の係数を求めよ．

(ア)　a^2b^3　　(イ)　ab^4

$(a+b)^1$，$(a+b)^2$，$(a+b)^3$ を展開して，a について降べきの順に並べたときの係数は，それぞれ，

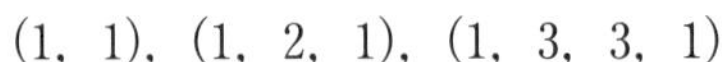
(1，1)，(1，2，1)，(1，3，3，1)

で，これらを右図のように並べると，次のような規則があることがわかります．

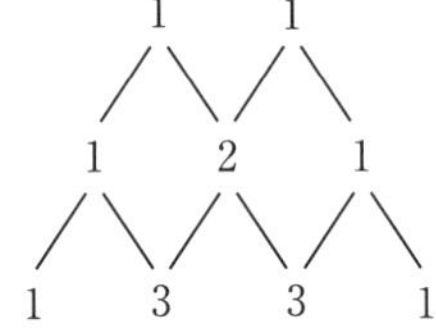

① **数字は左右対称に並んでいる**

② **各段の両端はすべて 1**

③ **両端以外の数は，その左上と右上の数の和**

このような数字の配列を**パスカルの三角形**といい，$(a+b)^n$ を展開するとき，n が 1 から 6 くらいであれば，展開しなくても係数を知ることができます．ただし，n の値が大きくなったり，文字式であったりすると，パスカルの三角形では厳しくなってきます．(⇨4)

解　答

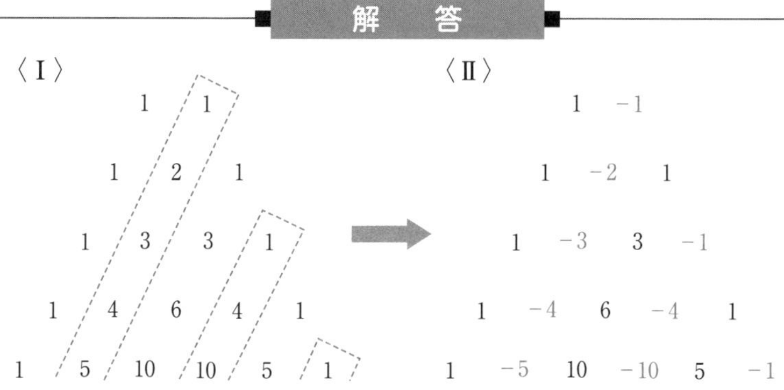

(1)　パスカルの三角形より，a^4b，a^3b^2 の係数は，それぞれ，**5，10**

(2)　$\{a+(2b)\}^4$ と考えると，パスカルの三角形より，

a^2b^2 の係数は $6\cdot2^2=\mathbf{24}$，ab^3 の係数は $4\cdot2^3=\mathbf{32}$

(3)　$\{a+(-b)\}^5$ と考えると，パスカルの三角形より，

a^2b^3 の係数は $10\cdot(-1)^3=\mathbf{-10}$，$ab^4$ の係数は $5\cdot(-1)^4=\mathbf{5}$

パスカルの三角形〈Ⅰ〉において，［　］部分に「－」をつけておくと〈Ⅱ〉$(a-b)^n$ を展開したときの係数を求めるための，新しいパスカルの三角形（このいい方はいけないが…）を作ることができます．

ポイント　$(a+b)^n$ を展開したときの係数を求めるとき，n が小さい自然数であれば，パスカルの三角形を利用する

注

$$
\begin{aligned}
(a+b)^4&=(a^2+2ab+b^2)(a^2+2ab+b^2)\\
&=a^4+2a^3b+a^2b^2+2a^3b+4a^2b^2+2ab^3+a^2b^2+2ab^3+b^4\\
&=a^4+4a^3b+6a^2b^2+4ab^3+b^4
\end{aligned}
$$

と計算しても答は求まりますが，明らかに時間のロス．

入試では，時間をムダ使いしないことも大切ですから，状況に合わせて道具を選べるようにしましょう．

演習問題 3

$(2a-b)^5$ を展開したときの a^3b^2，ab^4 の係数をそれぞれ求めよ．

4 2項定理・多項定理

(1) 次の式の展開式における〔 〕内の項の係数を求めよ．

(i) $(x-2)^7$ 〔x^3〕　　(ii) $(2x+3y)^5$ 〔x^3y^2〕

(2) 等式 ${}_n\mathrm{C}_0+{}_n\mathrm{C}_1+{}_n\mathrm{C}_2+\cdots+{}_n\mathrm{C}_n=2^n$ を証明せよ．

(3) $(x+y+2z)^6$ を展開したときの x^3y^2z の係数を求めよ．

2項定理は様々な場面で登場してきます．ここでは

Ⅰ．2項定理の使い方の代表例である係数決定

Ⅱ．2項定理から導かれる重要な関係式

以上2つについて学びます．

2項定理とは，等式

$$(\boldsymbol{a}+\boldsymbol{b})^n={}_n\mathbf{C}_0\boldsymbol{a}^n+{}_n\mathbf{C}_1\boldsymbol{a}^{n-1}\boldsymbol{b}+\cdots+{}_n\mathbf{C}_k\boldsymbol{a}^{n-k}\boldsymbol{b}^k+\cdots+{}_n\mathbf{C}_n\boldsymbol{b}^n$$

のことで，

$${}_n\mathbf{C}_k\boldsymbol{a}^{n-k}\boldsymbol{b}^k \quad (k=0,\ 1,\ \cdots,\ n)$$

を $(a+b)^n$ を展開したときの**一般項**といいます．

解答

(1) (i) $(x-2)^7$ を展開したときの一般項は

$${}_7\mathrm{C}_r(x)^r(-2)^{7-r}={}_7\mathrm{C}_r(-2)^{7-r}\cdot x^r$$

◀ ${}_7\mathrm{C}_r x^{7-r}(-2)^r$ でもよい

$r=3$ のときが求める係数だから

$${}_7\mathrm{C}_3(-2)^4=\frac{7\times6\times5}{3\times2}\cdot2^4=\mathbf{560}$$

(ii) $(2x+3y)^5$ を展開したときの一般項は

$${}_5\mathrm{C}_r(2x)^r(3y)^{5-r}={}_5\mathrm{C}_r\cdot2^r3^{5-r}\cdot x^ry^{5-r}$$

◀ ${}_5\mathrm{C}_r(2x)^{5-r}(3y)^r$ でもよい

$r=3$ のときが求める係数だから

$${}_5\mathrm{C}_3\cdot2^3\cdot3^2=\frac{5\times4\times3}{3\times2}\cdot2^3\cdot3^2=\mathbf{720}$$

(2) $(a+b)^n={}_n\mathrm{C}_0a^n+{}_n\mathrm{C}_1a^{n-1}b+\cdots+{}_n\mathrm{C}_{n-1}ab^{n-1}+{}_n\mathrm{C}_nb^n$ の両辺に $a=b=1$ を代入すると

$(1+1)^n={}_n\mathrm{C}_0+{}_n\mathrm{C}_1+\cdots+{}_n\mathrm{C}_n$　　$\therefore\ {}_n\mathrm{C}_0+{}_n\mathrm{C}_1+\cdots+{}_n\mathrm{C}_n=2^n$

(3) $(x+y+2z)^6$ を展開したときの一般項は ${}_6\mathrm{C}_k(x+y)^k(2z)^{6-k}$

次に $(x+y)^k$ を展開したときの一般項は ${}_k\mathrm{C}_i x^i y^{k-i}$

したがって $(x+y+2z)^6$ を展開したときの一般項は

$${}_6\mathrm{C}_k \cdot {}_k\mathrm{C}_i x^i y^{k-i}(2z)^{6-k}$$
$$=2^{6-k}\cdot {}_6\mathrm{C}_k \cdot {}_k\mathrm{C}_i\, x^i y^{k-i} z^{6-k}$$

◀定数の部分と文字式の部分に分ける

よって，x^3y^2z の係数は $k=5$，$i=3$ のときで

$$2^1\cdot {}_6\mathrm{C}_5\cdot {}_5\mathrm{C}_3=2\cdot {}_6\mathrm{C}_1\cdot {}_5\mathrm{C}_2$$
$$=2\cdot 6\cdot 10=\mathbf{120}$$

ポイント

$$(a+b)^n$$
$$={}_n\mathrm{C}_0a^n+{}_n\mathrm{C}_1a^{n-1}b+\cdots+{}_n\mathrm{C}_ka^{n-k}b^k+\cdots+{}_n\mathrm{C}_nb^n$$

(3)は次の定理を使ってもできます．

多項定理

$(a+b+c)^n$ を展開したときの $a^pb^qc^r$ の係数は

$$\frac{n!}{p!q!r!} \qquad (p,\ q,\ r \text{ は 0 以上の整数で，} p+q+r=n)$$

(別解)

$(x+y+2z)^6$ を展開したときの一般項は

$$\frac{6!}{p!q!r!}x^py^q(2z)^r=\frac{2^r6!}{p!q!r!}x^py^qz^r \qquad (p+q+r=6)$$

$p=3$，$q=2$，$r=1$ のときだから求める係数は

$$\frac{2\cdot 6!}{3!2!1!}=120$$

注 1．多項定理を使うと，問題によっては，不定方程式 $p+q+r=n$ を解く技術が必要になります．

注 2．(1)(ii)のように x，y に係数がついていると，パスカルの三角形は使いにくくなります．

演習問題 4

(1)　$(3x-2y)^6$ における x^3y^3 の係数を求めよ．

(2)　${}_n\mathrm{C}_0-{}_n\mathrm{C}_1+{}_n\mathrm{C}_2-{}_n\mathrm{C}_3+\cdots+(-1)^n{}_n\mathrm{C}_n=0$

を証明せよ．

5　整式のわり算

(1)　次の整式 A, B について, A を B でわったときの商と余りを求めよ.

(i)　$A=x^3-4x^2+6x-7$　　$B=x-1$

(ii)　$A=x^3-3x+4$　　$B=x^2-2x+3$

(2)　(i)　$2x^3+2x^2-23x+a$ が $x-3$ でわりきれるような a の値を求めよ.

(ii)　$x^3-ax^2+(2a-3)x+a^2+a-1$ が x^2-2x+1 でわりきれるような a の値を求めよ.

(1)　整式のわり算は数字のわり算と同じ要領 (筆算) で行いますが, 次の 3 点に注意しなければなりません.

I. わられる式もわる式も「降べきの順」に整理する

II. わられる式に欠けている次数の項があればその部分をあけておく

(⇨(1)(ii))

III. わられる式の次数<わる式の次数　となるまでわり算を続ける

(2)「わりきれる」とは「**余りが 0**」ということです.

解　答

(1)　(i)

$$
\begin{array}{r|l}
 & x^2-3x+3 \\
\hline
x-1 & x^3-4x^2+6x-7 \\
 & x^3-x^2 \\
\hline
 & -3x^2+6x \\
 & -3x^2+3x \\
\hline
 & 3x-7 \\
 & 3x-3 \\
\hline
 & -4
\end{array}
$$

商：x^2-3x+3

余り：-4

(ii)

$$
\begin{array}{r|l}
 & x+2 \\
\hline
x^2-2x+3 & x^3\qquad\quad -3x+4 \\
 & x^3-2x^2+3x \\
\hline
 & 2x^2-6x+4 \\
 & 2x^2-4x+6 \\
\hline
 & -2x-2
\end{array}
$$

商：$x+2$

余り：$-2x-2$

(2) (i)

$$
\begin{array}{r|l}
 & 2x^2+8x\ +1 \\ \hline
x-3) & 2x^3+2x^2-23x+a \\
 & 2x^3-6x^2 \\ \hline
 & 8x^2-23x \\
 & 8x^2-24x \\ \hline
 & x+a \\
 & x-3 \\ \hline
 & a+3
\end{array}
$$

わりきれるときは余りが0

よって，$a=\mathbf{-3}$

(ii)

$$
\begin{array}{r|l}
 & x\ +2-a \\ \hline
x^2-2x+1) & x^3-ax^2+(2a-3)x+a^2+a-1 \\
 & x^3-2x^2+x \\ \hline
 & (2-a)x^2+(2a-4)x+a^2+a-1 \\
 & (2-a)x^2-2(2-a)x+2-a \\ \hline
 & a^2+2a-3
\end{array}
$$

わりきれるときは余りが0

よって，$a^2+2a-3=0$

$(a+3)(a-1)=0$ だから

$a=\mathbf{-3,\ 1}$

Ⅰ．「AをBでわると商がQで余りがR」というとき，

「$A \div B = Q$ 余り R」

と書くことはすでに知っていますが，(1)の結果を考えると，「$\boldsymbol{A=BQ+R}$」と書けることがわかります．**今後はこの形の方を使いますから**覚えておきましょう．

Ⅱ．(1)の(i)において，$f(x)=x^3-4x^2+6x-7$ とおき，$f(1)$ を計算すると，$f(1)=-4$ となり，余りと一致します．これは「**剰余の定理**」と呼ばれる定理で，それは，

「**整式 $\boldsymbol{f(x)}$ を $\boldsymbol{x-\alpha}$ でわった余りは $\boldsymbol{f(\alpha)}$**」

と書けます．(⇨**24**)

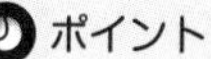

整式Aを整式Bでわった商をQ，余りをRとすると

・$A=BQ+R$ と表される

・Bの次数＋Qの次数＝Aの次数

・Bの次数＞Rの次数

演習問題 5

$4x^3+ax+b$ は $x+1$ でわりきれ，$2x-1$ でわると 6 余る．a，b の値を求めよ．

6 分数式の計算

次の各式を簡単にせよ.

(1) $\dfrac{1}{(x-1)x}+\dfrac{1}{x(x+1)}+\dfrac{1}{(x+1)(x+2)}$

(2) $\dfrac{x+1}{x}+\dfrac{x+2}{x+1}-\dfrac{x+3}{x+2}-\dfrac{x+4}{x+3}$

(3) $\dfrac{1}{1-x}+\dfrac{1}{1+x}+\dfrac{2}{1+x^2}+\dfrac{4}{1+x^4}$

分数式の和，差は通分する前に，いくつかのことを考えておかないと，ぼう大な計算量になってしまいます.

特殊な技術 (⇨(1)「**部分分数に分ける**」) を用いる場合はともかく，最低，次の2つは確認しておきましょう.

I.「分子の次数」<「分母の次数」の形になっているか？

II. 部分的に通分をしたらどうなるか？

(2つの項の組み合わせを考える)

解　答

(1) $\dfrac{1}{(x-1)x}=\dfrac{1}{x-1}-\dfrac{1}{x}$, $\dfrac{1}{x(x+1)}=\dfrac{1}{x}-\dfrac{1}{x+1}$,

$\dfrac{1}{(x+1)(x+2)}=\dfrac{1}{x+1}-\dfrac{1}{x+2}$ だから (⇨注)

$$(与式)=\left(\frac{1}{x-1}-\frac{1}{x}\right)+\left(\frac{1}{x}-\frac{1}{x+1}\right)+\left(\frac{1}{x+1}-\frac{1}{x+2}\right)$$

$$=\frac{1}{x-1}-\frac{1}{x+2}=\frac{(x+2)-(x-1)}{(x-1)(x+2)}=\boldsymbol{\frac{3}{(x-1)(x+2)}}$$

注 この作業は「**部分分数に分ける**」と呼ばれるもので，このあとの「**数列**」の分野でも必要になる計算技術です.

(2) $(与式)=\left(1+\dfrac{1}{x}\right)+\left(1+\dfrac{1}{x+1}\right)-\left(1+\dfrac{1}{x+2}\right)-\left(1+\dfrac{1}{x+3}\right)$ ◀分子の次数を下げる

$=\dfrac{1}{x}+\dfrac{1}{x+1}-\dfrac{1}{x+2}-\dfrac{1}{x+3}$

$$=\frac{1}{x}-\frac{1}{x+2}+\frac{1}{x+1}-\frac{1}{x+3}$$

◀符号の異なるものどうしを組み合わせることが基本

$$=\frac{(x+2)-x}{x(x+2)}+\frac{(x+3)-(x+1)}{(x+1)(x+3)}$$

$$=2\left\{\frac{1}{x(x+2)}+\frac{1}{(x+1)(x+3)}\right\}$$

$$=\boldsymbol{\frac{2(2x^2+6x+3)}{x(x+1)(x+2)(x+3)}}$$

注 組み合わせを変えると，分子が複雑になります．たとえば，

$$\frac{1}{x}-\frac{1}{x+3}=\frac{3}{x(x+3)},\quad \frac{1}{x+1}-\frac{1}{x+2}=\frac{1}{(x+1)(x+2)}$$

(3) $\dfrac{1}{1-x}+\dfrac{1}{1+x}+\dfrac{2}{1+x^2}+\dfrac{4}{1+x^4}$

$$=\frac{(1+x)+(1-x)}{1-x^2}+\frac{2}{1+x^2}+\frac{4}{1+x^4}=\frac{2}{1-x^2}+\frac{2}{1+x^2}+\frac{4}{1+x^4}$$

$$=\frac{2\{(1+x^2)+(1-x^2)\}}{(1-x^2)(1+x^2)}+\frac{4}{1+x^4}=\frac{4}{1-x^4}+\frac{4}{1+x^4}$$

$$=\frac{4\{(1+x^4)+(1-x^4)\}}{(1-x^4)(1+x^4)}=\boldsymbol{\frac{8}{1-x^8}}$$

◀$(x^4)^2$ は x^8 で x^{16} ではない！

スポーツの大会で，強いチームはシードされて2回戦から登場することがあります．このイメージで下図の組合せを捉えるとよいでしょう．

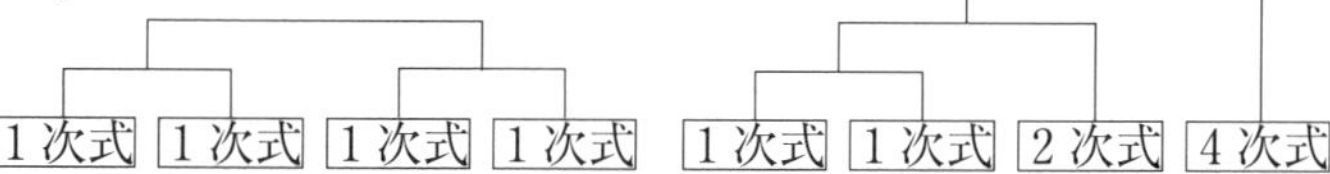

ポイント 分数式の和，差は通分する前に項の組み合わせを考える

演習問題 6

次の各式を簡単にせよ．

(1) $\dfrac{3x-14}{x-5}-\dfrac{5x-11}{x-2}+\dfrac{x-4}{x-3}+\dfrac{x-5}{x-4}$

(2) $\dfrac{bc}{(a-b)(a-c)}+\dfrac{ca}{(b-c)(b-a)}+\dfrac{ab}{(c-a)(c-b)}$

7 繁分数式の計算

次の繁分数式を簡単にせよ．

(1) $\dfrac{1+\dfrac{1}{x}}{x-\dfrac{1}{x}}$　　(2) $\dfrac{1}{1-\dfrac{1}{1-\dfrac{1}{x}}}$　　(3) $1-\dfrac{\dfrac{1}{a}-\dfrac{2}{a+1}}{\dfrac{1}{a}-\dfrac{2}{a-1}}$

分母，分子に分数式を含んでいる式を **繁分数式**（はんぶんすうしき） といいます．繁分数式を計算する方法は一般に 2 つあります．

Ⅰ．分母，分子に同じ整式をかけて，横棒の数を減らす

Ⅱ．部分的に計算をして，あとで合体させる

通分を考えるのは，一番最後になります．

解答

(1) (Ⅰ型) 与式の分母，分子に x をかけて，

$$(与式)=\frac{x+1}{x^2-1}=\frac{x+1}{(x+1)(x-1)}=\boldsymbol{\frac{1}{x-1}}$$

◀横棒が 3 本から 1 本に減る

(別解) (Ⅱ型)

$$(分子)=\frac{x+1}{x},\ (分母)=\frac{x^2-1}{x}$$

$$\therefore\ (与式)=\frac{x+1}{x}\div\frac{x^2-1}{x}=\frac{x+1}{x}\times\frac{x}{x^2-1}=\frac{1}{x-1}$$

◀ $x^2-1=(x+1)(x-1)$

(2) (Ⅰ＋Ⅱ型)

$\dfrac{1}{1-\dfrac{1}{x}}=\dfrac{x}{x-1}$ だから，$(与式)=\dfrac{1}{1-\dfrac{x}{x-1}}$

分母，分子に $x-1$ をかけると，

$$(与式)=\frac{x-1}{(x-1)-x}=\boldsymbol{1-x}$$

◀横棒が 2 本から 1 本に減る

(別解)

$A=\dfrac{1}{1-\dfrac{1}{1-\dfrac{1}{x}}}$ とおき，両辺の逆数をとると，$\dfrac{1}{A}=1-\dfrac{1}{1-\dfrac{1}{x}}$

$$\therefore\ 1-\frac{1}{A}=\frac{1}{1-\frac{1}{x}}\qquad \therefore\ \frac{A-1}{A}=\frac{1}{1-\frac{1}{x}}$$

両辺の逆数をとると,

$$\frac{A}{A-1}=1-\frac{1}{x}\qquad \therefore\ 1-\frac{A}{A-1}=\frac{1}{x}\qquad \therefore\ \frac{-1}{A-1}=\frac{1}{x}$$

両辺の逆数をとると,　$-(A-1)=x$

$A-1=-x$　よって, $A=1-x$

注 こういう形の繁分数は特に **連分数**(れんぶんすう) といわれます.「両辺の逆数をとる」という作業が連続的に登場するのが特徴です. **演習問題 7**で, この作業の練習をしましょう.

(3) (**I型**) 分母, 分子に $a(a-1)(a+1)$ をかけると,

$$(\text{与式})=1-\frac{(a-1)(a+1)-2a(a-1)}{(a-1)(a+1)-2a(a+1)}=1-\frac{-a^2+2a-1}{-a^2-2a-1}$$

◀1を最後まで残す

$$=1-\frac{a^2-2a+1}{a^2+2a+1}=1-\left(1-\frac{4a}{a^2+2a+1}\right)=\boldsymbol{\frac{4a}{(a+1)^2}}$$

(別解) (**II型**)

$$\frac{1}{a}-\frac{2}{a+1}=\frac{-a+1}{a(a+1)}=-\frac{a-1}{a(a+1)},\quad \frac{1}{a}-\frac{2}{a-1}=-\frac{a+1}{a(a-1)}$$

$$\therefore\ (\text{与式})=1-\frac{a-1}{a(a+1)}\times\frac{a(a-1)}{a+1}=1-\frac{(a-1)^2}{(a+1)^2}$$

$$=\frac{(a+1)^2-(a-1)^2}{(a+1)^2}=\frac{4a}{(a+1)^2}$$

ポイント　繁分数式は, 分母, 分子を分ける横棒の数を減らせるだけ減らしてから通分する

演習問題 7

$$2+\frac{1}{k+\frac{1}{m+\frac{1}{5}}}=\frac{803}{371}$$ をみたす自然数 k, m を求めよ.

8 式の値

$a+b+c=0$ のとき，次の各式の値を求めよ．

(1) $\dfrac{c}{a+b}+\dfrac{a}{b+c}+\dfrac{b}{c+a}$

(2) $(a+b)(b+c)(c+a)+abc$

(3) $a\left(\dfrac{1}{b}+\dfrac{1}{c}\right)+b\left(\dfrac{1}{c}+\dfrac{1}{a}\right)+c\left(\dfrac{1}{a}+\dfrac{1}{b}\right)$

上のような状況（3 変数で式 1 つ）では，a，b，c の値を求めることはできないのが普通です．だから，条件式をどのような形で利用するかがポイントです．一般には，使い方は次の 2 つがあります．

Ⅰ．与えられた式をそのまま利用

（└→ $a+b+c$ を作り，0 でおきかえる）

Ⅱ．与えられた条件式を変形して利用

（└→ $c=-a-b$ とか $a+b=-c$ など）

解　答

(1) 条件より $a+b=-c$，$b+c=-a$，$c+a=-b$ だから

$$(\text{与式})=\frac{c}{-c}+\frac{a}{-a}+\frac{b}{-b}=(-1)+(-1)+(-1)=\mathbf{-3}$$

注 問題文に分数式が与えられているときは，分母≠0 は仮定されています．だから，$a+b\neq 0$，$b+c\neq 0$，$c+a\neq 0$ です．

すなわち，$c\neq 0$，$a\neq 0$，$b\neq 0$ です．

(別解) 与式に 3 を加えると

$$\left(1+\frac{c}{a+b}\right)+\left(1+\frac{a}{b+c}\right)+\left(1+\frac{b}{c+a}\right)$$

$$=\frac{a+b+c}{a+b}+\frac{a+b+c}{b+c}+\frac{a+b+c}{c+a}=0$$

よって，与えられた式の値は -3

(2) $(a+b)(b+c)(c+a)+abc=(-c)(-a)(-b)+abc=\mathbf{0}$

(別解)（a に着目して展開すると……）

$$(\text{与式})=(b+c)\{a^2+(b+c)a+bc\}+bca$$
$$=(b+c)a^2+\{(b+c)^2+bc\}a+bc(b+c)$$ ◀ $\boldsymbol{a}$ について整理
$$=\{a+(b+c)\}\{(b+c)a+bc\}$$ ◀たすきがけ
$$=(a+b+c)(ab+bc+ca)=0$$

(3) $$(\text{与式})=\left(\frac{b}{a}+\frac{c}{a}\right)+\left(\frac{a}{b}+\frac{c}{b}\right)+\left(\frac{a}{c}+\frac{b}{c}\right)$$ ◀同じ分母どうしまとめる
$$=\frac{b+c}{a}+\frac{c+a}{b}+\frac{a+b}{c}$$
$$=\frac{-a}{a}+\frac{-b}{b}+\frac{-c}{c}=(-1)+(-1)+(-1)=\boldsymbol{-3}$$

(別解)（通分すると……）

$$(\text{与式})=\frac{1}{abc}\{a^2(b+c)+b^2(c+a)+c^2(a+b)\}$$
$$=-\frac{a^3+b^3+c^3}{abc}\quad(\because\ \ b+c=-a,\ c+a=-b,\ a+b=-c)$$

ここで，$a^3+b^3+c^3-3abc=(a+b+c)(a^2+b^2+c^2-ab-bc-ca)$
$$=0\quad(\because\ \ a+b+c=0)$$

よって，$a^3+b^3+c^3=3abc$　　$\therefore$　$(\text{与式})=-\dfrac{3abc}{abc}=-3$

ポイント　むやみに計算するのではなく，条件式の使い方を
Ⅰ．与えられた形のまま使う　　Ⅱ．変形して使う
のどちらかに決めて，式変形を始める

演習問題 8

(1) $x+\dfrac{1}{y}=y+\dfrac{1}{z}=1$ のとき，xyz の値を求めよ．

(2) $abc=1$ のとき

$$\frac{1}{ab+a+1}+\frac{1}{bc+b+1}+\frac{1}{ca+c+1}$$ の値を求めよ．

9 比例式（Ⅰ）

$\dfrac{2x+y}{3}=\dfrac{2y+z}{4}=\dfrac{2z+x}{5}$ のとき，$x:y:z$ を求めよ．

ただし，$xyz\neq0$ とする．

たくさんの“＝”でつながっている式を **比例式** といいますが，比例式では，「$=\boldsymbol{k}$」とおいて式を分割し，連立方程式の形にします．

解答

$\dfrac{2x+y}{3}=\dfrac{2y+z}{4}=\dfrac{2z+x}{5}=k$ とおくと，

$$\begin{cases} 2x+y=3k & \cdots\cdots① \\ 2y+z=4k & \cdots\cdots② \\ 2z+x=5k & \cdots\cdots③ \end{cases}$$

◀「＝」が2つ以上入っていると解きようがないので，「＝」を1つにするために「$=k$」とおく．なお，$\dfrac{2x+y}{3}=\dfrac{2y+z}{4}$ かつ $\dfrac{2y+z}{4}=\dfrac{2z+x}{5}$ と式を分解してもよい

①＋②＋③ より，$3(x+y+z)=12k$

$\therefore\quad x+y+z=4k\quad\cdots\cdots④$

②，④ より，$x=y$ だから，①に代入して，$x=y=k$

このとき，②より，$z=2k$

$xyz\neq0$ より，$k\neq0$ だから，$x:y:z=\mathbf{1:1:2}$

注 ①＋②＋③ を作る理由は x，y，z の係数に **対称性がある** からですが，この設問に関しては，たとえば，①×2－② として y を消去するという手法でもかまいません．

ポイント　比例式は「$=k$」とおいて連立方程式へ

演習問題 9

$\dfrac{x+y}{3}=\dfrac{2y+z}{7}=\dfrac{z+3x}{6}$（ただし，$xyz\neq0$）のとき，

(1)　$x:y:z$ を求めよ．

(2)　$\dfrac{x^2+y^2-z^2}{x^2+y^2+z^2}$ の値を求めよ．

10 比例式（Ⅱ）

$\dfrac{b+c}{a}=\dfrac{c+a}{b}=\dfrac{a+b}{c}=k$ とするとき，次の各条件の下で k の値をそれぞれ求めよ．

(1) $a+b+c\neq 0$ の場合　　(2) $a+b+c=0$ の場合

基本的には比例式ですから 9 の方針で連立方程式にしますが，設問を見ると，「$a+b+c$ が現れる」ように，できあがった連立方程式を扱うことになりそうです．

解答

与えられた式は $\begin{cases} b+c=ak & \cdots\cdots① \\ c+a=bk & \cdots\cdots② \\ a+b=ck & \cdots\cdots③ \end{cases}$ と書ける．

①＋②＋③ より，$2(a+b+c)=(a+b+c)k$

$\therefore\ (k-2)(a+b+c)=0$

◀ **$a+b+c$** がでてくるように ①＋②＋③ を作る

(1) $a+b+c\neq 0$ のとき，$k-2=0$　　$\therefore\ k=\mathbf{2}$

(2) $a+b+c=0$ のとき，$b+c=-a$

$a\neq 0$ だから，$k=\dfrac{b+c}{a}=\dfrac{-a}{a}=-1$　　$\therefore\ k=\mathbf{-1}$

注　8 によれば，$a\neq 0$，$b\neq 0$，$c\neq 0$ がすでに仮定されているので，$a+b+c=0$ はありえない，と思う人もいるかもしれませんが，$a=2$，$b=c=-1$ のような場合があります．

ポイント　文字式でわってよいのは，「わる式$\neq 0$」がわかっているときだけ

演習問題 10

$\dfrac{2a+b}{3c}=\dfrac{2b+c}{3a}=\dfrac{2c+a}{3b}=k$（$k$ は実数）とおくとき，k の値を求めよ．

11 恒等式

次の各式がxについての恒等式となるような定数a，b，cの値を求めよ．

(1)　$x^3+ax+b=(x-1)^2(x+c)$

(2)　$a(x-1)^2+b(x-1)+c=2x^2-3x+4$

xの等式は，恒等式と方程式の2つに分けられます．

恒等式：すべての数xで成りたつ等式

方程式：特定のxでしか成りたたない等式

(この特定のxを**解**といいます)

恒等式の問題の考え方には次の2通りがあります．

Ⅰ．係数比較法

$ax^2+bx+c=a'x^2+b'x+c'$ がxについての恒等式ならば，

$$a=a',\ b=b',\ c=c'$$

Ⅱ．数値代入法

等式がすべてのxで成りたつので，xに0とか1とか具体的な数値を代入する．

ただし，この方法で得られた条件は，恒等式であるための必要条件(⇨Ⅰ・A **25**)なので，解の吟味(確かめ)をしなければならない．

どちらの手段によるかは状況によるので善し悪しは一概にはいえませんが，ここでは，2問とも両方の解答を作っておきますので，比較してください．

解　答

(1)　**(解Ⅰ)　(係数比較法)**

(右辺)$=(x^2-2x+1)(x+c)=x^3+(c-2)x^2+(1-2c)x+c$

左辺と係数を比較して

$$\begin{cases} c-2=0 \\ 1-2c=a \\ c=b \end{cases} \quad \therefore \quad \begin{cases} a=-3 \\ b=2 \\ c=2 \end{cases}$$

(解Ⅱ)　(数値代入法)

$x^3+ax+b=(x-1)^2(x+c)$　……①

①に，$x=0$，$x=1$，$x=2$ を代入して

$$\begin{cases} b=c \\ 1+a+b=0 \\ 8+2a+b=c+2 \end{cases} \quad \therefore \quad \begin{cases} a+b+1=0 \\ a=-3 \\ b=c \end{cases} \quad \therefore \quad \begin{cases} a=-3 \\ b=2 \\ c=2 \end{cases}$$

逆に，このとき，左辺$=x^3-3x+2$，　◀吟味が必要

(右辺)$=(x-1)^2(x+2)=(x^2-2x+1)(x+2)=x^3-3x+2$

よって，適する．

(2) **(解Ⅰ)（係数比較法Ⅰ）**

(左辺)$=a(x^2-2x+1)+b(x-1)+c=ax^2+(b-2a)x+a-b+c$

右辺と係数を比較して $\begin{cases} a=2 \\ b-2a=-3 \\ a-b+c=4 \end{cases} \quad \therefore \quad \begin{cases} a=\mathbf{2} \\ b=\mathbf{1} \\ c=\mathbf{3} \end{cases}$

(解Ⅱ)（係数比較法Ⅱ）

$x=t+1$ とおくと

(左辺)$=at^2+bt+c$，(右辺)$=2(t+1)^2-3(t+1)+4=2t^2+t+3$

係数を比較して，$a=2$，$b=1$，$c=3$

(解Ⅲ)（数値代入法）

$a(x-1)^2+b(x-1)+c=2x^2-3x+4$ ……②

②の両辺に，$x=0$，1，2 を代入して

$$\begin{cases} a-b+c=4 \\ c=3 \\ a+b+c=6 \end{cases} \quad \therefore \quad \begin{cases} a=2 \\ b=1 \\ c=3 \end{cases}$$

逆に，このとき，左辺$=2(x-1)^2+(x-1)+3=2x^2-3x+4=$右辺

となり適する．　◀吟味が必要

ポイント　恒等式は次の2つの手段のどちらか

Ⅰ．係数比較法（吟味不要）

Ⅱ．数値代入法（吟味必要）

演習問題 11

$x^3-9x^2+9x-4=ax(x-1)(x-2)+bx(x-1)+cx+d$ が x のどのような値に対しても成りたつとき，a，b，c，d の値を求めよ．

12 等式の証明

(1) $\dfrac{a}{b}=\dfrac{c}{d}$ のとき，$\dfrac{a+c}{b+d}=\dfrac{ad+bc}{2bd}$ が成りたつことを示せ．
(ただし，$b>0$，$d>0$ とする)

(2) $a+b+c=0$ のとき，$a^2-bc=b^2-ac=c^2-ab$ であることを証明せよ．

等式 $A=B$ が成立することを示す手段は次の3つ．

Ⅰ．$A-B$ を計算して0を示す

Ⅱ．A を計算して B になることを示す

Ⅲ．A，B をそれぞれ計算して，同じ式になることを示す

ここで，ポイントになるのは条件の使い方で，(1)は比例式 (⇨ 9) ととらえると，**"$=k$"** とおくことになります．

また，(2)は条件をそのまま利用するか，変形して利用する (⇨ 8 精講) かの**判断**をすることになります．

解　答

(1) $\dfrac{a}{b}=\dfrac{c}{d}=k$ とおくと，$a=bk$，$c=dk$

このとき，

$$(\text{左辺})=\frac{bk+dk}{b+d}=\frac{(b+d)k}{b+d}=k \quad (\because \quad b+d\neq 0)$$

$$(\text{右辺})=\frac{bk\cdot d+b\cdot dk}{2bd}=\frac{2bdk}{2bd}=k \quad (\because \quad bd\neq 0)$$

よって，$\dfrac{a+c}{b+d}=\dfrac{ad+bc}{2bd}$

注 こういう形で，精講 Ⅰに忠実に (左辺)−(右辺) を計算してみると，

$$\frac{a+c}{b+d}-\frac{ad+bc}{2bd}$$

$$=\frac{2bd(a+c)-(ad+bc)(b+d)}{2bd(b+d)}$$

となり，計算量が増えてしまうのでオススメできません．

(2) $A=a^2-bc$, $B=b^2-ac$, $C=c^2-ab$ とおく．

(解Ⅰ) (そのまま利用)

$\cdot\ A-B=a^2-b^2+ac-bc$
$=(a-b)(a+b)+(a-b)c$
$=(a-b)(a+b+c)=0$
$(\because\ a+b+c=0)$

$\cdot\ B-C=b^2-c^2+ab-ac$
$=(b-c)(b+c)+(b-c)a$
$=(b-c)(a+b+c)=0$
$(\because\ a+b+c=0)$

よって，$A-B=0$，$B-C=0$ $\therefore$ $A=B=C$

すなわち，$a^2-bc=b^2-ac=c^2-ab$

◀精講 Ⅰ

◀$\boldsymbol{A=B}$ のはずだから $\boldsymbol{A-B=0}$ になることが予想される

だから，

$\boldsymbol{A-B=(a+b+c)}$▢

の形を期待する

(解Ⅱ) (変形して利用)

$c=-(a+b)$ だから

$\cdot\ A=a^2+b(a+b)=a^2+ab+b^2$

$\cdot\ B=b^2+a(a+b)=a^2+ab+b^2$

$\cdot\ C=(a+b)^2-ab=a^2+ab+b^2$

よって，$A=B=C$，すなわち

$a^2-bc=b^2-ac=c^2-ab$

◀等式が1つあると文字を1つ消すことができる

ポイント 等式の証明は，まず条件の使い方を考えて，その方針に見合うような証明の手段を選ぶ

演習問題 12

(1) $a:b=b:c$ のとき，

$$\frac{1}{a^3}+\frac{1}{b^3}+\frac{1}{c^3}=\frac{a^3+b^3+c^3}{a^2b^2c^2}$$

を示せ．

(2) $x+\dfrac{1}{y}=1$，$y+\dfrac{1}{z}=1$ のとき，$z+\dfrac{1}{x}=1$ を示せ．

13 不等式の証明

(1) $x^2-6x+13>0$ を証明せよ．

(2) $(a^2+b^2)(x^2+y^2) \geqq (ax+by)^2$ を証明せよ．
また，等号が成立する条件も求めよ．

(3) $a>0$, $b>0$ のとき

(i) $\dfrac{b}{a}+\dfrac{a}{b} \geqq 2$ を証明せよ．
また，等号が成立する条件も求めよ．

(ii) $(a+b)\left(\dfrac{1}{a}+\dfrac{1}{b}\right)$ の最小値を求めよ．

不等式 $A \geqq B$ を証明するとき，次のような手段があります．

Ⅰ．$A-B=\cdots\cdots\cdots\cdots \geqq 0$

Ⅱ．$A=\cdots\cdots\cdots\cdots \geqq B$

Ⅰは，AとBがともに式のとき（⇨(2)）

Ⅱは，Aが式でBが定数のときに使うのが普通です．ところでAが式でBが定数のときはたいていの場合，Aの最小値を考えることになるので（⇨(1)，(3)(i)），不等式の証明は，ある意味では**最大値・最小値を求める問題**といえます．

解答

(1) $x^2-6x+13=(x-3)^2+4>0$

◀ 2次関数の最小値を求める作業と同じ

(2) (左辺)−(右辺)

$=(a^2x^2+a^2y^2+b^2x^2+b^2y^2)-(a^2x^2+2abxy+b^2y^2)$

$=a^2y^2-2ay\cdot bx+b^2x^2$

$=(ay-bx)^2 \geqq 0$

よって，$(a^2+b^2)(x^2+y^2) \geqq (ax+by)^2$　等号は $ay=bx$ のとき成立

この不等式は「**コーシー・シュワルツの不等式**」と呼ばれるたいへん有名な不等式です．数学Cで学ぶ「ベクトルの内積」を利用して示すこともできます．この場合，$\vec{u}=(a,\ b)$，$\vec{v}=(x,\ y)$ とおいて，$|\vec{u}|^2|\vec{v}|^2 \geqq (\vec{u}\cdot\vec{v})^2$ を利用して証明します．

(3) (i) $(\text{左辺})-(\text{右辺})=\dfrac{b}{a}+\dfrac{a}{b}-2$

$$=\frac{a^2-2ab+b^2}{ab}=\frac{(a-b)^2}{ab}\geqq 0$$

よって，$\dfrac{b}{a}+\dfrac{a}{b}\geqq 2$　等号は $a=b$ のとき成立

(別解) $a>0$，$b>0$ だから，(相加平均)≧(相乗平均) より

$$\frac{1}{2}\left(\frac{b}{a}+\frac{a}{b}\right)\geqq\sqrt{\frac{b}{a}\cdot\frac{a}{b}}=1$$

$\therefore$　$\dfrac{b}{a}+\dfrac{a}{b}\geqq 2$　等号は $a=b$ のとき成立

(ii) $(a+b)\left(\dfrac{1}{a}+\dfrac{1}{b}\right)=2+\dfrac{b}{a}+\dfrac{a}{b}$

(i)より，$\dfrac{b}{a}+\dfrac{a}{b}\geqq 2$ だから，

$$(a+b)\left(\frac{1}{a}+\frac{1}{b}\right)\geqq 4$$

等号は，$a=b$ のとき成立するので，　◀注 参照

最小値　**4**

注　$A\geqq 4$ であっても「Aの最小値は 4」とはいえません．それは，記号「≧」の意味が「> **または** =」だからです．

たとえば，Aを私の所持金として，仮にいま 1 万円持っているとします．このとき，$A\geqq 4$ (円) は不等式としては正しいのですが，私の所持金が 4 円すなわち，等号が成立するわけではありません．

ポイント　$A\geqq B$ を示すとき，
Ⅰ．AもBも式だったら，$A-B\geqq 0$ を示す
Ⅱ．Bが定数だったら，Aの最小値を考える

演習問題 13

$a>0$，$b>0$ のとき，$\left(a+\dfrac{1}{b}\right)\left(b+\dfrac{4}{a}\right)\geqq 9$ を示し，等号が成立する条件も求めよ．

第2章 複素数と方程式

14 2次方程式の解

次の方程式を解け.

(1) $x^2-4x+5=0$　　(2) $(x^2-2x-4)(x^2-2x+3)+6=0$

数学Ⅰでは，解の公式の根号内が負になったとき，「**解はない**」と考えましたが，数学Ⅱでは，新しい数「**虚数**」を導入して**複素数**という数を考え，解の範囲を広げます.

a, b を実数, $\boldsymbol{i}=\sqrt{-1}$ $(\boldsymbol{i}^2=-1)$ として $a+bi$ の形に表される数を**複素数**といい，a を**実部**, b を**虚部**, i を**虚数単位**といいます.

複素数　$\boldsymbol{a+bi}$ $\begin{cases} \text{実数}\ (b=0\ \text{のとき}) \\ \text{虚数}\ (b\neq 0\ \text{のとき})\ [\text{純虚数}\ bi\ (a=0)] \end{cases}$

解答

(1) 解の公式より，$x=2\pm\sqrt{-1}=\boldsymbol{2\pm i}$　◀虚数解

(2) $x^2-2x=t$ とおくと，　◀$\boldsymbol{x^2-2x}$ をひとまとめ

$(t-4)(t+3)+6=0$　$\therefore$　$t^2-t-6=0$　$\therefore$　$(t-3)(t+2)=0$

$\therefore$　$t=3$ または -2

(i) $t=3$, すなわち, $x^2-2x-3=0$ のとき

$(x-3)(x+1)=0$ より, $\boldsymbol{x=-1,\ 3}$

(ii) $t=-2$, すなわち, $x^2-2x+2=0$ のとき

解の公式より, $x=1\pm\sqrt{-1}=\boldsymbol{1\pm i}$

ポイント　$\sqrt{-1}=i$　(i：虚数単位) とおくと　$i^2=-1$

演習問題 14

次の方程式を解け.

(1) $3x^2-5x+2=0$　　(2) $(x+1)(x+2)(x+3)(x+4)=24$

15 複素数の計算(Ⅰ)

次の式を簡単にせよ．ただし，i は虚数単位を表す．

(1) $\sqrt{-3}+(\sqrt{-3})^2+(\sqrt{-3})^3$　　(2) $(1+\sqrt{3}i)(2-3\sqrt{3}i)$

(3) $\dfrac{1+i}{2-i}+\dfrac{1+3i}{1+2i}$

精講 $\sqrt{-2}\times\sqrt{-3}=\sqrt{(-2)(-3)}=\sqrt{6}$ としては**ダメ!!**

それは，$\sqrt{\quad}$ の計算規則は次のようになっているからです．

$\boldsymbol{a>0,\ b>0}$ **のとき**　$\boldsymbol{\sqrt{a}\sqrt{b}=\sqrt{ab}}$

そこで，**14**で考えた $\sqrt{-1}=i$ を利用して

$\boldsymbol{\sqrt{-2}=\sqrt{2}i,\ \sqrt{-3}=\sqrt{3}i}$ としておくと，

$\sqrt{-2}\sqrt{-3}=\sqrt{2}i\sqrt{3}i=\sqrt{6}i^2=-\sqrt{6}$ となり，正解です．　◀$i^2=-1$

解答

(1) $\sqrt{-3}=\sqrt{3}i$ だから，$(\sqrt{-3})^2=-3$，$(\sqrt{-3})^3=-3\sqrt{3}i$　◀$\sqrt{-1}=i$ を利用

よって，(与式)$=\boldsymbol{-3-2\sqrt{3}i}$

(2) $(1+\sqrt{3}i)(2-3\sqrt{3}i)=2-3\sqrt{3}i+2\sqrt{3}i-9i^2=\boldsymbol{11-\sqrt{3}i}$

(3) $\dfrac{1+i}{2-i}=\dfrac{(1+i)(2+i)}{(2-i)(2+i)}=\dfrac{2+3i+i^2}{4-i^2}=\dfrac{1+3i}{5}$　◀$i^2=-1$

$\dfrac{1+3i}{1+2i}=\dfrac{(1+3i)(1-2i)}{(1+2i)(1-2i)}=\dfrac{1+i-6i^2}{1-4i^2}=\dfrac{7+i}{5}$　◀$i^2=-1$

よって，　(与式)$=\dfrac{1+3i}{5}+\dfrac{7+i}{5}=\boldsymbol{\dfrac{8+4i}{5}}$

ポイント

Ⅰ．まず，$\sqrt{\quad}$ 内の － は i にかえて

Ⅱ．文字式の計算の要領で

演習問題 15

次の式を簡単にせよ．

(1) $(1+i)^3$　　(2) $\left(\dfrac{1-i}{\sqrt{2}}\right)^6$　　(3) $\dfrac{2-i}{3+i}\times\dfrac{3-i}{2+i}$

16 複素数の計算（II）

(1) $x=\dfrac{1+\sqrt{3}i}{2}$, $y=\dfrac{1-\sqrt{3}i}{2}$ のとき，次の式の値を求めよ．

(ア) $x+y$　(イ) xy　(ウ) x^3+y^3　(エ) $\dfrac{y}{x}+\dfrac{x}{y}$

(2) $x=\dfrac{3+\sqrt{3}i}{2}$ のとき，x^4-4x^2+6x-2 の値を求めよ．

(1) 2つの複素数 $a+bi$, $a-bi$ (a, b は実数) のことを，**互いに共役な複素数**といいます．この x, y は，まさに共役な複素数です．

共役な複素数2つは，その**和も積も実数**というメリットがあるので，対称式の値を求めるときにはまず**和と積を用意**します．

(2) このような汚い（？）数字をそのまま式に代入してしまってはタイヘンです．そこで**この x を解にもつ2次方程式を作り**，わり算をするか，次数を下げるかのどちらかの手段で計算の負担を軽くします．(⇨ I・A 8)

解　答

(1) (ア) $x+y=\dfrac{1+\sqrt{3}i}{2}+\dfrac{1-\sqrt{3}i}{2}=\mathbf{1}$　◀基本対称式

(イ) $xy=\dfrac{1+\sqrt{3}i}{2}\cdot\dfrac{1-\sqrt{3}i}{2}=\dfrac{1-3i^2}{4}=\mathbf{1}$　◀基本対称式

(ウ) $x^3+y^3=(x+y)^3-3xy(x+y)$

$=1-3\cdot1\cdot1=\mathbf{-2}$　◀対称式は基本対称式で表せる

(エ) $\dfrac{y}{x}+\dfrac{x}{y}=\dfrac{x^2+y^2}{xy}=\dfrac{(x+y)^2-2xy}{xy}=\mathbf{-1}$　◀対称式

実は，この x, y はタダ者ではありません．

$x+y=1$, $xy=1$ より，x, y を解にもつ2次方程式は

$t^2-t+1=0$　(⇨21)

両辺に $t+1$ をかけると　$t^3+1=0$　∴　$t^3=-1$

よって，$x^3=y^3=-1$．すなわち，$x^6=y^6=1$

このように，ある n に対して，$x^n=1$ となる x は，

他にも，$x=\dfrac{-1\pm\sqrt{3}i}{2}$ $(x^3=1)$, $x=\pm i$ $(x^4=1)$ などがよく入試に

出題されます.

(2)　$x=\dfrac{3+\sqrt{3}\,i}{2}$ より $2x-3=\sqrt{3}\,i$

◀ i を含む項を単独にする

両辺を平方して，$4x^2-12x+12=0$

すなわち，　$x^2-3x+3=0$

◀ $x=\dfrac{3+\sqrt{3}\,i}{2}$ を解にもつ 2 次方程式

$$
\begin{array}{r|l}
 & x^2+3x+2 \\ \hline
x^2-3x+3 & x^4 \qquad\quad -4x^2+6x-2 \\
 & x^4-3x^3+3x^2 \\ \hline
 & \qquad 3x^3-7x^2+6x \\
 & \qquad 3x^3-9x^2+9x \\ \hline
 & \qquad\qquad 2x^2-3x-2 \\
 & \qquad\qquad 2x^2-6x+6 \\ \hline
 & \qquad\qquad\qquad 3x-8
\end{array}
$$

◀わり算をする

上のわり算より，

$x^4-4x^2+6x-2=(x^2-3x+3)(x^2+3x+2)+3x-8$

この x に与えられた数値を代入すると，$x^2-3x+3=0$ となるので

$$(\text{与式})=3\left(\frac{3+\sqrt{3}\,i}{2}\right)-8=\boldsymbol{\frac{3\sqrt{3}\,i-7}{2}}$$

(別解)（次数を下げる方法）

$x^2=3x-3$ だから

$x^4-4x^2+6x-2=(3x-3)^2-4x^2+6x-2$

$=5x^2-12x+7=5(3x-3)-12x+7$

$=3x-8=3\left(\dfrac{3+\sqrt{3}\,i}{2}\right)-8=\dfrac{3\sqrt{3}\,i-7}{2}$

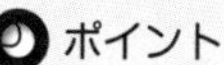

ポイント

Ⅰ．共役な複素数の和と積は実数

Ⅱ．複素数を整式に代入するときは，その複素数を解にもつ 2 次方程式を作り，整式をその 2 次式でわって，その余りに代入する

演習問題 16

次の問いに答えよ.

(1)　$x=1+i$，$y=1-i$ のとき，x^4+y^4 の値を求めよ.

(2)　$x=1-\sqrt{2}\,i$ のとき，x^3+2x^2+3x-7 の値を求めよ.

17 解の判別（Ⅰ）

次の x についての方程式の解を判別せよ．ただし，k は実数とする．

(1)　$x^2-4x+k=0$　　　(2)　$kx^2-4x+k=0$

「解を判別せよ」とは，「解の種類（実数解か虚数解か）と解の個数について考えて，分類して答えよ」という意味です．ということは，「(1), (2)も 2 次方程式だから，判別式を使えばよい!!」と思いたくなるのですが，はたして…….

解　答

(1)　$x^2-4x+k=0$ の判別式を D とすると，$\dfrac{D}{4}=4-k$ だから，

この方程式の解は次のように分類できる．

(i)　$4-k<0$　すなわち，$k>4$ のとき　　◀$D<0$

$D<0$ だから，虚数解を 2 個もつ

(ii)　$4-k=0$　すなわち，$k=4$ のとき　　◀$D=0$

$D=0$ だから，重解をもつ

(iii)　$4-k>0$　すなわち，$k<4$ のとき　　◀$D>0$

$D>0$ だから，異なる 2 つの実数解をもつ

(i)〜(iii)より，

$$\begin{cases} \boldsymbol{k>4} \text{ のとき，虚数解 2 個} \\ \boldsymbol{k=4} \text{ のとき，重解} \\ \boldsymbol{k<4} \text{ のとき，異なる 2 つの実数解} \end{cases}$$

(2)　(ア)　$k=0$ のとき　　◀$k=0$ のときは1次方程式なので判別式は使えない

与えられた方程式は　$-4x=0$

$\therefore\quad x=0$

(イ)　$k\neq 0$ のとき

$kx^2-4x+k=0$ の判別式を D とすると

$\dfrac{D}{4}=4-k^2$ だから，この方程式の解は

次のように分類できる.

(i)　$4-k^2<0$　すなわち, $k<-2,\ 2<k$ のとき

$D<0$ だから, 虚数解を2個もつ

(ii)　$4-k^2=0$　すなわち, $k=\pm2$ のとき

$D=0$ だから重解をもつ

(iii)　$4-k^2>0$　すなわち, $-2<k<2$ のとき

$D>0$ だから, 異なる2つの実数解をもつ

(ア), (イ)より,

$k=0$ のとき, 実数解1個
$k<-2,\ 2<k$ のとき, 虚数解2個
$k=\pm2$ のとき, 重解
$-2<k<0,\ 0<k<2$ のとき, 異なる2つの実数解

注　(2)の $k=0$ の場合と $k=\pm2$ の場合は, いずれも実数解を1個もっているという意味では同じように思うかもしれませんが, 2次方程式の重解は活字を見てもわかるように元来2個あるものが重なった状態を指し, 1次方程式の解は, 元来1個しかないのです. だから, 答案には区別して書かないといけません. 仮に, 「$kx^2-4x+k=0$ が異なる解をもつ」となっていたら「$k\neq0$ かつ $D\neq0$」となります.

問題文の1行目をよく読んでください.
「次の x についての方程式……」とあります. 「次の x についての2次方程式……」とは書いてありません. よって, (2)の方程式は **$k=0$ となる可能性が残されている**のです. だから, 「次の x についての2次方程式……」となっていたら, すでに「$k\neq0$」が前提になっていることになり, **解答** の(ア)は不要となります.

ポイント　判別式は2次方程式でなければ使えないので, x^2 の係数が文字のときは要注意

演習問題 17

k を実数とするとき, 次の2次方程式の解を判別せよ.

(1)　$x^2-(k+1)x+k^2=0$　　(2)　$kx^2-2kx+2k+1=0$

18 解の判別（Ⅱ）

a を実数とする．３つの２次方程式

$x^2-2ax+1=0$　……①

$x^2-2ax+2a=0$　……②

$4x^2-8ax+8a-3=0$　……③

のうち，１つだけが虚数解をもち，他の２つは実数解をもつような a の値の範囲を求めよ．

２次方程式の解が実数か虚数かを判別するときには判別式を使いますが，この設問のように方程式が３つあると不等式を３つかかえることになります．しかも，その値は正，０，負の３種類の可能性があるので，連立不等式をそのまま解くとするとかなりメンドウです．このようなときには**表を使う**とわかりやすくなります．

解　答

①，②，③の判別式をそれぞれ D_1，D_2，D_3 とすると

$$\begin{cases} \dfrac{D_1}{4}=a^2-1=(a+1)(a-1) \\ \dfrac{D_2}{4}=a^2-2a=a(a-2) \\ \dfrac{D_3}{4}=4(4a^2-8a+3)=4(2a-3)(2a-1) \end{cases}$$

$D_1=0 \Longleftrightarrow a=\pm1$　　$D_2=0 \Longleftrightarrow a=0,\ 2$

$D_3=0 \Longleftrightarrow a=\dfrac{3}{2},\ \dfrac{1}{2}$

よって，D_1，D_2，D_3 の符号は下表のようになる．

a	…	-1	…	0	…	$\frac{1}{2}$	…	1	…	$\frac{3}{2}$	…	2	…
D_1	＋	0	－	－	－	－	－	0	＋	＋	＋	＋	＋
D_2	＋	＋	＋	0	－	－	－	－	－	－	－	0	＋
D_3	＋	＋	＋	＋	＋	0	－	－	－	0	＋	＋	＋

ここで，題意をみたすためには，D_1，D_2，D_3 のうち，1 つが負で，残り 2 つが正または 0 であればよいので

$$-1<a\leqq 0,\ \frac{3}{2}\leqq a<2$$

この表のかき方は微分法で増減表をかくときと似ています．

「**実数解をもつ**」という表現には気をつけなければなりません．

「異なる 2 つの実数解」ならば，$D>0$ ですが，この場合は重解も含んでいることになるので，$\boldsymbol{D\geqq 0}$ でなければなりません．

参 考　問題文の意味を忠実に再現すれば次のようになります．

$$\begin{cases} D_1\geqq 0 \\ D_2\geqq 0 \\ D_3<0 \end{cases} \text{または} \begin{cases} D_1\geqq 0 \\ D_2<0 \\ D_3\geqq 0 \end{cases} \text{または} \begin{cases} D_1<0 \\ D_2\geqq 0 \\ D_3\geqq 0 \end{cases}$$

このように，「かつ」と「または」が混在すると，まちがう可能性がかなり高くなります．

表にまとめるという**解答**の手段は非常に有効といえます．ぜひ，使えるようになってください．

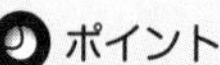

「かつ」と「または」が混在している連立不等式を数直線を利用して解くと繁雑になるので，表を利用した方がわかりやすい

演習問題 18

a を実数とする．3 つの 2 次方程式

$x^2-2ax+1=0$　……①

$x^2-4x+a^2=0$　……②

$x^2-(a+1)x+a^2=0$　……③

のうち，1 つだけが実数解をもち，他の 2 つは虚数解をもつような a の値の範囲を求めよ．

19 i を含んだ方程式（Ⅰ）

次の方程式をみたす実数 x，y を求めよ．

$$(3+2i)x+(2-2i)y=17-2i$$

係数に i を含んだ方程式は，必ず $\boldsymbol{a+bi}$ の形にします．要するに，i のあるところと i のないところにまとめなおします．そして，下の **ポイント** にある性質を利用します．

解　答

$(3+2i)x+(2-2i)y=17-2i$

から $(3x+2y)+(2x-2y)i=17-2i$ ◀ $\boldsymbol{a+bi}$ の形へ

x，y は実数なので，$3x+2y$，$2x-2y$ は実数だから ◀ この断りは大切!!

$$\begin{cases} 3x+2y=17 & \cdots\cdots① \\ 2x-2y=-2 & \cdots\cdots② \end{cases}$$

①，②より，　$\boldsymbol{x=3}$，$\boldsymbol{y=4}$

ポイント

a，b，a'，b' を実数とするとき，

$a+bi=a'+b'i \Longleftrightarrow a=a'$，$b=b'$

特に，$a+bi=0 \Longleftrightarrow a=b=0$（ただし，$i$ は虚数単位）

$a+bi=0 \longrightarrow a=b=0$（$a$，$b$ は実数，i は虚数単位）の証明

$b\neq0$ とすると，$i=-\dfrac{a}{b}$

左辺は虚数で，右辺は実数だから，これは矛盾． ◀ Ⅰ・A **24**（背理法）

よって，$b=0$．このとき，$a=0$　ゆえに，$a=0$，$b=0$

演習問題 19

次の方程式をみたす実数 x，y の値を求めよ．

(1)　$(1+i)x^2+(2+3i)x+(1+2i)=0$

(2)　$\dfrac{1}{2+i}+\dfrac{1}{x+yi}=\dfrac{1}{2}$

20 i を含んだ方程式（Ⅱ）

x の 2 次方程式

$x^2+(a+i)x-(4+ai)=0$

が実数解をもつような実数 a の値とそのときの実数解 x を求めよ.

「2 次方程式が実数解をもつから，判別式 $\geqq 0$!!」とやってはいけません．**判別式は，2 次方程式の各係数がすべて実数のときに**しか使うことはできません．

だから，この問題では 19 と同じ要領で考えていかなければなりません．

解答

$x^2+(a+i)x-(4+ai)=0$　◀虚数係数に注意

より $(x^2+ax-4)+(x-a)i=0$　◀$a+bi$ の形

x，a は実数だから

$$\begin{cases} x^2+ax-4=0 & \cdots\cdots① \\ x-a=0 & \cdots\cdots② \end{cases}$$

②より $x=a$．これを①に代入して，$2a^2-4=0$

$\therefore\ a=\pm\sqrt{2}$

このとき，$x=a$ だから

$a=\sqrt{2}$ のとき，実数解は $x=\sqrt{2}$

$a=-\sqrt{2}$ のとき，実数解は $x=-\sqrt{2}$

ポイント　虚数係数の方程式では判別式が使えないので $a+bi=0$（a，b：実数）の形に変形して，$a=b=0$ を利用する

演習問題 20

x に関する 2 次方程式 $x^2-(3a-i)x+a(1-2i)=0$ が実数解をもつような正の実数 a の値を求めよ.

21 解と係数の関係（Ⅰ）

2次方程式 $x^2+2x+4=0$ の2解を α, β とするとき

(1) $\alpha+\beta$, $\alpha\beta$ の値を求めよ．

(2) $\alpha+\beta$, $\alpha\beta$ を解にもつ2次方程式のうち，x^2 の係数が1のものを求めよ．

(1) 直接 α と β の値を求めて $\alpha+\beta$ と $\alpha\beta$ の値を求めてもよいのですが，ここでは新しい公式「**解と係数の関係**」(⇨ **ポイント**) を利用しましょう．この公式は，恒等式

$$a(x-\alpha)(x-\beta)=ax^2+bx+c$$

の両辺の係数を比較することによって導かれます．

(2) p, q を2つの解とする2次方程式は $\boldsymbol{a(x-p)(x-q)=0}$ $(a\neq 0)$ と表せます．展開すると，$a\{x^2-(p+q)x+pq\}=0$ となるので，2数の和 $(=p+q)$ と積 $(=pq)$ の値がわかると，それらを解にもつ2次方程式が作れます．

解　答

(1) 解と係数の関係より，$\alpha+\beta=\boldsymbol{-2}$, $\alpha\beta=\boldsymbol{4}$

(2) $\begin{cases}(\alpha+\beta)+\alpha\beta=2\\(\alpha+\beta)\times\alpha\beta=-8\end{cases}$

だから，求める2次方程式は　$\boldsymbol{x^2-2x-8=0}$

ポイント

・2次方程式 $ax^2+bx+c=0$ の2つの解を α, β とすると　$\alpha+\beta=-\dfrac{b}{a}$,　$\alpha\beta=\dfrac{c}{a}$

・2数 p, q を解にもつ2次方程式の1つは

$$x^2-(p+q)x+pq=0$$

演習問題 21

$x^2+4x+5=0$ の2解を α, β とするとき α^2, β^2 を解にもつ2次方程式（x^2 の係数は1）を求めよ．

22 解と係数の関係（Ⅱ）

3次方程式 $x^3+x^2-2x+3=0$ の3つの解を α, β, γ とするとき，$\alpha+\beta+\gamma$, $\alpha\beta+\beta\gamma+\gamma\alpha$, $\alpha\beta\gamma$ の値を求め，$\alpha^2+\beta^2+\gamma^2$ の値を求めよ．

3次方程式 $ax^3+bx^2+cx+d=0$ の3つの解を α, β, γ とおくと

$$ax^3+bx^2+cx+d=a(x-\alpha)(x-\beta)(x-\gamma)$$

と表せます．この式の右辺を展開すると，

$$ax^3-a(\alpha+\beta+\gamma)x^2+a(\alpha\beta+\beta\gamma+\gamma\alpha)x-a\alpha\beta\gamma$$

となり，左辺と係数を比較すると，**ポイント** の公式が導けます．これも **「解と係数の関係」** といいます．

解　答

解と係数の関係より，

$$\alpha+\beta+\gamma=\mathbf{-1},\ \alpha\beta+\beta\gamma+\gamma\alpha=\mathbf{-2},\ \alpha\beta\gamma=\mathbf{-3}$$

このとき

$$(\alpha+\beta+\gamma)^2=\alpha^2+\beta^2+\gamma^2+2(\alpha\beta+\beta\gamma+\gamma\alpha)$$

より

$$\alpha^2+\beta^2+\gamma^2=(\alpha+\beta+\gamma)^2-2(\alpha\beta+\beta\gamma+\gamma\alpha)$$
$$=1-2\times(-2)=\mathbf{5}$$

ポイント

3次方程式 $ax^3+bx^2+cx+d=0$ の3つの解を α, β, γ とすると

$$\alpha+\beta+\gamma=-\frac{b}{a},\ \alpha\beta+\beta\gamma+\gamma\alpha=\frac{c}{a},$$

$$\alpha\beta\gamma=-\frac{d}{a}$$

22 において，$\alpha^3+\beta^3+\gamma^3$ の値を求めよ．

23 虚数解

2次方程式 $x^2+ax+b=0$ の解の1つが $1-\sqrt{2}i$ のとき，実数 a，b の値ともう1つの解を求めよ．

精講 2次方程式の解が与えられていて，その方程式の係数を決定するときは，次の2つの手段のどちらかです．

I．解を方程式に代入する

II．解と係数の関係を利用する

Iは解がすべてわかっていなくてもよいし，一般の方程式に対して有効です．

IIは解がすべてわかっていないと式設定をするときに文字が増えてしまいますが，虚数解の場合は共役な虚数が同時にでてくるのでうまくいきます．

解答

（解I）

$x=1-\sqrt{2}i$ を与えられた方程式に代入して

$$(1-\sqrt{2}i)^2+a(1-\sqrt{2}i)+b=0$$

$$\therefore\quad (-1-2\sqrt{2}i)+a(1-\sqrt{2}i)+b=0$$ ◀ $i^2=-1$

$$\therefore\quad (a+b-1)-\sqrt{2}(a+2)i=0$$ ◀ 19

a，b は実数だから ◀ これを忘れない

$$\begin{cases} a+b-1=0 \\ a+2=0 \end{cases} \quad \therefore \quad \begin{cases} \boldsymbol{a=-2} \\ \boldsymbol{b=3} \end{cases}$$

このとき，与えられた方程式は，$x^2-2x+3=0$ だから，

解は，$x=1\pm\sqrt{2}i$ よって，もう1つの解は，$\boldsymbol{1+\sqrt{2}i}$

（解II）

実数係数だから，$x=1-\sqrt{2}i$ が解のとき，その共役な虚数 $x=1+\sqrt{2}i$ も解．

よって，解と係数の関係より，

$$\begin{cases} (1-\sqrt{2}i)+(1+\sqrt{2}i)=-a \\ (1-\sqrt{2}i)(1+\sqrt{2}i)=b \end{cases} \quad \therefore \quad \begin{cases} a=-2 \\ b=3 \end{cases}$$

注 実数係数であれば，2次方程式だけではなく3次方程式や4次方程式でも，ある虚数が解のとき，それと共役な虚数も解になっています．この証明は数学Cの範囲ですが，下に示しておきます．

(証明) 実数を係数とするn次方程式

$a_n x^n + a_{n-1} x^{n-1} + \cdots + a_1 x + a_0 = 0$ $(a_n \neq 0)$ に対し，

$f(x) = a_n x^n + a_{n-1} x^{n-1} + \cdots + a_1 x + a_0$ とおく．

ここで，$f(x)=0$ が $x=\alpha$ (α は虚数) を解にもつとき，$f(\alpha)=0$ だから，

$$a_n \alpha^n + a_{n-1} \alpha^{n-1} + \cdots + a_1 \alpha + a_0 = 0$$

この両辺の共役複素数を考えると，

$$\overline{a_n \alpha^n + a_{n-1} \alpha^{n-1} + \cdots + a_1 \alpha + a_0} = \overline{0}$$

$\overline{a_k} = a_k$ $(k=0,\ 1,\ \cdots,\ n)$，$\overline{0}=0$ が成りたつので

$$a_n \overline{\alpha^n} + a_{n-1} \overline{\alpha^{n-1}} + \cdots + a_1 \overline{\alpha} + a_0 = 0$$

$$\therefore\quad a_n (\overline{\alpha})^n + a_{n-1} (\overline{\alpha})^{n-1} + \cdots + a_1 \overline{\alpha} + a_0 = 0$$

すなわち $f(\overline{\alpha})=0$

よって，$x=\overline{\alpha}$ も $f(x)=0$ の解である．

◀ $\overline{z_1 z_2} = \overline{z_1} \cdot \overline{z_2}$ が成りたつ（証明は 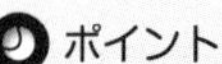）ことより，$\overline{\alpha^n} = (\overline{\alpha})^n$ が成りたつ．

注 $\overline{z}$ とはzと共役な複素数を表す記号です．

ポイント 方程式の解が与えられていたら，
Ⅰ．代入する
Ⅱ．解と係数の関係を使う

$z_1 = a_1 + b_1 i$，$z_2 = a_2 + b_2 i$ とおくと，$\overline{z_1} = a_1 - b_1 i$，$\overline{z_2} = a_2 - b_2 i$

$$\therefore\quad z_1 z_2 = (a_1 + b_1 i)(a_2 + b_2 i)$$
$$= (a_1 a_2 - b_1 b_2) + (a_1 b_2 + a_2 b_1) i$$

よって，$\overline{z_1 z_2} = (a_1 a_2 - b_1 b_2) - (a_1 b_2 + a_2 b_1) i$

また，$\overline{z_1} \cdot \overline{z_2} = (a_1 - b_1 i)(a_2 - b_2 i)$
$$= (a_1 a_2 - b_1 b_2) - (a_1 b_2 + a_2 b_1) i$$

$$\therefore\quad \overline{z_1 z_2} = \overline{z_1} \cdot \overline{z_2}$$

演習問題 23

3次方程式 $x^3 + ax + b = 0$ の1つの解が $1+i$ のとき，実数 a，b の値を求めよ．

24 剰余の定理（Ⅰ）

$2x^3-(a+2)x^2-3a+1$ を $x+1$，$2x-1$ でわったときの余りが等しいとき，a の値とこの余りを求めよ．

ある整式Aを，整式Bでわったときの余りを求めるとき，わり算が実行できればよいのですが，そうでないときもあります．そういう場合に備えて「**剰余の定理**」というものがあります．$a \neq 0$ のとき，$f(x)$ を $ax-b$ でわったときの余りは定数ですから，商を $Q(x)$，余りをRとすれば

$$\boldsymbol{f(x)=(ax-b)Q(x)+R}$$

◀（⇨ **5**）

と表せます．そこで $x=\dfrac{b}{a}$ を代入すれば，$\boldsymbol{R=f\left(\dfrac{b}{a}\right)}$ となります．

解答

$f(x)=2x^3-(a+2)x^2-3a+1$ とおくと，

$x+1$，$2x-1$ でわったときの余りが等しいので，

$f(-1)=f\left(\dfrac{1}{2}\right)$ より $-4a-3=-\dfrac{13}{4}a+\dfrac{3}{4}$　◀剰余の定理より

$\therefore\ 3a=-15$

$\therefore\ a=\boldsymbol{-5}$

このとき，余りは，　$-4\cdot(-5)-3=\boldsymbol{17}$

ポイント　整式 $f(x)$ を１次式 $ax-b$ でわったときの余りは

$$f\left(\frac{b}{a}\right)$$

演習問題 24

２つの整式 $f(x)$，$g(x)$ の和と積を $x-a$ でわったときの余りが，それぞれ b，c であるとき，

(1)　$f(a)+g(a)$，$f(a)g(a)$ を b，c で表せ．

(2)　$\{f(x)\}^2+\{g(x)\}^2$ を $x-a$ でわったときの余りを b，c で表せ．

25 剰余の定理（Ⅱ）

整式 $f(x)$ を $2x+1$，$2x-1$ でわったときの余りがそれぞれ 4，6 のとき，$f(x)$ を $4x^2-1$ でわったときの余りを求めよ．

24 で学んだように，わり算が実行できなくても「剰余の定理」を使えば余りを求められます．しかし，この定理は 1 次式でわったときの余りを対象にしたものです．この問題のように，**2 次式**でわったときの余りを要求されたらどのように対処するのでしょうか．

解　答

求める余りは $ax+b$ とおけるので

　$f(x)=(4x^2-1)Q(x)+ax+b$ と表せる．　◀ 2 次式でわった余りは 1 次以下

$f\left(-\dfrac{1}{2}\right)=4$，$f\left(\dfrac{1}{2}\right)=6$ だから，　◀剰余の定理

$$-\frac{1}{2}a+b=4,\ \frac{1}{2}a+b=6 \qquad \therefore\ a=2,\ b=5$$

よって，求める余りは，　$\mathbf{2x+5}$

ポイント　n 次式でわったときの余りは $(n-1)$ 次以下の整式

$f(x)=\underset{\sim\sim\sim}{(2x+1)(2x-1)Q(x)}+R(x)$ として，～～部分だけを見ると $2x+1$ でわりきれています．ところが，$f(x)$ は $2x+1$ でわると 4 余っているので，$R(x)$ を $2x+1$ でわると 4 余るはずです．だから，$R(x)=a(2x+1)+4$ とおけます．こうすると，使う文字が 1 つだけで済みます．（a は，$R(x)$ を $2x+1$ でわった商を表している）

この考え方は，たいへん有効な考え方なので，次の **26** で使ってみます．

演習問題 25

整式 $f(x)$ を $x-2$ でわると 3 余り，$x+1$ でわると 6 余る．このとき，$f(x)$ を $(x-2)(x+1)$ でわったときの余りを求めよ．

26 剰余の定理（Ⅲ）

(1) 整式 $P(x)$ を $x-1$, $x-2$, $x-3$ でわったときの余りが，それぞれ 6, 14, 26 であるとき，$P(x)$ を $(x-1)(x-2)(x-3)$ でわったときの余りを求めよ.

(2) 整式 $P(x)$ を $(x-1)^2$ でわると，$2x-1$ 余り，$x-2$ でわると 5 余るとき，$P(x)$ を $(x-1)^2(x-2)$ でわった余りを求めよ.

(1) 25 で考えたように，余りは $\boldsymbol{ax^2+bx+c}$ とおけます．あとは，a, b, c に関する連立方程式を作れば終わりです.

しかし，3 文字の連立方程式は解くのがそれなりにたいへんです．そこで，25参考 の考え方を利用すると負担が軽くなります.

(2) 余りを ax^2+bx+c とおいても $P(1)$ と $P(2)$ しかないので，未知数 3 つ，等式 2 つの形になり，答はでてきません.

解　答

(1) 求める余りは ax^2+bx+c とおけるので，

$P(x)=(x-1)(x-2)(x-3)Q(x)+ax^2+bx+c$

と表せる.

◀3 次式でわった余りは 2 次以下

$P(1)=6$, $P(2)=14$, $P(3)=26$ だから，

$$\begin{cases} a+b+c=6 & \cdots\cdots① \\ 4a+2b+c=14 & \cdots\cdots② \\ 9a+3b+c=26 & \cdots\cdots③ \end{cases}$$

◀連立方程式を作る

①，②，③より，$a=2$, $b=2$, $c=2$

よって，求める余りは　$\boldsymbol{2x^2+2x+2}$

注　25参考 の考え方を利用すると，次のような解答ができます.

(別解)　$P(x)=(x-1)(x-2)(x-3)Q(x)+R(x)$

（$R(x)$ は 2 次以下の整式）

$P(x)$ は $x-3$ でわると 26 余るので

$R(x)$ も $x-3$ でわると 26 余る.

◀ポイント

よって，$R(x)=(ax+b)(x-3)+26$ とおける.

◀$\boldsymbol{ax+b}$ は $\boldsymbol{x-3}$ でわったときの商

$P(1)=6$, $P(2)=14$ より，$R(1)=6$, $R(2)=14$

$\therefore\quad \begin{cases} -2a-2b+26=6 \\ -2a-b+26=14 \end{cases}$

$\therefore\quad \begin{cases} a+b-10=0 \\ 2a+b-12=0 \end{cases}$

$\therefore\quad a=2,\ b=8$

よって，$R(x)=(2x+8)(x-3)+26$

$=2x^2+2x+2$

注 (**別解**)の**ポイント**の部分は，$P(3)=R(3)$ となることからもわかります．

(2) $P(x)$ を $(x-1)^2(x-2)$ でわった余りを $R(x)$ (2 次以下の整式) とおくと，$P(x)=(x-1)^2(x-2)Q(x)+R(x)$ と表せる．

ところが，$P(x)$ は $(x-1)^2$ でわると $2x-1$ 余るので，$R(x)$ も $(x-1)^2$ でわると $2x-1$ 余る．

よって，$R(x)=a(x-1)^2+2x-1$ とおける．

$\therefore\quad P(x)=(x-1)^2(x-2)Q(x)+a(x-1)^2+2x-1$

$P(2)=5$ だから，$a+3=5$　　$\therefore\quad a=2$

よって，求める余りは，$2(x-1)^2+2x-1$

すなわち，$\boldsymbol{2x^2-2x+1}$

ポイント

$f(x)$ を $g(x)h(x)$ でわったときの余りを $R(x)$ とすると

$f(x)$ を $g(x)$ でわった余り と
$R(x)$ を $g(x)$ でわった余り は等しい
($h(x)$ についても同様のことがいえる)

演習問題 26

(1) 整式 $P(x)$ を $x+1$，$x-1$，$x+2$ でわると，それぞれ 3，7，4 余る．このとき，整式 $P(x)$ を $(x+1)(x-1)(x+2)$ でわったときの余りを求めよ．

(2) 整式 $P(x)$ を $(x+1)^2$ でわった余りが $2x+1$，$x-1$ でわった余りが -1 のとき，整式 $P(x)$ を $(x+1)^2(x-1)$ でわった余りを求めよ．

27 因数定理

$f(x)=x^4-x^3+px^2-qx+4$ が $x-1$, $x-2$ でわりきれるとき，次の問いに答えよ．

(1) p, q の値を求めよ．

(2) $f(x)=0$ の 1, 2 以外の残りの解を求めよ．

「$x-1$ でわりきれる」とは「$x-1$ でわった余りが 0」と考えられるので，剰余の定理で余りを 0 とおいて得られる定理，「**因数定理**」が使えます．

解答

(1) $f(x)=x^4-x^3+px^2-qx+4$ は，

$x-1$, $x-2$ でわりきれるので，$f(1)=f(2)=0$ 　◀因数定理

$$\therefore \begin{cases} p-q+4=0 \\ 2p-q+6=0 \end{cases} \quad \text{よって，} \begin{cases} \boldsymbol{p=-2} \\ \boldsymbol{q=2} \end{cases}$$

(2) (1)より，$f(x)=x^4-x^3-2x^2-2x+4$

$=(x^2-3x+2)(x^2+2x+2)$ 　◀$(x-1)(x-2)$，すなわち x^2-3x+2 でわりきれる

$=(x-1)(x-2)(x^2+2x+2)$

よって，残りの解は　$x^2+2x+2=0$ の解．

$\therefore$　$\boldsymbol{x=-1\pm i}$

ポイント　因数定理
整式 $f(x)$ が $x-\alpha$ でわりきれる $\Longleftrightarrow$ $f(\alpha)=0$

演習問題 27

$P(x)=ax^4+(b-a)x^3+(1-2ab)x^2+(ab-10)x+2ab$ のとき，

(1) $P(x)$ が $x-2$ でわりきれるとき，a, b の値を求めよ．

(2) $P(x)$ が $x+2$ でわりきれるとき，a, b の値を求めよ．

(3) $P(x)$ が x^2-4 でわりきれるとき，a, b の値を求め，$P(x)$ を因数分解せよ．

28 虚数 ω

$x^3=1$ をみたす虚数の1つを ω とするとき，次の問いに答えよ．

(1) $\omega^3=1$，$\omega^2+\omega+1=0$ を示せ．

(2) $\dfrac{\omega^{13}-\omega^5+1}{\omega+1}$ の値を求めよ．

ω は $\dfrac{-1+\sqrt{3}i}{2}$ か $\dfrac{-1-\sqrt{3}i}{2}$ のどちらかを指していますが，この虚数も，**16** の(1)の虚数と同様で，$x^n=1$ をみたす自然数 n があります．このような虚数を扱うときには，この式 $(x^n=1)$ を利用して，**次数を下げていく**のがコツです．

解　答

(1) ω は $x^3=1$ の解だから，　$\omega^3=1$

次に，　$x^3-1=0 \iff (x-1)(x^2+x+1)=0$

ω は虚数だから，$x^2+x+1=0$ の解．　$\therefore$　$\omega^2+\omega+1=0$

(2) $\omega^3=1$，$-\omega^2=\omega+1$ より

$(\text{分子})=(\omega^3)^4\cdot\omega-\omega^3\cdot\omega^2+1=-\omega^2+\omega+1$　◀次数を下げる

$=2(\omega+1)$

$\therefore$　$(\text{与式})=\dfrac{2(\omega+1)}{\omega+1}=\mathbf{2}$

ポイント　$x^n=1$ をみたす虚数をある整式に代入したときの値を求めるには，これらの式を利用して次数を下げていく

演習問題 28

$x^3=1$ をみたす虚数の1つを ω とするとき，$\omega^{2n}+\omega^n+1$ の値を $n=3m$，$n=3m+1$，$n=3m+2$ の3つの場合に分けて求めよ．ただし，m は自然数とする．

29 共通解

2つの2次方程式
$x^2-ax+2a+4=0$ ……① と $x^2+2ax+4-a=0$ ……②
が，ただ1つの共通解をもつような a の値と，①，②の共通解以外の解をそれぞれ求めよ．

2つの方程式が共通解をもつとき，それぞれの方程式が因数分解できればよいのですが，そんな都合のよいことは期待するものではありません．現に，①，②とも因数分解できません．そこで，次のような考え方を利用します．

2つの整式 A，B が共通因数 G をもっているとすれば，
$A=A'G$ ……①，　$B=B'G$ ……②
と表せます．そこで，①$\times a+$②$\times b$ を作ってみると，
$aA+bB=(aA'+bB')G$
となり，**a，b がどんな値であっても G はなくならない**（＝保存される）

ところで，方程式 $A=0$ と $B=0$ が共通解 α をもつとは，**A も B も因数 $x-\alpha$ をもつということ**ですから，上の議論が共通解の問題に適用できることになります．

解 答

共通解を α とおくと
$$\begin{cases}\alpha^2-a\alpha+2a+4=0 & \cdots\cdots①' \\ \alpha^2+2a\alpha+4-a=0 & \cdots\cdots②'\end{cases}$$
②$'-$①$'$ より　◀ α^2 を消去する
$3a\alpha-3a=0$　　$\therefore$　$3a(\alpha-1)=0$
$\therefore$　$a=0$　または　$\alpha=1$　◀「または」である点に注意
(i)　$a=0$ のとき
①，②ともに，$x^2+4=0$ となり，

2つの共通解　$x=\pm 2i$ をもち，不適．

◀ただ1つの共通解と問題文に書いてある

(ii)　$\alpha=1$ のとき

①′に代入して，

$$1-a+2a+4=0$$

$$\therefore\quad a=-5$$

このとき，①は $(x+6)(x-1)=0$

よって，他の解は $x=-6$

②は $(x-9)(x-1)=0$

よって，他の解は $x=9$

(i)，(ii)より，$a=-5$，①の他の解は -6，②の他の解は 9

注　**解答**に示してあるように，「$\alpha=0$　または　$\alpha=1$」から，即座に，「$\alpha=1$」と決めつけずに，$\alpha=0$ のときも調べなければなりません．

ポイント　共通解を求める問題は

Ⅰ．因数分解できれば直接求める

Ⅱ．因数分解できなければ，共通解を α とおき，α の次数の一番高いところを消去する

注　ポイントⅡの「次数の最高の項の消去」でなく「**定数項の消去**」も解決の1つの手段として存在します．本問では定数項を消去できませんが，**演習問題 29** では，定数項を消去することができます．

演習問題 29

2つの2次方程式

$$x^2-2ax+6a=0 \quad \cdots\cdots① \quad と \quad x^2-2(a-1)x+3a=0 \quad \cdots\cdots②$$

が，0でない共通解をもつ a の値と，その共通解，①，②の他の解を求めよ．

30 高次方程式

(1) 3次式 $x^3-(2a-1)x^2-2(a-1)x+2$
を因数分解せよ.

(2) x に関する方程式
$$x^3-(2a-1)x^2-2(a-1)x+2=0$$
が異なる3つの実数解をもつような a の値の範囲を求めよ.

(1) 3次式の因数分解といえば，因数定理 (27).
もちろん，これで解答が作れます (**解Ⅰ**) が，数学Ⅰで

文字が2種類以上ある式を因数分解するときは，次数の一番低い文字について整理する

ということを学んでいます. (Ⅰ・A 4 精講 Ⅱ)
復習も兼ねて，こちらでも解答を作ってみます (**解Ⅱ**).

(2) (1)より，(1次式)(2次式)$=0$ の形にできました.
(1次式)$=0$ から解が決まるので，(2次式)$=0$ が異なる2つの実数解をもてばよいように思えますが，これだけでは不十分です.

解　答

(1) (**解Ⅰ**)

$f(x)=x^3-(2a-1)x^2-2(a-1)x+2$ とおく.

$f(-1)=-1-(2a-1)+2(a-1)+2$
$\quad=-1-2a+1+2a-2+2=0$

よって，$f(x)$ は $x+1$ を因数にもち，
$$f(x)=\boldsymbol{(x+1)(x^2-2ax+2)}$$

◀「$f(x)=$」とおくのは，因数定理を使う準備

◀ x に数字を代入したときに，a が消えることから，$f(-1)=0$ を想像する

(**解Ⅱ**)

$x^3-(2a-1)x^2-2(a-1)x+2$
$=(x^3+x^2+2x+2)-2(x^2+x)a$
$=x^2(x+1)+2(x+1)-2x(x+1)a$
$=(x+1)\{(x^2+2)-2ax\}$
$=(x+1)(x^2-2ax+2)$

(2) (1)より，$(x+1)(x^2-2ax+2)=0$ ……①

$\therefore\ x=-1,\ x^2-2ax+2=0$ ……②

①が異なる3つの実数解をもつので，②が $x=-1$ 以外の異なる2つの実数解をもてばよい.

◀②が $x=-1$ を解にもつと異なる3つの解にならない

よって，$\begin{cases}(-1)^2-2a(-1)+2\neq 0\\ a^2-2>0\end{cases}$

$\therefore\ \begin{cases}a\neq -\dfrac{3}{2}\\ a<-\sqrt{2},\ \sqrt{2}<a\end{cases}$

したがって，求める a の値の範囲は

$$\boldsymbol{a<-\frac{3}{2},\ -\frac{3}{2}<a<-\sqrt{2},\ \sqrt{2}<a}$$

注 (1)の(**解Ⅰ**)と(**解Ⅱ**)の違いは，(**解Ⅰ**)では $f(x)$ の x に何を代入するかを自分で見つけてこないといけないのに，(**解Ⅱ**)ではその必要がありません．代入する x は，$\pm\dfrac{\textbf{定数項の約数}}{\textbf{最高次の係数の約数}}$ しかないことが知られています．だから，代入する x の値の候補は $\pm1,\ \pm2$ の4つしかないのです.

注 $x^2-2ax+2=0$ は因数分解できないので，(判別式)>0 を使います.

ポイント 高次方程式は，2次以下の整式の積に因数分解して考える

注 因数分解できなくても，このあと学ぶ微分法を使うと解決します．(⇨ **95**)

演習問題 30

複素数 $1+i$ を1つの解とする実数係数の3次方程式

$x^3+ax^2+bx+c=0$ ……①

について，次の問いに答えよ.

(1) $b,\ c$ を a で表せ.

(2) ①の実数解を a で表せ.

(3) 方程式①と方程式 $x^2-bx+3=0$ ……② がただ1つの実数解を共有するとき，$a,\ b,\ c$ の値を求めよ.

第2章

第3章 図形と式

31 分点の座標

平面上に，点 A$(-2,\ 4)$，B$(4,\ -14)$，C$(-8,\ -5)$，P$(4,\ 4)$，Q$(-2,\ -5)$ がある．

(1) QP を 5：1 に内分する点Rの座標を求めよ．

(2) PQ を 2：1 に外分する点Sの座標を求めよ．

(3) △ABC の重心Gの座標を求めよ．

内分，外分という用語は，いずれも線分に対して定められるものです．線分には端点が2つあるので，それらを A，B とするとき，次の3点に注意します．

Ⅰ．「線分 AB を…」と書いてあるか
「線分 BA を…」と書いてあるか

Ⅱ．どんな比か

Ⅲ．「内分」か「外分」か　(⇨参考)

そのあと，**ポイント**の公式Ⅰを使います．

この公式は内分，外分兼用で，内分点の座標を求めるときは，そのまま使いますが，**外分点**の座標を求めるときには，比を表す2つの数のうち，**小さい方に「−」をつけて**使います．

また，**重心**については次の3つのことを知っておきましょう．

(i) **定義は「3つの中線の交点」**

(ii) **1つの中線を頂点の側から，2：1 に内分する点**

(iii) **座標は「3頂点の平均」**

((i)，(ii)は右図参照)

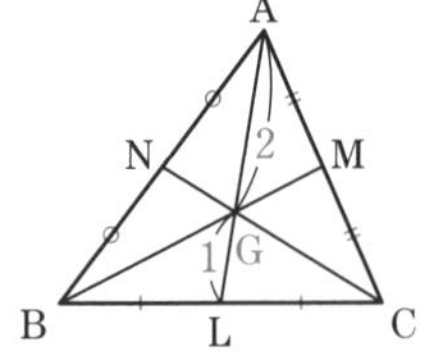

注　中線についてはⅠ・A 52，81 参照．

解　答

(1)　$R\left(\dfrac{1\times(-2)+5\times4}{5+1},\ \dfrac{1\times(-5)+5\times4}{5+1}\right)$ 　◀ポイントⅠ

　∴　$\mathbf{R\left(3,\ \dfrac{5}{2}\right)}$

(2)　$S\left(\dfrac{(-1)\times4+2\times(-2)}{2+(-1)},\ \dfrac{(-1)\times4+2\times(-5)}{2+(-1)}\right)$ 　◀外分のときは，小さい方に－をつける

　∴　$\mathbf{S(-8,\ -14)}$

(3)　$G\left(\dfrac{(-2)+4+(-8)}{3},\ \dfrac{4+(-14)+(-5)}{3}\right)$ 　◀座標は 3 頂点の平均

　∴　$\mathbf{G(-2,\ -5)}$

ポイント

Ⅰ．2 点 $A(x_1,\ y_1)$，$B(x_2,\ y_2)$ について，線分 AB を $m:n$ に分ける点の座標は

$$\left(\frac{nx_1+mx_2}{m+n},\ \frac{ny_1+my_2}{m+n}\right)$$

Ⅱ．3 点 $A(x_1,\ y_1)$，$B(x_2,\ y_2)$，$C(x_3,\ y_3)$ を頂点とする三角形 ABC の重心の座標は

$$\left(\frac{x_1+x_2+x_3}{3},\ \frac{y_1+y_2+y_3}{3}\right)$$

「2：1」の具体例を使って内分と外分の違いを理解してください．

①　AB を 2：1 に内分する点C　②　AB を 2：1 に外分する点D

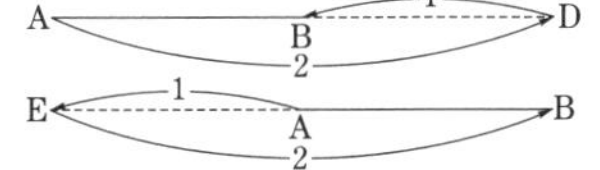

③　AB を 1：2 に外分する点E

結局，違いは，分ける点が線分 AB 内か AB 外かということです．

演習問題 31

(1)　2 点 A(3，1)，B(−1，2) をとる．線分 AB を 3：2 に内分する点と外分する点の座標を求めよ．

(2)　3 つの直線，x 軸，$3x-y+6=0$，$6x+5y-30=0$ で囲まれる三角形の重心の座標を求めよ．

第3章

32 直線の方程式

次の条件をみたす直線の方程式を求めよ．

(1)　2点 $(1,\ 2)$，$(3,\ 4)$ を通る直線の方程式．

(2)　点 $(2,\ 3)$ を通り，直線 $2x-3y=7$ に平行な直線の方程式．

直線の方程式は，次の2つの形のどちらかで求めます．

Ⅰ．通る点2つ

Ⅱ．通る点1つと傾き

解　答

(1)　$y-2=\dfrac{4-2}{3-1}(x-1)$　　$\therefore$　$\boldsymbol{y=x+1}$　◀ポイントⅠ

注　$y=ax+b$ とおいて，a，b の連立方程式を作る方法もありますが，できるだけ早くこの方法に慣れてください．

(2)　$2x-3y=7$ より，$y=\dfrac{2}{3}x-\dfrac{7}{3}$

よって，求める直線は，傾き $\dfrac{2}{3}$ で，点 $(2,\ 3)$ を通る．

$\therefore$　$y-3=\dfrac{2}{3}(x-2)$　すなわち，$\boldsymbol{y=\dfrac{2}{3}x+\dfrac{5}{3}}$　◀ポイントⅡ

ポイント

Ⅰ．2点 $(x_1,\ y_1)$，$(x_2,\ y_2)$ を通る直線は，

$x_1 \neq x_2$ のとき，$y-y_1=\dfrac{y_2-y_1}{x_2-x_1}(x-x_1)$

$x_1=x_2$ のとき，$x=x_1$

Ⅱ．点 $(x_1,\ y_1)$ を通り，傾き m の直線は

$y-y_1=m(x-x_1)$

演習問題 32

点 $(3,\ 2)$ を通り，直線 $2x+3y-6=0$ に平行な直線の方程式を求めよ．

33 2点間の距離

△ABC において，辺 BC の中点を M とするとき，

$$AB^2+AC^2=2(AM^2+BM^2)$$

が成りたつことを，右図のように，M(0, 0)，A(a, b)，B(c, 0)，C($-c$, 0) ($c>0$) とおいて示せ.

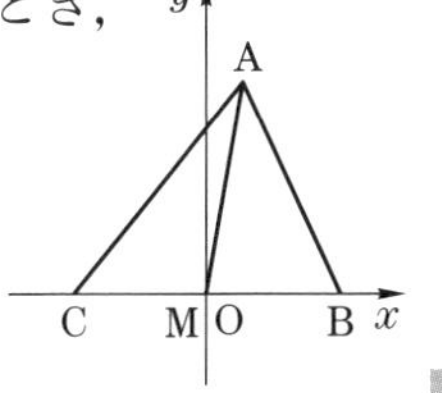

精講 示すべき等式は「**中線定理**」(⇨ I・A 81) です.
このように，(**距離**)^2 が含まれる等式や不等式の証明には，**計算しやすいように座標軸を設定**して，2点間の距離の公式 (⇨**ポイント**) を使う考え方が有効です.

解答

$AB^2=(a-c)^2+b^2$，$AC^2=(a+c)^2+b^2$

$\therefore\ AB^2+AC^2=2(a^2+b^2+c^2)$

次に，$AM^2=a^2+b^2$，$BM^2=c^2$

$\therefore\ 2(AM^2+BM^2)=2(a^2+b^2+c^2)$

よって，$AB^2+AC^2=2(AM^2+BM^2)$

ポイント 2点 A(x_1, y_1)，B(x_2, y_2) のとき

$$AB=\sqrt{(x_2-x_1)^2+(y_2-y_1)^2}$$

演習問題 33

△ABC が鋭角三角形のとき，

$$AC^2=AB^2+BC^2-2AB\cdot BC\cos B \quad (\text{余弦定理})$$

が成りたつことを，座標を用いて証明せよ.

34 点と直線の距離

3点 A$(-1,\ 5)$, B$(-3,\ 2)$, C$(3,\ -1)$ を頂点とする △ABC がある．次の問いに答えよ．

(1) 直線 BC の方程式を求めよ．

(2) 点Aと直線 BC との距離を求めよ．

(3) △ABC の面積を求めよ．

(2) 点と直線の距離とは，**点から直線に下ろした垂線の長さ**を指します．このとき，この長さは垂線の足の座標はなくても，すなわち，「2点間の距離」の公式を使わなくても**ポイント**の公式で求められます．

解答

(1) $y-2=\dfrac{-1-2}{3-(-3)}(x+3)$ より，$\boldsymbol{y=-\dfrac{1}{2}x+\dfrac{1}{2}}$　◀32

(2) (1)より，BC：$x+2y-1=0$　◀この形にするところがポイント

よって，点Aと直線 BC の距離は，

$$\frac{|-1+10-1|}{\sqrt{1+4}}=\boldsymbol{\frac{8}{\sqrt{5}}}$$　◀ポイント

(3) $\mathrm{BC}=\sqrt{(3+3)^2+(-1-2)^2}=3\sqrt{5}$　◀33

$$\therefore\quad \triangle\mathrm{ABC}=\frac{1}{2}\cdot 3\sqrt{5}\cdot\frac{8}{\sqrt{5}}=\boldsymbol{12}$$

ポイント　点 $(x_0,\ y_0)$ と直線 $ax+by+c=0$ との距離は

$$\frac{|ax_0+by_0+c|}{\sqrt{a^2+b^2}}$$

演習問題 34

直線 $l: x+2y+3=0$ に点 A$(-3,\ 4)$ から下ろした垂線の足をHとし，l 上に HP＝AH となる点Pをとる．△AHP の面積を求めよ．

35 線対称

点 A(3, 1) の直線 $l: y=2x+1$ に関する対称点 A′ を求めよ.

「点Aの直線 l に関する対称点」とは, 点Aを l で折り返して重なる点のことです.
次の 2 つの性質に着眼して立式します.

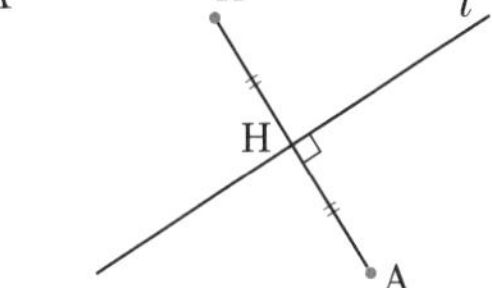

Ⅰ. AA′⊥l　　Ⅱ. 線分 AA′ の中点は l 上にある

注　決して AH=A′H という距離の式を作ってはいけません.

解答

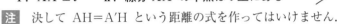

A′$(a,\ b)$ とおくと, 直線 AA′ の傾きは $-\dfrac{1}{2}$ だから,

$$\frac{b-1}{a-3}=-\frac{1}{2} \qquad \therefore \quad a+2b=5 \quad \cdots\cdots①$$

また, 線分 AA′ の中点 $\left(\dfrac{a+3}{2},\ \dfrac{b+1}{2}\right)$ は l 上にあるので,

$$\frac{b+1}{2}=2\cdot\frac{a+3}{2}+1 \qquad \therefore \quad 2a-b=-7 \quad \cdots\cdots②$$

①, ②より, $a=-\dfrac{9}{5}$, $b=\dfrac{17}{5}$

$$\therefore \quad \mathbf{A'\left(-\frac{9}{5},\ \frac{17}{5}\right)}$$

ポイント　点Aの直線 l に関する対称点 A′ について
Ⅰ. AA′⊥l
Ⅱ. 線分 AA′ の中点は l 上にある

演習問題 35

2 点 A(3, 1), B(4, 5) と直線 $y=2x+1$ 上の動点Pがある. このとき, AP+PB を最小にする点Pの座標を求めよ.

36 平行条件・垂直条件

xy 平面上の2つの直線 $x-ay-3=0$, $x-(2a-3)y+5=0$ が次の条件をみたすとき，実数 a の値を求めよ．

(1)　平行　　　　(2)　垂直

2つの直線 $l_1: y=m_1x+n_1$, $l_2: y=m_2x+n_2$ について

Ⅰ．$\boldsymbol{l_1 /\!/ l_2} \Longleftrightarrow \boldsymbol{m_1=m_2}$

Ⅱ．$\boldsymbol{l_1 \perp l_2} \Longleftrightarrow \boldsymbol{m_1m_2=-1}$

これが大切な公式であるのは事実ですが，この公式には「**文字係数の直線の方程式に対してはまずいことが起こる可能性がある**」という欠点があります．

その「まずいこと」とは，次のようなことを指します．

$a=0$ のとき，a で**わることができないので**

$x-ay+2=0$ を $y=\dfrac{1}{a}x+\dfrac{2}{a}$ **と書くことはできない．**

そこで，ここでは，上の公式に加えて，**ポイント**にある公式を勉強します．**(別解)**では，旧式(？)の解答も書いておきましたので，2つの解答を比較してください．

解　答

($a_1x+b_1y+c_1=0$, $a_2x+b_2y+c_2=0$ の型の方法)

(1)　$1\cdot\{-(2a-3)\}-(-a)\cdot 1=0$　　◀ポイント

より　$-2a+3+a=0$

$\therefore\ \ \boldsymbol{a=3}$

(2)　$1\cdot 1+(-a)\{-(2a-3)\}=0$　　◀ポイント

より　$1+2a^2-3a=0$

$\therefore\ \ (2a-1)(a-1)=0$

$\therefore\ \ \boldsymbol{a=\dfrac{1}{2},\ 1}$

(別解)　($y=m_1x+n_1$, $y=m_2x+n_2$ の型の方法)

$l_1：x-ay-3=0$, $l_2：x-(2a-3)y+5=0$ とおくと,

$$l_1：\begin{cases} y=\dfrac{1}{a}x-\dfrac{3}{a} & (a\neq 0) \\ x=3 & (a=0) \end{cases} \qquad l_2：\begin{cases} y=\dfrac{x}{2a-3}+\dfrac{5}{2a-3} & \left(a\neq\dfrac{3}{2}\right) \\ x=-5 & \left(a=\dfrac{3}{2}\right) \end{cases}$$

(1)　$a=0$, $a=\dfrac{3}{2}$ のときは, $l_1 \not\parallel l_2$ だから, $a\neq 0$, $a\neq\dfrac{3}{2}$

$\therefore$　$\dfrac{1}{a}=\dfrac{1}{2a-3}$ より $a=2a-3$　　$\therefore$　$a=3$

(2)　$a=0$, $a=\dfrac{3}{2}$ のときは, $l_1\perp l_2$ でないので, $a\neq 0$, $a\neq\dfrac{3}{2}$

$\therefore$　$\dfrac{1}{a}\times\dfrac{1}{2a-3}=-1$ より $a(2a-3)=-1$

$\therefore$　$(2a-1)(a-1)=0$　　$\therefore$　$a=\dfrac{1}{2}$, 1

ポイント

xy 平面上の 2 直線

$l_1：a_1x+b_1y+c_1=0$, $l_2：a_2x+b_2y+c_2=0$ について

$l_1 \parallel l_2 \Longleftrightarrow a_1b_2-a_2b_1=0$

$l_1 \perp l_2 \Longleftrightarrow a_1a_2+b_1b_2=0$

注　ここでは, l_1 と l_2 が一致する場合も含めて平行, と考えています.

一致の条件：$\dfrac{a_1}{a_2}=\dfrac{b_1}{b_2}=\dfrac{c_1}{c_2}$, 一致でない平行条件：$\dfrac{a_1}{a_2}=\dfrac{b_1}{b_2}\neq\dfrac{c_1}{c_2}$ です.

演習問題 36

(1)　2 直線 $x+ay=1$ と $x-(2a-1)y=2$ が垂直となる a, 平行となる a を求めよ.

(2)　3 つの直線 $x+y=3$, $y-x=1$, $x+3y=3$ でできる三角形について

(ア)　3 つの頂点の座標を求めよ.

(イ)　(ア)の 3 つの点にあと 1 点をつけ加えて平行四辺形を作りたい. つけ加えることのできる点の座標を求めよ.

37 定点を通る直線

直線 $(2k+1)x-(k-1)y+3k=0$ は k の値に関係なく定点を通る．その定点の座標を求めよ．

精講　「**kの値に関係なく**」とあったら，「**kについて整理**」して，恒等式（⇨**11**）にもちこむのが常道です．

解　答

$(2k+1)x-(k-1)y+3k=0$

より $(x+y)+k(2x-y+3)=0$　◀kについて整理

この式が任意の k について成りたつとき

$$\begin{cases} x+y=0 \\ 2x-y+3=0 \end{cases} \quad \therefore \quad \begin{cases} x=-1 \\ y=1 \end{cases}$$

◀恒等式の考え方

よって，定点 $(\mathbf{-1,\ 1})$ を通る．

参考　**38** のポイントについて

$f(x,\ y)+kg(x,\ y)=0$ ……①　が任意の k に対して成りたつとき，$\begin{cases} f(x,\ y)=0 \\ g(x,\ y)=0 \end{cases}$ が成りたつ．

この連立方程式が解 $(x_0,\ y_0)$ をもてば，①は $f(x,\ y)=0$ と $g(x,\ y)=0$ の交点すなわち，$(x_0,\ y_0)$ を通る．

ポイント　係数が k の1次式で表されている直線が定点を通る
$\Longrightarrow$ k について整理する

演習問題 37

直線 g：$y=ax+9-3a$ について，次の問いに答えよ．

(1)　g は a の値にかかわらず定点を通る．その定点の座標を求めよ．

(2)　a がすべての実数値をとるとき，g と x 軸の交点を $(p,\ 0)$ とする．このとき，p のとることができない値を求めよ．

38 交点を通る直線

2直線 $x-2y-3=0$, $2x+y-1=0$ の交点と点 $(-1,\ 6)$ を通る直線の方程式を求めよ.

32によれば, 与えられた2直線の交点を求めれば, 求める直線の通る2点がわかるので, この方程式が求まります. (⇨(**解Ⅰ**))

しかし, 同様のタイプの問題の将来への発展を考えると, ポイントの公式を利用できるようにしておきたいものです. (⇨(**解Ⅱ**))

解 答

(**解Ⅰ**) (通る2点より直線の方程式を求める方法)

$$\begin{cases} x-2y-3=0 \\ 2x+y-1=0 \end{cases} \text{より,} \quad \begin{cases} x=1 \\ y=-1 \end{cases}$$

よって, 求める直線は2点 $(1,\ -1)$, $(-1,\ 6)$ を通る.

$$\therefore\ y+1=\frac{-1-6}{1+1}(x-1) \qquad \therefore\ \boldsymbol{y=-\frac{7}{2}x+\frac{5}{2}}$$

(**解Ⅱ**) ($f(x,\ y)+kg(x,\ y)=0$ より求める方法)

$(x-2y-3)+k(2x+y-1)=0$ は2直線の交点を通る. ◀ポイント

これが点 $(-1,\ 6)$ を通るとき, $3k-16=0$

$$\therefore\ k=\frac{16}{3} \qquad \text{よって,} \quad 7x+2y-5=0$$

ポイント　$f(x,\ y)+kg(x,\ y)=0$ で表される曲線は, 曲線 $f(x,\ y)=0$, $g(x,\ y)=0$ が交点をもつとき, その交点を通る **注** ⇨37 参考

演習問題 38

2つの直線 $2x+y-1=0$, $x-2y-3=0$ の交点を通り, 直線 $x+y+1=0$ に垂直な直線の方程式を求めよ.

39 円の方程式

次の円の方程式を求めよ．

(1)　点 $(2,\ 1)$ を中心とし，点 $(1,\ 4)$ を通る円

(2)　2点 $(3,\ 2)$，$(5,\ -8)$ を直径の両端とする円

(3)　3点 $(0,\ 4)$，$(3,\ 1)$，$(1,\ 1)$ を通る円

円の方程式を求めるときは，与えられた条件によって次のどちらかの設定でスタートします．

Ⅰ．中心 $(a,\ b)$ や，半径 r がわかるとき

$$(x-a)^2+(y-b)^2=r^2$$

Ⅱ．中心も，半径もわかりそうにないとき

$$x^2+y^2+ax+by+c=0$$

解　答

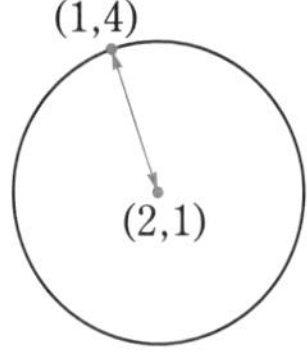

(1)　求める円の半径は

$$\sqrt{(2-1)^2+(1-4)^2}=\sqrt{10}$$　◀2点間の距離

よって，求める円の方程式は

$$(x-2)^2+(y-1)^2=10$$

(2)　中心は，$(3,\ 2)$，$(5,\ -8)$ を結ぶ線分の中点だから

$$(4,\ -3)$$

また，半径は　$\sqrt{(4-3)^2+(-3-2)^2}=\sqrt{26}$

よって，求める円の方程式は

$$(x-4)^2+(y+3)^2=26$$

(3)　求める円を $x^2+y^2+ax+by+c=0$ とおく．　◀中心も半径もわかりそうにないので

3点 $(0,\ 4)$，$(3,\ 1)$，$(1,\ 1)$ を代入して

$$\begin{cases} 4b+c+16=0 & \cdots\cdots① \\ 3a+b+c+10=0 & \cdots\cdots② \\ a+b+c+2=0 & \cdots\cdots③ \end{cases}$$

②−③ より，$a=-4$

これと③より　$b+c-2=0$　……③′

①−③′ より $b=-6$

これと①より $c=8$

よって，求める円の方程式は

$$\boldsymbol{x^2+y^2-4x-6y+8=0}$$

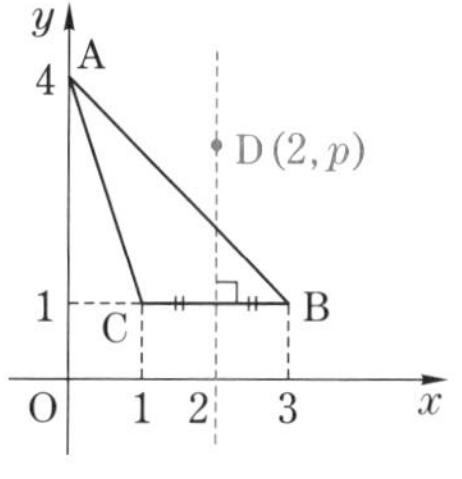

(別解) （右図をよく見ると……）

A(0, 4)，B(3, 1)，C(1, 1)

とおくと，中心は線分 BC の垂直二等分線上にあるので，中心は D(2, p) とおけて，半径を r とすると AD$=r$，CD$=r$ だから，

$$\begin{cases} 2^2+(p-4)^2=r^2 \\ (1-2)^2+(1-p)^2=r^2 \end{cases} \quad \therefore \quad \begin{cases} p^2-8p+20=r^2 & \cdots\cdots① \\ p^2-2p+2=r^2 & \cdots\cdots② \end{cases}$$

①−② より，$p=3$ 　　∴　$r^2=5$

よって，求める円の方程式は

$$(x-2)^2+(y-3)^2=5$$

注 (3)のように，見かけは中心，半径がわからないように見えても，図をかくと様々な性質が見えることがありますから，図をかく習慣をつけておくことが大切です．

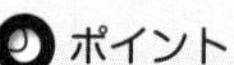

ポイント　円の方程式を求めるとき，状況をみて，次の 2 つのどちらかでスタートをきる

Ⅰ．$(x-a)^2+(y-b)^2=r^2$

Ⅱ．$x^2+y^2+ax+by+c=0$

(3)において，3 点を通る円が存在しているのは，3 点で三角形ができているからで，この三角形の外接円として求める円が定まります．(⇨**演習問題 39**(2))

演習問題 39

(1)　A(5, 5)，B(2, −4)，C(−2, 2) を通る円の方程式を求めよ．

(2)　A(5, 5)，B(2, −4)，D(a, b) を通る円がかけないような a と b の関係式を求めよ．

第3章

40 円と直線の位置関係

円 C：$x^2+y^2=4$ と直線 l：$y=ax+2-3a$ の位置関係を a の値によって，分類して答えよ．

円と直線の位置関係は，次の3つの場合があります．

Ⅰ．異なる2点で交わる

Ⅱ．1点で接する

Ⅲ．共有点をもたない

これらを区別するための道具は，

「判別式（⇨17 18）」か**「点と直線の距離（⇨34）」**

です．

一般的には，次の表のようになります．

〈C：$x^2+y^2=r^2$ と l：$y=mx+n$ の位置関係〉

C と l から y を消去した式

$$(1+m^2)x^2+2mnx+n^2-r^2=0$$

の判別式を D とする．また，C の中心 $(0,\ 0)$ と l の距離を d とする．

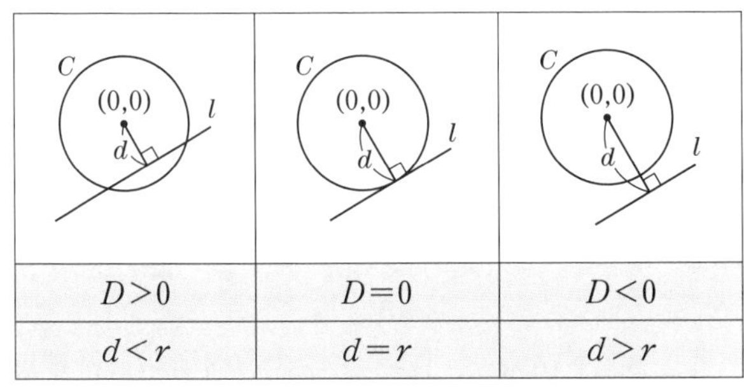

Ⅰ	Ⅱ	Ⅲ
$D>0$	$D=0$	$D<0$
$d<r$	$d=r$	$d>r$

◀この図を覚えるのではなく，必要なときに導けるようにする

解　答

（解Ⅰ）（判別式を用いて）

$$\begin{cases} x^2+y^2=4 \\ y=ax+2-3a \end{cases}$$ より，y を消去して，

$x^2+(ax+2-3a)^2=4$　　∴　$(1+a^2)x^2+2a(2-3a)x+9a^2-12a=0$

判別式を D とすると

$\dfrac{D}{4}=a^2(2-3a)^2-(1+a^2)(9a^2-12a)$

$=-5a^2+12a=-a(5a-12)$

(i) $D>0$，すなわち，$\boldsymbol{0<a<\dfrac{12}{5}}$ **のとき，$\boldsymbol{C}$ と $\boldsymbol{l}$ は異なる 2 点で交わる．**

(ii) $D=0$，すなわち，$\boldsymbol{a=0,\ \dfrac{12}{5}}$ **のとき，$\boldsymbol{C}$ と $\boldsymbol{l}$ は接する．**

(iii) $D<0$，すなわち，$\boldsymbol{a<0,\ \dfrac{12}{5}<a}$ **のとき，$\boldsymbol{C}$ と $\boldsymbol{l}$ は共有点をもたない．**

（解Ⅱ）（点と直線の距離を考えて）

円の中心 $(0,\ 0)$ と l の距離を d とおくと，$d=\dfrac{|2-3a|}{\sqrt{a^2+1}}$

(i) $d<2$，すなわち，$\dfrac{|2-3a|}{\sqrt{a^2+1}}<2$ のとき，

両辺を平方して，$9a^2-12a+4<4a^2+4$　　$\therefore$　$a(5a-12)<0$

よって，$0<a<\dfrac{12}{5}$ のとき，C と l は異なる 2 点で交わる．

(ii) $d=2$，すなわち，$a=0,\ \dfrac{12}{5}$ のとき，C と l は接する．

(iii) $d>2$，すなわち，$a<0,\ \dfrac{12}{5}<a$ のとき，C と l は共有点をもたない．

注　一般に，「判別式」より「点と直線の距離」の方が，計算量は少なくてすみますが，交点や接点の座標を求めるときには，かえって不便ですので注意してください．

ポイント　円と直線の位置関係は，次の 2 つの手段のどちらか
Ⅰ．連立させて判別式を使う
Ⅱ．「点と直線の距離」の公式を使う

演習問題 40

円：$(x+2)^2+(y+1)^2=25$ と直線：$y=ax+9-3a$ の位置関係を a の値で分類して答えよ．

41 円と接線

(1) 次の接線の方程式を求めよ．

(ア) 点 $(1,\ 2)$ において，円 $x^2+y^2=5$ に接する

(イ) 点 $(1,\ 3)$ から円 $x^2+y^2=5$ に引いた接線

(2) 点 $(1,\ 5)$ を中心とし，直線 $4x-3y+1=0$ に接する円の方程式を求めよ．

(1) 次のような公式があります．

円 $\boldsymbol{x^2+y^2=r^2}$ 上の点 $(\boldsymbol{x_0,\ y_0})$ における接線は

$$\boldsymbol{x_0x+y_0y=r^2}$$

たいへん便利なように見えますが，この公式を用いるときには「接点の座標」がわかっていなければなりません．すなわち，(1)の(ア)と(イ)の**違いがわかっているかどうか**がポイントです．

解　答

(1) (ア) $(1,\ 2)$ は接点だから，$\boldsymbol{x+2y=5}$

(イ) **(解 I)**

接点を $(x_1,\ y_1)$ とおくと，

$x_1{}^2+y_1{}^2=5$ ……①

このとき，接線は $x_1x+y_1y=5$ とおけて　◀ポイント

この直線上に点 $(1,\ 3)$ があるので，

$x_1+3y_1=5$ ……②

①，②より，

$(5-3y_1)^2+y_1{}^2=5$

$\therefore\ 10y_1{}^2-30y_1+20=0$　　$\therefore\ (y_1-1)(y_1-2)=0$

$\therefore\ y_1=1,\ 2$

②より，$y_1=1$ のとき　$x_1=2$

$y_1=2$ のとき　$x_1=-1$

よって，接線は2本あり，

$\boldsymbol{2x+y=5}$ と $\boldsymbol{-x+2y=5}$

（解Ⅱ）（接点の座標をきいていないので……）

(1, 3) を通る $x^2+y^2=5$ の接線は y 軸と平行ではないので，（⇨ 注）

$y-3=m(x-1)$，すなわち，$mx-y-m+3=0$ とおける．

この直線が $x^2+y^2=5$ に接するので，

$$\frac{|-m+3|}{\sqrt{m^2+1}}=\sqrt{5}$$

◀40

$\therefore\ |m-3|=\sqrt{5(m^2+1)}$

両辺を平方して，$5m^2+5=m^2-6m+9$

$\therefore\ 4m^2+6m-4=0$　　$\therefore\ (2m-1)(m+2)=0$

$\therefore\ m=\frac{1}{2},\ -2$

よって，接線は 2 本あり，

$$y=\frac{1}{2}x+\frac{5}{2} \text{ と } y=-2x+5$$

注　タテ型（y 軸に平行）直線の可能性があるとき，傾き m を用いて直線を表すことは**できません．**

(2)　半径を r とおくと

$$r=\frac{|4-15+1|}{\sqrt{4^2+(-3)^2}}=2$$

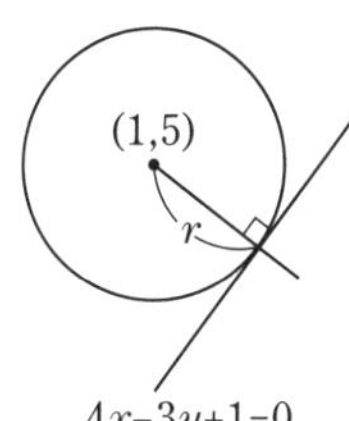

よって，求める円の方程式は

$$(\boldsymbol{x}-\mathbf{1})^2+(\boldsymbol{y}-\mathbf{5})^2=\mathbf{4}$$

ポイント

円の接線の求め方

Ⅰ．円 $(x-a)^2+(y-b)^2=r^2$ 上の点 $(x_1,\ y_1)$ における接線は

$$(x_1-a)(x-a)+(y_1-b)(y-b)=r^2$$

Ⅱ．点と直線の距離の公式を使う

Ⅲ．判別式を使う

演習問題 41

点 $(4,\ -2)$ から円 $x^2+y^2=10$ に引いた接線の方程式を求めよ．

42　2円の交点を通る円

2円 $x^2+y^2-2x+4y=0$ ……①，$x^2+y^2+2x=1$ ……②
がある．次の問いに答えよ．

(1) ①，②は異なる2点で交わることを示せ．

(2) ①，②の交点をP，Qとするとき，2点P，Qと点$(1,\ 0)$を通る円の方程式を求めよ．

(3) 直線PQの方程式と弦PQの長さを求めよ．

(1) 2円が異なる2点で交わる条件は
「**半径の差＜中心間の距離＜半径の和**」です．
(⇨ Ⅰ・A 59)

(2) 38 の考え方を用いると，2点P，Qを通る円は

$$(x^2+y^2-2x+4y)+k(x^2+y^2+2x-1)=0$$

の形に表せます．

(3) 2点P，Qを通る直線も(2)と同様に

$$(x^2+y^2-2x+4y)+k(x^2+y^2+2x-1)=0$$

と表せますが，直線を表すためには，x^2，y^2 の項が消えなければならないので，$\boldsymbol{k=-1}$ と決まります．また，**円の弦の長さを求める**ときは，2点間の距離の公式ではなく，点と直線の距離 (⇨ 34) と三平方の定理を使います．

解　答

(1) ①より $(x-1)^2+(y+2)^2=5$　∴ 中心 $(1,\ -2)$，半径 $\sqrt{5}$
②より $(x+1)^2+y^2=2$　∴ 中心 $(-1,\ 0)$，半径 $\sqrt{2}$
中心間の距離$=\sqrt{2^2+2^2}=\sqrt{8}<3=2+1<\sqrt{5}+\sqrt{2}$
また，$\sqrt{5}-\sqrt{2}<3-1=2<\sqrt{8}$
∴ 半径の差＜中心間の距離＜半径の和
よって，①，②は異なる2点で交わる．

(2) 2点P，Qを通る円は

$$(x^2+y^2-2x+4y)+k(x^2+y^2+2x-1)=0 \quad \cdots\cdots③$$

とおける．

これが(1, 0)を通るので

$$-1+2k=0 \qquad \therefore \quad k=\frac{1}{2}$$

よって，求める円は

$$x^2+y^2-2x+4y+\frac{1}{2}(x^2+y^2+2x-1)=0$$

$$\therefore \quad \boldsymbol{\left(x-\frac{1}{3}\right)^2+\left(y+\frac{4}{3}\right)^2=\frac{20}{9}}$$

(3) ③において，x^2，y^2 の項が消えるので，

$k=-1$ $\qquad \therefore$ $\boldsymbol{4x-4y-1=0}$ ……④

次に，円②の中心$(-1, 0)$と直線④との距離を d とおくと，

$$d=\frac{|-4-1|}{\sqrt{4^2+4^2}}=\frac{5}{4\sqrt{2}}$$

図より，$\left(\frac{1}{2}\mathrm{PQ}\right)^2=(\sqrt{2})^2-d^2$

$$\therefore \quad \mathrm{PQ}^2=4\left(2-\frac{25}{32}\right)=\frac{39}{8}$$

よって，$\mathrm{PQ}=\boldsymbol{\frac{\sqrt{78}}{4}}$

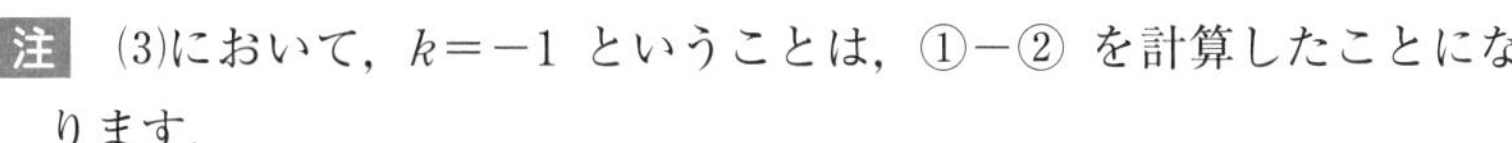

注 (3)において，$k=-1$ ということは，①－② を計算したことになります．

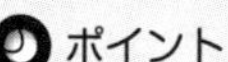

ポイント

2つの円 $x^2+y^2+a_1x+b_1y+c_1=0$ と
$x^2+y^2+a_2x+b_2y+c_2=0$
が交点をもつとき
$(x^2+y^2+a_1x+b_1y+c_1)+k(x^2+y^2+a_2x+b_2y+c_2)=0$ は
$k \neq -1$ のとき，2円の交点を通る円
$k=-1$ のとき，2円の交点を通る直線

演習問題 42

2つの円 $x^2+y^2=2$ と $(x-1)^2+(y-1)^2=4$ は交点をもつことを示し，その交点を通る直線の方程式を求めよ．

43 軌跡（Ⅰ）

定点 O(0, 0), A(3, 0) からの距離の比が 2：1 であるような点Pの軌跡を求めよ．

精講　点Pの軌跡を求めるとき，P(x, y) とおいて，x と y の関係式を求めます．また，**2つの定点からの距離の比が一定の点の軌跡は円**になり，その円は**アポロニウスの円**と呼ばれます．

解答

P(x, y) とおくと，$OP^2=x^2+y^2$

$AP^2=(x-3)^2+y^2$

OP：AP＝2：1 だから $OP^2:AP^2=4:1$

◀ **$OP^2:AP^2$ は 4：1** であることに注意

∴　$4AP^2=OP^2$

よって，$4(x-3)^2+4y^2=x^2+y^2$　　∴　$3x^2-24x+3y^2+36=0$

∴　$x^2-8x+y^2+12=0$　　∴　$(x-4)^2+y^2=2^2$

したがって，求める軌跡は，**円 $(x-4)^2+y^2=4$**

ポイント　2点A，Bからの距離の比が $m:n$ ($m\neq n$) であるような点の軌跡は，線分 AB を $m:n$ に内分する点と外分する点を直径の両端とする円になる

注　**ポイント**を利用すれば次のようになります．

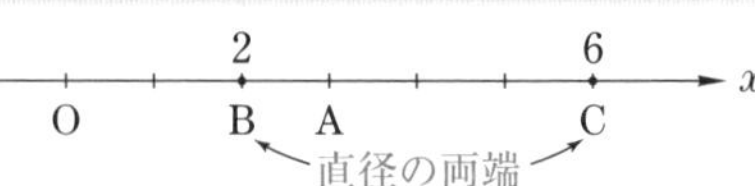

OA を 2：1 に内分する点は B(2, 0)

OA を 2：1 に外分する点は C(6, 0)

よって，(4, 0) を中心とする半径 2 の円．

演習問題 43

定点 A(1, 1), B(5, 5) からの距離の比が 1：3 であるような点Pの軌跡を求めよ．

44 軌跡（Ⅱ）

点 (0, 5) を通り，x 軸に接する円の中心の軌跡を求めよ．

円が x 軸に接するとき，中心の y 座標と半径の間には，ある関係式が成りたっています（⇨ **ポイント**）．
このことを，図をかいて見つけることになります．

解　答

円は上側から（⇦ 大切!!）x 軸に接しているので，中心の座標は $\mathrm{P}(X,\ Y)$ $(Y>0)$ とおけて（⇨ 注），半径は Y．ゆえに，円の方程式は

$$(x-X)^2+(y-Y)^2=Y^2$$

これが，(0, 5) を通るので，

$$(-X)^2+(5-Y)^2=Y^2 \qquad \therefore \quad X^2-10Y+25=0$$

よって，求める軌跡は $(X,\ Y)$ を $(x,\ y)$ に書きかえて

放物線 $\boldsymbol{y=\frac{1}{10}x^2+\frac{5}{2}}$　　これは $y>0$ をみたす．

注　43 の考え方によれば $\mathrm{P}(x,\ y)$ とおきたいところですが，もしこのようにおいてしまうと，円の方程式が $(x-x)^2+(y-y)^2=y^2$ となって，ワケがわからなくなります．（⇨ 48 精講）

ポイント　円が x 軸に接するとき，
|中心の y 座標|＝半径

注　上側から接する場合と下側から接する場合で，関係式が変わることに注意しましょう．（⇨ **演習問題 44**）

演習問題 44

点 (1, −2) を通り，x 軸に接する円の中心の軌跡を求めよ．

45 軌跡(Ⅲ)

t が実数値をとって変化するとき，次の関係式をみたす点 P$(x,\ y)$ の軌跡を求め，図示せよ．

(1) $\begin{cases} x=2t+1 \\ y=6t+2 \end{cases}$ (2) $\begin{cases} x=|t|+2 \\ y=t^2 \end{cases}$ (3) $\begin{cases} x=\cos t-1 \\ y=\sin t+1 \end{cases}$ $(0^\circ \leqq t \leqq 90^\circ)$

精講 変数 t で表されている点 P$(x,\ y)$ の軌跡は次の手順で考えていきます．

Ⅰ．動く点を $(x,\ y)$ とおく

Ⅱ．x，y の関係式を求める

すなわち，x，y 以外の変数 (ここでは t) を消去する．

Ⅲ．x や y に範囲がつかないか調べる

注 変数 t のことを媒介変数，または，パラメータといいます．

解答

(1) $\begin{cases} x=2t+1 & \cdots\cdots① \\ y=6t+2 & \cdots\cdots② \end{cases}$

①を t について解くと $t=\dfrac{x-1}{2}$

これを②に代入して $y=3(x-1)+2$ ◀ t を消去

よって，求める軌跡は

直線 $y=3x-1$

また，グラフは右図．

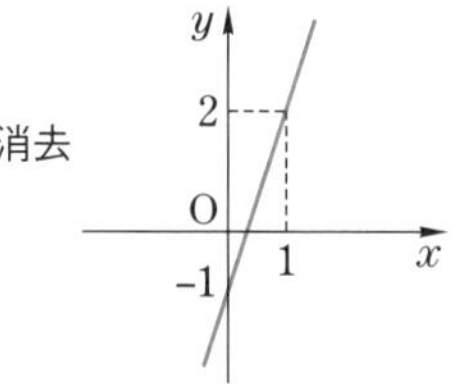

注 t がすべての実数値をとるとき，x はすべての実数値をとるので x には範囲はつきません．だから，精講 のⅢは解答に現れません．

(2) $\begin{cases} x=|t|+2 & \cdots\cdots① \\ y=t^2 & \cdots\cdots② \end{cases}$

①より，$|t|=x-2$ ……①′ ◀ t を消去するための準備

②より $y=|t|^2$

①′ を代入して ◀ $|t|$ に $x-2$ を代入

$y=(x-2)^2$

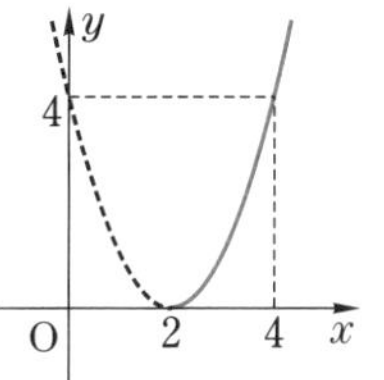

また，①′ において，$|t|\geqq 0$ だから，$x\geqq 2$

よって，求める軌跡は

放物線の一部 $y=(x-2)^2$ $(x\geqq 2)$

また，グラフは右図．

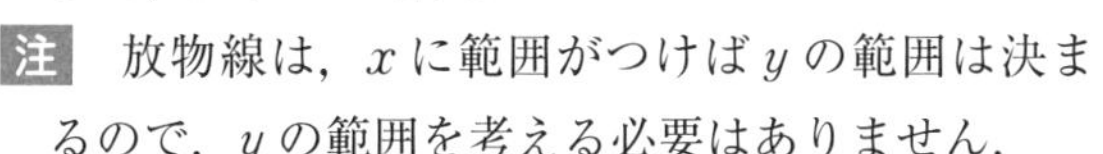

注 放物線は，x に範囲がつけば y の範囲は決まるので，y の範囲を考える必要はありません．

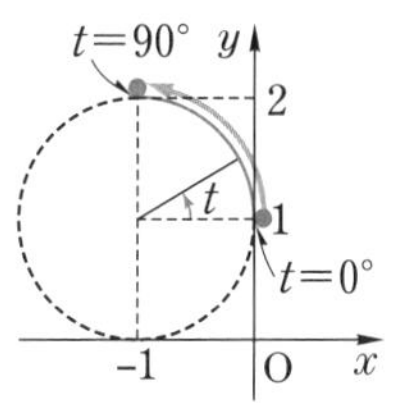

(3) $\begin{cases} x=\cos t-1 \\ y=\sin t+1 \end{cases}$ より $\begin{cases} x+1=\cos t & \cdots\cdots ① \\ y-1=\sin t & \cdots\cdots ② \end{cases}$

①^2＋②^2 より

$$(x+1)^2+(y-1)^2=\cos^2 t+\sin^2 t$$

$$\therefore\quad (x+1)^2+(y-1)^2=1 \quad (\because\quad \cos^2 t+\sin^2 t=1)$$

また，$0\leqq\cos t\leqq 1$，$0\leqq\sin t\leqq 1$ より，

$-1\leqq x\leqq 0$，$1\leqq y\leqq 2$

よって，求める軌跡は

円弧 $(x+1)^2+(y-1)^2=1$

$(-1\leqq x\leqq 0,\ 1\leqq y\leqq 2)$

また，グラフは右図．

t は図の位置にあらわれるので，t を 0° から 90° まで動かして考えることもできる

かくれた条件

注 円は x の範囲だけでは不十分です．

y の範囲も考えなければなりません．

また，(3)のように，媒介変数 t を消去するときには，かくれた条件 $(\sin^2 t+\cos^2 t=1)$ を使うことがあります．気をつけましょう．

ポイント 軌跡を求めるときは，媒介変数の消去がメインの作業だが，x，y に範囲がつく可能性を忘れてはいけない

演習問題 45

t が実数値をとって変化するとき，次の関係式をみたす点 P$(x,\ y)$ の軌跡を求め，図示せよ．

(1) $\begin{cases} x=-t+2 \\ y=2t+1 \end{cases}$　　(2) $\begin{cases} x=1-|t| \\ y=t^2-1 \end{cases}$

(3) $\begin{cases} x=1-\sin t \\ y=1+\cos t \end{cases}$ $(30°\leqq t\leqq 120°)$

第3章

46 軌跡（Ⅳ）

放物線 $y=x^2-2x+1$ と直線 $y=mx$ について，次の問いに答えよ．

(1) 上の放物線と直線が異なる2点P，Qで交わるための m の範囲を求めよ．

(2) 線分PQの中点Mの座標を m で表せ．

(3) m が(1)で求めた範囲を動くとき，点Mの軌跡を求めよ．

(1) 放物線と直線の位置関係は，連立させて y を消去した2次方程式の**判別式**を考えます．

異なる2点とかいてあるので，判別式≧0 ではありません．

(2) (1)の2次方程式の2解がPとQの x 座標ですが，m を含んだ式になるので2解を α，β とおいて，**解と係数の関係を利用した方が計算がラク**です．

(3) (1)において，**m に範囲がついている**点に注意します．

（⇨ 45 精講 Ⅲ）

解答

$y=x^2-2x+1$ ……①，$y=mx$ ……②

(1) ①，②より，y を消去して，$x^2-(m+2)x+1=0$ ……③

③は異なる2つの実数解をもつので，

判別式を D とすると，$D>0$

$D=(m+2)^2-4$ であるから　　$m^2+4m>0$

$\therefore\ m(m+4)>0$

$\therefore\ \boldsymbol{m<-4,\ 0<m}$

(2) ③の2解を α，β とすれば，

P$(\alpha,\ m\alpha)$，Q$(\beta,\ m\beta)$ とおける．

このとき，M$(x,\ y)$ とすれば，

$$x=\frac{\alpha+\beta}{2},\quad y=\frac{m(\alpha+\beta)}{2}=mx \quad \cdots\cdots④$$

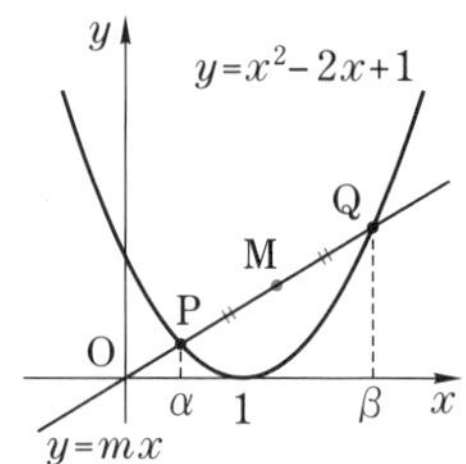

ここで，解と係数の関係より

$\alpha+\beta=m+2$ だから

$$\frac{\alpha+\beta}{2}=\frac{m+2}{2} \qquad \therefore \quad x=\frac{m+2}{2} \quad \cdots\cdots⑤$$

$$\therefore \quad \mathbf{M}\left(\frac{m+2}{2},\ \frac{m^2+2m}{2}\right)$$

◀ M を m だけの式で表せた

(3) ⑤より $m=2x-2$

④に代入して，$y=x(2x-2)$

ここで，(1)より，$m<-4$，$0<m$ だから，

$2x-2<-4$，$0<2x-2$

すなわち，$x<-1$，$1<x$

以上のことより，求める軌跡は**放物線の一部**で，

$$\boldsymbol{y=2x^2-2x \quad (x<-1,\ 1<x)}$$

いつでも x に範囲がつくわけではありません．
たとえば，与えられた放物線が $y=x^2-2x-1$ であったら，判別式$=(m+2)^2+4>0$ となり，m に範囲はつきません．
すなわち，この場合は軌跡の x にも範囲がつかないということです．

ポイント 軌跡が放物線のとき，範囲は x につければよい
y につける必要はない

注 (1)がなくて，(2)から問題が始まっていたら，自分で $D>0$ を作って m のとりうる値の範囲を調べる必要があります．

演習問題 46

放物線 $y=x^2-2tx+\frac{1}{2}t^2+4t-4$ ……① がある．

(1) ①が放物線 $y=-x^2+3x-2$ と共有点をもつような t の範囲を求めよ．

(2) t が(1)で求めた範囲を動くとき，①の頂点のえがく軌跡を求めよ．

第3章

47 軌跡(V)

m を実数とする．xy 平面上の2直線

$$mx-y=0 \cdots\cdots①,\qquad x+my-2m-2=0 \cdots\cdots②$$

について，次の問いに答えよ．

(1) ①，②は m の値にかかわらず，それぞれ定点 A，B を通る．A，B の座標を求めよ．

(2) ①，②は直交することを示せ．

(3) ①，②の交点の軌跡を求めよ．

(1) 「mの値にかかわらず」とあるので，「**m について整理**」して，m についての恒等式と考えます．(⇨ **37**)

(2) ②が「$y=$」の形にできません．(⇨ **36**)

(3) ①，②の交点の座標を求めて，**45** のマネをするとかなり大変です(⇨ 参考)．したがって，(1)，(2)を利用することを考えます．このとき，**45** の 精講 Ⅲを忘れてはいけません．

解 答

(1) m の値にかかわらず $mx-y=0$ が成りたつとき，$x=y=0$

$\therefore$ **A(0, 0)**

②より $(y-2)m+(x-2)=0$ だから　◀ m について整理

$\therefore$ **B(2, 2)**

(2) $m\cdot 1+(-1)\cdot m=0$ だから，　◀ **36**

①，②は直交する．

(3) (1)，(2)より，①，②の交点を P とすると ①⊥②より，$\angle \mathrm{APB}=90^\circ$

よって，円周角と中心角の関係より P は2点 A，B を直径の両端とする円周上にある．この円の中心は AB の中点で $(1,\ 1)$

また，$\mathrm{AB}=2\sqrt{2}$ より，半径は $\sqrt{2}$

よって，$(x-1)^2+(y-1)^2=2$

ここで，①は y 軸と一致することはなく，②は直線 $y=2$ と一致する

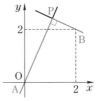

ことはないので（注），点(0, 2)は含まれない．

よって，求める軌跡は

円 $(x-1)^2+(y-1)^2=2$ から，点(0, 2)を除いたもの．

注　一般に，$y=mx+n$ 型直線は，y 軸と平行な直線は表せません．それは，y の頭に文字がないので，m，n にどんな数値を代入しても y が必ず残って，$x=k$ の形にできないからです．逆に，x の頭には文字 m がついているので，$m=0$ を代入すれば，$y=n$ という形にでき，x 軸に平行な直線を表すことができます．

45 の要領で①，②の交点を求めてみると，

$$x=\frac{2(1+m)}{1+m^2},\ y=\frac{2m(1+m)}{1+m^2}$$

となり，まともに m を消去しようとすると容易ではなく，除外点を見つけることもタイヘンです．もしも誘導がなければ次のような解答ができます．これが普通の解答です．

$x\neq 0$ のとき，①より $m=\dfrac{y}{x}$

◀ x で割りたいので $x\neq 0$，$x=0$ で場合分け

②に代入して，$x+\dfrac{y^2}{x}-\dfrac{2y}{x}-2=0$

$\therefore\quad x^2+y^2-2y-2x=0\qquad\therefore\quad (x-1)^2+(y-1)^2=2$

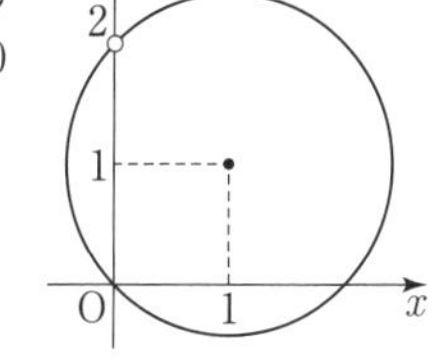

次に，$x=0$ のとき，①より，$y=0$

これを②に代入すると，$m=-1$ となり実数 m が存在するので，点(0, 0)は適する．

以上のことより，①，②の交点の軌跡は円 $(x-1)^2+(y-1)^2=2$ から点(0, 2)を除いたもの．

ポイント　定点を通る2直線が直交しているとき，その交点は，ある円周上にある．その際，除外点に注意する

演習問題 47

t を実数とする．xy 平面上の2直線 $l：tx-y=t$，$m：x+ty=2t+1$ について，次の問いに答えよ．

(1)　t の値にかかわらず，l，m はそれぞれ，定点A，Bを通る．A，Bの座標を求めよ．

(2)　l，m の交点Pの軌跡を求めよ．

48 一般の曲線の移動

(1) (i) 点 $(x,\ y)$ を x 軸方向に p，y 軸方向に q だけ平行移動した点を $(X,\ Y)$ とするとき，x，y を X，Y で表せ．

(ii) 曲線 $y=f(x)$ を x 軸方向に p，y 軸方向に q だけ平行移動した曲線の方程式は $y-q=f(x-p)$ で表せることを示せ．

(2) (i) 点 $(x,\ y)$ を直線 $x=a$ に関して対称移動した点を $(X,\ Y)$ とするとき，x，y を X，Y で表せ．

(ii) 曲線 $y=f(x)$ を直線 $x=a$ に関して対称移動した曲線の方程式は $y=f(2a-x)$ と表せることを示せ．

(1) (ii) 軌跡の考え方によれば，X と Y の関係式を求めることが目標ですから，x と y を消去すればよいことになりますが，最後に，X を x に，Y を y に書きかえることを忘れないようにしましょう．それなら，はじめから移動後の点を $(x,\ y)$ とおけばよいと思うかもしれませんが，それでは移動前の点 $(x,\ y)$ と**区別がつかなくなります**．このような理由でおかれた $(X,\ Y)$ を**流通座標**といいます．

解答

(1) (i) $\begin{cases} X=x+p \\ Y=y+q \end{cases}$ だから

$\boldsymbol{x=X-p,\ y=Y-q}$

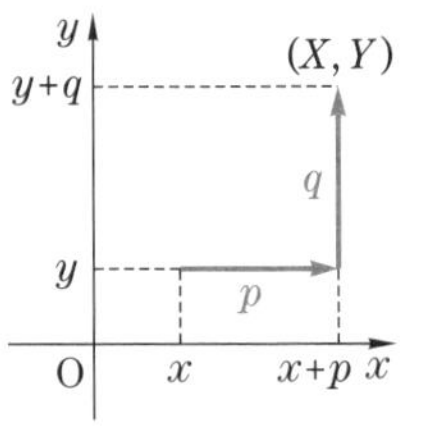

(ii) $(x,\ y)$ は $y=f(x)$ をみたすので，

$Y-q=f(X-p)$

$(X,\ Y)$ を $(x,\ y)$ に書きかえて

$y-q=f(x-p)$

(2) (i) 右図より

$\dfrac{x+X}{2}=a,\ Y=y$

$\therefore\quad \boldsymbol{x=2a-X,\ y=Y}$

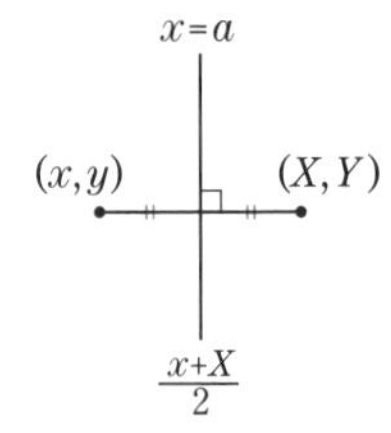

(ii) $(x,\ y)$ は $y=f(x)$ をみたすので，

$Y=f(2a-X)$

$(X,\ Y)$ を $(x,\ y)$ に書きかえて

$y=f(2a-x)$

(2)の(i)において，点 $(X,\ Y)$ を直線 $y=b$ に関して対称移動すると，点 $(X,\ 2b-Y)$ に移ります．

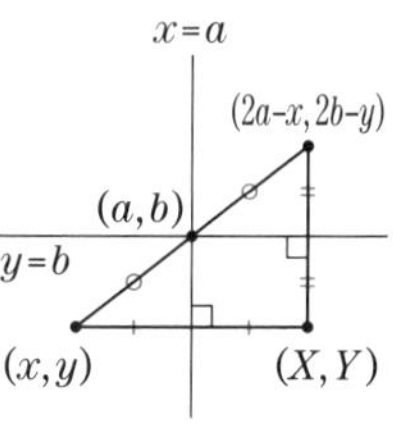

すなわち，点 $(2a-x,\ 2b-y)$ に移り，この点と最初の点 $(x,\ y)$ を結ぶ線分の中点は $(a,\ b)$ になります．

これは，**「ある点を直線 $x=a$ に関して対称移動し，そのあと直線 $y=b$ に関して対称移動することは，もとの点の点 $(a,\ b)$ に関する対称点を求めることと同じ」**ということです．図からわかるように「点対称とは，対称の中心のまわりに 180° 回転することと同じ」です．

ポイント

・曲線 $y=f(x)$ を x 軸方向に p，y 軸方向に q だけ平行移動した曲線の方程式は

$$y-q=f(x-p)$$

・曲線 $y=f(x)$ を直線 $x=a$ に関して対称移動した曲線の方程式は

$$y=f(2a-x)$$

注 平行移動の公式は「x に $x-p$ を，y に $y-q$ を代入する」ことだから，曲線が $f(x,\ y)=0$ の形のときは，$f(x-p,\ y-q)=0$ が平行移動した曲線になります(⇨ **演習問題 48**)． また，この公式は，証明できることがどうでもいいとはいいませんが，**まず，使えるようになる**ことが大切です．

演習問題 48

$|x-1|+|y-2|=1$ で表される図形を図示せよ．

49 不等式の表す領域（Ⅰ）

次の不等式の表す領域を図示せよ．

(1) $\begin{cases} x+y<3 \\ 2x-y<6 \end{cases}$　　(2) $1 \leqq x^2+y^2 \leqq 4$

(3) $(3x+4y-12)(x-2y+4)>0$

不等式の表す領域は以下の手順で考えます．

Ⅰ．境界の曲線（直線）をえがく

Ⅱ．境界線に対して，どちら側かを判断する

Ⅲ．境界を含むかどうかを判断する

解　答

(1) $x+y<3 \iff y<-x+3$

よって，$y=-x+3$ より下側を表す．

$2x-y<6 \iff y>2x-6$

よって，$y=2x-6$ より上側を表す．

ゆえに，求める領域は右図の色の部分．

ただし，境界は含まない．

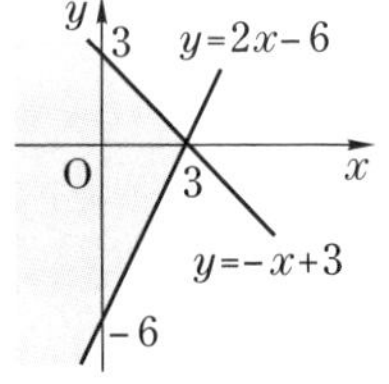

◀忘れない

(2) $1 \leqq x^2+y^2 \leqq 4 \iff \begin{cases} x^2+y^2 \geqq 1^2 & \cdots\cdots ① \\ x^2+y^2 \leqq 2^2 & \cdots\cdots ② \end{cases}$

① は，円 $x^2+y^2=1^2$ の周，および外側を表す．

② は，円 $x^2+y^2=2^2$ の周，および内側を表す．

よって，求める領域は右図の色の部分．

ただし，境界も含む．

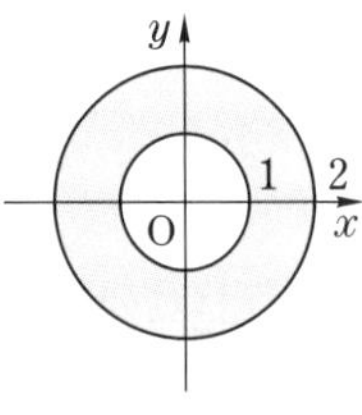

◀忘れない

(3) $(3x+4y-12)(x-2y+4)>0$

$\iff$ (i) $\begin{cases} 3x+4y-12>0 \\ x-2y+4>0 \end{cases}$ または (ii) $\begin{cases} 3x+4y-12<0 \\ x-2y+4<0 \end{cases}$

(i)のとき

$\begin{cases} y>-\dfrac{3}{4}x+3 \\ y<\dfrac{1}{2}x+2 \end{cases}$ から，$y=-\dfrac{3}{4}x+3$ より上側にあり，

かつ，$y=\frac{1}{2}x+2$ より下側にある部分.

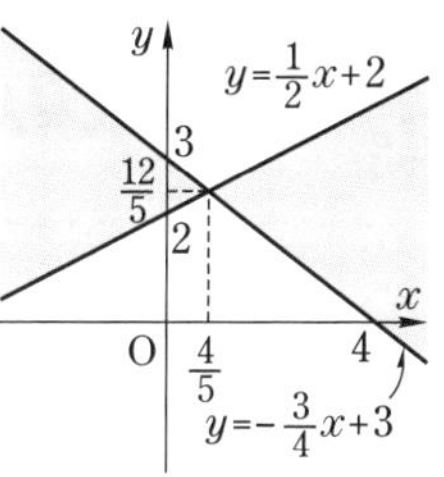

(ii)のとき

$\begin{cases} y<-\frac{3}{4}x+3 \\ y>\frac{1}{2}x+2 \end{cases}$ から，$y=-\frac{3}{4}x+3$ より

下側にあり，かつ，$y=\frac{1}{2}x+2$ より上側にある部分.

(i)，(ii)をあわせた部分が求める領域だから，上図の色の部分.

ただし，境界は含まない.　　　　◀忘れない

注　32 で直線の方程式を学習しましたが，ここで，もう１つ，「**切片公式**」と呼ばれるものを勉強しておきましょう.

$\frac{x}{a}+\frac{y}{b}=1$ の表す直線は，**2点 $(a,\ 0)$，$(0,\ b)$ を通る直線**

この公式を利用すると，(3)の $3x+4y-12=0$ は $\frac{x}{4}+\frac{y}{3}=1$ と変形できることより，$(4,\ 0)$，$(0,\ 3)$ を通る直線であることがすぐにわかります.

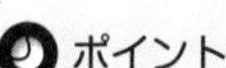

ポイント

I. $y>f(x)$ は，曲線 $y=f(x)$ の上側を表し，
$y<f(x)$ は，下側を表す　(境界は含まない)

II. $x^2+y^2<r^2$ は円 $x^2+y^2=r^2$ の内側を表し，
$x^2+y^2>r^2$ は円 $x^2+y^2=r^2$ の外側を表す
(境界は含まない)

演習問題 49

次の不等式の表す領域を図示せよ.

(1) $\begin{cases} x-y<2 \\ x-2y>1 \end{cases}$　　(2) $\begin{cases} x^2+y^2-2x+4y\leqq 4 \\ y\geqq x \end{cases}$

50 不等式の表す領域（Ⅱ）

次の不等式の表す領域を図示せよ．

(1)　$y>|x^2-4|$　　(2)　$|x|+|y|\leqq 1$

精講　本質的には 49 と同じですが，境界の曲線をかくときに，絶対値記号の処理を正しく行えなければ，第1段階でつまずくことになります．そこで，絶対値記号のついた関数の処理方法を学びましょう．

数学Iで，$|a|=\begin{cases} a & (a\geqq 0) \\ -a & (a<0) \end{cases}$ という公式を勉強しましたが，これを利用するのが基本です．すなわち，

$$|f(x)|=\begin{cases} f(x) & (f(x)\geqq 0) \\ -f(x) & (f(x)<0) \end{cases}$$

しかし，これを使わなくてもうまくできる場合があります．(1)，(2)がともにそれにあたります．**(解Ⅰ)** で公式を使った解答を，**(解Ⅱ)** でそれを使わなかった解答を紹介します．

解答

(1)　**(解Ⅰ)**

$$|x^2-4|=\begin{cases} x^2-4 & (x^2-4\geqq 0) \\ -(x^2-4) & (x^2-4<0) \end{cases}$$

$$=\begin{cases} x^2-4 & (x\leqq -2,\ 2\leqq x) \\ -x^2+4 & (-2<x<2) \end{cases}$$

◀ I・A 50

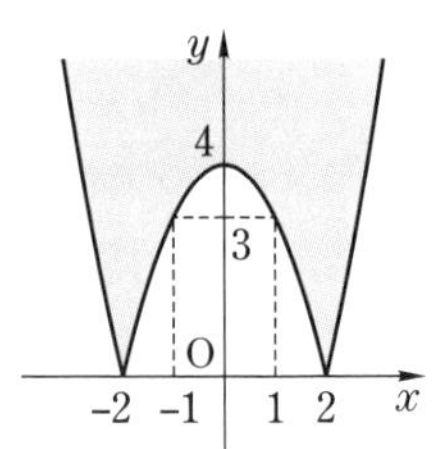

よって，$y>|x^2-4|$ の表す領域は $y=|x^2-4|$ の上側の部分，すなわち，右図の色の部分で境界は含まない．

(解Ⅱ)

$y=|x^2-4|$ のグラフは，$y=x^2-4$ のグラフのうち x 軸より下側にある部分を折り返したもので，

$y>|x^2-4|$ の表す領域は，$y=|x^2-4|$ の上側の部分を表す．

よって，求める領域は図の色の部分で境界は含まない.

(2) **(解Ⅰ)**

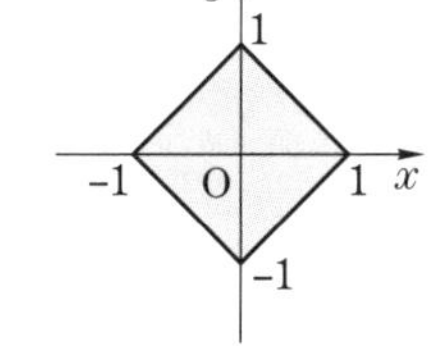

(i) $x \geqq 0$, $y \geqq 0$ のとき

$|x|+|y| \leqq 1 \iff x+y \leqq 1 \iff y \leqq -x+1$

(ii) $x<0$, $y \geqq 0$ のとき

$|x|+|y| \leqq 1 \iff -x+y \leqq 1 \iff y \leqq x+1$

(iii) $x \geqq 0$, $y<0$ のとき

$|x|+|y| \leqq 1 \iff x-y \leqq 1 \iff y \geqq x-1$

(iv) $x<0$, $y<0$ のとき

$|x|+|y| \leqq 1 \iff -x-y \leqq 1 \iff y \geqq -x-1$

以上のことより，求める領域は図の色の部分で境界も含む.

(解Ⅱ)

$x \geqq 0$, $y \geqq 0$ のとき $|-x|=x$, $|-y|=y$ だから，$|x|+|y| \leqq 1$ は，$x+y \leqq 1$ $(x \geqq 0,\ y \geqq 0)$ の部分と，それを x 軸，y 軸，原点で対称移動した部分をあわせたもの.

◀ I・A 34

参考

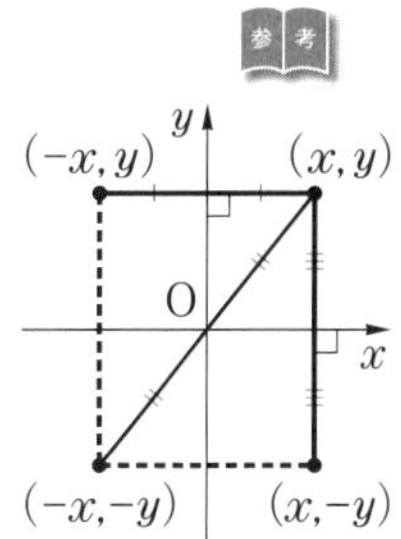

よって，求める領域は図の色の部分で境界も含む.

注 x 軸，y 軸，原点に関する対称移動は右図を参照.

ポイント $y=|f(x)|$ のグラフは，$y=f(x)$ のグラフの
Ⅰ．x 軸より上側はそのままで
Ⅱ．x 軸より下側を x 軸で折り返した
2 つのグラフをあわせたもの

演習問題 50

次の不等式の表す領域を図示せよ.

(1) $y \leqq |x^2-2x|$　　(2) $y \geqq |x^2-2|+1$

(3) $|x-1|+|y-2| \leqq 1$

51 領域内の点に対する最大・最小

実数 x, y が, $3x+y \geqq 6$, $2x-y \leqq 4$, $x+2y \leqq 7$ を同時にみたすとき, 次の問いに答えよ.

(1) $3x-y$ のとりうる値の最大値, 最小値を求めよ.

(2) x^2+y^2 のとりうる値の最大値, 最小値を求めよ.

領域 D 内を点 (x, y) が動くとき, $x+y$ のとりうる値はどのように考えればよいのでしょうか.

たとえば, $(x, y)=(1, 1)$ としたときの $x+y$ は 2 ですが, この「2」はどこに現れているかというと, $x+y=2$ だから, **直線の y 切片**として現れています. (右図参照)

だから, **$x+y=k$ とおいて**, この直線が D と共有点をもちながら動くときの y 切片 k のとりうる値の範囲を考えればよいのです.

(右図で, $x+y=k$ は D と共有点をもっています)

たとえば, 右図では点 $(1, 1)$ だけではなく, $x+y=k$ 上の太線部分の点をすべて代入したことになっているのです.

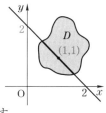

解答

連立不等式 $\begin{cases} 3x+y \geqq 6 \\ 2x-y \leqq 4 \\ x+2y \leqq 7 \end{cases}$ の表す領域は

〈図Ⅰ〉の色の部分 (境界も含む).

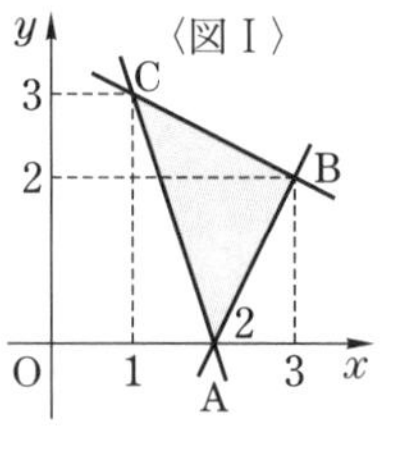

注 境界になる3つの直線の交点を先に求めておくと, 領域がかきやすくなります.

(1) $3x-y=k$ とおくと, ◀ポイント

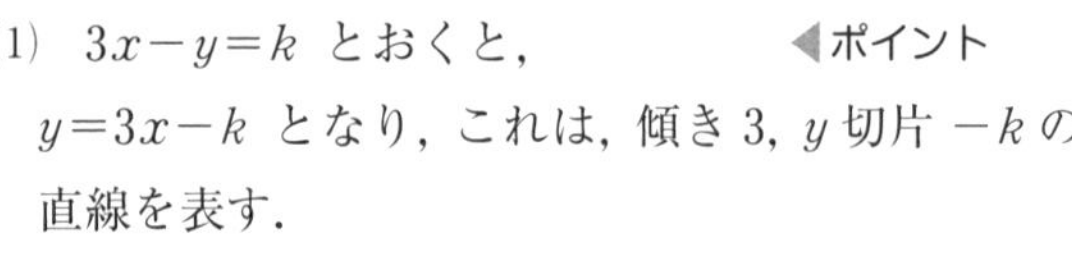

$y=3x-k$ となり, これは, 傾き 3, y 切片 $-k$ の直線を表す.

よって, この直線が, 〈図Ⅰ〉の色の部分と共有点をもつように動くときの, y 切片のとりうる値の範囲を考えればよい.

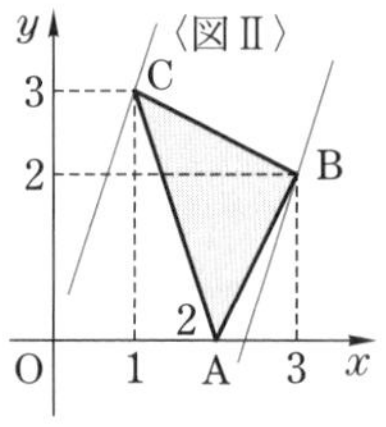

〈図Ⅱ〉より，$y=3x-k$ が B(3, 2) を通るとき，$-k$ は最小で，
C(1, 3) を通るとき，$-k$ は最大
すなわち，B(3, 2) を通るとき，k は **最大値 7** をとり
C(1, 3) を通るとき，k は **最小値 0** をとる．

(2) $x^2+y^2=r^2$ $(r>0)$ とおくと，これは原点中心，半径 r の円を表し，この図形が〈図Ⅰ〉の色の部分と共有点をもちながら動くときの，r^2 のとりうる値の範囲を考えればよい．

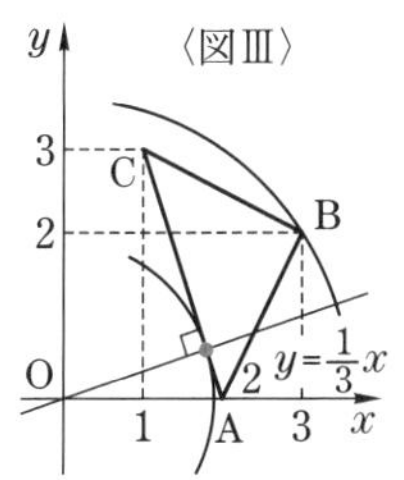

(i) 最大値
円がBを通るとき，r^2 は最大で，**最大値は**
$3^2+2^2=\mathbf{13}$

(ii) 最小値
円が直線 CA，すなわち，$3x+y-6=0$ と接するときを考える．
このとき，接点は，直線 CA と $y=\dfrac{1}{3}x$ の交点で $\left(\dfrac{9}{5},\ \dfrac{3}{5}\right)$
この点は線分 CA 上にあるので，この点が r^2 の最小値を与え，
最小値は $\left(\dfrac{9}{5}\right)^2+\left(\dfrac{3}{5}\right)^2=\mathbf{\dfrac{18}{5}}$

注 x^2+y^2 は，(0, 0) と $(x,\ y)$ との距離の平方と考えることもできます．

ポイント
不等式が表す領域内の点 $(x,\ y)$ に対して，x，y の関数 $f(x,\ y)$ の最大値，最小値は
Ⅰ．$f(x,\ y)=k$ とおき
Ⅱ．k が図形的に何を意味するかを考えて
Ⅲ．$f(x,\ y)=k$ が領域と共有点をもつように動かし，k の最大，最小を考える

演習問題 51

x，y が4つの不等式
$x\geqq 0$，$y\geqq 0$，$2x+3y\leqq 12$，$2x+y\leqq 8$
をみたすとき，次の問いに答えよ．
(1) $x+3y$ の最大値，最小値を求めよ．
(2) x^2-y の最大値，最小値を求めよ．

第4章 三角関数

52 一般角

(1) 次の方程式を解け．

(ア) $\sin\theta=\dfrac{1}{2}$　(イ) $\cos\theta=-\dfrac{\sqrt{3}}{2}$　(ウ) $\tan\theta=\sqrt{3}$

(2) 45° の動径の表す角の中で，500° から 1500° の間にあるものを求めよ．

(1)で「数学Ⅰでやった問題だ!!」と思った人は注意不足です．よく見てください．**θの範囲がありません．** 数学Ⅰでは $0°\leqq\theta\leqq180°$ の範囲で考えていましたが，これからは，θ は**180° より大きい角も，負の角も考える**ことになります．

たとえば，右図を見てみましょう．動径 OP は 30° の位置にあります．動径が x 軸上の正の部分からグルッと 1 回転すると 360° といえることはわかると思いますが，もし回転しすぎて 30° だけすぎてしまった状態が右図とすればどうなるでしょう？

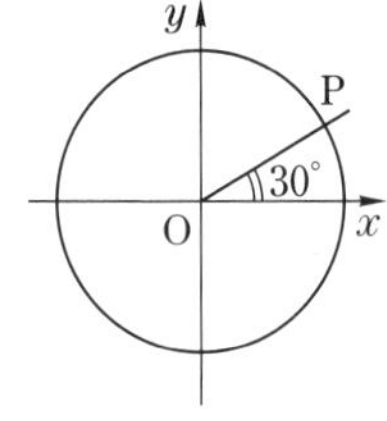

このとき「30° だけ 360° より大きい」と考えれば，390° といえます．もし，2 回転して図の位置にあれば，$360°\times2+30°=750°$ といえそうです．このように，いくらでも大きい角を考えることができます．

それでは，負の角はどう考えればよいのでしょうか．これは，**反時計まわりが正の方向**だから，**時計まわりに動径が動けば負の角**と考えればよいことになります．すると，図の動径は $-330°$ を表している，ともいえます．

実際の問題では，1 回転の範囲で角 α を求めておいて，n 回転分加えて

$$\boldsymbol{\theta=\alpha+360°\times n}\quad(\boldsymbol{n}：\textbf{整数})$$

と書けばよいのです．これを動径 OP の表す**一般角**といいます．

解　答

(1)　(ア)　$0^\circ \leqq \theta < 360^\circ$ において，

$\sin\theta = \dfrac{1}{2}$ を解くと，$\theta = 30^\circ$，150°

よって，$\boldsymbol{\theta = 30^\circ + 360^\circ \times n}$，$\boldsymbol{150^\circ + 360^\circ \times n}$

(n：整数)

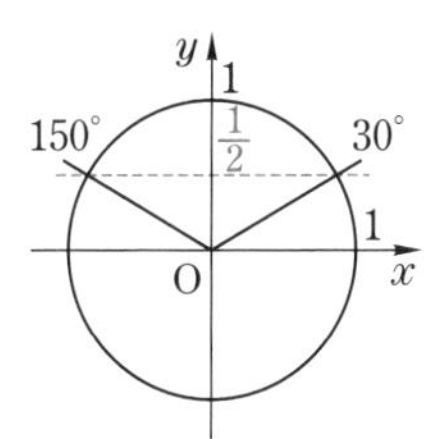

(イ)　$0^\circ \leqq \theta < 360^\circ$ において，

$\cos\theta = -\dfrac{\sqrt{3}}{2}$ を解くと，$\theta = 150^\circ$，210°

よって，$\boldsymbol{\theta = 150^\circ + 360^\circ \times n}$，$\boldsymbol{210^\circ + 360^\circ \times n}$

(n：整数)

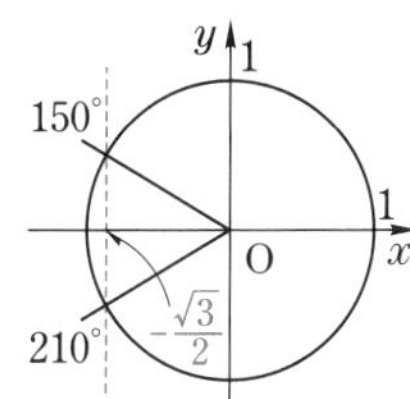

(ウ)　$0^\circ \leqq \theta < 360^\circ$ において，

$\tan\theta = \sqrt{3}$ を解くと，$\theta = 60^\circ$，240°

よって，$\boldsymbol{\theta = 60^\circ + 360^\circ \times n}$，$\boldsymbol{240^\circ + 360^\circ \times n}$

(n：整数)

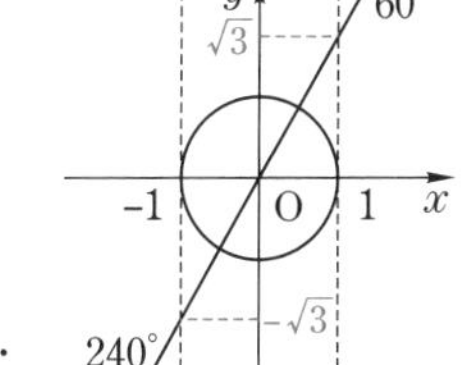

注　(ウ)は，$\theta = 60^\circ + 180^\circ \times n$ とすることもできます．

(2)　45° の動径の表す角は，n を整数として

$45^\circ + 360^\circ \times n$ と表せる．

$\therefore\ 500^\circ < 45^\circ + 360^\circ \times n < 1500^\circ$　　$\therefore\ 455^\circ < 360^\circ \times n < 1455^\circ$

これをみたす整数 n は，2，3，4 だから，求める角は，**765°**，**1125°**，**1485°**

ポイント　角 α $(0^\circ \leqq \alpha < 360^\circ)$ の動径の表す一般角は
$\alpha + 360^\circ \times n$ (n：整数) と表せる

(1)　次の方程式を解け．

(ア)　$\sin\theta = \dfrac{\sqrt{3}}{2}$　　(イ)　$\cos\theta = -\dfrac{1}{2}$　　(ウ)　$\tan\theta = \dfrac{1}{\sqrt{3}}$

(2)　60° の動径の表す角の中で，500° から 5000° の間にあるものはいくつあるか．

53 弧度法

(1) 次のそれぞれの角を弧度法で表せ.

(ア) 30°　　(イ) 45°　　(ウ) 120°

(エ) −60°　　(オ) −135°

(2) 半径2, 中心角が $\frac{2}{3}\pi$ の扇形について, 弧の長さ l と面積 S を求めよ.

角度を測るとき, 今までは「度」という単位を使ってきました. この測り方を「度数法」といいますが, ここでは, 新しい単位「**ラジアン**」を勉強します.

右図のように, 半径1の扇形で, その弧の長さが1であるものを考えたとき, その中心角を**1ラジアン**と呼ぶことにします. これが定義ですが, 実際に必要なことは「度」と「ラジアン」の間を**自由に行ったり来たりできる換算式**を知っていることです. その換算式とは, 「**180°＝π ラジアン**」で, あとは比例計算で換算します.

このような角度の測り方を「**弧度法**」と呼んでいます.

また, これにより, 扇形の弧の長さと面積を求める公式が新たに登場してきます. 右図において

$$\boldsymbol{l=r\theta,\quad S=\frac{1}{2}rl=\frac{1}{2}r^2\theta}$$

が成りたちます.

(証明)

中心角が $\alpha°$ のとき, $180°:\pi=\alpha°:\theta$ だから, $\theta=\frac{\alpha°}{180°}\pi$　　∴　$\frac{\alpha°}{360°}=\frac{\theta}{2\pi}$

$l=2\pi r\times\frac{\alpha°}{360°}=2\pi r\times\frac{\theta}{2\pi}=r\theta$,　また, $S=\pi r^2\times\frac{\alpha°}{360°}=\pi r^2\cdot\frac{\theta}{2\pi}=\frac{1}{2}r^2\theta$

注 弧度法では, 単位「ラジアン」を**省略するのが普通**です. たとえば, sin1 とあったら, 「1ラジアン」のことで「1度」ではありません. 「1度」ならば, sin1° と書きます. (⇨**演習問題 53**)

解　答

(1)　180°＝π ラジアン　だから，

(ア)　$30° = \frac{180°}{6}$ より　$\boldsymbol{\frac{\pi}{6}}$

(イ)　$45° = \frac{180°}{4}$ より　$\boldsymbol{\frac{\pi}{4}}$

(ウ)　$120° = 180° \times \frac{2}{3}$ より　$\boldsymbol{\frac{2\pi}{3}}$

(エ)　$-60° = -180° \times \frac{1}{3}$ より　$\boldsymbol{-\frac{\pi}{3}}$

(オ)　$-135° = -180° \times \frac{3}{4}$ より　$\boldsymbol{-\frac{3\pi}{4}}$

(2)　$l = 2 \times \frac{2\pi}{3} = \boldsymbol{\frac{4\pi}{3}}$　◀ $l = r\theta$

$S = \frac{1}{2} \cdot 2 \cdot l = \boldsymbol{\frac{4\pi}{3}}$　◀ $S = \frac{1}{2}rl$

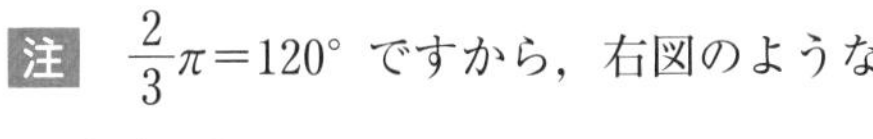

注　$\frac{2}{3}\pi = 120°$ ですから，右図のような扇形です．

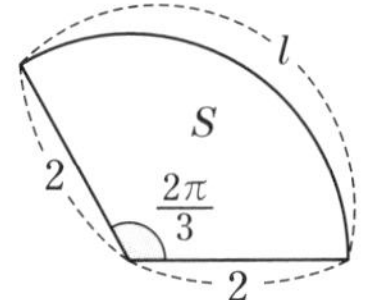

ポイント　180°＝π ラジアン

演習問題 53

次の問いに答えよ．

(1)　半径 4，面積 π の扇形について，

(ア)　弧の長さ l を求めよ．

(イ)　中心角 θ を弧度法で表せ．

(2)　3つの値 sin1，sin2，sin3 の大小を比較せよ．

54 三角関数の加法定理

$\sin\alpha=\dfrac{2}{3}$，$\sin\beta=\dfrac{2}{7}$ $\left(0<\alpha<\dfrac{\pi}{2},\ \dfrac{\pi}{2}<\beta<\pi\right)$ のとき，

(1) $\cos\alpha$，$\cos\beta$ の値を求めよ．

(2) $\sin(\alpha+\beta)$，$\cos(\alpha+\beta)$ の値を求めよ．

2つの角 α と β の 和 $\alpha+\beta$ や差 $\alpha-\beta$ の三角関数は，α，β の三角関数で表すことができます．この関係を**加法定理**といいます．

解答

(1) $\cos^2\alpha=1-\sin^2\alpha=\dfrac{5}{9}$，$\cos^2\beta=1-\sin^2\beta=\dfrac{45}{49}$

$0<\alpha<\dfrac{\pi}{2}$，$\dfrac{\pi}{2}<\beta<\pi$ より，$\cos\alpha>0$，$\cos\beta<0$

よって，$\cos\alpha=\dfrac{\sqrt{5}}{3}$，$\cos\beta=-\dfrac{3\sqrt{5}}{7}$

(2) $\sin(\alpha+\beta)=\sin\alpha\cos\beta+\cos\alpha\sin\beta$　◀これが加法定理

$$=\frac{2}{3}\cdot\left(-\frac{3\sqrt{5}}{7}\right)+\frac{\sqrt{5}}{3}\cdot\frac{2}{7}=-\frac{4\sqrt{5}}{21}$$

$\cos(\alpha+\beta)=\cos\alpha\cos\beta-\sin\alpha\sin\beta$　◀これも加法定理

$$=\frac{\sqrt{5}}{3}\cdot\left(-\frac{3\sqrt{5}}{7}\right)-\frac{2}{3}\cdot\frac{2}{7}=-\frac{19}{21}$$

ポイント

・$\sin(\alpha\pm\beta)=\sin\alpha\cos\beta\pm\cos\alpha\sin\beta$

・$\cos(\alpha\pm\beta)=\cos\alpha\cos\beta\mp\sin\alpha\sin\beta$

(複号同順)

注 なお，tangent の加法定理は，**58**で学びます．

演習問題 54

$\sin\alpha=\dfrac{4}{5}$，$\sin\beta=\dfrac{3}{5}$ $\left(0<\alpha<\dfrac{\pi}{2},\ \dfrac{\pi}{2}<\beta<\pi\right)$ のとき，

$\sin(\alpha-\beta)$，$\cos(\alpha-\beta)$ の値を求めよ．

55 2倍角・半角の公式

$\tan\theta=3\ \left(0<\theta<\dfrac{\pi}{2}\right)$ のとき，

(1) $\sin\theta$, $\cos\theta$ の値を求めよ．　(2) $\sin 2\theta$, $\cos 2\theta$ の値を求めよ．

(2) 54の加法定理の式に，$\alpha=\beta=\theta$ を代入すると，$\sin 2\theta$, $\cos 2\theta$ に関する公式が導けます．これが，**2倍角の公式**です．

解　答

(1) $\tan\theta=3$ のとき，$0<\theta<\dfrac{\pi}{2}$ だから，

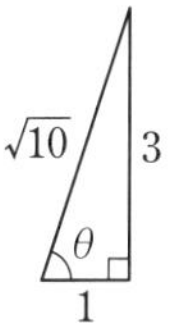

右図より，$\sin\theta=\dfrac{3}{\sqrt{10}}$, $\cos\theta=\dfrac{1}{\sqrt{10}}$

（図：直角三角形 斜辺 $\sqrt{10}$，高さ 3，底辺 1，角 θ）

注 $1+\tan^2\theta=\dfrac{1}{\cos^2\theta}$ や $\sin\theta=\cos\theta\tan\theta$ を用いても計算できます．

(2) $\sin 2\theta=2\sin\theta\cos\theta$

$=2\cdot\dfrac{3}{\sqrt{10}}\cdot\dfrac{1}{\sqrt{10}}=\dfrac{3}{5}$

◀ $\sin(\theta+\theta)=\sin\theta\cos\theta+\cos\theta\sin\theta$ より導ける

$\cos 2\theta=\cos^2\theta-\sin^2\theta$

$=\dfrac{1}{10}-\dfrac{9}{10}=-\dfrac{4}{5}$

◀ $\cos(\theta+\theta)=\cos\theta\cos\theta-\sin\theta\sin\theta$ より導ける

ポイント

〈2倍角の公式〉

・$\sin 2\theta=2\sin\theta\cos\theta$

・$\cos 2\theta=\begin{cases}\cos^2\theta-\sin^2\theta\\ 2\cos^2\theta-1\\ 1-2\sin^2\theta\end{cases}$

〈半角の公式〉

・$\cos^2\dfrac{\theta}{2}=\dfrac{1+\cos\theta}{2}$

・$\sin^2\dfrac{\theta}{2}=\dfrac{1-\cos\theta}{2}$

注 なお，tangent の2倍角の公式，半角の公式は58で学びます．

$\sin\theta=\dfrac{1}{3}\ \left(\dfrac{\pi}{2}<\theta<\pi\right)$ のとき，$\sin 2\theta$, $\cos 2\theta$ の値を求めよ．

第4章

56 3倍角の公式

$\sin\theta=\dfrac{1}{3}$ $\left(0<\theta<\dfrac{\pi}{2}\right)$ のとき，$\sin 3\theta$，$\cos 3\theta$ の値を求めよ．

$\sin 3\theta=\sin(\theta+2\theta)$ と考えて，加法定理（⇨54）と2倍角の公式（⇨55）を用いて計算すると，**$\sin 3\theta=3\sin\theta-4\sin^3\theta$** が導けます．これを「**3倍角の公式**」といいます．

同様に考えると，**$\cos 3\theta=4\cos^3\theta-3\cos\theta$** も導けます．

解答

$$\sin 3\theta=3\sin\theta-4\sin^3\theta$$
$$=3\cdot\frac{1}{3}-4\left(\frac{1}{3}\right)^3=\mathbf{\frac{23}{27}}$$

◀ $\sin(\theta+2\theta)=\sin\theta\cos 2\theta+\cos\theta\sin 2\theta$ より導ける

また，$\cos^2\theta=1-\sin^2\theta=\dfrac{8}{9}$

$0<\theta<\dfrac{\pi}{2}$ より，$\cos\theta=\dfrac{2\sqrt{2}}{3}$

よって，$\cos 3\theta=4\cos^3\theta-3\cos\theta$

$$=4\cdot\frac{8}{9}\cdot\frac{2\sqrt{2}}{3}-3\cdot\frac{2\sqrt{2}}{3}=\mathbf{\frac{10\sqrt{2}}{27}}$$

◀ $\cos(\theta+2\theta)=$ …… より導ける

ポイント 〈3倍角の公式〉
- $\sin 3\theta=3\sin\theta-4\sin^3\theta$
- $\cos 3\theta=4\cos^3\theta-3\cos\theta$

注 三角関数の分野は，公式の数が多いことが特徴です．こういうときは，公式をどんどん使うことによって，**頭にしみ込ませていく**のがよい覚え方です．そして，**「もしも」に備えて，いつでも導けるようにしておく**と万全です．

演習問題 56

$\tan\theta=-2$ $\left(\dfrac{\pi}{2}<\theta<\pi\right)$ のとき，$\sin 3\theta$，$\cos 3\theta$ の値を求めよ．

57 和積・積和の公式

加法定理 $\sin(\alpha+\beta)=\sin\alpha\cos\beta+\cos\alpha\sin\beta$ ……①

$\sin(\alpha-\beta)=\sin\alpha\cos\beta-\cos\alpha\sin\beta$ ……②

を用いて，

$\sin A+\sin B=2\sin\dfrac{A+B}{2}\cos\dfrac{A-B}{2}$ を示せ．

ここで学ぶ公式は，**ポイント**を見たらわかるようにとてもよく似ているので，作り方を頭に入れておいて，その場で作るようにした方がよいでしょう．

解答

①+② より，$\sin(\alpha+\beta)+\sin(\alpha-\beta)=2\sin\alpha\cos\beta$

$\alpha+\beta=A$，$\alpha-\beta=B$ とおくと，$\alpha=\dfrac{A+B}{2}$，$\beta=\dfrac{A-B}{2}$

よって，$\sin A+\sin B=2\sin\dfrac{A+B}{2}\cos\dfrac{A-B}{2}$ が成りたつ．

ポイント 〈和積の公式〉

・$\sin A+\sin B=2\sin\dfrac{A+B}{2}\cos\dfrac{A-B}{2}$

・$\sin A-\sin B=2\cos\dfrac{A+B}{2}\sin\dfrac{A-B}{2}$

・$\cos A+\cos B=2\cos\dfrac{A+B}{2}\cos\dfrac{A-B}{2}$

・$\cos A-\cos B=-2\sin\dfrac{A+B}{2}\sin\dfrac{A-B}{2}$

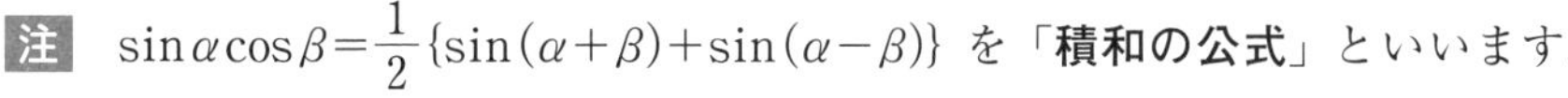

注 $\sin\alpha\cos\beta=\dfrac{1}{2}\{\sin(\alpha+\beta)+\sin(\alpha-\beta)\}$ を「**積和の公式**」といいます．

$0\leqq\theta\leqq\dfrac{\pi}{2}$ のとき，$\sin3\theta+\sin2\theta=0$ をみたす θ を求めよ．

58 直線の傾きと tangent

(1)　x 軸の正方向と $75°$ をなす直線の傾きを求めよ．

(2)　2 直線 $y=0$ (x 軸) と $y=2x$ のなす角を 2 等分する直線のうち，第 1 象限を通るものを求めよ．

(1)　直線の傾き m と，直線が x 軸の正方向となす角 θ の間には **$m=\tan\theta$** の関係があります．とても大切な関係式ですが，本問はこれだけでは答えがでてきません．それは $\tan 75°$ の値を知らないからです．しかし，$\sin 75°$ や $\cos 75°$ ならば，$75°=45°+30°$ と考えれば **54** の加法定理が使えます．だから，ここでは **tangent の加法定理** (⇨**ポイント**) を利用します．

(2)　求める直線を $y=mx$，$m=\tan\theta$ とおいて，図をかくと，$\tan 2\theta=2$ をみたす m (または $\tan\theta$) を求めればよいことがわかります．このとき，2 倍角の公式 (⇨**ポイント**) が必要です．

解　答

(1)　求める傾きは $\tan 75°$

$$\tan 75°=\frac{\tan 45°+\tan 30°}{1-\tan 45°\tan 30°}$$

$$=\frac{1+\tan 30°}{1-\tan 30°}$$

$$=\frac{1+\frac{1}{\sqrt{3}}}{1-\frac{1}{\sqrt{3}}}=\frac{\sqrt{3}+1}{\sqrt{3}-1}=\mathbf{2+\sqrt{3}}$$

◀ $\tan(\alpha+\beta)=\dfrac{\tan\alpha+\tan\beta}{1-\tan\alpha\tan\beta}$ に $\alpha=45°$，$\beta=30°$ を代入

注　$75°=120°-45°$ と考えることもできます．

(2)　求める直線を $y=mx$，この直線が x 軸の正方向となす角を θ とすると

$\left(0<\theta<\dfrac{\pi}{2},\ m>0\right)$

$\tan 2\theta=2$　　$\therefore$　$\dfrac{2\tan\theta}{1-\tan^2\theta}=2$

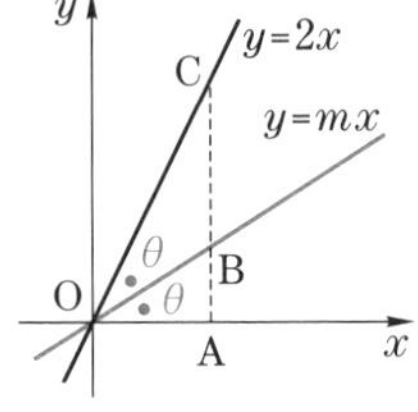

ゆえに，$m=1-m^2$

$\therefore\quad m^2+m-1=0$

$m>0$ だから　　◀第１象限を通るから

$$m=\frac{-1+\sqrt{5}}{2}$$

よって，$\boldsymbol{y=\frac{\sqrt{5}-1}{2}x}$

(別解)　A(1，0)，B(1，m)，C(1，2) とおくと，

$y=mx$ は ∠AOC を２等分するので

OA：OC＝AB：BC が成りたつ．　◀I・A 53「角の２等分線の性質」

$\therefore\quad 1:\sqrt{5}=m:(2-m)\qquad\therefore\quad(\sqrt{5}+1)m=2$

よって，$m=\frac{2}{\sqrt{5}+1}=\frac{\sqrt{5}-1}{2}$

ポイント

〈加法定理〉

・$\tan(\alpha\pm\beta)=\frac{\tan\alpha\pm\tan\beta}{1\mp\tan\alpha\tan\beta}$

(複号同順)

〈２倍角の公式〉

・$\tan 2\theta=\frac{2\tan\theta}{1-\tan^2\theta}$

〈半角の公式〉

・$\tan^2\frac{\theta}{2}=\frac{1-\cos\theta}{1+\cos\theta}$

注　これらの公式はすべて，$\tan\theta=\frac{\sin\theta}{\cos\theta}$ の関係と，sin，cos の加法定理，２倍角の公式から導かれます．

演習問題 58

直線 $y=x$ と $y=2x$ のなす角を２等分する直線 $y=mx$ $(m>0)$ を求めよ．

59 三角関数の合成(Ⅰ)

次の各式を $r\sin(x+\theta)$ $(r>0,\ 0\leqq\theta<2\pi)$ の形に表せ.

(1) $\sin x+\cos x$　(2) $\sin x-\sqrt{3}\cos x$　(3) $\cos x-\sqrt{3}\sin x$

$a\sin x+b\cos x$ の形は次の手順で $r\sin(x+\theta)$ の形に変形できます.(この手順を「**三角関数を合成する**」といいます)

使う考え方は,加法定理(⇨**54**)です.

(手順Ⅰ) $\sqrt{a^2+b^2}$ $(=r)$ で式全体をくくる.

(手順Ⅱ) $\dfrac{a}{\sqrt{a^2+b^2}}=\cos\theta$, $\dfrac{b}{\sqrt{a^2+b^2}}=\sin\theta$ とおく.

(手順Ⅲ) 加法定理を逆方向に使って,

$\sin x\cos\theta+\cos x\sin\theta=\sin(x+\theta)$ と変形する.

解　答

(1) $\sin x+\cos x$　◀ $a=1,\ b=1$

$=\sqrt{2}\left(\sin x\cdot\dfrac{1}{\sqrt{2}}+\cos x\cdot\dfrac{1}{\sqrt{2}}\right)$　◀ $\sqrt{a^2+b^2}$ でくくる

$=\sqrt{2}\left(\sin x\cos\dfrac{\pi}{4}+\cos x\sin\dfrac{\pi}{4}\right)$　◀ $\cos\theta=\dfrac{1}{\sqrt{2}}$, $\sin\theta=\dfrac{1}{\sqrt{2}}$ の θ は $\dfrac{\pi}{4}$

$=\boldsymbol{\sqrt{2}\sin\left(x+\dfrac{\pi}{4}\right)}$　◀加法定理を逆方向に使う

(2) $\sin x-\sqrt{3}\cos x$　◀ $a=1,\ b=-\sqrt{3}$

$=2\left\{\sin x\cdot\dfrac{1}{2}+\cos x\cdot\left(-\dfrac{\sqrt{3}}{2}\right)\right\}$

$=2\left(\sin x\cos\dfrac{5}{3}\pi+\cos x\sin\dfrac{5}{3}\pi\right)$

$=\boldsymbol{2\sin\left(x+\dfrac{5}{3}\pi\right)}$

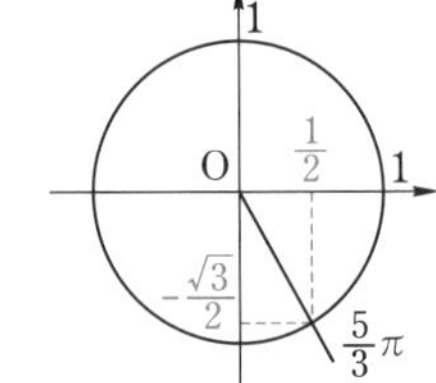

(2)において $\cos\theta=\dfrac{1}{2}$, $\sin\theta=-\dfrac{\sqrt{3}}{2}$ となる θ は $0\leqq\theta<2\pi$ さえなければ,$\theta=-\dfrac{\pi}{3}$ と表すこともできます.(⇨**52** **一般角**)

だから，$2\sin\left(x-\frac{\pi}{3}\right)$ と書き表すことも可能です．

(3) $\cos x-\sqrt{3}\sin x$

◀ $a=-\sqrt{3}$，$b=1$

$=2\left\{\sin x\cdot\left(-\frac{\sqrt{3}}{2}\right)+\cos x\cdot\frac{1}{2}\right\}$

$=2\left(\sin x\cos\frac{5}{6}\pi+\cos x\sin\frac{5}{6}\pi\right)$

$=\mathbf{2\sin\left(x+\frac{5}{6}\pi\right)}$

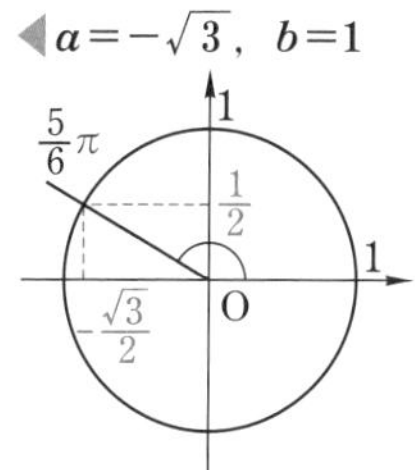

一般に合成の手段は 1 通りではありません．

ここでは，(3)の式を cos にまとめてしまうことをやってみましょう．使う道具は

「$\cos(\alpha+\beta)=\cos\alpha\cos\beta-\sin\alpha\sin\beta$」です．

$\cos x-\sqrt{3}\sin x$

$=2\left(\cos x\cdot\frac{1}{2}-\sin x\cdot\frac{\sqrt{3}}{2}\right)$

$=2\left(\cos x\cos\frac{\pi}{3}-\sin x\sin\frac{\pi}{3}\right)$

$=2\cos\left(x+\frac{\pi}{3}\right)$

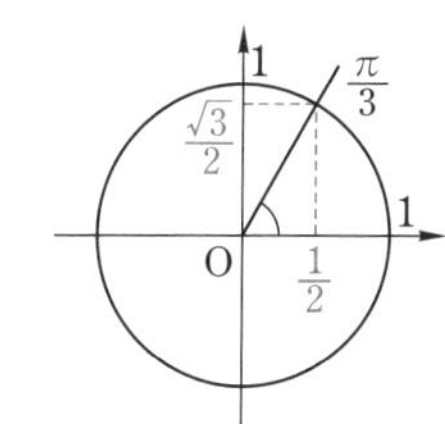

注 **合成のメリットは，**$a\sin x+b\cos x$ の 2 か所にある変数 x が 1 か所になることです (⇨60)．これと同じ考え方が 2 次関数の平方完成です．

$y=x^2-4x+3$ を $y=(x-2)^2-1$ とすると，2 か所にあった x が 1 か所になっています．これで，**関数の変化が追いやすくなる**のです．

ポイント $a\sin x+b\cos x$ 型の式は，合成することによって $r\sin(x+\theta)$ 型に変形できて，x が 1 か所になる

演習問題 59

$\sqrt{3}\sin x+\cos x$ について，次の問いに答えよ．

(1) $r\sin(x+\theta)$ $(r>0,\ 0\leqq\theta<2\pi)$ の形に表せ．

(2) $0\leqq x<2\pi$ のとき，$\sqrt{3}\sin x+\cos x\geqq 1$ となる x の範囲を求めよ．

第4章

60 三角関数の合成(Ⅱ)

(1) $\frac{\pi}{4} \leqq x \leqq \frac{5}{6}\pi$ のとき，$f(x)=\sqrt{3}\cos x+\sin x$ の最大値，最小値を求めよ.

(2) $y=3\sin x\cos x-2\sin x+2\cos x \left(0 \leqq x \leqq \frac{\pi}{2}\right)$ について，

(ア) $t=\sin x-\cos x$ とおくとき，t のとりうる値の範囲を求めよ.

(イ) y を t の式で表せ.　　(ウ) y の最大値，最小値を求めよ.

(1) $\sin x=t$ (または，$\cos x=t$) とおいても t で表すことができません．合成して，x を1か所にまとめましょう.

(2) Ⅰ・Aの **72** で学びましたが，ここで，もう一度復習しておきましょう.

> $\sin x$，$\cos x$ の和，差，積は，$\sin^2 x+\cos^2 x=1$ を用いると，つなぐことができる.

解答

(1) $f(x)=2\left(\sin x\cdot\cos\frac{\pi}{3}+\cos x\cdot\sin\frac{\pi}{3}\right)$　◀合成する

$=2\sin\left(x+\frac{\pi}{3}\right)$

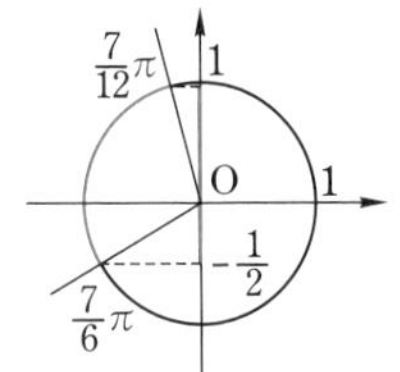

$\frac{7}{12}\pi \leqq x+\frac{\pi}{3} \leqq \frac{7}{6}\pi$ だから，

(i) 最大値

$x+\frac{\pi}{3}=\frac{7}{12}\pi$，すなわち，$x=\frac{\pi}{4}$ のとき

$$f\left(\frac{\pi}{4}\right)=\sqrt{3}\cdot\frac{\sqrt{2}}{2}+\frac{\sqrt{2}}{2}=\frac{\sqrt{6}+\sqrt{2}}{2}$$

(ii) 最小値

$x+\frac{\pi}{3}=\frac{7}{6}\pi$，すなわち，$x=\frac{5}{6}\pi$ のとき

$$f\left(\frac{5}{6}\pi\right)=\sqrt{3}\left(-\frac{\sqrt{3}}{2}\right)+\frac{1}{2}=\mathbf{-1}$$

注 (i)は，$2\sin\dfrac{7}{12}\pi$ を計算してもよい．この場合は，加法定理を利用します．$\left(⇨\dfrac{7}{12}\pi=\dfrac{\pi}{3}+\dfrac{\pi}{4}\ \text{など}\right)$

(ii)は，$2\sin\dfrac{7}{6}\pi$ を計算した方が早いです．

(2) (ア) $t=\sin x-\cos x=\sqrt{2}\sin\left(x-\dfrac{\pi}{4}\right)$

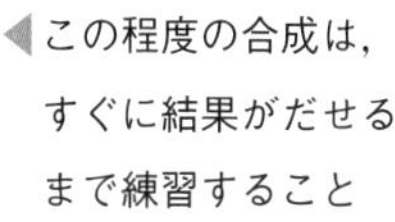

◀この程度の合成は，すぐに結果がだせるまで練習すること

$-\dfrac{\pi}{4}\leqq x-\dfrac{\pi}{4}\leqq\dfrac{\pi}{4}$ だから，

$-\dfrac{1}{\sqrt{2}}\leqq\sin\left(x-\dfrac{\pi}{4}\right)\leqq\dfrac{1}{\sqrt{2}}$

$\therefore\quad \mathbf{-1\leqq t\leqq 1}$

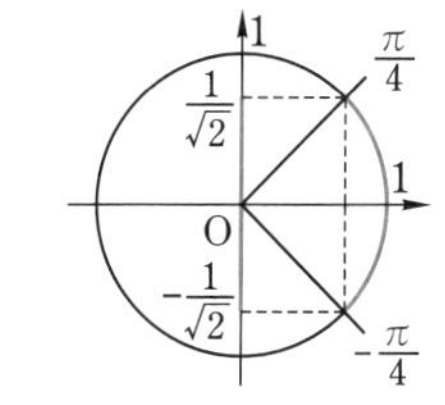

(イ) $t^2=1-2\sin x\cos x$ だから

$3\sin x\cos x=\dfrac{3}{2}(1-t^2)$

$\therefore\quad y=\dfrac{3}{2}(1-t^2)-2t=\boldsymbol{-\dfrac{3}{2}t^2-2t+\dfrac{3}{2}}$

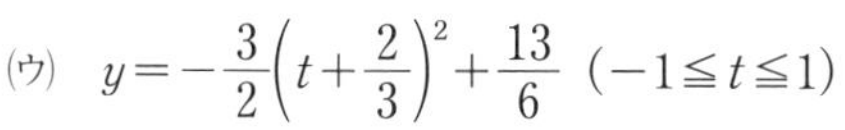

(ウ) $y=-\dfrac{3}{2}\left(t+\dfrac{2}{3}\right)^2+\dfrac{13}{6}\ (-1\leqq t\leqq 1)$

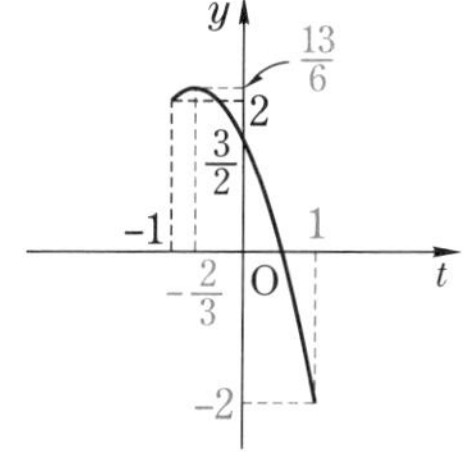

右のグラフより，**最大値** $\boldsymbol{\dfrac{13}{6}}$，**最小値** $\mathbf{-2}$

ポイント 合成によって，2か所にばらまかれている変数が1か所に集まる

演習問題 60

$y=\cos^2 x-2\sin x\cos x+3\sin^2 x\ (0\leqq x\leqq\pi)$ ……① について，次の問いに答えよ．

(1) ①を $\sin 2x$，$\cos 2x$ で表せ．

(2) ①の最大値，最小値とそのときの x の値を求めよ．

61 三角関数の合成(Ⅲ)

$-\dfrac{\pi}{2} \leqq \theta \leqq 0$ のとき，関数

$y=\cos 2\theta+\sqrt{3}\sin 2\theta-2\sqrt{3}\cos\theta-2\sin\theta$ ……① について，次の問いに答えよ．

(1) $\sin\theta+\sqrt{3}\cos\theta=t$ とおくとき，t のとりうる値の範囲を求めよ．

(2) ①を t で表せ．

(3) ①の最大値，最小値とそれを与える θ の値を求めよ．

60(2)の式と似ていますが，**60**(2)は $\sin x$ と $\cos x$ の2種類の式で，**61**は $\sin\theta$，$\cos\theta$，$\sin 2\theta$，$\cos 2\theta$ の4種類の式である点が異なっています．誘導がついているとはいえ，それに従うだけでは(2)で行きづまります．ポイントは，$\sin\theta$，$\cos\theta$ から，$\cos 2\theta$，$\sin 2\theta$ を導く手段が見つけられるかどうかです．

解答

(1) $t=\sin\theta+\sqrt{3}\cos\theta$ ◀合成して $\boldsymbol{\theta}$ を1か所にする

$$=2\left(\sin\theta\cdot\frac{1}{2}+\cos\theta\cdot\frac{\sqrt{3}}{2}\right)$$

$$=2\left(\sin\theta\cos\frac{\pi}{3}+\cos\theta\sin\frac{\pi}{3}\right)=2\sin\left(\theta+\frac{\pi}{3}\right)$$

$-\dfrac{\pi}{2} \leqq \theta \leqq 0$ より，$-\dfrac{\pi}{6} \leqq \theta+\dfrac{\pi}{3} \leqq \dfrac{\pi}{3}$ だから，

$$-\frac{1}{2} \leqq \sin\left(\theta+\frac{\pi}{3}\right) \leqq \frac{\sqrt{3}}{2}$$

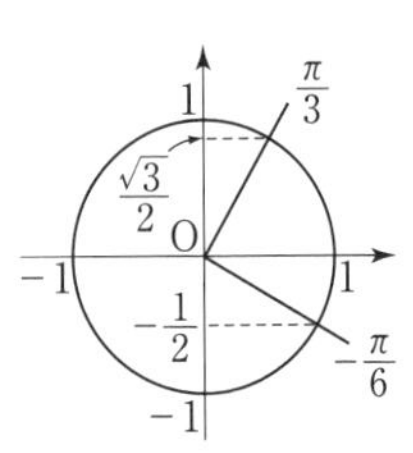

$\therefore\ \boldsymbol{-1 \leqq t \leqq \sqrt{3}}$

(2) $t^2=(\sin\theta+\sqrt{3}\cos\theta)^2$

$$=\sin^2\theta+2\sqrt{3}\sin\theta\cos\theta+3\cos^2\theta$$

$$=\frac{1-\cos 2\theta}{2}+\sqrt{3}\sin 2\theta+3\cdot\frac{1+\cos 2\theta}{2}$$ ◀2倍角，半角の公式

$=\cos 2\theta+\sqrt{3}\sin 2\theta+2$

$\therefore\quad \cos 2\theta+\sqrt{3}\sin 2\theta=t^2-2$

よって，$y=t^2-2-2t$

$\qquad =\boldsymbol{t^2-2t-2}$

注 $\sin^2\theta$，$\cos^2\theta$ がでてくると，**$\cos 2\theta$ に変えられる**ことを覚えておきましょう．

(3) (2)より，$y=(t-1)^2-3$

(1)より，$-1\leqq t\leqq\sqrt{3}$ だから

$t=-1$ のとき，最大値 1

$t=1$ のとき，最小値 -3

次に，$t=-1$ のとき

$2\sin\left(\theta+\dfrac{\pi}{3}\right)=-1$ だから，$\sin\left(\theta+\dfrac{\pi}{3}\right)=-\dfrac{1}{2}$

よって，$\theta+\dfrac{\pi}{3}=-\dfrac{\pi}{6}$ $\quad\therefore\quad \theta=-\dfrac{\pi}{2}$

また，$t=1$ のとき

$2\sin\left(\theta+\dfrac{\pi}{3}\right)=1$ だから，$\sin\left(\theta+\dfrac{\pi}{3}\right)=\dfrac{1}{2}$

よって，$\theta+\dfrac{\pi}{3}=\dfrac{\pi}{6}$ $\quad\therefore\quad \theta=-\dfrac{\pi}{6}$

以上のことより，

最大値 1 $\left(\theta=-\dfrac{\pi}{2}\right)$，最小値 -3 $\left(\theta=-\dfrac{\pi}{6}\right)$

ポイント

・$\sin\theta \Longrightarrow \sin^2\theta \Longrightarrow \cos 2\theta$
・$\cos\theta \Longrightarrow \cos^2\theta \Longrightarrow \cos 2\theta$ だから
$(a\sin\theta+b\cos\theta)^2 \Longrightarrow \sin 2\theta$，$\cos 2\theta$ の式

演習問題 61

$0\leqq\theta\leqq\pi$ のとき，関数

$y=2\sin\theta-2\sqrt{3}\cos\theta+\cos 2\theta-\sqrt{3}\sin 2\theta$

の最大値，最小値を求めよ．

62 三角関数のグラフ

次の関数のグラフを $0 \leqq x \leqq 2\pi$ の範囲でかけ.

(1) $y=2\sin\left(x+\dfrac{\pi}{4}\right)$　(2) $y=\cos\left(2x-\dfrac{\pi}{3}\right)$　(3) $y=\tan x+1$

三角関数のグラフをかくときは, $y=\sin x$, $y=\cos x$, $y=\tan x$ のグラフを基準にして, どのような作業によって求めるグラフになるかを考えます. 基準になる3つのグラフは下のようになります.

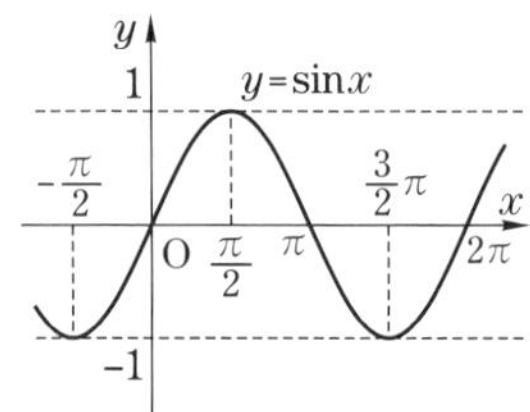

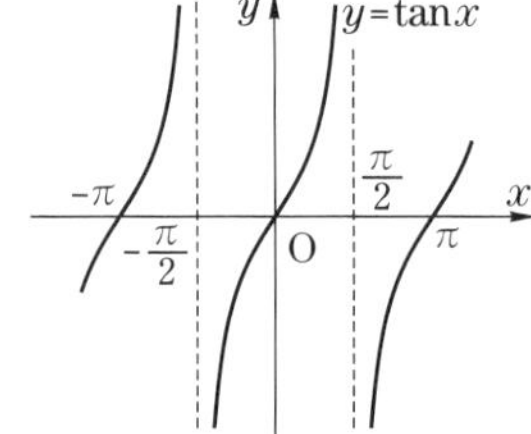

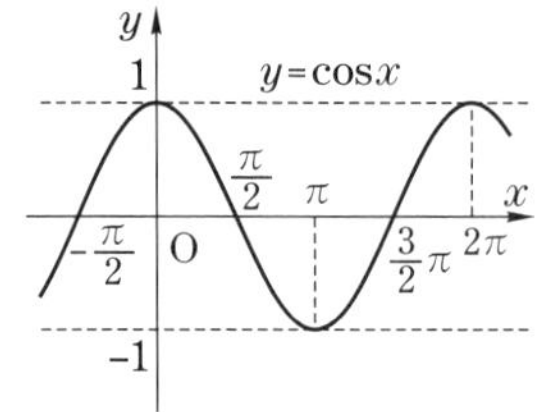

注　$y=\sin x$ のグラフを x 軸の負の方向に $\dfrac{\pi}{2}$ だけ平行移動すると, $y=\cos x$ のグラフになります.

次に, グラフをかく際に必要な知識をまとめます.

$y=A\sin a(x-b)$ $(A>0)$ が基本で, このとき

① A を**振幅**といい, グラフは2直線 $y=A$, $y=-A$ の間におさまる.

② $\dfrac{2\pi}{|a|}$ を**周期**といい, この幅ごとに同じグラフがつながっている.

③ まず, $y=\sin ax$ のグラフの周期を考え, それを y 軸方向に A 倍し, できあがったグラフ $(y=A\sin ax)$ を, x 軸方向に b だけ平行移動する.

注　sin が cos であっても同様で, tan は周期が π に変わるだけです.

解　答

(1)　$y=2\sin\left(x+\dfrac{\pi}{4}\right)$ のグラフは，

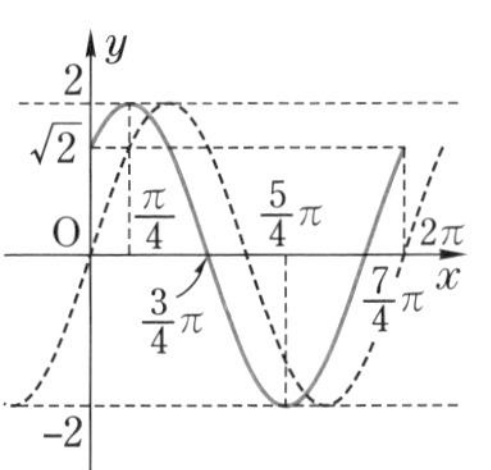

$y=\sin x$ のグラフを，x 軸をもとに y 軸方向に 2 倍 ($y=2\sin x$) に拡大し，それを x 軸方向に $-\dfrac{\pi}{4}$ だけ平行移動したもの．よって，求めるグラフは，$0\leqq x\leqq 2\pi$ の範囲で右図のようになる．

(2)　$y=\cos 2\left(x-\dfrac{\pi}{6}\right)$ のグラフは

◀2 でくくるところが大切!!

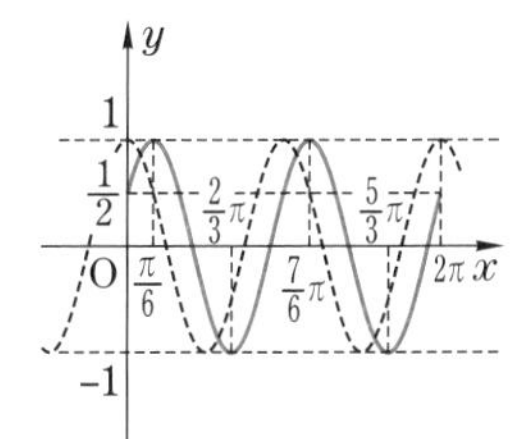

$y=\cos 2x$ のグラフを x 軸方向に $\dfrac{\pi}{6}$ だけ平行移動したもの．また，$y=\cos 2x$ の周期は $\dfrac{2\pi}{2}=\pi$ よって，$0\leqq x\leqq 2\pi$ の範囲でグラフは右図のようになる．

(3)　$y=\tan x+1$ のグラフは，$y=\tan x$ のグラフを y 軸方向に1だけ平行移動したもの．よって，$0\leqq x\leqq 2\pi$ の範囲でグラフは右図のようになる．

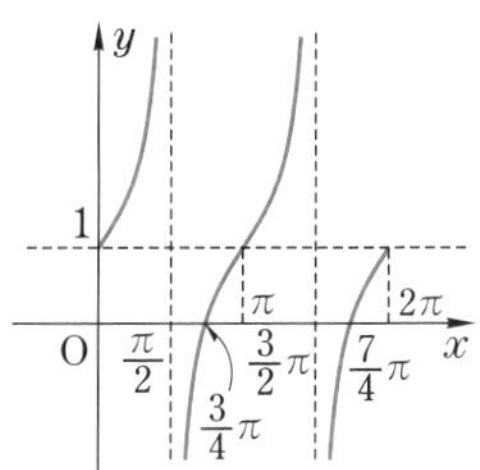

平行移動の考え方 (⇨**48**) によれば $y=f(x)$ のグラフを x 軸方向に p，y 軸方向に q だけ平行移動した式は

$$\boldsymbol{y-q=f(x-p)}$$

ポイント　三角関数のグラフは，基本のグラフに対して
Ⅰ．振幅　Ⅱ．周期　Ⅲ．平行移動
を考える（ただし，tan ではⅠは不要）

演習問題 62

次の関数のグラフを $0\leqq x\leqq 2\pi$ の範囲でかけ．

(1)　$y=\sin\left(2x-\dfrac{2}{3}\pi\right)$　(2)　$y=2\cos\left(x-\dfrac{\pi}{6}\right)$　(3)　$y=\tan\left(x-\dfrac{\pi}{6}\right)$

63 三角方程式

$0 \leqq \alpha < \dfrac{\pi}{2}$, $0 \leqq \beta \leqq \pi$ とするとき

$\cos\left(\dfrac{\pi}{2}-\alpha\right)=\sin\alpha$ を用いて, $\sin\alpha=\cos 2\beta$ ……① をみたす β を α で表せ.

この問題は数学Ⅰの範囲でも解けますが, 弧度法の利用になれることも含めて, 数学Ⅱの問題として勉強します.

この方程式は三角方程式の中では一番難しいタイプで, 種類(⇨sin, cos)も角度(⇨α, β)も異なります. このタイプは, まず種類を統一することです. そのための道具が $\cos\left(\dfrac{\pi}{2}-\alpha\right)=\sin\alpha$ で, これで cos に統一できます. そのあとは2つの考え方があります.

解　答

$\cos\left(\dfrac{\pi}{2}-\alpha\right)=\sin\alpha$ より, ①は,

$$\cos 2\beta=\cos\left(\frac{\pi}{2}-\alpha\right)$$

ここで,

$$0 \leqq 2\beta \leqq 2\pi,\ 0<\frac{\pi}{2}-\alpha \leqq \frac{\pi}{2}$$

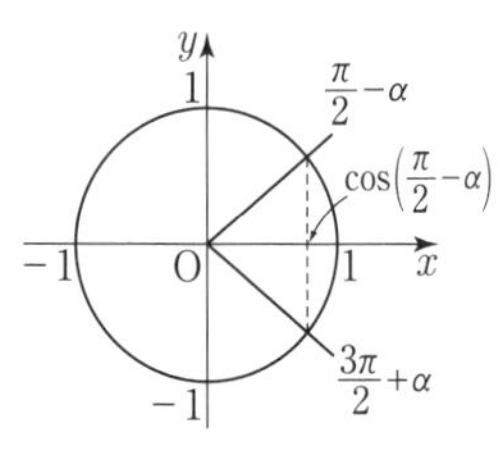

右の単位円より,

$$2\beta=\frac{\pi}{2}-\alpha,\ \frac{3\pi}{2}+\alpha$$

◀注 参照

$$\therefore\ \beta=\boldsymbol{\frac{\pi}{4}-\frac{\alpha}{2},\ \frac{3\pi}{4}+\frac{\alpha}{2}}$$

注 $\dfrac{3\pi}{2}+\alpha$ を $-\left(\dfrac{\pi}{2}-\alpha\right)$ と表現してはいけません. それは $0 \leqq 2\beta$ だからです. $-\left(\dfrac{\pi}{2}-\alpha\right)+2\pi=\dfrac{3\pi}{2}+\alpha$ がこの範囲においては正しい表現です.

たとえば，右図の位置に動径があるとき，角度の呼び方は，与えられた範囲によって変わります．もし，$0 \leqq \theta < 2\pi$ ならば $\frac{11}{6}\pi$ だし，$-\pi \leqq \theta < \pi$ ならば $-\frac{\pi}{6}$ になります．この問題では

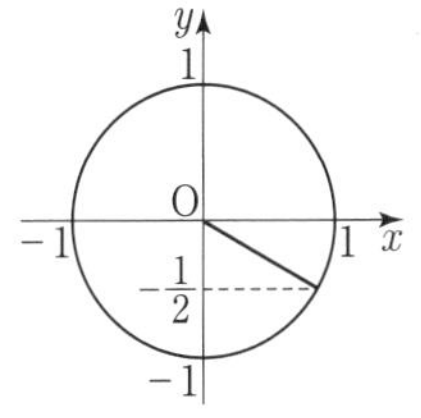

$0 \leqq 2\beta \leqq 2\pi$，$0 < \frac{\pi}{2} - \alpha \leqq \frac{\pi}{2}$ となっているので，$2\beta = \frac{\pi}{2} - \alpha$ と $2\pi - \left(\frac{\pi}{2} - \alpha\right)$ になります．$\frac{\pi}{2} - \alpha$ を $\frac{\pi}{6}$ と考えてみたらわかるはずです．

(別解)　$\cos 2\beta = \cos\left(\frac{\pi}{2} - \alpha\right)$ より，$\cos 2\beta - \cos\left(\frac{\pi}{2} - \alpha\right) = 0$

和積の公式より，　◀57 参照

$$-2\sin\left(\beta + \frac{\pi}{4} - \frac{\alpha}{2}\right)\sin\left(\beta - \frac{\pi}{4} + \frac{\alpha}{2}\right) = 0$$

$$\therefore \quad \sin\left(\beta + \frac{\pi}{4} - \frac{\alpha}{2}\right) = 0 \text{ または，} \sin\left(\beta - \frac{\pi}{4} + \frac{\alpha}{2}\right) = 0$$

$0 < \frac{\pi}{4} - \frac{\alpha}{2} \leqq \frac{\pi}{4}$，$0 \leqq \beta \leqq \pi$ より

$$0 < \beta + \frac{\pi}{4} - \frac{\alpha}{2} \leqq \frac{5\pi}{4}, \quad -\frac{\pi}{4} \leqq \beta - \frac{\pi}{4} + \frac{\alpha}{2} < \pi$$

$$\therefore \quad \beta + \frac{\pi}{4} - \frac{\alpha}{2} = \pi, \quad \beta - \frac{\pi}{4} + \frac{\alpha}{2} = 0$$

よって，$\beta = \frac{3\pi}{4} + \frac{\alpha}{2}$，$\frac{\pi}{4} - \frac{\alpha}{2}$

注　どちらの解答がよいかという勉強ではなく，どちらともできるようにしておきましょう．特に，**数学Ⅲが必要な人は，和積の公式を頻繁に使うことになる**ので，その意味でも **(別解)** は必要です．

ポイント　種類も角度も異なる三角方程式は
まず，種類を統一する

演習問題 63

$\frac{\pi}{2} \leqq \alpha \leqq \pi$，$0 \leqq \beta \leqq \pi$ とするとき，$\sin\alpha = \cos 2\beta$ をみたす β を α で表せ．

第５章　指数関数と対数関数

64　指数の計算

$2^{2x}=3$ のとき，次の式の値を求めよ．

(1)　$(2^x+2^{-x})^2$　　　(2)　$\dfrac{2^{3x}+2^{-3x}}{2^x+2^{-x}}$

与えられた条件は，「$2^{2x}=3$」ですが，これから

Ⅰ．$2^x=\sqrt{3}$ として使う　(⇨(解Ⅰ))

(└→ $2^x>0$ ですから，$2^x=-\sqrt{3}$ は不適当です)

Ⅱ．$2^{2x}=3$ のまま使う　(⇨(解Ⅱ))

以上，2 通りの手段がありそうです．しかし，(2)では，2^{3x} があるので，Ⅱの手段ではできないような気もしますが…….

解　答

(解Ⅰ)　$2^{2x}=3$ は $(2^x)^2=3$　　∴　$2^x=\sqrt{3}$ (∵　$2^x>0$)

(1)　$(2^x+2^{-x})^2=\left(2^x+\dfrac{1}{2^x}\right)^2=\left(\sqrt{3}+\dfrac{1}{\sqrt{3}}\right)^2=3+2\sqrt{3}\cdot\dfrac{1}{\sqrt{3}}+\dfrac{1}{3}=\boldsymbol{\dfrac{16}{3}}$

注　できるものなら，下のように計算してほしいものです．

$$\left(\sqrt{3}+\frac{1}{\sqrt{3}}\right)^2=\left\{\frac{1}{\sqrt{3}}(3+1)\right\}^2=\frac{1}{3}\cdot 4^2=\frac{16}{3}$$

(2)　$2^x+2^{-x}=\sqrt{3}+\dfrac{1}{\sqrt{3}}=\dfrac{4\sqrt{3}}{3}$

$$2^{3x}+2^{-3x}=(2^x)^3+(2^{-x})^3=3\sqrt{3}+\frac{1}{3\sqrt{3}}=\frac{28\sqrt{3}}{9}$$

$$\therefore\quad \frac{2^{3x}+2^{-3x}}{2^x+2^{-x}}=\frac{28\sqrt{3}}{9}\cdot\frac{3}{4\sqrt{3}}=\boldsymbol{\frac{7}{3}}$$

(別解)　($2^x\cdot 2^{-x}=1$ に着目すると…) (⇦**重要**)

$$2^{3x}+2^{-3x}=(2^x+2^{-x})^3-3\cdot 2^x\cdot 2^{-x}\cdot(2^x+2^{-x})$$

◀ $\boldsymbol{x^3+y^3=(x+y)^3-3xy(x+y)}$

$$=(2^x+2^{-x})^3-3(2^x+2^{-x})$$
$$=(2^x+2^{-x})\{(2^x+2^{-x})^2-3\}$$
$$\therefore \quad \frac{2^{3x}+2^{-3x}}{2^x+2^{-x}}=(2^x+2^{-x})^2-3=\frac{16}{3}-3=\frac{7}{3}$$
◀(1)の結果が使える

(解Ⅱ) (1) $(2^x+2^{-x})^2=2^{2x}+2\cdot2^x\cdot2^{-x}+2^{-2x}$
$$=3+2+\frac{1}{3}=\frac{16}{3}$$
◀$a^x\cdot a^{-x}=1$

(2) $2^{3x}+2^{-3x}=(2^x)^3+(2^{-x})^3$
$$=(2^x+2^{-x})(2^{2x}-2^x\cdot2^{-x}+2^{-2x})$$
$$=(2^x+2^{-x})(2^{2x}+2^{-2x}-1)$$
◀$x^3+y^3=(x+y)(x^2-xy+y^2)$
$$\therefore \quad \frac{2^{3x}+2^{-3x}}{2^x+2^{-x}}=2^{2x}+2^{-2x}-1=3+\frac{1}{3}-1=\frac{7}{3}$$

ポイント a は $a>0$ をみたす実数，m，n も実数として，次の式が成りたつ

Ⅰ．$a^m\times a^n=a^{m+n}$　　Ⅱ．$a^m\div a^n=a^{m-n}$

Ⅲ．$a^{-m}=\dfrac{1}{a^m}$　　Ⅳ．$a^0=1$

ポイントに書いてある公式のⅠ～Ⅳは，指数の問題を扱うための基本中の基本です．意識しなくても使えるようになるまで訓練しなければなりません．

演習問題 64

(1) $a^{\frac{1}{2}}+a^{-\frac{1}{2}}=3$ のとき，$a^{\frac{3}{2}}+a^{-\frac{3}{2}}$ の値を求めよ．

(2) $2^x-2^{-x}=1$ のとき，次の式の値を求めよ．

(ア) 4^x+4^{-x}　　(イ) 2^x+2^{-x}　　(ウ) 8^x-8^{-x}

(3) $x=\dfrac{1}{2}(a^{\frac{1}{2}}+a^{-\frac{1}{2}})$ $(a>0,\ a\neq1)$ のとき，$(x+\sqrt{x^2-1})^2$ の値を求めよ．

第5章

65 指数関数のグラフ

次の各関数のグラフは，$y=2^x$ のグラフをどのように移動したものか．また，それぞれのグラフもかけ．

(1)　$y=-2^x$　　(2)　$y=\dfrac{1}{2^x}$　　(3)　$y=2^{x-1}$

$y=a^x$ (ただし，$a\neq1$，$a>0$) のグラフについて，次のことを知っていなければなりません．

(i)　**$1<a$ のとき**

①　(0, 1) を通る

②　単調増加

③　x 軸は漸近線

④　値域は $y>0$

(ii)　**$0<a<1$ のとき**

①　(0, 1) を通る

②　単調減少

③　x 軸は漸近線

④　値域は $y>0$

［概形］

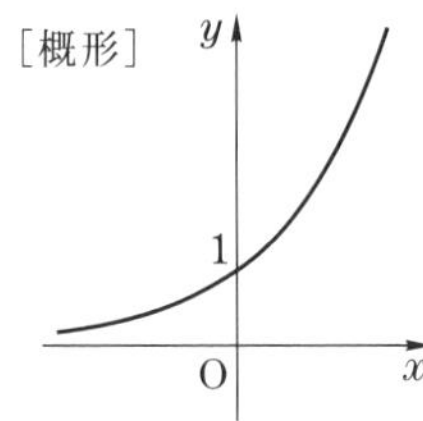

［概形］

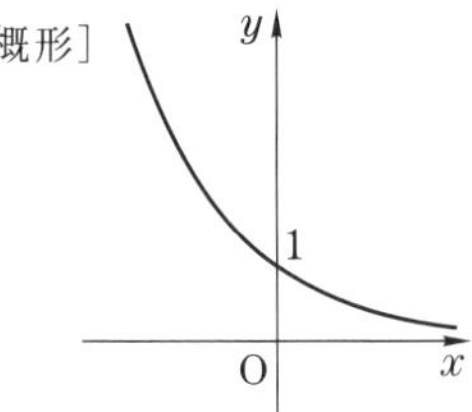

注 1　a のことを「**底**」といいます．

注 2　漸近線とは，曲線がだんだん近づいていく直線のことで，「ぜんきんせん」と読みます．

また，現実には「図形と式」で学んだ次の公式を使えないとグラフはかけません．

〈平行移動〉　(⇦48)

$y=f(x)$ のグラフを x 軸方向に p，y 軸方向に q だけ平行移動したグラフは，

$$y-q=f(x-p)$$

となる．

〈対称移動〉

$y=f(x)$ のグラフを

① x 軸に関して対称移動すると，$-\boldsymbol{y}=\boldsymbol{f}(\boldsymbol{x})$ となる.

② y 軸に関して対称移動すると，$\boldsymbol{y}=\boldsymbol{f}(-\boldsymbol{x})$ となる.

③ 原点に関して対称移動すると，$-\boldsymbol{y}=\boldsymbol{f}(-\boldsymbol{x})$ となる.

④ $y=x$ に関して対称移動すると，$\boldsymbol{x}=\boldsymbol{f}(\boldsymbol{y})$ となる.

解　答

(1) $y=-2^x \Longleftrightarrow -y=2^x$　◀$-y=f(x)$

よって，$y=2^x$ のグラフを **x 軸に関して対称移動**すると，$y=-2^x$ のグラフとなる.

ゆえに，$y=-2^x$ のグラフは右図.

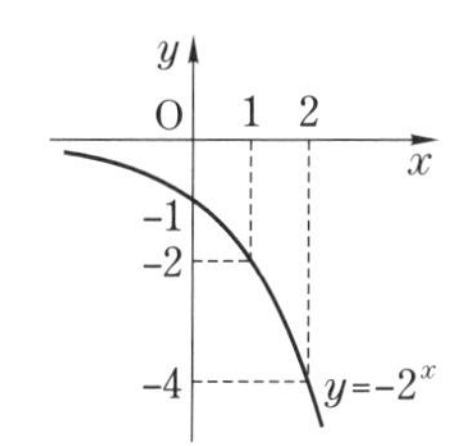

(2) $y=\dfrac{1}{2^x} \Longleftrightarrow y=2^{-x}$　◀$y=f(-x)$

よって，$y=2^x$ のグラフを **y 軸に関して対称移動**すると，$y=2^{-x}$ のグラフとなる.

ゆえに，$y=\dfrac{1}{2^x}$ のグラフは右図.

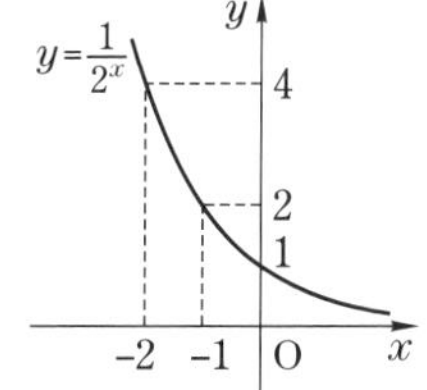

(3) $y=2^{x-1}$ のグラフは，$y=2^x$ のグラフを **x 軸方向に 1 だけ平行移動**したもの.　◀$y=f(x-1)$

よって，そのグラフは右図.

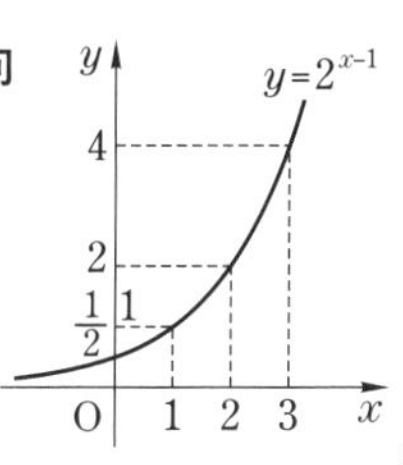

ポイント　指数関数 $y=a^x$ のグラフは，$0<a<1$ のときと，$1<a$ のときで，形が異なる

演習問題 65

$y=2^{-x+1}+1$ のグラフは，$y=2^{-x}$ のグラフをどのように移動したものか．また，そのグラフもかけ．

第5章

66 指数方程式(I)

次の方程式を解け.

(1) $4^3=8^{x(x-1)}$ (2) $9^{x+1}+8\cdot 3^x-1=0$

指数方程式は最終的に, **$a^{x_1}=a^{x_2}$ の形** を目指します.
もしこの形になっていなければ, $a^x=t$ とおいて既知の方程式にもちこみ t の値を決定します. このとき, a はできるだけ小さい自然数にしておく方が無難です.

解 答

(1) $4^3=8^{x(x-1)}$ は $(2^2)^3=(2^3)^{x(x-1)}$ ◀底を2にそろえる

$\therefore\ 2^6=2^{3x(x-1)}$ (⇦指数法則 $(a^m)^n=a^{mn}$) ◀目標形にする

よって $6=3x(x-1)$ $\therefore\ x^2-x-2=0$

$\therefore\ (x+1)(x-2)=0$

$\therefore\ \boldsymbol{x=-1,\ 2}$

(2) $3^x=t$ $(t>0)$ とおくと ◀「$t>0$」が大切!!

$9^{x+1}=9^x\cdot 9^1=9\cdot(3^2)^x=9(3^x)^2$ だから, ◀指数法則 $a^{m+n}=a^m\cdot a^n$, $a^{mn}=(a^m)^n$

与えられた方程式は, ◀既知の方程式へ

$9t^2+8t-1=0$ $\therefore\ (9t-1)(t+1)=0$

$\therefore\ t=\dfrac{1}{9}$ $(\because\ t>0)$ ◀$t>0$ を忘れると, ありえない値 $t=-1$ も相手をすることになる

よって, $3^x=\dfrac{1}{9}=3^{-2}$ より, $\boldsymbol{x=-2}$ ◀$a^{x_1}=a^{x_2}$ の形に変形する

ポイント

I. $a^{x_1}=a^{x_2} \rightleftarrows x_1=x_2$ ($a>0$, $a\neq 1$ のとき)

II. $a^x=t$ とおくとき, $t>0$ に注意

演習問題 66

$2^{2x+3}+7\cdot 2^x-1=0$ をみたす x を求めよ.

67 指数方程式（Ⅱ）

次の連立方程式を解け．

$$\begin{cases} 2^{x+1}+3^y=11 & \cdots\cdots① \\ 4^x-3^{y+1}=7 & \cdots\cdots② \end{cases}$$

連立の形になっていても，基本的な考え方は 66 と同じです．すなわち，$2^x=X$，$3^y=Y$ とおいて，普通の連立方程式にすればよいのですが，このとき，次の 2 つがポイントになります．

Ⅰ．$X>0$，$Y>0$

Ⅱ．正しく指数法則を使えるか？

解答

$2^x=X$，$3^y=Y$　$(X>0,\ Y>0)$ とおく．

①は，$2\cdot2^x+3^y=11$　◀ $2^{m+n}=2^m\cdot2^n$

$\therefore\ 2X+Y=11$　……①′

②は，$(2^2)^x-3\cdot3^y=7$

$\therefore\ (2^x)^2-3\cdot3^y=7$　◀ $(2^m)^n=(2^n)^m$

$\therefore\ X^2-3Y=7$　……②′

①′，②′ より，Y を消去して，

$X^2+6X-40=0$　$\therefore\ (X+10)(X-4)=0$

$X>0$ より，$X=4$　このとき，$Y=3$

すなわち，$2^x=4$，$3^y=3$　$\therefore\ \boldsymbol{x=2,\ y=1}$

ポイント　指数に関する問題を解けるための最低条件は，無意識のうちに指数法則を正しく使えること

演習問題 67

次の連立方程式を解け．$\begin{cases} 2^x+3^y=17 \\ 2^x\cdot3^y=72 \end{cases}$　（ただし，$2^x<3^y$ とする）

68 指数不等式

次の不等式を解け．

(1)　$4^3<8^{x(x-1)}$　　(2)　$\left(\dfrac{1}{2}\right)^x>\dfrac{1}{4}$　　(3)　$2^{2x}-2^{x+1}-8<0$

指数不等式は，最終的に $\boldsymbol{a^{x_1}<a^{x_2}}$ **の形**を目指します．また，不等式を解くために指数方程式を解けることが必要ですが，それだけでは十分ではありません．それは，次のような重要な性質があるからです．

$$\boldsymbol{a^{x_1}<a^{x_2}} \Longleftrightarrow \begin{cases} \boldsymbol{x_1<x_2} & (\boldsymbol{1<a} \text{ のとき}) \\ \boldsymbol{x_1>x_2} & (\boldsymbol{0<a<1} \text{ のとき}) \end{cases}$$

要するに，底が1より大きいか小さいかによって，**不等号の向きが変化してしまいます**．このことは，グラフをかいてみるとよくわかります．

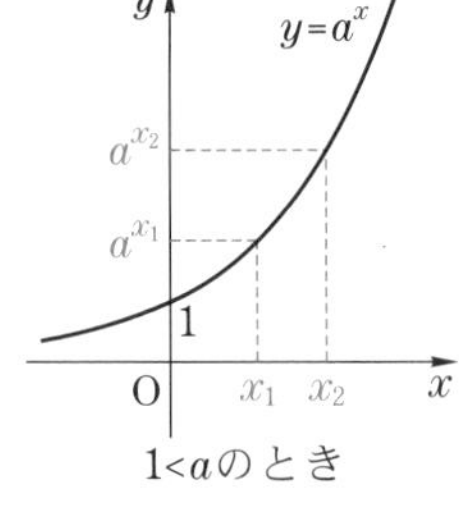

1<aのとき

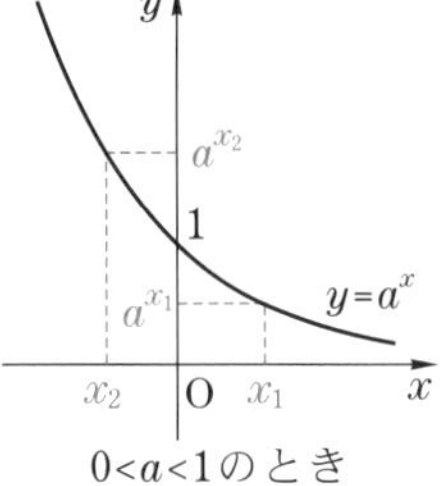

0<a<1のとき

解答

(1)　$2^6<2^{3x(x-1)}$

底$=2$ (>1) だから，

$6<3x(x-1)$　　$\therefore$　$(x+1)(x-2)>0$

$\therefore$　$\boldsymbol{x<-1,\ 2<x}$

◀途中経過は66と同じ

◀2次不等式の解法はI・A 44参照

(2)　$\left(\dfrac{1}{2}\right)^x>\dfrac{1}{4}$　　$\therefore$　$\left(\dfrac{1}{2}\right)^x>\left(\dfrac{1}{2}\right)^2$

底$=\dfrac{1}{2}$ (<1) だから，$\boldsymbol{x<2}$

◀不等号の向きが変わることに注意！

注　底が1より小さいことがイヤならば，

$\left(\dfrac{1}{a}\right)^x=(a^{-1})^x=a^{-x}$ を利用すれば

次のようにすることもできます．

(別解) $\left(\frac{1}{2}\right)^x=2^{-x}$，$\frac{1}{4}=2^{-2}$ だから

$2^{-x}>2^{-2}$

底$=2$ (>1) だから，$-x>-2$

$\therefore\quad x<2$

(3) $2^x=t$ $(t>0)$ とおくと

$2^{2x}=(2^x)^2=t^2$，$2^{x+1}=2^1\cdot2^x=2t$ だから

与えられた不等式は

$t^2-2t-8<0\qquad\therefore\quad(t-4)(t+2)<0$

$\therefore\quad 0<t<4\quad(\because\quad t>0)$

◀ $t>0$ だから $-2<t<4$ ではない

よって，$0<2^x<4$ より $2^x<2^2$

底$=2$ (>1) だから，$\boldsymbol{x<2}$

注 $0<2^x$ は，つねに成立しているので考える必要はありません．

このことは，$y=2^x$ のグラフをかいてみるとわかります．(右図)

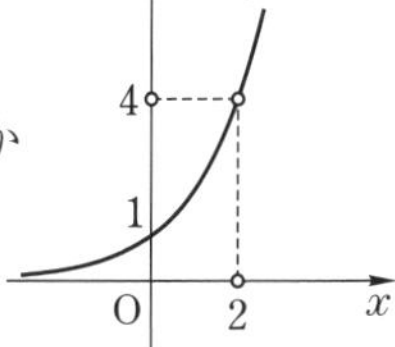

ポイント

$$a^{x_1}<a^{x_2}\iff\begin{cases}x_1<x_2 & (1<a\text{ のとき})\\ x_1>x_2 & (0<a<1\text{ のとき})\end{cases}$$

演習問題 68

次の不等式を解け．

(1) $9^2<3^{x(x-3)}$

(2) $4^x-2^{x+1}+16<2^{x+3}$

69 対数の計算（Ⅰ）

次の各式の値を計算せよ．

(1)　$\log_2\dfrac{10}{9}+\log_2\dfrac{3}{5}-\log_2\dfrac{2}{3}$

(2)　$2\log_2 12-\dfrac{1}{4}\log_2\dfrac{8}{9}-5\log_2\sqrt{3}$

(3)　$(\log_{10}2)^3+(\log_{10}5)^3+\log_{10}5\cdot\log_{10}8$

対数は，1とか2とか普通に使っている数字を「$\log_a x$」の形で表す新しい数の表現方法です．

なぜ，このようなワケのわからない表し方をする必要があるのかと思う人もいるでしょうが，まずは慣れることです．そのためには，ある程度の量をこなすことが必要です．何度も何度も間違いながら演習をくりかえし，自然に使えるようになるまでがんばることです．

〈基本性質〉　$a>0$，$a\neq1$，$x>0$ のとき，

　Ⅰ．$\boldsymbol{y=\log_a x \Longleftrightarrow x=a^y}$　**（定義）**

　Ⅱ．$\boldsymbol{\log_a a=1}$，$\boldsymbol{\log_a 1=0}$

注　$y=\log_a x$ において，a を底，x を **真数** と呼びます．

〈計算公式〉　$a>0$，$a\neq1$，$M>0$，$N>0$ のとき，

　Ⅰ．$\boldsymbol{\log_a M+\log_a N=\log_a MN}$

　Ⅱ．$\boldsymbol{\log_a M-\log_a N=\log_a\dfrac{M}{N}}$

　Ⅲ．$\boldsymbol{\log_a M^p=p\log_a M}$　**（p：実数）**

解　答

(1)　$\log_2\dfrac{10}{9}+\log_2\dfrac{3}{5}-\log_2\dfrac{2}{3}$　◀底はすでにそろっている

$=\log_2\left(\dfrac{10}{9}\times\dfrac{3}{5}\div\dfrac{2}{3}\right)$　◀計算公式 Ⅰ，Ⅱ

$=\log_2\left(\dfrac{10}{9}\times\dfrac{3}{5}\times\dfrac{3}{2}\right)=\log_2 1=\boldsymbol{0}$　◀基本性質Ⅱ

(2)　$2\log_2 12-\dfrac{1}{4}\log_2\dfrac{8}{9}-5\log_2\sqrt{3}$　◀このままでは計算公式Ⅰ，Ⅱは使えない

$=2\log_2 2^2\cdot 3-\dfrac{1}{4}(\log_2 8-\log_2 9)-\dfrac{5}{2}\log_2 3$

$=2(2\log_2 2+\log_2 3)-\dfrac{1}{4}(3-2\log_2 3)-\dfrac{5}{2}\log_2 3$ ◀$\log_2 8=3$

$=4+2\log_2 3-\dfrac{3}{4}+\dfrac{1}{2}\log_2 3-\dfrac{5}{2}\log_2 3$

$=4-\dfrac{3}{4}=\boldsymbol{\dfrac{13}{4}}$

注 このように，真数を素数の積の形で表し，計算公式 I を利用してできるだけ小さくするところがコツです．

(3) $\log_{10}2=a$，$\log_{10}5=b$ とおくと

(与式)$=a^3+b^3+3ab$ ◀$\log_{10}8=3\log_{10}2$

$\quad=(a+b)^3-3ab(a+b)+3ab$

ここで，$a+b=\log_{10}2+\log_{10}5=1$ だから

(与式)$=1-3ab+3ab=\mathbf{1}$

注 対数計算には，積に関する公式がありません．

たとえば，$\log_{10}3\cdot\log_{10}2$ はこれ以上簡単になりません．

ポイント

対数計算は，

① 底をそろえて　② 真数を小さくして

次の公式を用いる

Ⅰ．$\log_a M+\log_a N=\log_a MN$

Ⅱ．$\log_a M-\log_a N=\log_a \dfrac{M}{N}$

Ⅲ．$\log_a M^p=p\log_a M$

注 底がそろっていないときは，次の**70**で学びます．

演習問題 69

次の各式の値を計算せよ．

(1) $(\log_{10}2)^2+(\log_{10}5)(\log_{10}4)+(\log_{10}5)^2$

(2) $\log_2(\sqrt{2+\sqrt{3}}-\sqrt{2-\sqrt{3}})$

第5章

70 対数の計算（Ⅱ）

(1)　$\log_2 3=a$，$\log_3 7=b$ とするとき，$\log_{56} 42$ を a，b で表せ．

(2)　次の各式の値を計算せよ．

(ア)　$(\log_2 3+\log_4 9)(\log_3 4+\log_9 2)$　　(イ)　$2^{\log_2 x}$

(1)，(2)の(ア)　今回は底がそろっていないときの処理方法を学びます．

69の計算公式Ⅰ，Ⅱはいずれも底がそろっていないと使えません．

そこで，底をそろえるための公式を覚えておかなければなりません．

〈底変換の公式〉

$a>0$，$a\neq 1$，$b>0$，$b\neq 1$，$M>0$ のとき，

$$\boldsymbol{\log_a M=\frac{\log_b M}{\log_b a}}$$

(2)の(イ)　これはいったい何なのでしょう？

指数の位置に対数がすわっているとき，特殊な処理をします．ここでは，その処理方法と，そこから導かれる公式を覚えてもらいます．

解　答

(1)　まず，$\log_{56} 42$

$$=\frac{\log_2 42}{\log_2 56}=\frac{\log_2 2\cdot 3\cdot 7}{\log_2 2^3\cdot 7}$$

$$=\frac{\log_2 2+\log_2 3+\log_2 7}{3\log_2 2+\log_2 7}$$

$$=\frac{1+\log_2 3+\log_2 7}{3+\log_2 7}$$

◀底はできるだけ小さい数にするので，ここでは2にそろえるために，底変換の公式を使う

◀$\log_2 7$ の値がわからない

ここで　$b=\log_3 7=\dfrac{\log_2 7}{\log_2 3}=\dfrac{\log_2 7}{a}$　　◀底変換の公式

$\therefore$　$\log_2 7=ab$

よって，(与式)$=\boldsymbol{\dfrac{1+a+ab}{3+ab}}$

(2)　(ア)　$\log_4 9=\dfrac{\log_2 9}{\log_2 4}=\dfrac{\log_2 3^2}{\log_2 2^2}=\dfrac{2\log_2 3}{2\log_2 2}=\log_2 3$　　◀底をそろえる

$\log_3 4=\dfrac{\log_2 4}{\log_2 3}=\dfrac{2}{\log_2 3}$

$\log_9 2=\dfrac{\log_2 2}{\log_2 9}=\dfrac{1}{2\log_2 3}$

$\therefore$ (与式)$=(\log_2 3+\log_2 3)\left(\dfrac{2}{\log_2 3}+\dfrac{1}{2\log_2 3}\right)$

$=2\log_2 3\times\dfrac{5}{2}\cdot\dfrac{1}{\log_2 3}=\mathbf{5}$

注 対数記号も含めて，対数全体で約分すること．

次のようなことをしてはダメ!!

［**誤答例**］ $\log_2 \overset{2}{6}\times\dfrac{1}{\log_2 3}=\log_2 2=1$

(イ) $A=2^{\log_2 x}$ とおく． ◀ポイント

両辺の対数 (底$=2$) をとると， ◀**注** 参照

$\log_2 A=\log_2 2^{\log_2 x}$

$\therefore$ $\log_2 A=\log_2 x\cdot\log_2 2$

$\therefore$ $\log_2 A=\log_2 x$ （$\because$ $\log_2 2=1$）

$\therefore$ $A=x$

よって，$\boldsymbol{2^{\log_2 x}=x}$

注 ある式 (または数字) に「$\log_a$ をつける」作業を「**底が a の対数をとる**」といいます．

第5章

(2)の(イ)も，公式の形にすると次のようになります．

$\boldsymbol{a^{\log_a x}=x}$

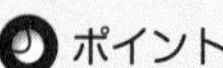

・$\log_a M=\dfrac{\log_b M}{\log_b a}$

・$a^{\log_a x}=x$

(1) 次の式の値を計算せよ．

$(\log_3 6-1)\log_2 6-\log_2 3-\log_3 2$

(2) $\log_2 3=A$，$\log_{72} 6=B$，$\log_{144} 12=C$ とおくとき，B と C を A を用いて表せ．

71 対数関数のグラフ

次の各関数のグラフは，$y=\log_2 x$ のグラフをどのように移動したものか．また，そのグラフをかけ．

(1)　$y=\log_{\frac{1}{2}} x$　　(2)　$y=\log_2(x-1)$　　(3)　$y=\log_2 2x$

$y=\log_a x$（ただし，$a>0$，$a \neq 1$）のグラフについて，次のことを知っていなければなりません．

(i)　**$1<a$ のとき**

① $(1,\ 0)$ を通る
② 単調増加
③ y 軸は漸近線
④ 定義域は $x>0$
⑤ $y=a^x$ $(1<a)$ のグラフと $y=x$ に関して対称

(ii)　**$0<a<1$ のとき**

① $(1,\ 0)$ を通る
② 単調減少
③ y 軸は漸近線
④ 定義域は $x>0$
⑤ $y=a^x$ $(0<a<1)$ のグラフと $y=x$ に関して対称

［概形］

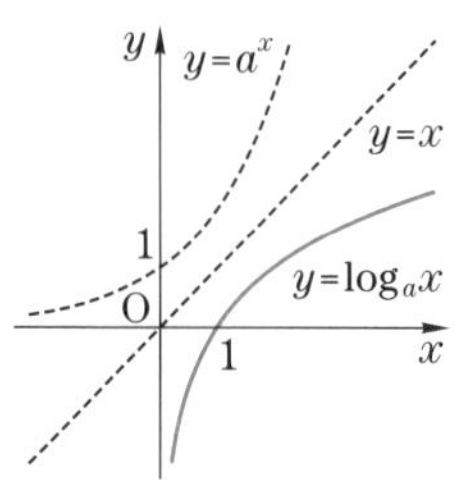

［概形］

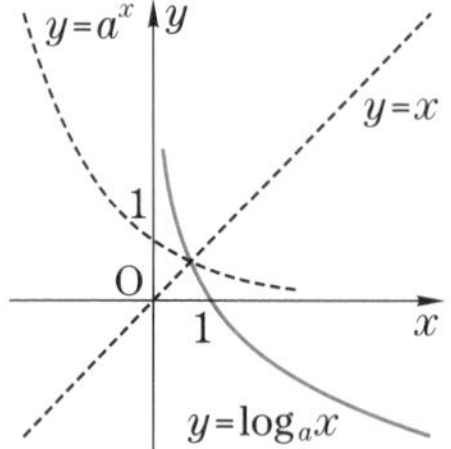

解答

(1)　$y=\log_{\frac{1}{2}} x=\dfrac{\log_2 x}{\log_2 \dfrac{1}{2}}$　　◀ 70〈底変換の公式〉

$=-\log_2 x$　　◀ $-y=f(x)$

$\left(\because\ \ \log_2 \dfrac{1}{2}=\log_2 2^{-1}=-\log_2 2=-1\right)$

$y=-\log_2 x$ のグラフは，$y=\log_2 x$ のグラフを $\boldsymbol{x}$ **軸に関して対称移動**したものだから，グラフは右図.

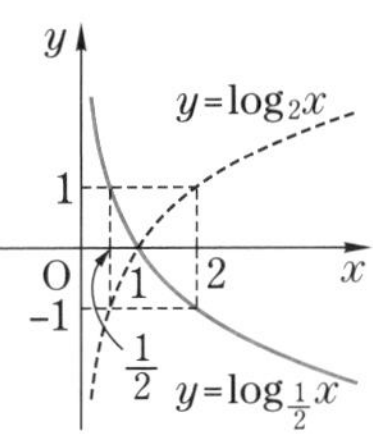

注　(1, 0) 以外に (2, −1) か $\left(\dfrac{1}{2},\ 1\right)$ をとっておくべきでしょう.

(2)　$y=\log_2(x-1)$ のグラフは，$y=\log_2 x$ のグラフを $\boldsymbol{x}$ **軸方向に 1 だけ平行移動** ◀48 したものだから，グラフは右図.

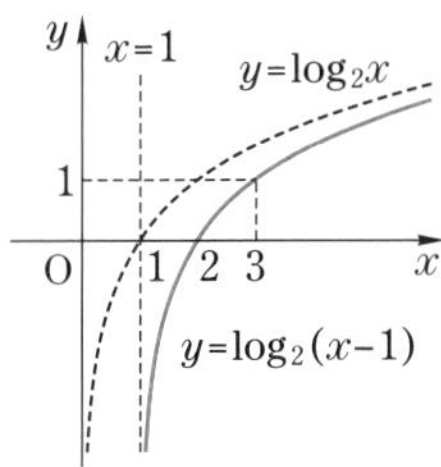

注　(2, 0) 以外に (3, 1) をとっておいた方がよいでしょう.

(3)　$y=\log_2 2x$

$=\log_2 2+\log_2 x$　（⇨69 計算公式 I ）

$=\log_2 x+1$　　（$\because$　$\log_2 2=1$）

$y=\log_2 x+1$ のグラフは，$y=\log_2 x$ のグラフを $\boldsymbol{y}$ **軸方向に 1 だけ平行移動**したものだから，グラフは右図.

注　$\left(\dfrac{1}{2},\ 0\right)$ はもちろんのこと，もう 1 点 (1, 1) あるいは，(2, 2) をとっておいた方がよいでしょう.

ポイント　$y=\log_a x$ のグラフは，$0<a<1$ のときと，$1<a$ のときで，形が異なる点に注意

演習問題 71

次の式で表される関数のグラフをかけ.

(1)　$y=\log_{\frac{1}{3}}\dfrac{1}{x}$　　　(2)　$y=\log_2(2x-4)$

72 対数方程式（Ⅰ）

次の方程式を解け．

(1) $\log_{10}(2-x)+\log_{10}(x+1)=\log_{10}x$

(2) $(\log_2 x)^2-3\log_2 x+2=0$

精講 対数方程式は，最終的に **$\log_a A=\log_a B$ の形** にしますが，その際，計算公式（⇨69）を使えることは当然で，式変形を始める前に

Ⅰ．**真数条件**　（→正）

Ⅱ．**底条件**　（→正かつ１でない）

をおさえておかなければなりません．

解答

(1) 真数条件より，$2-x>0$，$x+1>0$，$x>0$ 　◀大切!!

$\therefore\ 0<x<2$ ……①

このとき，与えられた方程式は

$\log_{10}(2-x)(x+1)=\log_{10}x$ 　◀$\log_a M+\log_a N=\log_a MN$

$\therefore\ (2-x)(x+1)=x$ 　$\therefore\ x^2=2$

①より，$x=\sqrt{2}$

(2) $\log_2 x=t$ とおく． 　◀指数をおいたときとは違って，t に範囲はつかない

$t^2-3t+2=0$ より $(t-1)(t-2)=0$

$\therefore\ t=1,\ 2$

$\therefore\ \log_2 x=1,\ 2$ 　よって，$x=2,\ 4$

ポイント

Ⅰ．真数条件，底条件を忘れずに

Ⅱ．$\log_a A=\log_a B \rightleftarrows A=B$

演習問題 72

(1) $\log_x(5x^2-6)=4$ を解け．

(2) $\log_2 x+2\log_x 2-3=0$ を解け．

73 対数方程式（Ⅱ）

連立方程式 $\begin{cases} \log_4 x + \log_3 y = 5 \\ \log_2 x + \log_9 y = 4 \end{cases}$ を解け．

未知数は x と y の2つ，式も2つだからこの連立方程式は解けるはずですが，含まれている対数の底は2，3，4，9とすべて異なっています．このとき，底をそろえる必要があるといっても，4つを1つに統一しようというのは考えものです．ここでは，$4=2^2$，$9=3^2$ と書けることに着目して，$\log_2 x = X$，$\log_3 y = Y$ とおいて普通の連立方程式にすべきです．

解　答

$\log_2 x = X$，$\log_3 y = Y$ とおくと

$$\log_4 x = \frac{\log_2 x}{\log_2 4} = \frac{\log_2 x}{2} = \frac{1}{2}X$$

◀底変換の公式

$$\log_9 y = \frac{\log_3 y}{\log_3 9} = \frac{\log_3 y}{2} = \frac{1}{2}Y$$

よって，与えられた連立方程式は

$$\begin{cases} X + 2Y = 10 & \cdots\cdots① \\ 2X + Y = 8 & \cdots\cdots② \end{cases}$$

①，②より，$X=2$，$Y=4$　すなわち，$\log_2 x = 2$，$\log_3 y = 4$

$\therefore$　$x = 2^2 = \mathbf{4}$，$y = 3^4 = \mathbf{81}$

◀$x=4$，$y=81$ は真数条件をみたしている

ポイント　底を1つにそろえて式が繁雑になるとき，1つにそろえないこともある

連立方程式 $\begin{cases} \log_2 xy = 3 \\ \log_2 x \cdot \log_4 y = 1 \end{cases}$ を解け．

第5章

基礎問

74 対数不等式

次の不等式を解け．

(1)　$\log_2 x+\log_2(x-1)\leqq 1$　　(2)　$2\log_{0.1}(x-1)<\log_{0.1}(7-x)$

(3)　$(\log_3 x)^2-3\log_3 x+2<0$

精講

対数不等式は，最終的に $\log_a x_1<\log_a x_2$ の形を作ります．また，69の基本性質，計算公式，70の底変換の公式，72の対数方程式の知識と次の性質を利用します．

$$\log_a x_1<\log_a x_2 \iff \begin{cases} x_1<x_2 \ (1<a) \\ x_1>x_2 \ (0<a<1) \end{cases}$$

これは，グラフをかいてみるとよくわかります．

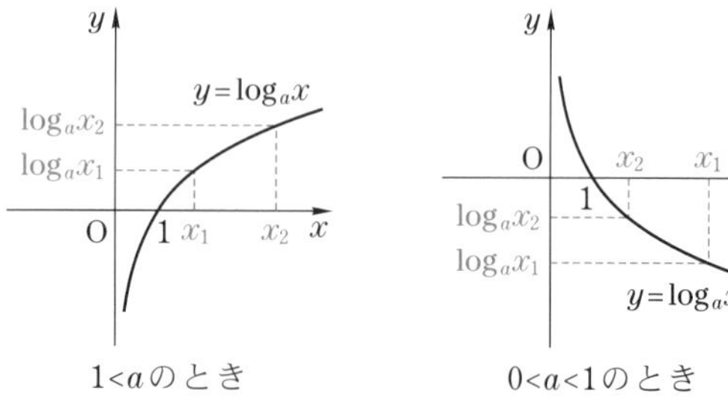

1<aのとき　　0<a<1のとき

解　答

(1)　真数条件より，$x>0$，$x-1>0$

$\therefore\ \ 1<x$ ……①

このとき，与えられた不等式は

$\log_2 x(x-1)\leqq\log_2 2$　$(\because\ \ 1=\log_2 2)$　◀目標形にする

底$=2$ (>1) だから，$x(x-1)\leqq 2$

$(x+1)(x-2)\leqq 0$

$\therefore\ \ -1\leqq x\leqq 2$

①とあわせて，$\boldsymbol{1<x\leqq 2}$

(2)　真数条件より，$x-1>0$，$7-x>0$

$\therefore\ \ 1<x<7$ ……①

このとき，与えられた不等式は

$2\log_{0.1}(x-1)<\log_{0.1}(7-x)$

$\log_{0.1}(x-1)^2<\log_{0.1}(7-x)$

底$=0.1$ (<1) だから

$(x-1)^2>7-x$

$(x-1)^2+(x-1)-6>0$

◀$(x-1)^2$ を展開してもかまわない

$(x-1+3)(x-1-2)>0$

$(x+2)(x-3)>0$

$\therefore \quad x<-2,\ 3<x$

①とあわせて，$\boldsymbol{3<x<7}$

(3) $\log_3 x=t$ とおくと，

◀t に範囲はつかない

$t^2-3t+2<0 \qquad \therefore \quad (t-1)(t-2)<0$

$\therefore \quad 1<t<2$

よって，

$1<\log_3 x<2 \qquad \therefore \quad \log_3 3<\log_3 x<\log_3 3^2$

◀$1=\log_3 3$

底$=3$ (>1) だから，

$3<x<3^2$

すなわち，$\boldsymbol{3<x<9}$

◀これは真数条件をみたしている

注 (3)も，真数条件を考えて，$x>0$ を最初に求めておいてもよいでしょう．

ポイント

$$\log_a x_1<\log_a x_2 \iff \begin{cases} x_1<x_2 & (1<a) \\ x_1>x_2 & (0<a<1) \end{cases}$$

注 (1)において，$x+(x-1)\leqq 2$ としてはいけません．一般に，$\log_a A+\log_a B\leqq\log_a C$ $(a>1)$ は $A+B\leqq C$ ではありません．
また，(2)において，$(x-1)^2<7-x$ としてはいけません．
とにかく，

$\log_a A\leqq\log_a B$ の形にして a が1より大きいか小さいかに注意する

というスタイルを守ることです．

演習問題 74

(1) $12(\log_2\sqrt{x})^2-7\log_4 x-10>0$ をみたす最小の自然数 x を求めよ．

(2) 不等式 $1<2^{-2\log_{\frac{1}{2}}x}<16$ を解け．

75 対数の応用(Ⅰ)

次の問いに答えよ．ただし，$\log_{10}2=0.3010$，$\log_{10}3=0.4771$ とする．

(1) 4^{50} は何桁の整数か．

(2) $\left(\dfrac{8}{45}\right)^5$ は小数第何位に初めて0でない数字が現れるか．

対数の応用としてよく出題されるのがこの2問．きちんと公式を覚えてしまえば問題はありませんが，この公式はなかなか覚えにくいようです．では，どのようにすればよいのでしょうか？

このことについては，参考を読んでください．

〈公式Ⅰ〉

A が n 桁の整数 $\Longleftrightarrow$ $n-1\leqq\log_{10}A<n$

〈公式Ⅱ〉

$A\ (<1)$ が小数で表されるとき，

小数第 n 位に初めて0でない数字が現れる

$\Longleftrightarrow$ $-n\leqq\log_{10}A<-n+1$

解　答

(1) $\log_{10}4^{50}=\log_{10}2^{100}$　◀指数法則

$=100\log_{10}2=30.10$

$\therefore\quad 30<\log_{10}4^{50}<31$

よって，4^{50} は **31桁** の整数．

(2) $\log_{10}\left(\dfrac{8}{45}\right)^5=\log_{10}\left(\dfrac{16}{90}\right)^5$　◀注 参照

$=\log_{10}\left(\dfrac{2^4}{3^2\cdot10}\right)^5=\log_{10}(2^{20}\cdot3^{-10}\cdot10^{-5})$　◀指数法則

$=20\log_{10}2-10\log_{10}3-5\log_{10}10$

$=20\times0.3010-10\times0.4771-5$

$=6.020-4.771-5=-3.751$

$\therefore\quad -4<\log_{10}\left(\dfrac{8}{45}\right)^5<-3$

よって，$\left(\dfrac{8}{45}\right)^5$ は **小数第4位** に初めて0でない数字が現れる．

注 1行目で $\dfrac{8}{45}$ を $\dfrac{16}{90}$ に変形していますが，なぜでしょう．

次の式変形をよく見てください．

$$\log_{10}\left(\frac{8}{45}\right)^5=\log_{10}\frac{2^{15}}{3^{10}\cdot 5^5}=15\log_{10}2-10\log_{10}3-5\log_{10}5$$

$\log_{10}5$ がでてきましたが，問題文には，$\log_{10}5$ の値が与えられていません．どうしたらよいのでしょう？

このようなときは，下のワク内の考え方をします．頭に入れておきましょう．これは入試では頻出です．

$$\log_{10}5=\log_{10}\frac{10}{2}=\log_{10}10-\log_{10}2=1-\log_{10}2$$

結局，**解答**は $\log_{10}5$ がでてこないように最初に工夫をしておいたということです．

ポイント

・A が n 桁の整数 $\Longleftrightarrow$ $n-1\leqq\log_{10}A<n$

・A (<1) が小数で表されるとき，
小数第 n 位に初めて 0 でない数字が現れる
$\Longleftrightarrow$ $-n\leqq\log_{10}A<-n+1$

この公式は覚えるよりも**簡単な具体例**をその場で考えた方が確実です．たとえば，x が2桁の数ならば，$10\leqq x<100$ だから

$10^1\leqq x<10^2$　　よって，$1\leqq\log_{10}x<\mathbf{2}$（大きい方が桁数を示している）

また，y が小数第2位に初めて0でない数字が現れるならば，

$0.01\leqq y<0.1$ だから $10^{-2}\leqq y<10^{-1}$　　よって，$-\mathbf{2}\leqq\log_{10}y<-1$

（小さい方の絶対値が小数第何位かを示している）

演習問題 75

$\log_{10}2=0.3010$，$\log_{10}3=0.4771$ とするとき，18^{20} は何桁の整数か．

また，$\left(\dfrac{1}{6}\right)^{30}$ を小数で表すと小数第何位に初めて0でない数字が現れるか．

76 対数の応用（II）

次の手順にしたがって，3^{30} の最高位の数字を求めよう．
ただし，$\log_{10}2=0.3010$，$\log_{10}3=0.4771$ とする．

(1) $A=3^{30}$ とおくとき，$\log_{10}A$ の値を求めよ．

(2) A の桁数 l を求めよ．

(3) $A'=A\times10^{-(l-1)}$ とおくとき，$\log_{10}A'$ の値を求めよ．

(4) $\log_{10}m\leqq\log_{10}A'<\log_{10}(m+1)$ をみたす自然数 m を求めよ．

(5) A の最高位の数字を求めよ．

(1)は69の復習です．
(3)，(4)がこの **基礎問** のテーマ「3^{30} の最高位の数字」を求めるための準備になっていますが，意味がわからない人は，参考を見ながら**解答**を読みなおしましょう．大切なことは，「**(3)の作業の意味を理解すること**」です．

解　答

(1) $\log_{10}A=\log_{10}3^{30}=30\log_{10}3$
$=30\times0.4771$
$=\mathbf{14.313}$

(2) (1)より，$14<\log_{10}A<15$　　$\therefore\ 10^{14}<A<10^{15}$
よって，A は15桁の整数．
すなわち，$l=\mathbf{15}$

(3) $A'=A\times10^{-14}$ より，
$\log_{10}A'=\log_{10}A+\log_{10}10^{-14}$
$=14.313+(-14)=\mathbf{0.313}$

(4) $\log_{10}2=0.3010$，$\log_{10}3=0.4771$ より
$\log_{10}2\leqq\log_{10}A'<\log_{10}3$
$\therefore\ m=\mathbf{2}$

(5) (4)より，$2\leqq A'<3$
$\therefore\ 2\times10^{14}\leqq A'\times10^{14}<3\times10^{14}$

$\therefore \quad 2\times10^{14}\leqq A<3\times10^{14}$

よって，A の最高位の数字は **2**

(2)より，A は15桁の数だから，A と A' $(=A\times10^{-14})$ との関係は図のようになります．

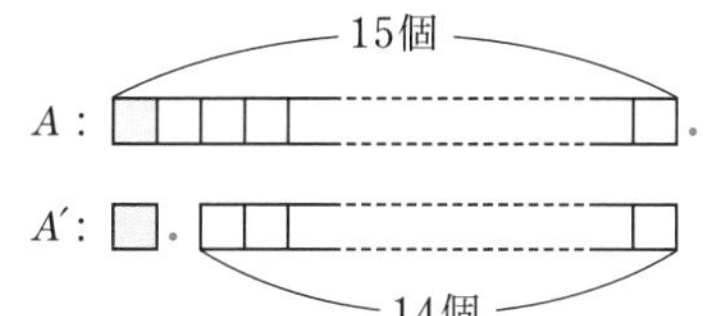

◀15個の数字の並びは変わらず小数点の位置がずれているだけ

この図からわかるように，(3)以降で 10^{-14} を A にかけてあるのは「**小数点の位置を自分のほしい数字のすぐ右側にもってくる**」ことが目的なのです．こうすることによって，不要な数字14個を小数点以下にもっていき無視することで，最高位の数字だけを残そうということです．

一般的にまとめると次のようになります．

> 実数 A (>1) に対して，$\log_{10}A=n+\alpha$
> $(n$：整数，$0\leqq\alpha<1)$ と表せるとき，
> A の整数部分の桁数は，$\boldsymbol{n+1}$
> 最高位の数字 m は，$\boldsymbol{\log_{10}m\leqq\alpha<\log_{10}(m+1)}$ をみたす

この考え方と対数表を利用すれば大きな数が，たとえば 6.02×10^{23}（アボガドロ数）のような形に表せることがわかります．

ポイント 具体的な値がわからない数でも，小数点の位置をずらせば，最高位の数字を知ることができる

演習問題 76

$A=\log_3 2$ について，次の問いに答えよ．ただし，$\log_{10}2=0.3010$，$\log_{10}3=0.4771$ を用いないものとする．

(1) $3^l\leqq2^{10}<3^{l+1}$ をみたす自然数 l を求めよ．

(2) $10A$ について，一の位の数字を求めよ．

(3) A の小数第1位の数字を求めよ．

77 指数・対数関数の最大・最小

(A)　$f(x)=2^x+2^{-x}-2^{2x+1}-2^{-2x+1}$ について，次の問いに答えよ．

(1)　$t=2^x+2^{-x}$ とおいて，$f(x)$ を t で表せ．

(2)　t の最小値を求めよ．

(3)　$f(x)$ の最大値とそのときの x の値を求めよ．

(B)　x，y は正の値をとり，$xy=100$ をみたしている．このとき，

$$P=\log_{10}x\cdot\log_{10}y$$

について，次の問いに答えよ．

(1)　P を x を用いて表せ．

(2)　P の最大値とそのときの x，y の値を求めよ．

(A)　**ひとまとめにおいて**，既知の関数にもちこむという意味では，指数方程式や指数不等式と同じ感覚ですが，(2)がポイントで，$2^x>0$，$2^{-x}>0$ から，ある公式を頭に浮かべてほしいのですが…….

(B)　(1)　69の **基本性質**，**計算公式** をフルに活用します．

(2)　ひとまとめにおいて既知の関数へもちこみます．

解　答

(A)　(1)　$f(x)=2^x+2^{-x}-2\cdot2^{2x}-2\cdot2^{-2x}$

ここで，

$$t^2=(2^x+2^{-x})^2$$
$$=(2^x)^2+2\cdot2^x\cdot2^{-x}+(2^{-x})^2$$
$$=2^{2x}+2^{-2x}+2$$

◀$2^x\cdot2^{-x}=1$

$$\therefore\quad 2^{2x}+2^{-2x}=t^2-2$$

よって，$\boldsymbol{f(x)=-2t^2+t+4}$

(2)　$2^x>0$，$2^{-x}>0$ だから，相加平均≧相乗平均より　◀13

$$t=2^x+2^{-x}\geqq2\sqrt{2^x\cdot2^{-x}}=2$$

等号は $2^x=2^{-x}$，すなわち，$x=0$ のとき成立する．

よって，t の最小値は **2**

(3)　$y=-2t^2+t+4$ とおくと，

$$y=-2\left(t-\frac{1}{4}\right)^2+\frac{33}{8}$$

右のグラフより，$t\geqq 2$ において，$t=2$ のとき，

すなわち　$\boldsymbol{x=0}$ のとき，**最大値　-2**

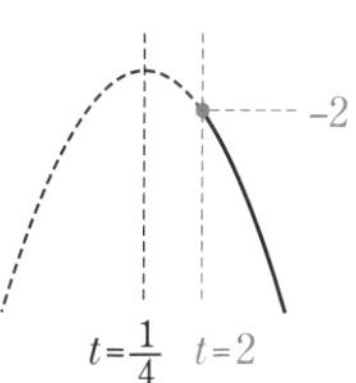

(B)　(1)　$y=\dfrac{100}{x}$ だから，

$$\log_{10}y=\log_{10}\frac{10^2}{x}=\log_{10}10^2-\log_{10}x=2-\log_{10}x$$

$\therefore$　$\boldsymbol{P=\log_{10}x(2-\log_{10}x)}$

(2)　$\log_{10}x=t$ とおくと，

$P=t(2-t)=-t^2+2t=-(t-1)^2+1$

右のグラフより，$t=1$，すなわち，

$\boldsymbol{x=10}$，$\boldsymbol{y=10}$ のとき，**最大値　1**

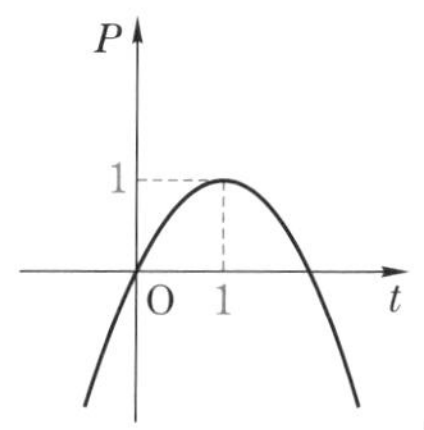

ポイント　指数・対数関数の最大・最小はひとまとめにおいて既知の関数へ

(B)　P の最大値は次のようにしても求まります．

$xy=100$ より $\log_{10}xy=2$　　$\therefore$　$\log_{10}x+\log_{10}y=2$ ……①

$\log_{10}x=X$，$\log_{10}y=Y$ とおくと，X，Y のとりうる値の範囲は実数全体であり，①は $X+Y=2$，$P=\log_{10}x\cdot\log_{10}y$ は $XY=P$．よって X，Y を解とする2次方程式は $t^2-2t+P=0$．これが2つの実数解をもつ条件より，$P\leqq 1$

よって，最大値は1

(A)　(1)　$49^x+49^{-x}=a$ とおくとき，$7^{8x}+2401^{-2x}$ を a で表せ．

(2)　$7^{8x}+2401^{-2x}$ の最小値を求めよ．

(B)　$1\leqq x\leqq 81$ として，次の問いに答えよ．

(1)　$t=\log_3 x$ とおくとき，t のとりうる値の範囲を求めよ．

(2)　$f(x)=(\log_3 x)\left(\log_3\dfrac{1}{9}x\right)$ の最大値を求めよ．

78 大小比較（Ⅰ）

(1)　2数 $a=2^{\frac{1}{2}}$, $b=3^{\frac{1}{3}}$ の大小を比べよ.

(2)　3数 $a=2^{\frac{1}{2}}$, $b=3^{\frac{1}{3}}$, $c=5^{\frac{1}{5}}$ を小さい順に並べよ.

(1)で $2^{\frac{1}{2}}$, $3^{\frac{1}{3}}$ の値が具体的にわからないのは指数のせいです．もし，2^3, 3^2 ならすぐにわかるので，$\dfrac{1}{2}$ と $\dfrac{1}{3}$ を整数にすると考えて，a^6 と b^6 で比べればよいのです.

(2)を同様に考えると，a^{30} と b^{30} と c^{30}，すなわち，2^{15} と 3^{10} と 5^6 の大小比較になりますが，3^{10} がとてもタイヘンな計算になるので一工夫必要です.

解　答

(1)　$a^6=(2^{\frac{1}{2}})^6=2^3=8$,

$b^6=(3^{\frac{1}{3}})^6=3^2=9$

よって，$a^6<b^6$，すなわち，

$\boldsymbol{a<b}$

(2)　$a^{10}=(2^{\frac{1}{2}})^{10}=2^5=32$,

$c^{10}=(5^{\frac{1}{5}})^{10}=5^2=25$

よって，$c^{10}<a^{10}$，すなわち，$c<a$

(1)の結果とあわせて，$c<a<b$

よって，小さい順に並べると，

$\boldsymbol{c,\ a,\ b}$

ポイント　値が具体的にわからない数の大小を比べるとき
わからない理由が排除される方向で考える

3数 $a=2^{\frac{4}{5}}$, $b=3^{\frac{1}{2}}$, $c=4^{\frac{1}{3}}$ を小さい順に並べよ.

79 大小比較（Ⅱ）

$1<a<b$ とし，$P=\log_b a$，$Q=\log_b(\log_b a)$，$R=(\log_b a)^2$ を考える．このとき，次の問いに答えよ．

(1) P のとりうる値の範囲を求めよ．　(2) Q，R を P で表せ．

(3) P，Q，R を小さい順に並べよ．

(1) $1<a<b$ に対数記号 $\log_b$ をつければ P がでてきます．

(3) (1)で P のとりうる値の範囲がわかっているので，(2)を利用すれば Q，R のとりうる値の範囲がわかります．

74のポイントの応用です．

解答

(1) $b>1$ だから，

$1<a<b$ より $\log_b 1<\log_b a<\log_b b$　◀底が b の対数をとる

よって，$\boldsymbol{0<P<1}$

(2) $\boldsymbol{Q=\log_b P}$，$\boldsymbol{R=P^2}$

(3) $0<P<1$ だから，$P^2<P$

$\therefore\ 0<R<P$ ……①

次に，$0<P<1$，$1<b$ だから，

$\log_b P<0$　$\therefore\ Q<0$ ……②　◀グラフから

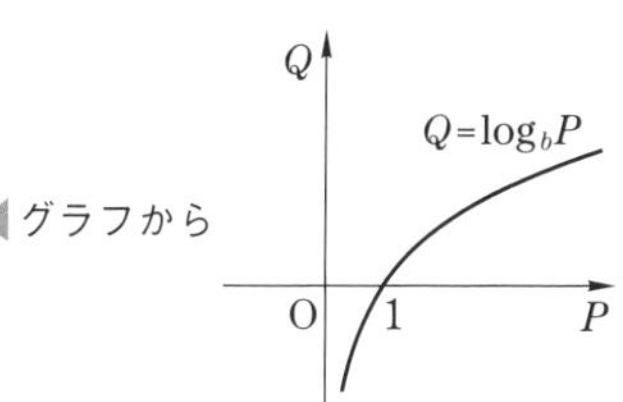

①，②より，小さい順に並べると

$\boldsymbol{Q,\ R,\ P}$

ポイント　対数の大小比較は，
底をそろえて真数の大小比較をするが，
そのとき，
底が1より大きいか，小さいかに注意する

演習問題 79

$\dfrac{3}{2}\log_3 2$，$2^{-0.3}\times 3^{0.2}$，1 を小さい順に並べよ．

第5章

80 常用対数の値の評価

(1)　$\log_{10}2$ は $\dfrac{3}{10}$ より大きいことを示せ．

(2)　$80<81$ および $243<250$ を利用して

$\dfrac{19}{40}<\log_{10}3<\dfrac{12}{25}$ を示せ．

(1)　$\log_{10}2=0.3010$ を使ってはいけません．

一般に，無理数の近似値を使ってよいのは，本文中に「ただし，$\log_{10}2=0.3010$ とする」とかいてあるときだけです．(⇨76)

問題になるのは，(2)のような根拠となるべき不等式が**与えられていないこと**です．この不等式を見つけるために計算用紙であることをします．

この作業を**解答用紙の中でやってはいけません．**

解　答

(1)　$1024>1000$ だから　　◀どこから出てくる？

$2^{10}>10^3$

$\log_{10}2^{10}>\log_{10}10^3$

$10\log_{10}2>3\log_{10}10$

$10\log_{10}2>3$

よって，$\log_{10}2>\dfrac{3}{10}$

（計算用紙）

$\log_{10}2>\dfrac{3}{10}$

$10\log_{10}2>3\log_{10}10$

$\log_{10}2^{10}>\log_{10}10^3$

$\therefore\ \ 2^{10}>10^3$

すなわち，$1024>1000$

↑逆向きにかくと解答になる

(2)　$80<81$ より

$\log_{10}80<\log_{10}81$

$\log_{10}10+3\log_{10}2<4\log_{10}3$　……①

$\therefore\ \ \log_{10}3>\dfrac{1}{4}(1+3\log_{10}2)>\dfrac{1}{4}\left(1+\dfrac{9}{10}\right)=\dfrac{19}{40}$　　◀(1)より

よって，$\dfrac{19}{40}<\log_{10}3$　……㋐

次に，$243<250$ より

$\log_{10}243<\log_{10}250$

$\log_{10}3^5<\log_{10}\dfrac{10^3}{2^2}$　　◀75 注

$5\log_{10}3 < 3 - 2\log_{10}2 < 3 - 2\cdot\frac{3}{10} = \frac{12}{5}$　　◀(1)より

$\therefore\ \log_{10}3 < \frac{12}{25}$　……㋑

㋐，㋑より　$\frac{19}{40} < \log_{10}3 < \frac{12}{25}$

Ⅰ．(計算用紙でないといけない理由)

もし $\log_{10}2 > \frac{3}{10}$ から始めると，**これから示すべき結論を使ったことになってしまいます**．答案をかいた本人は，そんなつもりではなかったとしても，採点者は，かいてある内容をそのまま読んでいくので，「$\log_{10}2 > \frac{3}{10}$ だから」と読んでしまいます．これから正しいことを示そうとしているのに，「正しい」と断言してしまったようなものです．

Ⅱ．$\frac{19}{40} = 0.475$，$\frac{12}{25} = 0.48$ だから，我々の知っている近似値 0.4771 にかなり近いことがわかります．このように**無理数を分数で表すこと**は紀元前から行われていて，$\pi = \frac{22}{7}$ などもその例です．

第5章

無理数の近似値は知っておく必要があるが，指示がない限り使えない

80 (1)(2)を用いて，$\frac{3}{10} < \log_{10}2 < \frac{23}{75}$ を示せ．

第6章 微分法と積分法

81 極限（Ⅰ）

次の極限値を求めよ．

(1) $\displaystyle\lim_{x\to 1}\frac{x^2-1}{x-1}$　　(2) $\displaystyle\lim_{x\to 2}\frac{x^2-5x+6}{x^2-3x+2}$

関数 $f(x)$ において，x が **a と異なる値をとりながら** a に限りなく近づくとき，$f(x)$ が一定の値 b に近づくことを $\displaystyle\lim_{x\to a}f(x)=b$

と表し，この b を $f(x)$ の**極限値**といいます．

しかし，(1)も(2)もこのままだと分母 $\to 0$，分子 $\to 0$ となって，$\dfrac{0}{0}$ という形になるので，値を考えることができません．この状態を「**不定形**」といいますが，これは極限値が存在しないのではなく，かくれているだけなのです．

解答

(1) $\displaystyle\lim_{x\to 1}\frac{(x+1)(x-1)}{x-1}$

$\displaystyle=\lim_{x\to 1}(x+1)=\mathbf{2}$

(2) $\displaystyle\lim_{x\to 2}\frac{(x-2)(x-3)}{(x-1)(x-2)}$

$\displaystyle=\lim_{x\to 2}\frac{x-3}{x-1}=\mathbf{-1}$

◀約分をする
分子，分母をともに0にしている原因をとり除く

ポイント　不定形を解消するとき，分子，分母を同時に0にしている因数を，約分によってとり除く

演習問題 81

次の極限値を求めよ．

(1) $\displaystyle\lim_{x\to 0}\frac{1}{x}\left(2-\frac{x+2}{x+1}\right)$　　(2) $\displaystyle\lim_{x\to a}\frac{x^2-(2a-1)x+a^2-a}{x^2-ax}$ $(a\neq 0)$

82 極限（Ⅱ）

次の等式が成りたつような定数 a，b の値を求めよ．

$$\lim_{x \to 2} \frac{x^2+ax+b}{x-2}=6$$

精講 $x \to 2$ のとき，$\dfrac{2a+b+4}{0}$ となりますが，「それでは 6 にならないじゃないか!!」と思うのは早計．たった 1 つだけ可能性が残されています．それは「**不定形**」（⇨ **81**）です．だから $2a+b+4=0$ となれば，6 になるかもしれないのです．ただし，これは必要条件ですから，あとで吟味をしなければなりません．

解答

$x \to 2$ のとき，分母 $\to 0$ だから，極限値が 6 になるためには，少なくとも $x \to 2$ のとき，分子 $\to 0$ でなければならない．◀不定形

よって，$2a+b+4=0$　$\therefore$　$b=-2a-4$

このとき，$x^2+ax+b=x^2+ax-2(a+2)$
$=(x-2)(x+a+2)$　◀分子，分母を $x-2$ で約分するために分子に $x-2$ をつくる

$\therefore$　$\displaystyle\lim_{x \to 2} \frac{x^2+ax+b}{x-2}=\lim_{x \to 2}(x+a+2)=a+4$

$\therefore$　$a+4=6$　　よって，$\boldsymbol{a=2}$，$\boldsymbol{b=-8}$

逆に，このとき，

$\displaystyle\lim_{x \to 2} \frac{x^2+2x-8}{x-2}=\lim_{x \to 2} \frac{(x-2)(x+4)}{x-2}=\lim_{x \to 2}(x+4)=6$ となり，適する．

ポイント　不定形は極限値が存在しないのではなく，かくれている状態

演習問題 82

$\displaystyle\lim_{x \to 1} \frac{x^2-(a+b)x-2}{x^2+(a-1)x-a}=-\frac{1}{3}$ となるような定数 a，b の値を求めよ．

第6章

83 導関数

次のそれぞれの関数について，導関数を求めよ．

(1)　$y=x^2$　　(2)　$y=x^3+2x^2+4x+1$　　(3)　$y=(2x+1)^3$

「定義に従って」と書いてありませんから，$(\boldsymbol{x^n})'=\boldsymbol{nx^{n-1}}$ を使って計算をすればよいのですが，問題は(2)，(3)です．

(2)は $\{\boldsymbol{f(x)+g(x)}\}'=\boldsymbol{f'(x)+g'(x)}$ を使います．

(3)は展開してから微分するのでしょうか．

解　答

(1)　$y'=\boldsymbol{2x}$

(2)　$y'=(x^3)'+(2x^2)'+(4x)'+(1)'=\boldsymbol{3x^2+4x+4}$　　◀(定数)$'=0$

(3)　**(解Ⅰ)**（展開してから微分する）

$y=(2x+1)^3=8x^3+12x^2+6x+1$　だから

$y'=(8x^3)'+(12x^2)'+(6x)'+(1)'=\boldsymbol{24x^2+24x+6}$

(解Ⅱ)（下の［　］内の性質を利用すると）

$y=(ax+b)^3=a^3x^3+3a^2bx^2+3ab^2x+b^3$ だから，

$y'=3a^3x^2+6a^2bx+3ab^2=3a(a^2x^2+2abx+b^2)$

$=3a(ax+b)^2$　　$\therefore$　$y'=3a(ax+b)^2$

$y'=3\cdot2(2x+1)^2=6(2x+1)^2$

ポイント
- $(x^n)'=nx^{n-1}$
- $\{(ax+b)^n\}'=na(ax+b)^{n-1}$　（n は自然数）

注　「$\{(ax+b)^n\}'=na(ax+b)^{n-1}$」は数学Ⅲにでてくる公式ですが，数学Ⅱの段階で使えるようにしておくとたいへん便利です．

演習問題 83

次のそれぞれの関数を微分せよ．

(1)　$y=x^3-2x^2+4x-2$　　(2)　$y=(3x+2)^4$

84 微分係数

$f(x)=x^2+3x+2$ について，次に与えられた x における微分係数をそれぞれ求めよ．

(1)　$x=1$　　(2)　$x=-1$　　(3)　$x=a$

「定義に従って」とは書いてありませんから，導関数 $f'(x)$ を求めておいて，それぞれの x の値を代入すればよいことになります．ここでは参考のために，(3)について定義に従って微分係数を求める手順を示しておきます．

解答

$f'(x)=2x+3$ だから，

◀まず，導関数を求める

(1)　$f'(1)=\mathbf{5}$

(2)　$f'(-1)=\mathbf{1}$

(3)　$f'(a)=\boldsymbol{2a+3}$

定義に従うと次のようになります．

$$f(a+h)-f(a)=(a+h)^2+3(a+h)+2-(a^2+3a+2)$$
$$=h(2a+3+h)$$

$$\therefore\quad f'(a)=\lim_{h\to0}\frac{f(a+h)-f(a)}{h}$$　（⇦ これが定義の式）

$$=\lim_{h\to0}(2a+3+h)=2a+3$$

$f'(a)=\lim_{x\to a}\dfrac{f(x)-f(a)}{x-a}$ を利用してもよい．

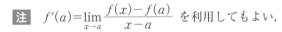

ポイント　関数 $\overset{\text{微分}}{\Longrightarrow}$ 導関数 $f'(x)$ $\overset{x=a\text{ を代入}}{\Longrightarrow}$ 微分係数 $f'(a)$

演習問題 84

$f(x)=x^3+ax^2+bx+a$ が，$f'(1)=2$，$f'(2)=11$ をみたすように a，b を定めよ．

85 平均変化率と微分係数

$f(x)=x^2-2x+4$ について，x が1から3まで変化するときの平均変化率と $x=t$ における微分係数が等しくなるという．
このような t の値を求めよ．

x が a から b まで変化するときの**平均変化率**は，$\dfrac{f(b)-f(a)}{b-a}$ で表されます．
右図でいえば，直線ABの**傾き**です．

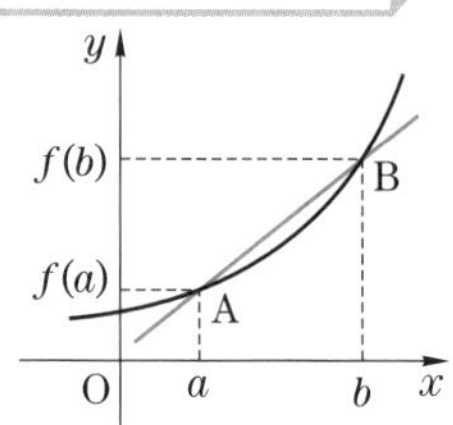

解答

$\dfrac{f(3)-f(1)}{3-1}=f'(t)$ より $\dfrac{7-3}{2}=2t-2$　◀平均変化率

∴　$t=2$

86 で学びますが，$f'(t)$ は，$y=f(x)$ 上の点 $\mathrm{T}(t,\ f(t))$ における**接線の傾き**を表しています．だから，この問題は次のような図形的意味をもっています．

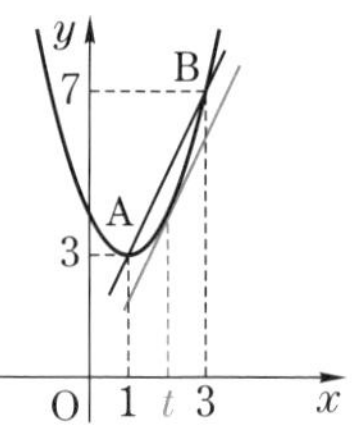

> 放物線 $y=x^2-2x+4$ 上の2点 $\mathrm{A}(1,\ 3)$，$\mathrm{B}(3,\ 7)$ を通る直線ABと傾きが等しくなるような接線の接点の x 座標は t

ポイント　関数 $f(x)$ において x が a から b まで変化するときの平均変化率は　$\dfrac{f(b)-f(a)}{b-a}$

演習問題 85

$f(x)=ax^2+bx+c\ (a\neq 0)$ について，x が x_1 から $x_2\ (x_1\neq x_2)$ まで変化するときの平均変化率と $f'(x_3)$ が等しいとき，x_3 を x_1，x_2 で表せ．

86 接線（Ⅰ）

放物線 $f(x)=x^2-3x+4$ について，次に与えられた x における接線の方程式を求めよ．

(1)　$x=1$　　　(2)　$x=t$

接線を求める公式なんてあったかな？と思う人もいるでしょうが，次の 2 つの公式を組み合わせれば，**ポイント** の接線の方程式を求めることができるのです．

Ⅰ．傾き m で点 $(x_0,\ y_0)$ を通る直線は，

$$\boldsymbol{y-y_0=m(x-x_0)}$$

Ⅱ．$y=f(x)$ 上の点 $(t,\ f(t))$ における接線の傾きは，$f'(t)$

解　答

$f'(x)=2x-3$ である．

(1)　$f(1)=2$ より，接点は $(1,\ 2)$

また，$f'(1)=-1$ より，接線の傾きは　-1　　◀傾き $f'(1)$

よって，接線は，$y-2=-1\cdot(x-1)$

$\therefore$　$\boldsymbol{y=-x+3}$

(2)　$f(t)=t^2-3t+4$ より，接点は $(t,\ t^2-3t+4)$

また，$f'(t)=2t-3$ より，接線の傾きは，$2t-3$　◀傾き $f'(t)$

よって，接線は，

$y-(t^2-3t+4)=(2t-3)(x-t)$　　◀$y-f(t)=f'(t)(x-t)$

$\therefore$　$\boldsymbol{y=(2t-3)x-t^2+4}$

ポイント　$y=f(x)$ 上の $x=t$ における接線の傾きは $f'(t)$ で，接線の方程式は，$y-f(t)=f'(t)(x-t)$

演習問題 86

放物線 $f(x)=x^2-4x+5$ 上の点 $(1,\ f(1))$ における接線と点 $(3,\ f(3))$ における接線の交点の座標を求めよ．

第6章

87 接線（Ⅱ）

放物線 $f(x)=x^2-3x+4$ に，点 $(0,\ 0)$ から引いた接線の方程式を求めよ．

本問と **86** が同じに見えるとまずいです．

実は，**86** の接線公式は，接点がわかっていないと使えないのです．

そして，点 $(0,\ 0)$ は曲線上にはありませんし，「から引いた」とも書いてあるわけですから，点 $(0,\ 0)$ は接点ではありません．だから，**接点をおくところからスタートする**ことになります．

接点を $\mathrm{T}(t,\ t^2-3t+4)$ とおくと，　◀接点をおく

Tにおける接線は，$y=(2t-3)x-t^2+4$　◀**86**(2)の問題なので，途中は省略した

これが，点 $(0,\ 0)$ を通るので

$$-t^2+4=0$$

$$\therefore\quad t=\pm 2$$

よって，求める接線の方程式は

$\boldsymbol{y=x}$，$\boldsymbol{y=-7x}$　（右図参照）

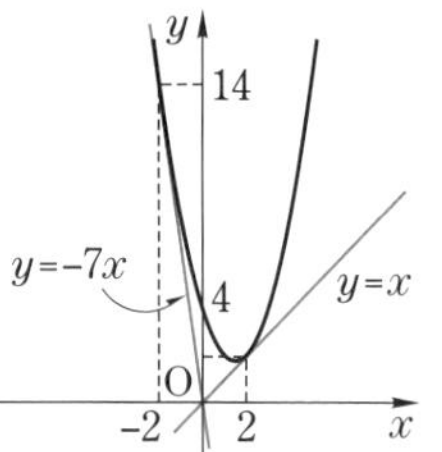

（**別解**）　接線を $y=mx$ とおく．

放物線の方程式と連立させて

$$x^2-(m+3)x+4=0$$　◀別解はⅠ・Aの **43** を参照

これが重解をもつので，(判別式)$=0$

$\therefore\quad (m+3)^2-16=0\qquad \therefore\quad m=1,\ -7$

よって，接線は，$y=x$，$y=-7x$

ポイント　接線公式は接点がわからないと使えないので，接点がわかっていないときは，接点の座標をおく

演習問題 87

放物線 $f(x)=x^2-4x+5$ に，点 $(1,\ 0)$ から引いた接線の方程式を求めよ．

88 関数決定（I）

2 次式 $f(x)$ は，等式 $(x+1)f'(x)=2f(x)+7x-7$ をみたしているとする．

このとき，$f(x)$ を求めよ．ただし，x^2 の係数は 1 とする．

x^2 の係数が 1 の 2 次式ということから，$f(x)=x^2+ax+b$ とおけます．これで $f'(x)$ を求められますから，あとは，これを与式に代入して**恒等式**（⇨ **11**）の考え方を利用することになります．

解　答

$f(x)=x^2+ax+b$ とおくと，

$f'(x)=2x+a$ だから，与式に代入して

$$(x+1)(2x+a)=2(x^2+ax+b)+7x-7$$

$$\therefore\quad 2x^2+(a+2)x+a=2x^2+(2a+7)x+2b-7$$

これは，x についての恒等式だから，

係数を比較して $\begin{cases} a+2=2a+7 \\ a=2b-7 \end{cases}$　　$\therefore\quad a=-5,\ b=1$

よって，$\boldsymbol{f(x)=x^2-5x+1}$

与えられた式に，$x=-1$ を代入してみると

$0\cdot f'(-1)=2f(-1)-14$ となり，$f(-1)=7$ となることがわかります．これは，**解答**の $f(x)$ が正解であるかどうかの検算として利用できます．

ポイント　$f(x)$ の次数がわかっているとき，$f(x)$ や $f'(x)$ を含んだ等式は，$f(x)=\cdots\cdots$ とおいて，恒等式にもちこむ

演習問題 88

2 次式 $f(x)$ は，次の 2 つの等式をみたしているとする．

$$(x-1)f'(x)=f(x)+(x-1)^2,\quad f'(1)=-1$$

このとき，$f(x)$ を求めよ．

第6章

89 3次関数のグラフ

関数 $f(x)=x^3-3x^2-9x+15$ について，増減を調べ，極値を求め，グラフをかけ．

極値とはグラフをかいたとき，**山や谷になっているところの y 座標**のことで，山のところは**極大値**，谷のところは**極小値**と呼ばれます．

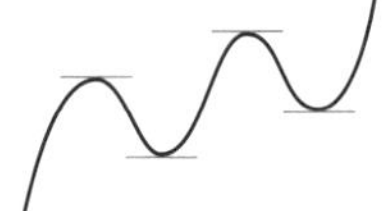

たとえば，右図のようなグラフであれば，極大値も極小値も2つずつ存在することになります．ところで，このような点の x 座標は，どのように考えれば求められるのでしょうか？

図に引いてある**横線がポイント**です．この横線は接線です．「横線＝傾きが0」ということから，「接線の傾き＝0」となる点が求める点ということです．

ここで **86** によれば，接線の傾きは $f'(x)$ で与えられるわけですから，$f'(x)=0$ となる点ということになりそうです．しかし，$f(x)=x^3$ のときを考えてみると，$f'(x)=0$ となるのは $x=0$ ですが，点をいくつかとってだいたいのグラフをかいてみると，$x=0$ では山でも谷でもありません(右図参照)．

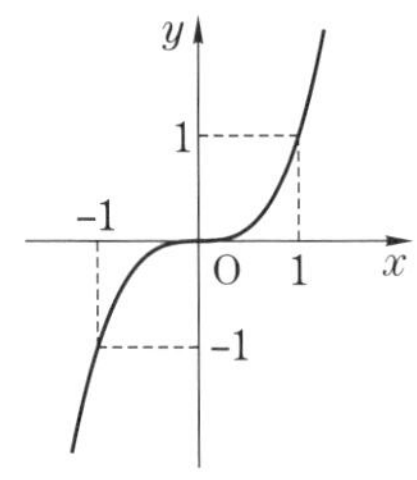

結局，接線の傾き ($f'(x)$) が

$-\to 0\to +$ と変化すれば，**谷(極小)**，

$+\to 0\to -$ と変化すれば，**山(極大)**

を示していることになるのです．

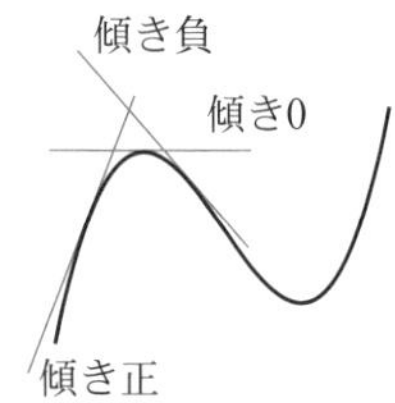

したがって極値を調べるときは，$f'(x)=0$ となる x を求めるだけでなく，その x の前後での **$f'(x)$ の符号の変化も追わなければなりません**．そして，その様子を**増減表**という形式で表します．

解　答

$f(x)=x^3-3x^2-9x+15$ より，

$f'(x)=3x^2-6x-9=3(x-3)(x+1)$

よって，$f'(x)$ の符号の変化と $f(x)$ の値の変化は表のようになる．

x	$\cdots$	-1	$\cdots$	3	$\cdots$
$f'(x)$	$+$	0	$-$	0	$+$
$f(x)$	↗	20	↘	-12	↗

◀符号の変化を表にする

したがって，**極大値　20**　($x=-1$ のとき)

極小値　−12　($x=3$ のとき)

また，グラフは右図．

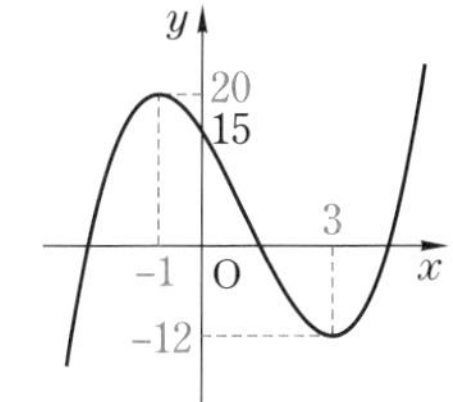

注　「↗」は増加を表す記号で，「↘」は減少を表す記号です．

3 次関数が極値をもつとき，そのグラフのかき方にはコツがあります．実は，このときのグラフは極大点と極小点の中点（この点を**変曲点**といいます）に関して**点対称になっている**のです．だから，右図のような**合同な 8 個の長方形のワク内に必ず納まっています**．ただし，個々の長方形のタテ，ヨコの長さの比は関数によって変わります．

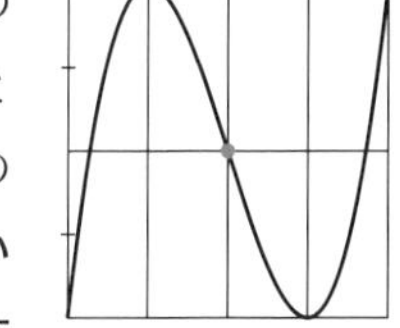

この事実は検算として利用することができます．

たとえば，もし極大値と極小値の計算が正しければ，

$f\left(\dfrac{-1+3}{2}\right)=\dfrac{20+(-12)}{2}$，すなわち，$f(1)=4$ のはずです．

実際，$f(1)=1-3-9+15=4$ です．

ポイント

・$y=f(x)$ の増減は，$f'(x)$ の符号変化で決まる

・$f'(x)=0$ となる x のうち，前後で符号が変化すれば，その x で極値をとる

演習問題 89

関数 $f(x)=-2x^3+6x+2$ について，増減を調べ，極値を求め，グラフをかけ．

第6章

90 共通接線

2つの曲線 $C: y=x^3$, $D: y=x^2+px+q$ がある.

(1) C 上の点 $\mathrm{P}(a,\ a^3)$ における接線 l を求めよ.

(2) 曲線 D は P を通り, D の P における接線は l と一致する. このとき, p, q を a で表せ.

(3) (2)のとき, D が x 軸に接するような a の値を求めよ.

(2) 2つの曲線 C, D が共通の接線 l をもっているということですが, 共通接線には次の**2つの形**があります.

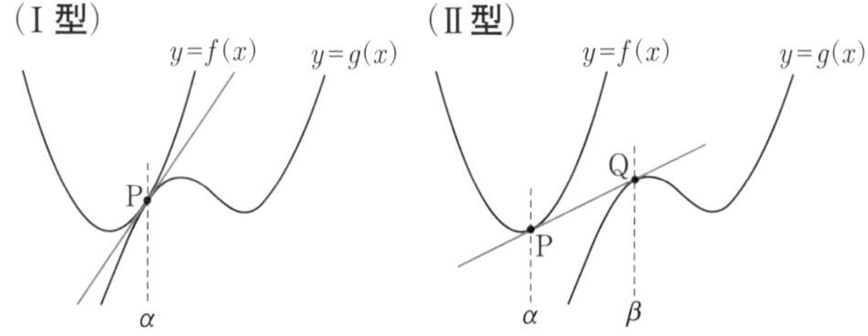

違いは, **接点が一致しているか, 一致していないか**で, この問題は接点が P で一致しているので (I型) になります.

どちらの型も, 接線をそれぞれ求めて傾きと y 切片がともに一致すると考えれば答をだせますが, (I型) については **ポイント** の公式を覚えておいた方がよいでしょう. **解答** は, この公式を知らないという前提で作ってあります.

解　答

(1) $y=x^3$ より, $y'=3x^2$ だから, $\mathrm{P}(a,\ a^3)$ における接線は,

$$y-a^3=3a^2(x-a)$$ ◀86

$\therefore$ l: $\boldsymbol{y=3a^2x-2a^3}$ ……㋐

(2) P は D 上にあるので, $a^2+pa+q=a^3$ ……①

また, $y=x^2+px+q$ より $y'=2x+p$ だから,

P における接線は, $y-a^3=(2a+p)(x-a)$

$\therefore$ l: $y=(2a+p)x+a^3-2a^2-pa$

$y=(2a+p)x+q-a^2$ ……㋑ ($\because$ ①より)

㋐，㋑は一致するので，$3a^2=2a+p$，$-2a^3=q-a^2$

よって，$\boldsymbol{p=3a^2-2a}$，$\boldsymbol{q=-2a^3+a^2}$

(3) $D：y=\left(x+\dfrac{p}{2}\right)^2+q-\dfrac{p^2}{4}$ だから，曲線

Dがx軸に接するとき，頂点のy座標は0

◀$\boldsymbol{x^2+px+q=0}$ の(判別式)$=\boldsymbol{0}$ でもよい

$\therefore\quad q-\dfrac{p^2}{4}=0\qquad\therefore\quad 4q-p^2=0$

よって，$4(-2a^3+a^2)-(3a^2-2a)^2=0$

◀展開しないで共通因数でくくる

$4a^2(-2a+1)-a^2(3a-2)^2=0$

$a^2\{-8a+4-(9a^2-12a+4)\}=0$

$a^3(9a-4)=0$

$\therefore\quad a=\boldsymbol{0},\ \boldsymbol{\dfrac{4}{9}}$

注 $a=0$ が答の1つになることは，図をかけばx軸が共通接線であることから予想がつきます．

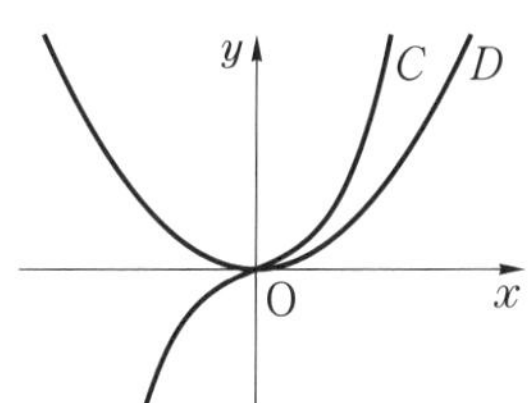

(2)は**ポイント**を使うと次のようになります．

$f(x)=x^3$，$g(x)=x^2+px+q$ とおくと

$f'(x)=3x^2$，$g'(x)=2x+p$

$\therefore\quad\begin{cases}a^3=a^2+pa+q\\3a^2=2a+p\end{cases}$　　よって，$\begin{cases}p=3a^2-2a\\q=-2a^3+a^2\end{cases}$

ポイント

2つの曲線 $y=f(x)$ と $y=g(x)$ が点$(t,\ f(t))$を共有し，その点における接線が一致する

$\Longleftrightarrow$ $f(t)=g(t)$ かつ $f'(t)=g'(t)$

演習問題 90

関数 $f(x)=x^2+2$ と $g(x)=-x^2+ax$ のグラフが点Pを共有し，点Pにおける接線が一致する．このとき，aの値とPの座標を求めよ．

91 関数決定(Ⅱ)

関数 $f(x)=x^3+ax^2+bx+c$ は，$x=2$ で極小値0をとり，$x=1$ における接線の傾きは -3 である．このとき，a，b，c の値と，極大値を求めよ．

「$x=2$ で極小値 $\longrightarrow f'(2)=0$」は正しいのですが，「$f'(2)=0 \longrightarrow x=2$ で極小値」は正しくありません．ですから，a，b，c を求めたあと**吟味(確かめ)が必要**になります．

解　答

$f(x)=x^3+ax^2+bx+c$ より，$f'(x)=3x^2+2ax+b$

$x=2$ で極小値0をとるので，$f'(2)=0$，$f(2)=0$

また，$x=1$ における接線の傾きは -3 だから，$f'(1)=-3$

$$\therefore \begin{cases} 12+4a+b=0 & \cdots\cdots① \\ 8+4a+2b+c=0 & \cdots\cdots② \\ 6+2a+b=0 & \cdots\cdots③ \end{cases}$$

◀連立方程式を作る

①，③より，$\boldsymbol{a=-3}$，$\boldsymbol{b=0}$

②に代入して，$\boldsymbol{c=4}$

このとき，$f(x)=x^3-3x^2+4$

$\therefore \quad f'(x)=3x^2-6x=3x(x-2)$

よって，増減は表のようになり，この $f(x)$ は適する．　◀吟味

x	$\cdots$	0	$\cdots$	2	$\cdots$
$f'(x)$	+	0	−	0	+
$f(x)$	↗	4	↘	0	↗

また，このとき，**極大値 4**　($x=0$ のとき)

ポイント　「$x=\alpha$ で極値」という条件を「$f'(\alpha)=0$」として使うときは必要条件なので，吟味が必要

演習問題 91

関数 $f(x)=x^3+3ax^2+3bx$ が，$x=2$ で極大，$x=3$ で極小となるような定数 a，b の値を求めよ．また，極大値，極小値を求めよ．

92 極値をもつための条件

関数 $f(x)=x^3+3(a-1)x^2+3(a+1)x+2$ が極値をもつような a の値の範囲を求めよ．

極値をもつ状態の1例として，89 を見てください．増減表の一番上の欄に x の値が2つでてきています．これが3次関数が極値をもっている状態です．いいかえると，**$f'(x)=0$ が異なる2つの実数解をもてばよい**ということです．

解答

$f'(x)=3x^2+6(a-1)x+3(a+1)=3\{x^2+2(a-1)x+(a+1)\}$

よって，$f(x)$ が極値をもつ条件は，

$x^2+2(a-1)x+(a+1)=0$ が異なる2つの実数解をもつことである．

判別式を D とすると $\dfrac{D}{4}=(a-1)^2-(a+1)=a^2-3a=a(a-3)$

であるから $a(a-3)>0$ より　◀$D>0$ が必要十分

$\boldsymbol{a<0,\ 3<a}$

たとえば，$a=0$ のとき

($f'(x)=0$ が重解をもつとき)

増減は右表のようになり，

x	$\cdots$	1	$\cdots$
$f'(x)$	$+$	0	$+$
$f(x)$	↗	3	↗

極値をもっていません．

だから，極値をもたない条件は，$\boldsymbol{D\leqq 0}$ です．

ポイント　3次関数 $y=f(x)$ が極値をもつ
$\Longleftrightarrow$ $f'(x)=0$ が異なる2つの実数解をもつ

演習問題 92

3次関数 $f(x)=x^3-3ax^2+3x-1$ について，次の問いに答えよ．

(1) 極値をもつような a の値の範囲を求めよ．

(2) $x=2$ で極小となるとき，a の値と極値を求めよ．

93 最大・最小

関数 $f(x)=x^3-6x^2+9x$ $(-1 \leqq x \leqq 4)$ について，最大値，最小値とそのときの x の値を求めよ．

最大値，最小値を求めるとき，範囲の両端の y の値だけ調べても意味がありません（⇨Ⅰ・A 35）．極値も調べなければなりません．3次関数であれば増減表をかくのが一番よいでしょう．

解答

$f(x)=x^3-6x^2+9x$ より，

$f'(x)=3x^2-12x+9=3(x-1)(x-3)$

よって，$-1 \leqq x \leqq 4$ において，$f(x)$ の増減は表のようになる．

x	-1	$\cdots$	1	$\cdots$	3	$\cdots$	4
$f'(x)$		$+$	0	$-$	0	$+$	
$f(x)$	-16	↗	4	↘	0	↗	4

◀両端の値と極値を比べる

したがって，$-1 \leqq x \leqq 4$ において

最大値　4　($x=1$，4 のとき)

最小値　-16　($x=-1$ のとき)

89 の 参考 にあるグラフの特徴を考えれば，$x=1$，$x=4$ で最大になり，$x=-1$ で最小になるという予想がつきます．

ポイント　範囲のついた3次関数の最大，最小は増減表をかいて考える

演習問題 93

関数 $f(x)=(x+1)^2(x-2)$ $(-1 \leqq x \leqq 4)$ について，最大値，最小値とそのときの x の値を求めよ．

94 最大値・最小値の図形への応用

右図のように，1辺の長さが $2a\ (a>0)$ の正三角形から，斜線を引いた四角形をきりとり，底面が正三角形のフタのない容器を作り，この容積を V とおく．

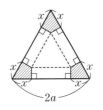

(1) 容器の底面の正三角形の1辺の長さと容器の高さを x で表せ．

(2) x のとりうる値の範囲を求めよ．

(3) V を x で表し，V の最大値とそのときの x の値を求めよ．

最大値，最小値の考え方を図形に応用するとき，変数に**範囲がつく**ことを忘れてはいけません．この設問では(2)ですが，考え方は「容器ができるために必要な条件は？」です．

解答

(1) 底面の1辺の長さは $\boldsymbol{2a-2x}$，また，きりとられる部分は右図のようになるので，高さは $\boldsymbol{\dfrac{x}{\sqrt{3}}}$

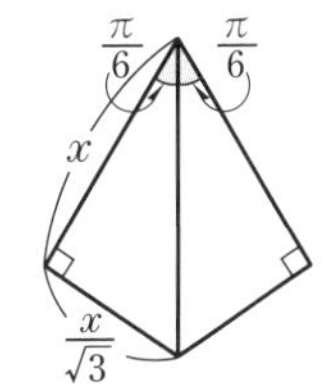

(2) 容器ができるとき $2a-2x>0$，$\dfrac{x}{\sqrt{3}}>0$ だから

$$\boldsymbol{0<x<a}$$

◀容器ができるための条件として，x の範囲がつく

(3) $V=\dfrac{1}{2}\{2(a-x)\}^2\sin\dfrac{\pi}{3}\times\dfrac{x}{\sqrt{3}}$

$=x(x-a)^2=\boldsymbol{x^3-2ax^2+a^2x}$

$V'=(x-a)(3x-a)$ より，

$\boldsymbol{x=\dfrac{a}{3}}$ **のとき，最大値** $\boldsymbol{\dfrac{4a^3}{27}}$ をとる．

x	0	…	$\frac{a}{3}$	…	a
V'		+	0	−	0
V		↗		↘	

ポイント　図形の問題で，最大，最小を考えるとき，範囲に注意

演習問題 94

底面の半径 r と高さ h が $r+h=a$（$a>0$ の定数）をみたす円すいの体積を V とするとき，V の最大値を求めよ．

95 微分法の方程式への応用

a は実数とする．3次方程式 $x^3+5x^2+3x-a=0$ の異なる実数解の個数は，a の値によって変化する．この方程式が異なる3つの実数解をもつような a の値の範囲を求めよ．

定数を含んだ方程式の解について議論するとき，
$f(x)=a$ と変形して，$y=f(x)$ と $y=a$ のグラフの共有点の x 座標がもとの方程式の解である

ことを利用するのが基本方針です．この考え方は**定数分離**といわれますが，3次方程式以外の方程式でも通用します．また，定数分離の考え方が使えない問題 **96** もありますから，(**別解**) の考え方も知っておきましょう．

解答

(a を x と分離して求める方法)

$x^3+5x^2+3x-a=0 \Longleftrightarrow x^3+5x^2+3x=a$

より $\begin{cases} y=x^3+5x^2+3x & \cdots\cdots① \\ y=a & \cdots\cdots② \end{cases}$ のグラフで考える．

①の右辺を $f(x)$ とおく．$f'(x)=3x^2+10x+3=(x+3)(3x+1)$ であるから増減は表のようになる．

x	$\cdots$	-3	$\cdots$	$-\frac{1}{3}$	$\cdots$
$f'(x)$	$+$	0	$-$	0	$+$
$f(x)$	$\nearrow$	9	$\searrow$	$-\frac{13}{27}$	$\nearrow$

よって，$y=f(x)$ のグラフは右図のようになり，このグラフと②のグラフが異なる3点で交われば

◀ x 軸に平行な直線②を動かして考える

よいので，$-\dfrac{13}{27}<a<9$

このタイプの問題は，頻出パターンですが，設問の中では，この他にも様々な要求がされています．たとえば，次のようなものです．

① **異なる2つの実数解をもつ**

② **正の解1つと負の異なる解2つをもつ**

(①の答えは，$a=-\dfrac{13}{27}$，9　②の答えは，$0<a<9$)

(別解)（a を x と分離しないで求める方法）

$f(x)=x^3+5x^2+3x-a$ とおくと

$f'(x)=3x^2+10x+3=(x+3)(3x+1)$

よって，$x=-3$，$-\dfrac{1}{3}$ で極値をとる．

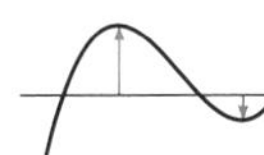

$f(x)=0$ が異なる3つの実数解をもつとき

$y=f(x)$ の(極大値)×(極小値)<0　◀注

$\therefore\ f(-3)f\left(-\dfrac{1}{3}\right)<0$

よって，$(-a+9)\left(-a-\dfrac{13}{27}\right)<0$　$\therefore\ (a-9)\left(a+\dfrac{13}{27}\right)<0$

$\therefore\ -\dfrac{13}{27}<a<9$

注 この解答は，以下のことを利用しています．

x は $f(x)=0$ の解 $\Longleftrightarrow$ x は $y=f(x)$ と x 軸の交点の x 座標

3次関数 $y=f(x)$ が
- ・極値をもたない
- ・極値をもつ
  - (極大値)×(極小値)>0

  （以上2つ）…実数解1個
  - (極大値)×(極小値)=0…実数解2個
  - (極大値)×(極小値)<0…実数解3個

ポイント　定数を含んだ方程式の解は $f(x)=a$ と変形し，$y=f(x)$ と $y=a$ のグラフの交点の x 座標を考える

演習問題 95

a を実数とする．3次方程式 $x^3-4x+a=0$ の解がすべて実数となるような a の値の範囲を求めよ．

96 接線の本数

曲線 $C : y=x^3-x$ 上の点を $\mathrm{T}(t,\ t^3-t)$ とする．

(1) 点Tにおける接線の方程式を求めよ．

(2) 点 $\mathrm{A}(a,\ b)$ を通る接線が2本あるとき，a，b のみたす関係式を求めよ．ただし，$a>0$，$b \neq a^3-a$ とする．

(3) (2)のとき，2本の接線が直交するような a，b の値を求めよ．

(2) 3次関数のグラフに引ける**接線の本数は，接点の個数と一致**します．だから，(1)の接線に $\mathrm{A}(a,\ b)$ を代入してできる t の3次方程式が異なる2つの実数解をもつ条件を考えますが，このときの考え方は 95 注 で学習済みです．

(3) 未知数が2つあるので，等式を2つ用意します．

1つは(2)で求めてあるので，あと1つですが，それが「**接線が直交する**」を式にしたものです．接線の傾きは接点における微分係数（⇨ 84）ですから，2つの接点における **微分係数の積＝−1** と考えて式を作ります．

解　答

(1) $f(x)=x^3-x$ とおくと，$f'(x)=3x^2-1$

よって，T における接線は，

$$y-(t^3-t)=(3t^2-1)(x-t)$$ ◀86

$$\therefore\ \boldsymbol{y=(3t^2-1)x-2t^3}$$

(2) (1)の接線は $\mathrm{A}(a,\ b)$ を通るので

$$b=(3t^2-1)a-2t^3$$

$$\therefore\ 2t^3-3at^2+a+b=0 \quad \cdots\cdots(*)$$

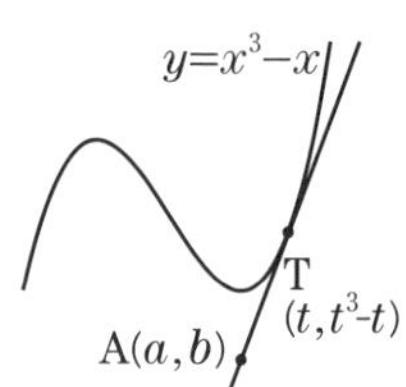

$(*)$ が異なる2つの実数解をもつので，

$g(t)=2t^3-3at^2+a+b$ とおくとき，

$y=g(t)$ のグラフが，極大値，極小値をもち，

(極大値)×(極小値)＝0 であればよい． ◀95 注

$$g'(t)=6t^2-6at=6t(t-a)$$

$g'(t)=0$ を解くと，$t=0$，$t=a$ だから

$$\begin{cases} a \neq 0 \\ g(0)g(a)=0 \end{cases} \quad \therefore \quad \begin{cases} a \neq 0 \\ (a+b)(b-a^3+a)=0 \end{cases}$$

◀ $\boldsymbol{a \neq 0}$ は極値をもつための条件

$b \neq a^3-a$，$a>0$ だから，$\boldsymbol{a+b=0}$

(3) (2)のとき(＊)より，$t^2(2t-3a)=0$

2 本の接線の傾きは $f'(0)$，$f'\left(\dfrac{3a}{2}\right)$ だから，直交する条件より

$$f'(0)f'\left(\frac{3a}{2}\right)=-1 \quad \therefore \quad (-1)\left(\frac{27}{4}a^2-1\right)=-1$$

$$\therefore \quad a^2=\frac{8}{27}$$

$a>0$ より，$a=\boldsymbol{\dfrac{2\sqrt{6}}{9}}$，$b=\boldsymbol{-\dfrac{2\sqrt{6}}{9}}$

ポイント　3 次関数のグラフに引ける接線の本数は接点の個数と一致する

実は，3 次関数のグラフに引ける接線の本数は以下のようになることがわかっています．記述式問題の検算用やマーク式問題で有効です．

3 次曲線 C の変曲点（89 参考）における接線を l とするとき，

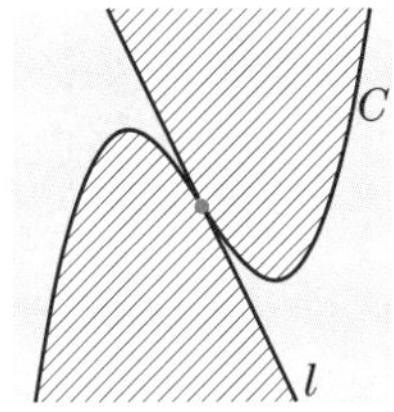

・斜線部分と変曲点からは 1 本引ける
・C と l 上の点（変曲点を除く）からは 2 本引ける
・青アミ部分からは 3 本引ける

演習問題 96

曲線 $y=x^3-6x$ に点 A$(2,\ p)$ から接線を引くとき，次の問いに答えよ．

(1) 曲線上の点 T$(t,\ t^3-6t)$ における接線の方程式を求めよ．

(2) p を t で表せ．

(3) 点 A から接線が 3 本引けるような p の値の範囲を求めよ．

第6章

97 微分法の不等式への応用(I)

$x>1$ のとき，$x^3-2x^2>x^2-3x+1$ となることを示せ．

精講 不等式 $A>B$ を示すときに，$A-B>0$ を示せばよいことはわかるでしょう．だから，A，B がこの問題のように x の式ならば，$A-B=f(x)$ とおいて，$f(x)>0$ を示せばよいことになります．

そのためには，$f(x)$ の最小値を求めればよいのです．だから，

不等式の証明は関数の最大・最小の問題のイメージで解答を作る（⇨**13**）

ことになります．

解　答

$f(x)=(x^3-2x^2)-(x^2-3x+1)$　　◀ $f(x)=A-B$

$\quad=x^3-3x^2+3x-1$　とおくと

$f'(x)=3x^2-6x+3=3(x-1)^2\geqq 0$

よって，$f(x)$ は単調増加．

このとき，$f(1)=0$ だから，$x>1$ のとき，$f(x)>0$

すなわち，$x^3-2x^2>x^2-3x+1$

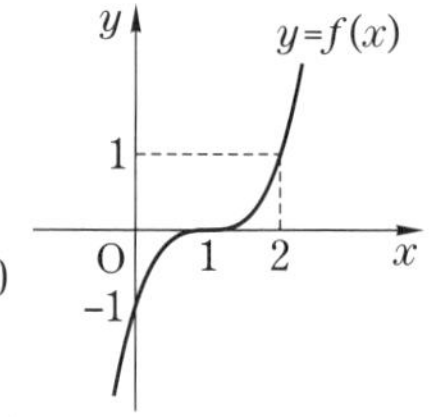

注 右のグラフの $(1,\ 0)$ のあたりをよく見てください．

89 で学んだように $f'(1)=0$ であっても，$x=1$ の前後で $f'(x)$ の符号に変化はありません（$+\to 0\to +$ です）．

このような点があるとき，直線のようにストレートに $(1,\ 0)$ を通過してはいけません．$(1,\ 0)$ で x 軸に接する（傾きが0）ような**フンイキ**にしておかなければなりません．

ポイント　不等式の証明は，
関数の最大・最小の考え方にもちこむ

演習問題 97

$x>0$ のとき，$(x+2)^3\geqq 27x$ となることを示せ．

98 微分法の不等式への応用 (Ⅱ)

　$p>0$ とする．このとき $x^3-3px^2+4\geqq 0$ が，$x\geqq 0$ において成立するような p のとりうる値の範囲を求めよ．

97 の発展型です．「$x\geqq 0$ において $f(x)\geqq 0$」とは

「$x\geqq 0$ において関数 $f(x)$ の最小値$\geqq 0$」

という意味です．この読みかえができれば一本道です．

解　答

$f(x)=x^3-3px^2+4$ とおくと　◀関数のグラフで考える

$f'(x)=3x^2-6px=3x(x-2p)$

$2p>0$ であることを考えれば，$f(x)$ の増減は $x\geqq 0$ において，表のようになる．　◀0 と $2p$ の大小が決まらないと増減表はかけない

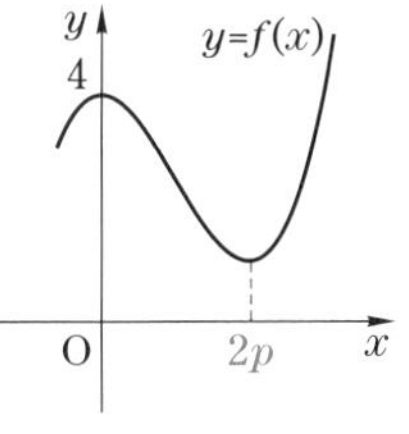

x	0	$\cdots$	$2p$	$\cdots$
$f'(x)$	0	$-$	0	$+$
$f(x)$	4	↘	$4-4p^3$	↗

よって，$f(x)\geqq 0$ となるためには，最小値$\geqq 0$ であればよいので，

$4-4p^3\geqq 0$　◀ポイント

$p^3-1\leqq 0$　　$\therefore\ (p-1)(p^2+p+1)\leqq 0$

ゆえに，$p-1\leqq 0$ よって，$\boldsymbol{0<p\leqq 1}$　◀$p^2+p+1=\left(p+\frac{1}{2}\right)^2+\frac{3}{4}>0$

ポイント　$f(x)$ がすべての x に対して $f(x)\geqq 0$
$\iff f(x)$ の最小値$\geqq 0$

演習問題 98

$0<a<2$ とするとき，$x\geqq 0$ において

$x^3-\frac{3}{2}(a+2)x^2+6ax+a\geqq 0$ が成りたつ a の値の範囲を求めよ．

99 不定積分（Ⅰ）

次の不定積分を求めよ．

(1) $\int(x^2+2x+3)dx$　(2) $\int(x-1)^2dx$　(3) $\int(2x+1)^2dx$

不定積分の公式は，

$$\int \boldsymbol{x^n dx = \frac{x^{n+1}}{n+1} + C} \quad (C：積分定数)$$

ですが，(2)，(3)の型にそなえて，**ポイント**にある公式も**覚えておきましょう．**

解答

(1) $\int(x^2+2x+3)dx=\boldsymbol{\frac{1}{3}x^3+x^2+3x+C}$

(2) $\int(x-1)^2dx=\int(x^2-2x+1)dx=\boldsymbol{\frac{1}{3}x^3-x^2+x+C}$

(3) $\int(2x+1)^2dx=\int(4x^2+4x+1)dx=\boldsymbol{\frac{4}{3}x^3+2x^2+x+C}$

（Cはいずれも積分定数）

(別解)（**ポイント**の公式を使うと……）

(2) $\int(x-1)^2dx=\frac{1}{3}(x-1)^3+C$

(3) $\int(2x+1)^2dx=\frac{1}{2}\cdot\frac{1}{3}(2x+1)^3+C=\frac{1}{6}(2x+1)^3+C$

ポイント　$\int x^n dx=\frac{x^{n+1}}{n+1}+C$，$\int(ax+b)^n dx=\frac{(ax+b)^{n+1}}{a(n+1)}+C$

次の不定積分を求めよ．

(1) $\int(x^2-x+3)dx$　(2) $\int(x+2)^2dx$　(3) $\int(3x-1)^2dx$

100 不定積分（Ⅱ）

曲線 $y=f(x)$ 上の点 $(x,\ y)$ における接線の傾きが，x^2+x+1 で与えられている．このような曲線のうち，点 $(1,\ 2)$ を通るものを求めよ．

接線の傾きは $f'(x)$ で与えられます（⇨86）から，問題の条件より **$f'(x)=x^2+x+1$** という式が与えられたことになります．

そして，この式から $f(x)$ を導きだすことになります．ここで，不定積分が微分の逆計算であることに気付けば解決です．「**点 $(1,\ 2)$ を通る**」というのは，**積分定数 C を決定するための条件**です．

解　答

$f'(x)=x^2+x+1$ だから，　　◀傾きは $f'(x)$

$$f(x)=\int(x^2+x+1)dx$$

$$=\frac{1}{3}x^3+\frac{1}{2}x^2+x+C\quad(C\text{：積分定数})$$

◀微分して検算する

ここで，点 $(1,\ 2)$ を通るので，

$$f(1)=2$$

$$\therefore\quad \frac{1}{3}+\frac{1}{2}+1+C=2\qquad\therefore\quad C=\frac{1}{6}$$

よって，$\boldsymbol{y=\frac{1}{3}x^3+\frac{1}{2}x^2+x+\frac{1}{6}}$

ポイント　不定積分を求めることは微分の逆の計算にあたる

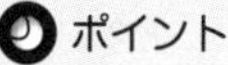

$f'(x)=3x^2-2x+1$，$f(-1)=3$ をみたす $f(x)$ を求めよ．

第6章

101 定積分

次の定積分を計算せよ．

(1) $\displaystyle\int_1^2 (x^2-3x+2)\,dx$　　(2) $\displaystyle\int_\alpha^\beta (x-\alpha)(x-\beta)\,dx$

定積分は分数計算を正しくできるかどうかがポイント．
少しでも工夫して計算量を減らしましょう．

工夫というのは，確かに，いろいろな公式を利用することも含まれていますが，基本的には**分数のさわり方**が身についているかどうかです．

なお，定積分の計算公式は次のとおりです．

$f(x)$ の不定積分の1つを $F(x)$（不定積分において積分定数を0としたもの）とするとき

$$\int_a^b f(x)\,dx=\Big[F(x)\Big]_a^b=F(b)-F(a)$$

解　答

(1) $\displaystyle\int_1^2 (x^2-3x+2)\,dx=\left[\frac{1}{3}x^3-\frac{3}{2}x^2+2x\right]_1^2$

$\displaystyle=\left(\frac{8}{3}-6+4\right)-\left(\frac{1}{3}-\frac{3}{2}+2\right)$　◀仮分数のまま．通分しない方がよい

$\displaystyle=\frac{2}{3}-\left(\frac{1}{3}+\frac{1}{2}\right)=\frac{1}{3}-\frac{1}{2}=-\frac{1}{6}$

(2) $\displaystyle\int_\alpha^\beta (x-\alpha)(x-\beta)\,dx$

$\displaystyle=\int_\alpha^\beta (x-\alpha)\{(x-\alpha)-(\beta-\alpha)\}\,dx$　◀$x-\beta$ の中に強引に $x-\alpha$ を作る

$\displaystyle=\int_\alpha^\beta \{(x-\alpha)^2-(\beta-\alpha)(x-\alpha)\}\,dx$

$\displaystyle=\left[\frac{1}{3}(x-\alpha)^3-\frac{\beta-\alpha}{2}(x-\alpha)^2\right]_\alpha^\beta$　◀99ポイント 参照

$\displaystyle=\frac{1}{3}(\beta-\alpha)^3-\frac{1}{2}(\beta-\alpha)^3$

$\displaystyle=-\frac{1}{6}(\beta-\alpha)^3$

注 $x-\alpha$ について式を整理するメリットは，**下端の数字を代入したとき，0 になる**ところにあります．これは計算量を減らすために有効な手段の 1 つです．

お気付きでしょうか？

(1)は(2)において $\alpha=1$，$\beta=2$ とおいたものです．

だから，(2)の結果を覚えておくと(1)の計算まちがいを防ぐことができます．また，(2)の形は，このあと面積計算（⇨ **105**～**108**）のところで再び登場します．

マーク式ならそのまま使えますし，記述式でも検算として十分に通用します．また，証明もよく出題されますので，結果を覚えておくだけでなく，証明手順までしっかりと頭に入れておきましょう．

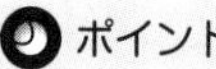

分数の和，差の計算は次の手順で

Ⅰ．正の数と負の数を組み合わせ，打ち消し合いをねらう
（⟹ 扱う数字の絶対値が小さくなるから）

Ⅱ．同じ分母どうし集める
（⟹ うまくいくと整数になるから）

Ⅲ．最後に，通分を考える

演習問題 101

次の定積分を計算せよ．

(1) $\displaystyle\int_{-1}^{1}(6x^2-x+2)dx$　　(2) $\displaystyle\int_{0}^{2}(x-3)^2dx$

(3) $\displaystyle\int_{-2}^{3}(x-1)(x+2)dx$　　(4) $\displaystyle\int_{1-\sqrt{2}}^{1+\sqrt{2}}(x^2-2x-1)dx$

102 絶対値記号のついた関数の定積分

次の定積分を計算せよ．

(1) $\int_0^2 |x^2-1|dx$　　(2) $\int_0^1 |x^2-a^2|dx$　$(0<a\leqq 1)$

絶対値記号のついた関数は，そのままでは積分できません．次の公式(＊)を利用して絶対値記号をはずしますが，このとき，

$$\int_a^b f(x)dx=\int_a^c f(x)dx+\int_c^b f(x)dx$$

を利用して定積分を分けます．あとは普通の定積分です．

$$|f(x)|=\begin{cases} f(x) & (f(x)\geqq 0 \text{ のとき}) \\ -f(x) & (f(x)\leqq 0 \text{ のとき}) \end{cases} \quad \cdots\cdots(*)$$

解答

(1) $|x^2-1|=\begin{cases} x^2-1 & (1\leqq x\leqq 2) \\ -(x^2-1) & (0\leqq x\leqq 1) \end{cases}$

◀積分の範囲は $0\leqq x\leqq 2$ だから，その範囲だけ考えればよい

$$\therefore \int_0^2 |x^2-1|dx=-\int_0^1 (x^2-1)dx+\int_1^2 (x^2-1)dx$$

$$=-\left[\frac{1}{3}x^3-x\right]_0^1+\left[\frac{1}{3}x^3-x\right]_1^2$$

$$=-2\left(\frac{1}{3}-1\right)+\left(\frac{8}{3}-2\right)=-\frac{2}{3}+\frac{8}{3}=\mathbf{2}$$

(2) $|x^2-a^2|=\begin{cases} x^2-a^2 & (a\leqq x\leqq 1) \\ -(x^2-a^2) & (0\leqq x\leqq a) \end{cases}$　$(\because\ 0<a\leqq 1)$

$$\therefore \int_0^1 |x^2-a^2|dx$$

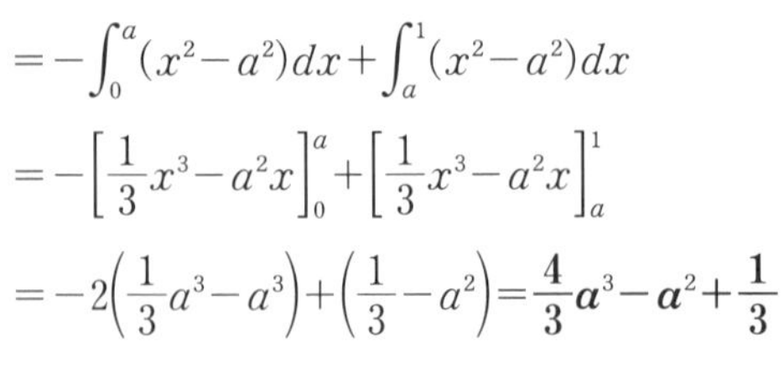

$$=-\int_0^a (x^2-a^2)dx+\int_a^1 (x^2-a^2)dx$$

$$=-\left[\frac{1}{3}x^3-a^2x\right]_0^a+\left[\frac{1}{3}x^3-a^2x\right]_a^1$$

$$=-2\left(\frac{1}{3}a^3-a^3\right)+\left(\frac{1}{3}-a^2\right)=\boldsymbol{\frac{4}{3}a^3-a^2+\frac{1}{3}}$$

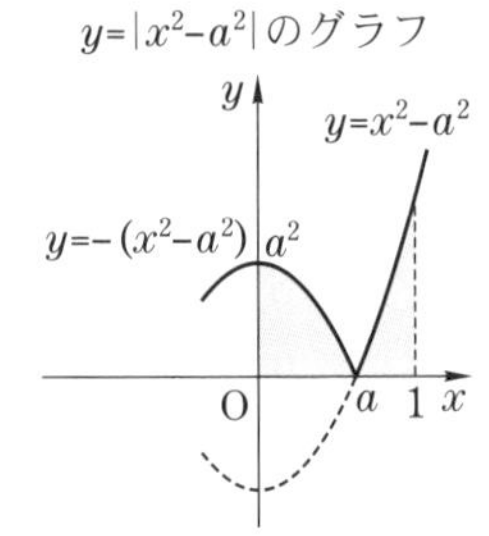

少し難しくなりますが，$a>0$ という条件に変えると $0<a\leqq 1$ の場合と，$1<a$ の場合の 2 つに分けなければなりません．（**演習問題 102**(2)）

大学入試では，最終的にこの程度の場合分けはできるようにしておかなければなりません．$0<a\leqq 1$ のときは，解答と同じなので，$1<a$ のときだけをかいておきます．

$1<a$ のとき

$$\int_0^1|x^2-a^2|dx$$

$$=-\int_0^1(x^2-a^2)dx$$

◀$0\leqq x\leqq 1$ より $-(x^2-a^2)$

$$=-\left[\frac{1}{3}x^3-a^2x\right]_0^1$$

$$=a^2-\frac{1}{3}$$

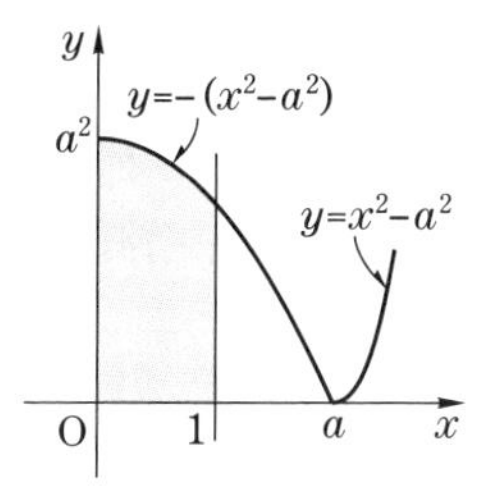

注 定積分に文字定数が入っていると場合分けになることが多いのですが，このとき，継ぎ目（ここでは $a=1$）で定積分は同じ値になることを知っておくと**計算まちがいを防ぐ**ことができます．

ポイント

絶対値記号のついた関数の定積分は

$$|f(x)|=\begin{cases} f(x) & (f(x)\geqq 0) \\ -f(x) & (f(x)\leqq 0)\end{cases}$$

を用いて絶対値記号をはずし，

$$\int_a^b f(x)dx=\int_a^c f(x)dx+\int_c^b f(x)dx$$

を利用して，区間を分けて積分する

演習問題 102

次の定積分を計算せよ．

(1) $\displaystyle\int_{-2}^{2}|x^2+x-2|dx$　　(2) $\displaystyle\int_{-1}^{1}|(x-a)(x-1)|dx$　$(a>0)$

103 定積分で表された関数(I)

関数 $f(x)$ は等式 $\int_a^x f(t)dt = x^4 + ax^3 - 3a^2x^2 + 3a^3x - 2$ をみたしている.(ただし, a は正の定数とする)

このとき, 次の問いに答えよ.

(1) 定数 a の値を求めよ.

(2) $f(x)$ を求めよ.

(3) $f(x)$ の増減を調べ, 極値を求めよ.

(1) a の値を求めるには, a だけの式を作る必要があります. そこで, $\boldsymbol{\int_a^a f(t)dt = 0}$ を利用するために $x=a$ を代入します.

(2) 不定積分は微分の逆の計算でしたが (⇨ 100), 今回は定積分 $\int_a^x f(t)dt$ を微分するとどうなるのかを調べてみましょう.

$f(t)$ の不定積分の1つを $F(t)$ とおくと

$$\int_a^x f(t)dt = \Big[F(t)\Big]_a^x = F(x) - F(a)$$

よって, $\left(\int_a^x f(t)dt\right)'$ ◀「$'$」は「微分する」という意味

$= (F(x) - F(a))'$

$= F'(x) - (F(a))' = F'(x)$ ◀ $\boldsymbol{F(a)}$ は定数だから微分すると **0**

ここで, $F'(x) = f(x)$ だから,

$$\boldsymbol{\left(\int_a^x f(t)dt\right)' = f(x)}$$

◀ $\boldsymbol{t}$ が $\boldsymbol{x}$ に変わっているところがポイント

解 答

$\int_a^x f(t)dt = x^4 + ax^3 - 3a^2x^2 + 3a^3x - 2$ ……①

(1) ①に, $x=a$ を代入すると,

$\int_a^a f(t)dt = 0$ だから, $a^4 + a^4 - 3a^4 + 3a^4 - 2 = 0$ ◀ポイント

$\therefore\ a^4 = 1$

$a>0$ だから，$a=1$

(2) ①の両辺を x で微分すると，

$f(x)=4x^3+3ax^2-6a^2x+3a^3$

(1)より，$a=1$ だから，

$\boldsymbol{f(x)=4x^3+3x^2-6x+3}$

(3) $f'(x)=12x^2+6x-6$

$=6(2x-1)(x+1)$

よって，増減は表のようになる．

x	$\cdots$	-1	$\cdots$	$\frac{1}{2}$	$\cdots$
$f'(x)$	$+$	0	$-$	0	$+$
$f(x)$	↗	8	↘	$\frac{5}{4}$	↗

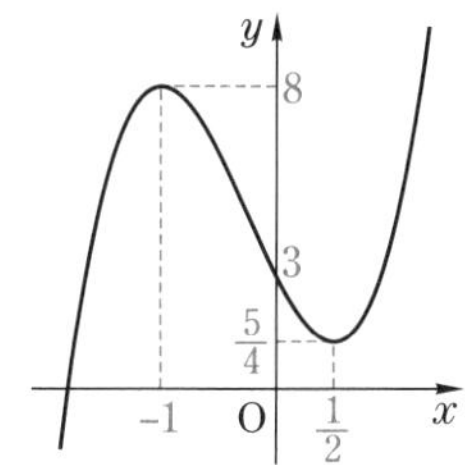

したがって，

極大値 8 （$x=-1$ のとき）

極小値 $\frac{5}{4}$ $\left(x=\frac{1}{2}\right.$ のとき$\left.\right)$

ポイント

Ⅰ．$\int_a^a f(t)dt=0$

Ⅱ．$\frac{d}{dx}\int_a^x f(t)dt=f(x)$

注 $\frac{d}{dx}$ ▢は「▢を x で微分する」という意味の記号です．

演習問題 103

(1) $a>0$ とするとき，$\int_a^x f(t)dt=x^2-2x-3$ をみたす $f(x)$ と a を求めよ．

(2) $f(x)=\int_1^x (t^2-3t-4)dt$ をみたす $f(x)$ を求めよ．

104 定積分で表された関数 (Ⅱ)

等式 $f(x)=x^2+x\int_0^1 f(t)dt$ をみたす関数 $f(x)$ を求めよ.

103 と同じではありません．積分の上端，下端が**ともに定数**です．だから，$f(t)$ の不定積分の t に 0 と 1 を代入することになるので計算結果は**定数**です．

よって，$\boldsymbol{\int_0^1 f(t)dt=a}$ （$\boldsymbol{a}$：**定数**）とおけば，$\int$ 記号が視界から消えて扱いやすくなります．

解　答

$\int_0^1 f(t)dt=a$　（a：定数）とおくと

$f(x)=x^2+ax$

$\therefore\ a=\int_0^1 f(t)dt$

$=\int_0^1 (t^2+at)dt=\dfrac{1}{3}+\dfrac{1}{2}a$

よって，$a=\dfrac{2}{3}$

$\therefore\ \boldsymbol{f(x)=x^2+\dfrac{2}{3}x}$

◀区間の両端が定数の積分は定数となる

◀おいた式にもう一度戻すところがコツ

ポイント　$\int_a^b f(t)dt$ は定数　　（a，b は定数）

演習問題 104

等式 $f(x)=2x^2+x\int_0^3 f(t)dt-5$ をみたす関数 $f(x)$ を求めよ.

105 面積（Ⅰ）

放物線 $y=x^2-2x-3$ と x 軸で囲まれた図形の面積 S を求めよ．

精講　曲線と x 軸で囲まれる部分の面積を求めるときは，次の2つを確認して定積分です．

Ⅰ．x 軸より上側にあるか，下側にあるか

（式で示すか，グラフで示すかのどちらかです）

Ⅱ．交点の x 座標

（小さい方が $\int$ の下端で，大きい方が $\int$ の上端）

解答

$x^2-2x-3=0$ となる x は

$(x-3)(x+1)=0$

より $x=-1,\ 3$

よって，$y=x^2-2x-3$ のグラフは右図のようになり，S は色の部分の面積．

-1　3　x

$$\therefore\quad S=-\int_{-1}^{3}(x^2-2x-3)dx$$

（囲まれる部分が x 軸より下側にあれば，「−」をつけて定積分）

$$=-\left[\frac{1}{3}x^3-x^2-3x\right]_{-1}^{3}=\left(-\frac{1}{3}-1+3\right)-(9-9-9)$$

$$=11-\frac{1}{3}=\mathbf{\frac{32}{3}}$$

◀ **101** (2)の性質を利用すると検算が可能

$S=\frac{1}{6}(3+1)^3=\frac{32}{3}$

ポイント　$y=f(x)$ のグラフと x 軸で囲まれた部分の面積は $y=f(x)$ のグラフと x 軸との上下関係を確認する

演習問題 105　放物線 $y=x^2-2x-1$ と x 軸で囲まれた図形の面積 S を求めよ．

106 面積（Ⅱ）

放物線 $y=x^2-x$ と直線 $y=x+3$ で囲まれた部分の面積を求めよ．

2つの曲線 $y=f(x)$ と $y=g(x)$ で囲まれた部分の面積は次の2つを確認して定積分します．

Ⅰ．どちらのグラフが上側にあるか

（上にある方から下にある方をひいて積分）

Ⅱ．交点の x 座標（小さい方が $\int$ の下端，大きい方が $\int$ の上端）

解答

$x^2-x=x+3$ を解くと，$x^2-2x-3=0$　◀交点の座標を求める

$\therefore\ (x-3)(x+1)=0\quad \therefore\ x=-1,\ 3$

よって，求める面積 S は図の色の部分．

$\therefore\ S=\int_{-1}^{3}\{(x+3)-(x^2-x)\}dx$　◀直線が上

$=-\int_{-1}^{3}(x^2-2x-3)dx=\dfrac{32}{3}$　◀計算は 105 と同じ

105 と比較してみると，与えられた状況は異なっていても定積分は同じ式になっています．これは，**「(上にある式)−(下にある式)」さえわかれば，それぞれの式はわからなくてもよい**ことを示しています．（⇨ 109）

ポイント　曲線と曲線で囲まれた部分の面積は，図をかいて上から下をひいたものを，左から右へ向かって積分する

演習問題 106

放物線 $y=x^2$ と直線 $y=x+2$ について，

(1)　2つのグラフの交点の座標を求めよ．

(2)　2つのグラフで囲まれた部分の面積 S を求めよ．

107 面積（Ⅲ）

放物線 $y=x^2-3x-3$ と $y=-x^2+5x+7$ で囲まれた部分の面積 S を求めよ．

106と同じで，**上下関係と交点の確認**をして定積分です．

解答

$x^2-3x-3=-x^2+5x+7$ を解くと　◀交点の確認

$2x^2-8x-10=0$

$\therefore\ 2(x-5)(x+1)=0\qquad\therefore\ x=-1,\ 5$

よって，求める面積 S は図の色の部分．

$\therefore\ S=-2\int_{-1}^{5}(x-5)(x+1)dx$　◀上下関係

$=-2\int_{-1}^{5}(x+1-6)(x+1)dx$　◀**101**(2)

$=-2\int_{-1}^{5}\{(x+1)^2-6(x+1)\}dx$

$=-2\left[\frac{1}{3}(x+1)^3-3(x+1)^2\right]_{-1}^{5}$

$=-2\left(\frac{1}{3}\cdot6^3-3\cdot6^2\right)=2\cdot6^2=\mathbf{72}$　◀累乗の部分をくくるのがコツ

注　図は上下関係を確認するためのものですから，**106**のように x 軸，y 軸まできちんとかく必要はありません．

ポイント　面積 $=\int_{左}^{右}(上-下)$

演習問題 107

2つの曲線 $f(x)=2x^2-3x-5$ と $g(x)=|x^2-x-2|$ について，

(1)　2つのグラフの交点の x 座標を求めよ．

(2)　2つのグラフで囲まれた部分の面積を求めよ．

108 面積(Ⅳ)

mを実数とする.

放物線 $y=x^2-4x+4$ ……①, 直線 $y=mx-m+2$ ……②

について, 次の問いに答えよ.

(1) ②はmの値にかかわらず定点を通る. この点を求めよ.

(2) ①, ②は異なる2点で交わることを示せ.

(3) ①, ②の交点のx座標をα, $\beta(\alpha<\beta)$とするとき, ①, ②で囲まれた部分の面積Sをα, βで表せ.

(4) Sをmで表し, Sの最小値とそのときのmの値を求めよ.

(1) 37ですでに学んでいます.「mの値にかかわらず」とくれば, 「式をmについて整理して恒等式」と考えます.

(2) 放物線と直線の位置関係は判別式を利用して判断します.

(3) 106ですでに学んでいますが, 定積分の計算には101(2)を使います.

(4) 21(解と係数の関係)を利用します.

解答

(1) ②より $m(x-1)-(y-2)=0$ ◀mについて整理

これがmの値にかかわらず成立するとき,

$x-1=0$, $y-2=0$

よって, mの値にかかわらず②が通る点は, **(1, 2)**

(2) ①, ②より, yを消去して,

$x^2-4x+4=mx-m+2$ 　 $\therefore$ $x^2-(m+4)x+m+2=0$

判別式をDとすると, ◀$D>0$ を示せばよい

$D=(m+4)^2-4(m+2)$

$=m^2+4m+8$

$=(m+2)^2+4>0$

よって, ①と②は異なる2点で交わる.

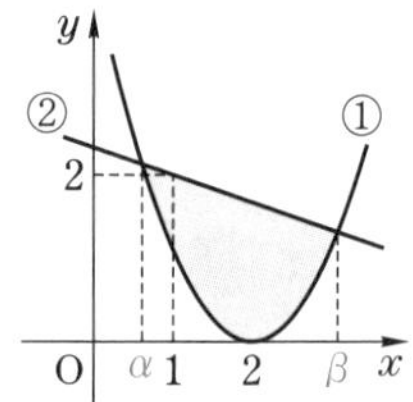

(3) 右図の色の部分がSを表すので

$S=\int_{\alpha}^{\beta}\{(mx-m+2)-(x^2-4x+4)\}dx$

$$= -\int_{\alpha}^{\beta}\{x^2-(m+4)x+m+2\}dx$$

α, β は，$x^2-(m+4)x+m+2=0$ の 2 解だから

$$S=-\int_{\alpha}^{\beta}(x-\alpha)(x-\beta)\,dx=\boldsymbol{\frac{1}{6}(\beta-\alpha)^3}$$

注 紙面の都合で途中の計算は省略してありますが，**101** (2)のようにきちんと書いてください．

(4) 解と係数の関係より，$\alpha+\beta=m+4$，$\alpha\beta=m+2$

$\therefore\ (\beta-\alpha)^2=(\alpha+\beta)^2-4\alpha\beta=(m+4)^2-4(m+2)$ ……(＊)

$=m^2+4m+8$

$$\therefore\ S=\frac{1}{6}\{(\beta-\alpha)^2\}^{\frac{3}{2}}=\boldsymbol{\frac{1}{6}(m^2+4m+8)^{\frac{3}{2}}}$$

$S=\frac{1}{6}\{(m+2)^2+4\}^{\frac{3}{2}}$ より **$m=-2$ のとき 最小値 $\frac{4}{3}$** をとる．

(＊)は，よく見ると(2)の D です．これは偶然ではありません．

> $ax^2+bx+c=0$ $(a>0)$ の 2 解を α，$\beta(\alpha<\beta)$ とすると，
>
> $$\alpha=\frac{-b-\sqrt{D}}{2a},\quad \beta=\frac{-b+\sqrt{D}}{2a}$$
>
> $$\therefore\ \beta-\alpha=\frac{-b+\sqrt{D}}{2a}-\frac{-b-\sqrt{D}}{2a}=\frac{\sqrt{D}}{a}$$

本問は $a=1$ のときですから，$(\beta-\alpha)^2=(\sqrt{D})^2=D$ となるのは当然．

このことからわかるように，**2 解の差は判別式を用いて表すことも可能で**，必ずしも，$\alpha+\beta$，$\alpha\beta$ から求める必要はありません．

第6章

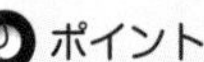

$$\int_{\alpha}^{\beta}(x-\alpha)(x-\beta)dx=-\frac{1}{6}(\beta-\alpha)^3$$

演習問題 108

$y=4-x^2$ ……①，$y=a-x$（a は実数）……② について，次のものを求めよ．

(1) ①，②のグラフが異なる 2 点で交わるような a の値の範囲

(2) ①，②のグラフで囲まれた部分の面積が $\frac{4}{3}$ となるような a の値

109 面積（V）

放物線 $y=x^2-x+3$ ……①，$y=x^2-5x+11$ ……② について，次の問いに答えよ．

(1) ①，②の交点の座標を求めよ．

(2) m，n は実数とする．直線 $y=mx+n$ ……③ が①，②の両方に接するとき，m，n の値を求めよ．

(3) ①，②，③で囲まれた部分の面積 S を求めよ．

(2) **90** によると，共通接線には2つの形があります．

(3) 図をかいてみるとわかりますが，面積を2つに分けて求める必要があります．それは，上側から下側をひくとき（⇨ **106**），上側の式が2種類あるからです．

解答

(1) ①，②より，y を消去して，

$x^2-x+3=x^2-5x+11$　$\therefore$　$4x=8$

$\therefore$　$x=2$　このとき，$y=5$

よって，①，②の交点は **(2, 5)**

(2) (i) ①，③が接するとき

$x^2-x+3=mx+n$ より $x^2-(m+1)x+3-n=0$

判別式を D_1 とすると，$D_1=0$　$\therefore$　$(m+1)^2-4(3-n)=0$

$\therefore$　$m^2+2m+4n-11=0$ ……④

(ii) ②，③が接するとき

$x^2-5x+11=mx+n$ より $x^2-(m+5)x+11-n=0$

判別式を D_2 とすると，$D_2=0$　$\therefore$　$(m+5)^2-4(11-n)=0$

$\therefore$　$m^2+10m+4n-19=0$ ……⑤

④−⑤ より　$-8m+8=0$　$\therefore$　$m=1$

④より，$n=2$　$\therefore$　$\boldsymbol{m=1}$，$\boldsymbol{n=2}$

(別解)（**86** の考え方で……）

①上の点 $(t,\ t^2-t+3)$ における接線は

$y-(t^2-t+3)=(2t-1)(x-t)$

$\therefore\quad y=(2t-1)x-t^2+3$

これは，②にも接しているので，

$x^2-5x+11=(2t-1)x-t^2+3$

より　$x^2-2(t+2)x+t^2+8=0$

の判別式を D とすると，$\dfrac{D}{4}=0$　　$\therefore\quad (t+2)^2-(t^2+8)=0$

$\therefore\quad 4t-4=0$　　$\therefore\quad t=1$

よって，①，②の両方に接する直線は，$y=x+2$

$\therefore\quad m=1,\ n=2$

(3)　S は右図の色の部分．

$$\therefore\quad S=\int_1^2\{(x^2-x+3)-(x+2)\}dx+\int_2^3\{(x^2-5x+11)-(x+2)\}dx$$

◀面積を分ける

$$=\int_1^2(x-1)^2dx+\int_2^3(x-3)^2dx\quad\cdots\cdots(*)$$

$$=\left[\frac{1}{3}(x-1)^3\right]_1^2+\left[\frac{1}{3}(x-3)^3\right]_2^3=\frac{1}{3}+\frac{1}{3}=\mathbf{\frac{2}{3}}$$

注　$(*)$ で定積分する関数が完全平方式になるのは当然です．

106 の 参考 を見てください．

「上にある式－下にある式」という計算は，2 つの式を連立させて y を消去する作業と同じことをしているので，交点の x 座標がかくれていることになります．①と③の交点が，$x=1$（重解）だから，

「上にある式－下にある式」$=(x-1)^2$ となるのは当然です．

ポイント　上にある式や下にある式が積分の範囲の途中で変わるときは，面積はそこで分けて考える

演習問題 109

曲線 $y=x^2-6x+4$ ……① について，次の問いに答えよ．

(1)　原点から①に引いた 2 本の接線の方程式を求めよ．

(2)　①と(1)で求めた 2 本の接線で囲まれる部分の面積を求めよ．

110 面積(Ⅵ)

放物線 $y=ax^2-12a+2\ \left(0<a<\dfrac{1}{2}\right)$ ……① を考える.

(1) 放物線①が a の値にかかわらず通る定点を求めよ.

(2) 放物線①と円 $x^2+y^2=16$ ……② の交点の y 座標を求めよ.

(3) $a=\dfrac{1}{4}$ のとき，放物線①と円②で囲まれる部分のうち，放物線の上側にある部分の面積 S を求めよ.

(1) 定数 a を含んだ方程式の表す曲線が，a の値にかかわらず通る定点を求めるときは，式を a について整理して，a についての恒等式と考えます(⇨37).

(2) 2つの曲線の交点ですから連立方程式の解を求めますが，y を消去すると x の4次方程式になるので，x 座標が必要でも，まず x を消去して y の2次方程式にして解きます.

(3) 面積を求めるとき，境界線に円弧が含まれていると，**扇形の面積**を求めることになるので，**中心角**を求めなければなりません．だから，中心Oと交点を結んだ線を引く必要があります．もちろん，境界線に放物線が含まれるので，定積分も必要になります.

解答

(1) $y=ax^2-12a+2$ より

$$a(x^2-12)-(y-2)=0$$

◀a について整理

これが任意の a について成りたつので

$$\begin{cases} x^2-12=0 \\ y-2=0 \end{cases} \quad \therefore \quad x=\pm 2\sqrt{3},\ y=2$$

よって，①が a の値にかかわらず通る定点は

$$(\pm 2\sqrt{3},\ 2)$$

(2) $\begin{cases} y=ax^2-12a+2 & \cdots\cdots① \\ x^2+y^2=16 & \cdots\cdots② \end{cases}$

②より，$x^2=16-y^2$ だから，①に代入して

$$y=a(16-y^2)-12a+2$$

$$\therefore\quad ay^2+y-2(2a+1)=0$$

$$\therefore\quad (y-2)(ay+2a+1)=0$$

$$\therefore\quad y=2,\ -2-\frac{1}{a}$$

ここで，$2<\frac{1}{a}$ より，$-2-\frac{1}{a}<-4$ となり，

◀円 $\boldsymbol{x^2+y^2=16}$ 上の点は $\boldsymbol{-4\leqq y\leqq 4}$ をみたす

$y=-2-\frac{1}{a}$ は不適．よって，$y=\mathbf{2}$

(3) $a=\frac{1}{4}$ のとき，①は $y=\frac{1}{4}x^2-1$

また，(1)，(2)より，①，②の交点は

A$(2\sqrt{3},\ 2)$，B$(-2\sqrt{3},\ 2)$

$\angle\mathrm{AOB}=120°$ だから

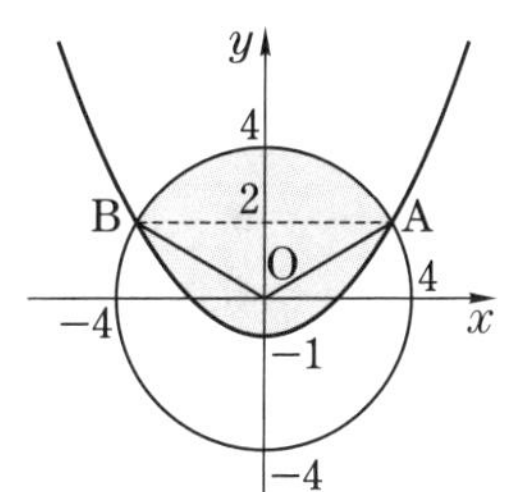

$$S=2\int_0^{2\sqrt{3}}\left\{2-\left(\frac{1}{4}x^2-1\right)\right\}dx$$

$$+\left(\pi\cdot4^2\cdot\frac{120}{360}-\frac{1}{2}\cdot4\cdot4\cdot\sin\frac{2\pi}{3}\right)$$

$$=\left[-\frac{1}{6}x^3+6x\right]_0^{2\sqrt{3}}+\frac{16}{3}\pi-4\sqrt{3}$$

$$=-\frac{24\sqrt{3}}{6}+12\sqrt{3}+\frac{16}{3}\pi-4\sqrt{3}$$

$$=\mathbf{4\sqrt{3}+\frac{16}{3}\pi}$$

ポイント　境界に円弧を含む図形の面積は，中心と結んで扇形の面積を考えるので，中心角が必要

演習問題 110

2 次関数 $f(x)=x^2+ax+b$ が条件 $f(1)=1$，$f'(1)=0$ をみたすとする．また，方程式 $x^2-2x+y^2-2y=0$ が表す円をCとする．

(1) a，b の値を求めよ．

(2) $y=f(x)$ のグラフと曲線Cで囲まれる部分の面積のうち，放物線の下側にある部分の面積Sを求めよ．

第7章　数　　列

111　等差数列（Ⅰ）

第5項が67，第15項が52である等差数列 $\{a_n\}$ について

(1)　初項 a，公差 d を求めよ．

(2)　各項のうち，20と30の間にあるものの個数を求めよ．

数列の一番最初にくる数（**初項**）を決め，この数に定数（**公差**）を次々に加えていってできる数列を**等差数列**といいます．この数列の第 n 項（**一般項**）は，次の式で与えられます．

第 n 項＝(初項)＋$(n-1)$×(公差)　　◀ n ではなく $n-1$

解　答

(1)　$a+4d=67$　……①，$a+14d=52$　……②

②－① より，$10d=-15$　　∴　$d=-\dfrac{3}{2}$，$a=\mathbf{73}$

(2)　$20<73+(n-1)\left(-\dfrac{3}{2}\right)<30$ より，$\dfrac{89}{3}<n<\dfrac{109}{3}$

$\dfrac{89}{3}=29.6\cdots$，$\dfrac{109}{3}=36.3\cdots$　だから　$30\leqq n\leqq 36$

よって，$36-30+1=7$ より，　　◀ 1を加える

20と30の間には，**7個**の項がある．

ポイント　初項 a，公差 d の等差数列の一般項は

$$a+(n-1)d$$

演習問題 111

第8項が22，第20項が -14 である等差数列 $\{a_n\}$ について

(1)　初項 a，公差 d を求めよ．

(2)　一般項 a_n を n で表し，$a_n>0$ となるような n の範囲を求めよ．

112 等差数列（Ⅱ）

初項から第 5 項までの和が250，初項から第20 項までの和が −50 である等差数列 $\{a_n\}$ について

(1) 初項 a，公差 d を求めよ．

(2) 初項から第 n 項までの和が最大となるような n を求めよ．

初項 a，公差 d の等差数列の初項から第 n 項 a_n までの和 S_n は次の式で表せます． $\boldsymbol{S_n=\dfrac{n}{2}(a+a_n)=\dfrac{n}{2}\{2a+(n-1)d\}}$

また，一般に S_n の最大（あるいは最小）を考えるときは，まず S_n ではなく，**a_n の符号の変化**に着目します．

解　答

(1) $\dfrac{5}{2}(2a+4d)=250$，$\dfrac{20}{2}(2a+19d)=-50$ より

$$\begin{cases} a+2d=50 \\ 2a+19d=-5 \end{cases} \quad \therefore \quad \begin{cases} a=\mathbf{64} \\ d=\mathbf{-7} \end{cases}$$

(2) $a_n=64+(n-1)(-7)=71-7n$

したがって，$a_1 \sim a_{10}$ までは正で，a_{11} 以降はすべて負．

よって，初項から第 10 項までの和が最大．

すなわち，$n=\mathbf{10}$ のとき最大．

ポイント　数列の和の最大・最小は，まず一般項の符号変化で考えて，ダメなとき和の式を使う

演習問題 112

第 5 項が 84，第 20 項が −51 の等差数列 $\{a_n\}$ について

(1) 初項 a，公差 d を求めよ．

(2) 初項から第 n 項までの和 S_n を n で表せ．

(3) S_n の最大値とそのときの n の値を求めよ．

113 等差数列（Ⅲ）

等差数列 $\{a_n\}$ が $a_1+a_2+a_3=3$，$a_3+a_4+a_5=33$ をみたしている．

(1) 初項 a_1 と公差 d を求めよ．

(2) 第 10 項から第 19 項までの和を求めよ．

精講 $S_n=\dfrac{a_1+a_n}{2}\times n$ の右辺の $\dfrac{a_1+a_n}{2}$ は，a_1 と a_n の平均を表していますが，これは $a_1\sim a_n$ の平均と同じです．普通，平均を求めるには総和を先に求めますが，等差数列の場合は逆に**平均から総和**を求めることができます．特に，項が奇数個のときは **総和＝(中央の項)×(項数)** で計算できます．(⇨**演習問題 113**)

解答

(1) a_2 は $a_1\sim a_3$，a_4 は $a_3\sim a_5$ の平均にそれぞれ等しいから

$a_2=3\div3=1$，$a_4=33\div3=11$

よって，$d=(a_4-a_2)\div2=\mathbf{5}$，$a_1=a_2-d=\mathbf{-4}$

(2) $a_{10}+a_{11}+\cdots+a_{18}+a_{19}=\dfrac{a_{10}+a_{19}}{2}\times10$

$=5(a_{10}+a_{19})$ ……①

◀ $\dfrac{a_{10}+a_{11}+\cdots\cdots+a_{19}}{10}=\dfrac{a_{10}+a_{19}}{2}$ より

ここで，(1)より，$a_n=-4+5(n-1)=5n-9$ だから，

$a_{10}=41$，$a_{19}=86$　∴ ①は $5\times(41+86)=\mathbf{635}$

ポイント　等差数列の和＝(平均)×(項数)

演習問題 113

初項から第 5 項までの和が 125，初項から第 9 項までの和が 504 である等差数列について

(1) 初項と公差を求めよ．

(2) 第 10 項から第 20 項までの和を求めよ．

114 等差数列（Ⅳ）

100 以下の自然数について，2 でわっても 3 でわっても 1 余る数を，小さい順に並べてできる数列は等差数列になる．このとき，初項，公差，項数を求めよ．

2 でわっても，3 でわってもわりきれる数は 6 の倍数ですから，求める数は 6 でわると 1 余る数（5 たらない数と考えてもよい⇨**演習問題 114**）でこのような数を具体的に並べてみるとわかります．

解　答

2 でわっても，3 でわっても 1 余る数とは，6 でわったら 1 余る数のことだから，1 から 100 までの自然数で，このような数を並べると次のようになる．

$1,\ 7,\ 13,\ \cdots,\ 91,\ 97$

よって，**初項は 1**，**公差は 6**　ここで，97 が第 n 項であるとすれば，

$1+(n-1)\cdot 6=97$　　$\therefore\ n=17$　　よって，**項数は 17**

（別解）　2 でわっても，3 でわっても 1 余る数は，6 でわったら 1 余るので $6n+1\ (n=0,\ 1,\ 2,\ \cdots)$ とおける．　◀ $\boldsymbol{6n-5}$ でもよい

$1\leqq 6n+1\leqq 100$ より　$0\leqq n\leqq \dfrac{33}{2}$　　$\therefore\ 0\leqq n\leqq 16$

よって，初項は，$n=0$ のときで，1

また，n が 1 増えると $6n+1$ は 6 増えるので，

公差 6．また，項数は $16-0+1=17$　◀ 1 加える⇨111

ポイント　m，n が互いに素のとき，m でわっても，n でわってもわりきれる数は，mn でわりきれる

演習問題 114

100 以下の自然数について，2 でわったら 1 余り，3 でわったら 2 余る数を小さい順に並べてできる数列は等差数列になる．このとき，初項，公差，項数を求めよ．

115 等比数列（Ⅰ）

$a_2=6$，$a_5=162$ であるような等比数列 $\{a_n\}$ について

(1) 初項 a，公比 r を求めよ．

(2) $S_n=a_1+a_2+\cdots+a_n$ を求めよ．

数列の最初にくる数（**初項**）を決め，この数に定数（**公比**）を次々にかけてできる数列を**等比数列**といいます．

等比数列の**一般項**は，**(初項)×(公比)**$^{(項数)-1}$

で表されます．等差数列と違い，等比数列では，**公比が 1 か 1 でないか**によって，和の公式が異なること（⇨**ポイント**）に注意しましょう．

解　答

(1) $ar=6$ ……①，$ar^4=162$ ……②

②÷① より，$r^3=27$　◀わるところがコツ

∴ $\boldsymbol{r=3}$　このとき，$\boldsymbol{a=2}$

(2) 初項 2，公比 3，項数 n の等比数列の和だから，

$$S_n=2\cdot\frac{3^n-1}{3-1}=\boldsymbol{3^n-1}$$

ポイント

初項 a，公比 r の等比数列について

Ⅰ．一般項は ar^{n-1}

Ⅱ．初項から第 n 項までの和は

i) $r=1$ のとき，na

ii) $r\neq1$ のとき，$\dfrac{a(1-r^n)}{1-r}$　$\left(=\dfrac{a(r^n-1)}{r-1}\right)$

演習問題 115

$a_2=4$，$a_6=64$ であるような等比数列 $\{a_n\}$ について

(1) 初項 a，公比 r を求めよ．

(2) $S_n=a_1+a_2+\cdots+a_n$ を求めよ．

116 等比数列（Ⅱ）

初項から第 10 項までの和が 3，第 11 項から第 30 項までの和が 18 の等比数列がある．この等比数列の第 31 項から第 60 項までの和を求めよ．

第 11 項から第 30 項までの和の考え方は次の 2 つ．

Ⅰ．$S_{30}-S_{10}$　　Ⅱ．**第 11 項を改めて初項と考えなおす**

解　答

初項を a，公比を r とおくと，$r \neq 1$ だから，

$$\frac{a(r^{10}-1)}{r-1}=3 \quad \cdots\cdots①,\quad \frac{a(r^{30}-1)}{r-1}=3+18=21 \quad \cdots\cdots②$$

求める和を S とすると，$S+21=\dfrac{a(r^{60}-1)}{r-1}$　……③

 Ⅰ

②÷① より，　◀わり算をすると，$\boldsymbol{a}$ が消える

$$(r^{10})^2+r^{10}+1=7 \qquad \therefore \quad (r^{10})^2+r^{10}-6=0$$

$$\therefore \quad (r^{10}+3)(r^{10}-2)=0$$

$r^{10}>0$ だから，$r^{10}=2$　……④　◀$r^{10}+3>0$

このとき，①より，$\dfrac{a}{r-1}=3$　……⑤

④，⑤を③に代入して，$S=3(2^6-1)-21=\mathbf{168}$

（別解）　$\dfrac{a(r^{10}-1)}{r-1}=3$　……①，$\dfrac{ar^{10}(r^{20}-1)}{r-1}=18$　……②，

$S=\dfrac{ar^{30}(r^{30}-1)}{r-1}$　……③　とおいても解けます．

 Ⅱ

ポイント　数列を途中から加えるときは，項数に注意

演習問題 116

初項 a，公比 r の等比数列の，初項から第 3 項までの和が 80，第 4 項から第 6 項までの和が 640 のとき，r の値を求めよ．

第7章

117 等差中項・等比中項

積が 125 であるような異なる 3 数 a, b, c がある．これらを a, b, c の順に並べると等差数列になり，b, c, a の順に並べると等比数列になる．a, b, c の値を求めよ．

等差数列は公差を，等比数列は公比をおきたくなるところですが，項数が限られていればおく必要はありません．**等差＝差が等しい，等比＝比が等しい**ことより，ある関係式（⇨**ポイント**）が導けます．

解　答

まず，$abc=125$　……①

数列 a, b, c はこの順に等差数列だから，　$2b=a+c$　……②

また，数列 b, c, a はこの順に等比数列だから，$c^2=ab$　……③

①，③より，$c^3=125$　　$\therefore$　$c=5$

このとき，②より $a=2b-5$　……②′，③より $ab=25$　……③′

②′を③′に代入して，$2b^2-5b-25=0$　　$\therefore$　$(b-5)(2b+5)=0$

b, c は異なるので，$b=-\dfrac{5}{2}$　　$\therefore$　$a=-10$

よって，$\boldsymbol{a=-10,\ b=-\dfrac{5}{2},\ c=5}$

ポイント

数列 a, b, c が

Ⅰ．等差数列 $\Longleftrightarrow$ $2b=a+c$（b を等差中項という）

Ⅱ．等比数列 $\Longleftrightarrow$ $b^2=ac$　（b を等比中項という）

演習問題 117

3 数 α, β, $\alpha\beta$ $(\alpha<0<\beta)$ は適当に並べると等差数列になり，また適当に並べると等比数列にもなる．α, β を求めよ．

118 $\sum$ 記号を用いた和の計算（Ⅰ）

次の数列の一般項と第 n 項までの和を求めよ．

1，1+2，1+2+3，1+2+3+4，…

等差数列と等比数列にはそれぞれ和の公式がありますが，一般の数列には和の公式はありません．このようなとき，**第 k 項を求め，** $\sum$（**第 k 項**）として計算するのですが，$\sum$ 計算は，第 k 項の形によって，いくつかの計算方法（⇨ 118～121 ポイント）があります．

解 答

与えられた数列の一般項は，$1+2+3+\cdots+n$

これは，初項 1，公差 1，項数 n の等差数列の和だから，

$$\boldsymbol{\frac{1}{2}n(n+1)}$$

◀ 112，113 参照

よって，求める和を S とすれば

$$S=\sum_{k=1}^{n}\frac{1}{2}k(k+1)=\frac{1}{2}\left(\sum_{k=1}^{n}k^2+\sum_{k=1}^{n}k\right)$$

$$=\frac{1}{2}\left\{\frac{1}{6}n(n+1)(2n+1)+\frac{1}{2}n(n+1)\right\}$$

$$=\frac{1}{12}n(n+1)\{(2n+1)+3\}=\boldsymbol{\frac{1}{6}n(n+1)(n+2)}$$

◀ 展開しないで共通因数でくくるのがコツ

ポイント

$$\sum_{k=1}^{n}k=\frac{1}{2}n(n+1),\quad \sum_{k=1}^{n}k^2=\frac{1}{6}n(n+1)(2n+1),$$

$$\sum_{k=1}^{n}k^3=\left\{\frac{1}{2}n(n+1)\right\}^2,\qquad \sum_{k=1}^{n}c=nc$$

（ただし，c は k に無関係な定数）

演習問題 118

次の数列の一般項と第 n 項までの和を求めよ．

1，1+3，1+3+5，1+3+5+7，…

第7章

119 $\sum$記号を用いた和の計算（Ⅱ）

次の数列の一般項と第n項までの和を求めよ．

$1,\ 1+2,\ 1+2+2^2,\ 1+2+2^2+2^3,\ \cdots$

118と同様に，第k項を求めて$\sum$計算をすればよいのですが，第k項の指数部分のところにkの1次式があると，それは**等比数列の和**を意味しますので，初項，公比，項数を調べ，等比数列の和の公式$\dfrac{a(1-r^n)}{1-r}$ $\left(\text{または}\ \dfrac{a(r^n-1)}{r-1}\right)$を利用することになります．

解　答

与えられた数列の一般項は

$1+2+2^2+\cdots+2^{n-1}$

◀第n項は2^nではなく，2^{n-1}

すなわち，$\dfrac{1\cdot(2^n-1)}{2-1}=\boldsymbol{2^n-1}$

よって，求める和をSとすれば，

$$S=\sum_{k=1}^{n}(2^k-1)=\sum_{k=1}^{n}2^k-\sum_{k=1}^{n}1$$

◀nをkに変える　$\displaystyle\sum_{k=1}^{n}1=n$

$\displaystyle\sum_{k=1}^{n}2^k$は初項2，公比2，項数$n$の等比数列の和を表すので

$$S=\frac{2(2^n-1)}{2-1}-n=\boldsymbol{2^{n+1}-n-2}$$

ポイント

$$\sum_{k=1}^{n}(a_k+b_k)=\sum_{k=1}^{n}a_k+\sum_{k=1}^{n}b_k$$

$\displaystyle\sum_{k=1}^{n}r^k$は初項$r$，公比$r$，項数$n$の等比数列の和

次の数列の一般項と第n項までの和を求めよ．

$1,\ 1-3,\ 1-3+9,\ 1-3+9-27,\ \cdots$

120 $\sum$記号を用いた和の計算（Ⅲ）

次の数列の一般項と第 n 項までの和を求めよ．

$\dfrac{1}{1\cdot2},\ \dfrac{1}{2\cdot3},\ \dfrac{1}{3\cdot4},\ \dfrac{1}{4\cdot5},\ \cdots$

第 k 項が分数式の形をしている数列の $\sum$ 計算を考えます．この形は，「**部分分数に分ける**」という作業をして，第 k 項が $\boldsymbol{f(k)-f(k+1)}$ の形に変形できれば $\sum$ 計算ができます．実は，**この形は $\sum$ 計算の基本形で，第 k 項がこの形に変形できれば，必ず $\sum$ 計算ができます**．この考え方は，教科書の $\displaystyle\sum_{k=1}^{n}k^2=\frac{1}{6}n(n+1)(2n+1)$ の証明にも使われています．

解 答

与えられた数列の一般項は $\boldsymbol{\dfrac{1}{n(n+1)}}$

ここで，$\dfrac{1}{k(k+1)}=\dfrac{1}{k}-\dfrac{1}{k+1}$ だから，　　◀部分分数に分ける

求める和を S とすると

$$S=\sum_{k=1}^{n}\frac{1}{k(k+1)}=\sum_{k=1}^{n}\left(\frac{1}{k}-\frac{1}{k+1}\right)$$

$$=\left(1-\frac{1}{2}\right)+\left(\frac{1}{2}-\frac{1}{3}\right)+\left(\frac{1}{3}-\frac{1}{4}\right)+\cdots+\left(\frac{1}{n}-\frac{1}{n+1}\right)$$

$$=1-\frac{1}{n+1}=\boldsymbol{\frac{n}{n+1}}$$

◀途中が消えてしまうところがポイント

ポイント　$\displaystyle\sum_{k=1}^{n}\{f(k)-f(k+1)\}=f(1)-f(n+1)$

演習問題 120

次の数列の一般項と第 n 項までの和を求めよ．

$\dfrac{1}{1\cdot3},\ \dfrac{1}{3\cdot5},\ \dfrac{1}{5\cdot7},\ \dfrac{1}{7\cdot9},\ \cdots$

第7章

121 Σ記号を用いた和の計算(Ⅳ)

一般項が $a_n=n\cdot 2^{n-1}$ $(n=1,\ 2,\ 3,\ \cdots)$ と表される数列 $\{a_n\}$ について $S=a_1+a_2+\cdots+a_n$ とおく．このとき，$S-2S$ を計算することによって S を求めよ．

一般項が，(n の1次式)$\times r^{n+c}$ $(r\neq 1)$ という形をしている数列の和の求め方は2つあります．

Ⅰ．$S-rS$ を計算すると，等比数列の和になって，S を求めることができる

r は，r^{n+c} が等比数列で，その公比になります．(⇨参考)

Ⅱ．120の

$f(k)-f(k+1)$ ($f(k+1)-f(k)$ でもよい)

の形に変形する

解答でⅠを，**(別解)**でⅡを学びましょう．

解　答

$S=1\cdot1+2\cdot2^1+3\cdot2^2+\cdots+n\cdot2^{n-1}$

$2S=\qquad 1\cdot2^1+2\cdot2^2+\cdots+(n-1)2^{n-1}+n\cdot2^n$

$\therefore\ S-2S=1+2+2^2+\cdots+2^{n-1}-n\cdot2^n$

$\therefore\ S=n\cdot2^n-(1+2+2^2+\cdots+2^{n-1})$

$=n\cdot2^n-\dfrac{2^n-1}{2-1}$

$=\boldsymbol{(n-1)2^n+1}$

(別解) $f(k)=(ak+b)2^k$ とおくと，

$f(k-1)=(ak+b-a)2^{k-1}$

$f(k)-f(k-1)=(ak+b)2^k-(ak+b-a)2^{k-1}$

$=\{2(ak+b)-(ak+b-a)\}2^{k-1}$

$=(ak+b+a)2^{k-1}$

これが，$k\cdot2^{k-1}$ と一致するような a，b は

$a=1$，$b+a=0$ をみたすので，$a=1$，$b=-1$

よって，$f(k)=(k-1)2^k$ と定めると

$k\cdot2^{k-1}=f(k)-f(k-1)$

$\therefore \quad S=\sum_{k=1}^{n} k\cdot 2^{k-1}=\sum_{k=1}^{n}(f(k)-f(k-1))$

$=(f(1)-f(0))+(f(2)-f(1))+\cdots+(f(n)-f(n-1))$

$=f(n)-f(0)=(n-1)2^n-(-1)$

$=(n-1)2^n+1$

注 2つの考え方を示しましたが，まずはⅠの方法を**完全にマスター**してください．その後，余力があればⅡも使えるように努力しましょう．

ちなみに，入試問題の中に $\sum_{k=1}^{n} k^2\cdot 2^{k-1}$ を計算する必要性に迫られる場面がでてくることもあります．(たいていは誘導がついていますが…)

興味のある人は，

$k^2\cdot 2^{k-1}=f(k+1)-f(k)$

となる $f(k)$ を考えてみるとよいでしょう．(もちろん，(**別解**) と同じように，$f(k)-f(k-1)$ でもよい)

答えは，$f(k)=(k^2-4k+6)\cdot 2^{k-1}$ とすれば，

$k^2\cdot 2^{k-1}=f(k+1)-f(k)$

とできます．

また，この計算をⅠの方法でやろうとすれば，同じ作業を2回くりかえすことになります．

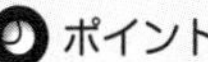

$S=\sum_{k=1}^{n}(k の 1 次式)r^{k+c}$ $(r\neq 1)$ は

$S-rS$ を計算して，等比数列の和を利用

第7章

指数のところが $mk+c$ ならば，$S-r^mS$ を計算します．

演習問題 121

次の和 S，T をそれぞれ計算せよ．

(1) $S=1\cdot 2^1+3\cdot 2^2+5\cdot 2^3+\cdots+(2n-1)\cdot 2^n$

(2) $T=1\cdot 2^1+2\cdot 2^3+3\cdot 2^5+\cdots+n\cdot 2^{2n-1}$

122 階差数列

次の数列の一般項と初項から第 n 項までの和を求めよ.

(1) 2, 3, 6, 11, 18, 27, …

(2) 2, 3, 5, 9, 17, …

具体的な数字が並んでいる数列で, 等差数列でも等比数列でもなければ, **各項の差をとってみましょう**. (差をとってできる数列を, **階差数列**といいます.) こうしてできた数列が, 等差数列や等比数列であれば, 次のように考えて一般項を求めることができます.

$$\begin{array}{ccccccccccc} a_1, & & a_2, & & a_3, & & \cdots, & & a_{n-1}, & & a_n \\ & \diagdown\diagup & & \diagdown\diagup & & \diagdown\diagup & & & & \diagdown\diagup & \\ & b_1 & & b_2 & & b_3 & \cdots & & & b_{n-1} & \end{array}$$

$a_2=a_1+b_1$, $a_3=a_2+b_2=a_1+(b_1+b_2)$, …

$$\therefore \quad \boldsymbol{a_n}=a_1+(b_1+b_2+\cdots+b_{n-1})=\boldsymbol{a_1+\sum_{k=1}^{n-1}b_k} \quad (\text{ただし,}\ \boldsymbol{n\geqq 2})$$

この式は, $n\geqq 2$ のときに限り成りたつので, $n=1$ のときを別に調べないといけません.

解 答

(1) 与えられた数列の階差数列をとると,

1, 3, 5, 7, 9, … となる.

これは, 初項 1, 公差 2 の等差数列だから, ◀111

第 n 項は, $2n-1$

よって, 求める数列の一般項は, $n\geqq 2$ のとき ◀ポイント参照

$$2+\sum_{k=1}^{n-1}(2k-1)=2+2\cdot\frac{1}{2}n(n-1)-(n-1) \quad ◀118$$

$$=\boldsymbol{n^2-2n+3}$$

これは, $n=1$ のときも含む. ◀吟味を忘れずに

次に, 初項から第 n 項までの和は

$$\sum_{k=1}^{n}(k^2-2k+3)=\sum_{k=1}^{n}k^2-2\sum_{k=1}^{n}k+\sum_{k=1}^{n}3$$

$$=\frac{1}{6}n(n+1)(2n+1)-n(n+1)+3n \quad ◀118$$

$$=\frac{n}{6}\{(2n^2+3n+1)-6n-6+18\}$$

◀展開しないで，共通因数でくくる

$$=\frac{1}{6}\boldsymbol{n(2n^2-3n+13)}$$

(2) 与えられた数列の階差数列をとると，

1, 2, 4, 8, … となる．

これは，初項 1，公比 2 の等比数列だから

第 n 項は，2^{n-1} ◀115

よって，求める数列の一般項は，$n \geqq 2$ のとき

$$2+\sum_{k=1}^{n-1}2^{k-1}=2+\frac{2^{n-1}-1}{2-1}=\boldsymbol{2^{n-1}+1}$$ ◀119

これは，$n=1$ のときも含む． ◀吟味を忘れずに

よって，初項から第 n 項までの和は

$$\sum_{k=1}^{n}(2^{k-1}+1)=\sum_{k=1}^{n}2^{k-1}+\sum_{k=1}^{n}1$$ ◀119

$$=\frac{2^n-1}{2-1}+n=\boldsymbol{2^n+n-1}$$

ポイント $a_{n+1}-a_n=b_n$ と表せるとき

$$a_n=a_1+\sum_{k=1}^{n-1}b_k \quad (n \geqq 2)$$

121 精講 IIの考え方に従うと，次のようにして**ポイント**の公式を証明できます．

(証明) $a_{k+1}-a_k=b_k$ であるから，$n \geqq 2$ のとき，$\displaystyle\sum_{k=1}^{n-1}(a_{k+1}-a_k)=\sum_{k=1}^{n-1}b_k$

$$\therefore \quad (a_n-a_{n-1})+(a_{n-1}-a_{n-2})+\cdots+(a_2-a_1)=\sum_{k=1}^{n-1}b_k$$

$$\therefore \quad a_n-a_1=\sum_{k=1}^{n-1}b_k \qquad \text{よって，} a_n=a_1+\sum_{k=1}^{n-1}b_k$$

演習問題 122

次の各数列の一般項と初項から第 n 項までの和を求めよ．

(1) 1, 2, 6, 13, 23, …

(2) 1, 2, 5, 14, 41, …

第7章

123 2項間の漸化式（Ⅰ）

次の式で定義される数列の一般項 a_n $(n \geqq 1)$ を求めよ．

(1) $a_1=1$，$a_{n+1}=a_n+2$　　(2) $a_1=2$，$a_{n+1}=3a_n$

(3) $a_1=0$，$a_{n+1}=a_n+n^2$

精講　数列は規則性をもった数字の列ですから，実際の数字を並べなくてもその**規則性を明示**すれば数列を表現したことになります．その規則を表現した式が**漸化式**(「ぜんかしき」と読みます)です．漸化式には様々な型があり，その型によって解き方(＝一般項の求め方)が決まります．これから8回にわたって，型別の漸化式の解き方を勉強していくことにしましょう．

解　答

(1) $a_1=1$，$a_{n+1}=a_n+2$ は初項1，公差2の等差数列を表すので，

$a_n=1+(n-1)\cdot 2=\boldsymbol{2n-1}$　◀111

(2) $a_1=2$，$a_{n+1}=3a_n$ は初項2，公比3の等比数列を表すので，

$a_n=\boldsymbol{2\cdot 3^{n-1}}$

(3) $a_{n+1}-a_n=n^2$ より　◀122ポイント

$\{a_n\}$ の階差数列の一般項は n^2

よって，$n \geqq 2$ のとき，$a_n=0+\displaystyle\sum_{k=1}^{n-1}k^2=\boldsymbol{\frac{1}{6}(n-1)n(2n-1)}$

これは，$n=1$ のときも含む．

ポイント

$a_{n+1}=a_n+d \iff \{a_n\}$ は公差 d の等差数列

$a_{n+1}=ra_n \iff \{a_n\}$ は公比 r の等比数列

$a_{n+1}=a_n+f(n) \iff \{a_n\}$ の階差数列の一般項は $f(n)$

演習問題 123

$a_1=1$，$a_{n+1}=a_n+2^{n-1}$ $(n \geqq 1)$ で表される数列 $\{a_n\}$ について，一般項 a_n を求めよ．

124 2項間の漸化式（Ⅱ）

$a_1=0$，$a_{n+1}=3a_n+2$ $(n \geqq 1)$ で表される数列 $\{a_n\}$ がある．

(1) $b_n=a_n-\alpha$（α は定数）とおくと，数列 $\{b_n\}$ は等比数列となる．このような α を求めよ．

(2) 数列 $\{b_n\}$ の一般項 b_n を求めよ．

(3) 数列 $\{a_n\}$ の一般項 a_n を求めよ．

$\boldsymbol{a_{n+1}=pa_n+q}$ $(p \neq 1,\ q \neq 0)$ 型は，$\boldsymbol{a_{n+1}-\alpha=p(a_n-\alpha)}$ と変形し，数列 $\{a_n-\alpha\}$ が公比 p の等比数列であることを利用します．

解　答

(1) $b_n=a_n-\alpha$ より，$a_n=b_n+\alpha$，$a_{n+1}=b_{n+1}+\alpha$

これらを与式に代入して $b_{n+1}+\alpha=3(b_n+\alpha)+2$

$\therefore\ b_{n+1}=3b_n+2\alpha+2$

これが，等比数列を表すとき，

$2\alpha+2=0 \quad \therefore\ \alpha=\boldsymbol{-1}$

◀ $\boldsymbol{b_{n+1}=rb_n}$ の形になる（123ポイント）

(2) (1)より，$b_{n+1}=3b_n$　　また，$b_1=a_1+1=1$

ゆえに，数列 $\{b_n\}$ は，初項 1，公比 3 の等比数列．$\therefore\ b_n=\boldsymbol{3^{n-1}}$

(3) $a_n=b_n-1=\boldsymbol{3^{n-1}-1}$

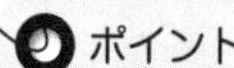

$a_{n+1}=pa_n+q$ $(p \neq 1,\ q \neq 0)$ 型は，$\alpha=p\alpha+q$ の解 α を利用して，$a_{n+1}-\alpha=p(a_n-\alpha)$ と変形する

第7章

誘導がなければ，計算用紙で $\alpha=3\alpha+2$ から $\alpha=-1$ を用意しておいて，「$a_{n+1}=3a_n+2$ は $a_{n+1}+1=3(a_n+1)$ と変形できて」と書いてかまいません．つまり，どう $\alpha=-1$ を求めたのか述べる必要はありません．

$a_1=1$，$a_{n+1}=2a_n+3$ $(n \geqq 1)$ で表される数列 $\{a_n\}$ について，一般項 a_n を求めよ．

125 2項間の漸化式（Ⅲ）

$a_1=1$, $a_{n+1}=3a_n+4n$ $(n\geqq 1)$ で表される数列 $\{a_n\}$ がある．

(1) $a_n+2n=b_n$ とおくとき，b_n, b_{n+1} の間に成りたつ関係式を求めよ．

(2) b_n を求めよ．　　(3) a_n を求めよ．

$a_{n+1}=pa_n+qn+r$ $(p\neq 1)$ ……① 型の漸化式の解き方には次の3通りがあります．

Ⅰ．$a_n+\alpha n=b_n$ とおいて，$b_{n+1}=pb_n+q$ 型になるように，α を決める

Ⅱ．$a_n+\alpha n+\beta=b_n$ とおいて，$b_{n+1}=rb_n$ 型になるように，α, β を決める

Ⅲ．番号を1つ上げて $a_{n+2}=pa_{n+1}+q(n+1)+r$ ……②
を用意して ②−① を計算し，
$a_{n+1}-a_n=b_n$ とおいて，階差数列の考え方にもちこむ

この問題では，Ⅰを要求していますので，Ⅱ，Ⅲの解答は 参考 を見て下さい．

解 答

(1) $a_n=b_n-2n$, $a_{n+1}=b_{n+1}-2(n+1)$ だから，これらを与式に代入して

$b_{n+1}-2(n+1)=3(b_n-2n)+4n$

$\therefore$ $\boldsymbol{b_{n+1}=3b_n+2}$ 　　◀$a_{n+1}=pa_n+q$ 型

(2) $b_{n+1}=3b_n+2$ より $b_{n+1}+1=3(b_n+1)$ 　　◀$\alpha=3\alpha+2$ より $\alpha=-1$（124）

ゆえに，数列 $\{b_n+1\}$ は，

初項 $b_1+1=(a_1+2)+1=4$，公比3の等比数列．

よって，$b_n+1=4\cdot 3^{n-1}$ 　　$\therefore$ $b_n=\boldsymbol{4\cdot 3^{n-1}-1}$

(3) $a_n=b_n-2n=\boldsymbol{4\cdot 3^{n-1}-2n-1}$

（その1）（Ⅱの考え方で）

$a_n+\alpha n+\beta=b_n$ とおくと，

$a_n=b_n-\alpha n-\beta$, $a_{n+1}=b_{n+1}-\alpha(n+1)-\beta$

与えられた漸化式に代入して

$b_{n+1}-\alpha(n+1)-\beta=3(b_n-\alpha n-\beta)+4n$

$\therefore$ $b_{n+1}=3b_n+(4-2\alpha)n-2\beta+\alpha$

ここで，$4-2\alpha=0$, $-2\beta+\alpha=0$ をみたす α, β は，$\alpha=2$, $\beta=1$

よって，$a_n+2n+1=b_n$ とおけば，$b_{n+1}=3b_n$, $b_1=4$

$\therefore\quad b_n=4\cdot 3^{n-1}$

よって，$a_n=b_n-2n-1=4\cdot 3^{n-1}-2n-1$

注 $a_n+\alpha n+\beta=b_n$ とおく理由は，漸化式の中の $4n$ がじゃまで，これを a_n と a_{n+1} に分配することによって $4n$ を視界から消すことを考えているからです．

参考 （その２）（Ⅲの考え方で）

1°
$a_{n+1}=3a_n+4n$ ……① より，$a_{n+2}=3a_{n+1}+4(n+1)$ ……②
②−① より，$a_{n+2}-a_{n+1}=3(a_{n+1}-a_n)+4$
ここで，$a_{n+1}-a_n=b_n$ とおくと ◀122 ポイント
$b_{n+1}=3b_n+4$，$b_1=a_2-a_1=6$ （$\because\ a_2=3a_1+4=7$）

2°
よって，$b_{n+1}+2=3(b_n+2)$，$b_1+2=8$ ◀124
$\therefore\ b_n+2=8\cdot 3^{n-1}$ $\therefore\ b_n=8\cdot 3^{n-1}-2$

3°
次に，$n\geqq 2$ のとき

$$a_n=a_1+\sum_{k=1}^{n-1}b_k=1+\sum_{k=1}^{n-1}(8\cdot 3^{k-1}-2)$$ ◀122

$$=1+8\cdot\frac{3^{n-1}-1}{3-1}-2(n-1)=4\cdot 3^{n-1}-2n-1$$ ◀118，119

これは，$n=1$ のときも含む．

注 Ⅲの考え方の解答は，左端に示したように，1°，2°，3° の３つの部分から成りたっています．それぞれの部分はすでに学習済みです．

ポイント 漸化式は，おきかえによって，最終的に次の３型のいずれかにもちこめれば一般項が求まる
Ⅰ．等差　Ⅱ．等比　Ⅲ．階差

第7章

演習問題 125

$a_1=12$，$a_{n+1}=3a_n-6n-5$ $(n\geqq 1)$ によって定義される数列 $\{a_n\}$ について，次の問いに答えよ．

(1) $a_n+\alpha n+\beta=b_n$ とおいて，数列 $\{b_n\}$ が等比数列となるような α，β を求めよ．

(2) b_n を n で表せ．　(3) a_n を n で表せ．

126　2項間の漸化式（Ⅳ）

$a_1=0$, $a_{n+1}=2a_n+(-1)^{n+1}$ $(n\geqq 1)$ で定義される数列 $\{a_n\}$ がある．

(1) $b_n=\dfrac{a_n}{2^n}$ とおくとき，b_{n+1} を b_n で表せ．

(2) b_n を求めよ．

(3) a_n を求めよ．

$a_{n+1}=pa_n+q^{n+1}$ $(p\neq 1,\ q\neq 1)$ 型の漸化式の解き方には，次の2通りがあります．

Ⅰ．両辺を p^{n+1} でわり，階差数列にもちこむ(125 ポイント)

Ⅱ．両辺を q^{n+1} でわり，$b_{n+1}=rb_n+s$ 型にもちこむ

この問題ではⅠを要求していますから，参考にⅡによる解法を示しておきます．

解　答

$a_{n+1}=2a_n+(-1)^{n+1}$ ……①

(1) ①の両辺を 2^{n+1} でわると，

$$\frac{a_{n+1}}{2^{n+1}}=\frac{a_n}{2^n}+\left(-\frac{1}{2}\right)^{n+1} \quad \cdots\cdots ②$$

◀①に，$a_n=2^nb_n$，$a_{n+1}=2^{n+1}b_{n+1}$ を代入してもよい

$\dfrac{a_n}{2^n}=b_n$ とおくとき，$\dfrac{a_{n+1}}{2^{n+1}}=b_{n+1}$ と表せるので

②より $\boldsymbol{b_{n+1}=b_n+\left(-\dfrac{1}{2}\right)^{n+1}}$

◀122 階差数列

(2) $n\geqq 2$ のとき，

$$b_n=b_1+\sum_{k=1}^{n-1}\left(-\frac{1}{2}\right)^{k+1}$$

◀119

$$=0+\frac{1}{4}\cdot\frac{1-\left(-\frac{1}{2}\right)^{n-1}}{1+\frac{1}{2}}=\frac{1}{6}\left\{1-\left(-\frac{1}{2}\right)^{n-1}\right\}$$

初項 $\dfrac{1}{4}$，公比 $-\dfrac{1}{2}$，項数 $n-1$ の等比数列の和

これは，$n=1$ のときも含む．

◀吟味を忘れずに

(3) $a_n=2^n b_n$

$$=\frac{1}{6}\left\{2^n-2^n\cdot\frac{(-1)^{n-1}}{2^{n-1}}\right\}=\frac{1}{6}\{2^n-2(-1)^{n-1}\}$$

$$=\boldsymbol{\frac{1}{3}\{2^{n-1}-(-1)^{n-1}\}}$$

(Ⅱの考え方で)

①の両辺を $(-1)^{n+1}$ でわると，

$$\frac{a_{n+1}}{(-1)^{n+1}}=\frac{2a_n}{(-1)^{n+1}}+1$$

$$\therefore\quad \frac{a_{n+1}}{(-1)^{n+1}}=-2\cdot\frac{a_n}{(-1)^n}+1 \quad \cdots\cdots③$$

ここで，$\dfrac{a_n}{(-1)^n}=b_n$ とおくと，$\dfrac{a_{n+1}}{(-1)^{n+1}}=b_{n+1}$ だから

③より $b_{n+1}=-2b_n+1 \qquad \therefore\quad b_{n+1}-\dfrac{1}{3}=-2\left(b_n-\dfrac{1}{3}\right)$

$b_1-\dfrac{1}{3}=-\dfrac{1}{3}$ だから，

$$b_n-\frac{1}{3}=\left(-\frac{1}{3}\right)(-2)^{n-1} \qquad \therefore\quad b_n=\frac{1}{3}\{1-(-2)^{n-1}\}$$

$$\therefore\quad a_n=(-1)^n b_n=\frac{1}{3}\{2^{n-1}-(-1)^{n-1}\}$$

注 この問題に限っては，両辺に $(-1)^{n+1}$ をかけて $(-1)^n a_n=b_n$ とおいても解けます．

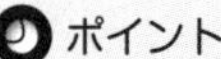

漸化式は，おきかえによって，次の 3 つのいずれかの型にもちこめれば一般項が求まる

Ⅰ．等差　Ⅱ．等比　Ⅲ．階差

演習問題 126

$a_1=3$，$a_{n+1}=3a_n+2^n$ $(n\geqq1)$ で定義される数列 $\{a_n\}$ がある．

(1) $\dfrac{a_n}{3^n}=b_n$ とおくとき，b_{n+1} と b_n の間に成りたつ関係式を求めよ．

(2) b_n を n で表せ．　(3) a_n を n で表せ．

127　2項間の漸化式（V）

$a_1=\dfrac{1}{2}$，$a_{n+1}=\dfrac{a_n}{2a_n+3}$ $(n\geqq 1)$ で表される数列 $\{a_n\}$ がある．

(1) $\dfrac{1}{a_n}=b_n$ とおくとき，b_n，b_{n+1} の間に成りたつ関係式を求めよ．

(2) b_n を求めよ．

(3) a_n を求めよ．

$\boldsymbol{a_{n+1}=\dfrac{pa_n}{qa_n+r}}$ 型の漸化式は，両辺の逆数をとって $\dfrac{1}{a_n}=b_n$ とおくと，

$\boldsymbol{b_{n+1}=pb_n+q}$ 型

の漸化式に変形できます．

解　答

(1) 与えられた漸化式の両辺の逆数をとれば

$$\frac{1}{a_{n+1}}=\frac{2a_n+3}{a_n} \qquad \therefore \quad \frac{1}{a_{n+1}}=\frac{3}{a_n}+2$$

$\dfrac{1}{a_n}=b_n$ とおくと，$\dfrac{1}{a_{n+1}}=b_{n+1}$

$\therefore$ $\boldsymbol{b_{n+1}=3b_n+2}$

(2) $b_{n+1}=3b_n+2$，$b_1=2$ より

◀$\alpha=3\alpha+2$ より $\alpha=-1$ （124）

$b_{n+1}+1=3(b_n+1)$，$b_1+1=3$

ゆえに，数列 $\{b_n+1\}$ は，初項3，公比3の等比数列．

よって，

$b_n+1=3\cdot 3^{n-1}$

$\therefore$ $\boldsymbol{b_n=3^n-1}$

(3) $a_n=\dfrac{1}{b_n}=\boldsymbol{\dfrac{1}{3^n-1}}$

注 $\dfrac{1}{a_n}=b_n$ とおくとき「$a_n\neq0$」は調べる必要はありません．それは出題者が「$\dfrac{1}{a_n}=b_n$ とおけ」といっているからです（⇨ **8**）．一方，誘導がなく，自分で「$\dfrac{1}{a_n}=b_n$」とおきたければ，「$a_n\neq0$」を示さなければなりません．（**137** 数学的帰納法かⅠ・A **24** 背理法を使います）

ポイント 漸化式は，おきかえによって，次の3つのいずれかの型にもちこめれば一般項が求まる
Ⅰ．等差　　Ⅱ．等比　　Ⅲ．階差

注 **125** ～ **127** の **ポイント** はすべて同じものです．これは下の流れ図を見てもらえば当然のことです．
（ただし，図中の数字は **基礎問** の番号を表しています．矢印だけの部分は基礎レベルでは不要と考えて設問として採用していません．）

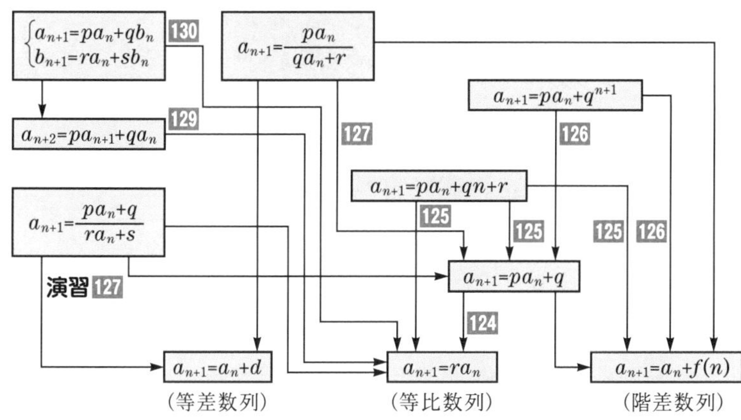

演習問題 127

$a_1=1$，$a_{n+1}=\dfrac{4-a_n}{3-a_n}$ $(n\geqq1)$ で表される数列 $\{a_n\}$ について

(1) $\dfrac{1}{a_n-2}=b_n$ とおいて，b_{n+1} を b_n で表せ．

(2) b_n を n で表せ．　　(3) a_n を n で表せ．

128 和と一般項

数列 $\{a_n\}$ の初項から第 n 項までの和 S_n が

$$S_n=-6+2n-a_n \ (n \geqq 1)$$

で表されている．

(1)　初項 a_1 を求めよ．

(2)　a_n と a_{n+1} のみたす関係式を求めよ．

(3)　a_n を n で表せ．

数列 $\{a_n\}$ があって，

$$a_1+a_2+\cdots+a_n=S_n$$

とおいたとき，a_n と S_n がまざった漸化式がでてくることがあります．このときには次の2つの方針があります．

Ⅰ．a_n の漸化式にして，a_n を n で表す

Ⅱ．S_n の漸化式にして，S_n を n で表し，a_n を n で表す

このとき，Ⅰ，Ⅱどちらの場合でも次の公式が使われます．

$n \geqq 2$ のとき，$a_n=S_n-S_{n-1}$，$a_1=S_1$

（$n=1$ のときが別扱いになっている点に注意）

解　答

$S_n=-6+2n-a_n \ (n \geqq 1)$　……①

(1)　①に $n=1$ を代入して，

$S_1=-6+2-a_1$

$a_1=S_1$ だから，$a_1=-6+2-a_1$，$2a_1=-4$

$\therefore \ \ \boldsymbol{a_1=-2}$

(2)　$n \geqq 2$ のとき，①より，

$S_{n-1}=-6+2(n-1)-a_{n-1}$

$\therefore \ \ S_{n-1}=2n-8-a_{n-1}$　……②

①−② より，

$S_n-S_{n-1}=2-a_n+a_{n-1}$

$\therefore \ \ a_n=2-a_n+a_{n-1}$　　◀$S_n-S_{n-1}=a_n$

$$\therefore\quad a_n=\frac{1}{2}a_{n-1}+1\ (n\geqq 2)$$

よって，$\boldsymbol{a_{n+1}=\frac{1}{2}a_n+1\ (n\geqq 1)}$

(別解)　①より，$S_{n+1}=-6+2(n+1)-a_{n+1}$　……②′

②′−① より，

$$S_{n+1}-S_n=2-a_{n+1}+a_n$$

$$\therefore\quad a_{n+1}=2-a_{n+1}+a_n \qquad \therefore\quad a_{n+1}=\frac{1}{2}a_n+1$$

(3)　$a_{n+1}=\frac{1}{2}a_n+1$ より $a_{n+1}-2=\frac{1}{2}(a_n-2)$

◀ **$\alpha=\frac{1}{2}\alpha+1$ の解 $\alpha=2$ を利用し $a_{n+1}-\alpha=\frac{1}{2}(a_n-\alpha)$ と変形**

また，$a_1-2=-4$ だから，

$$a_n-2=(-4)\left(\frac{1}{2}\right)^{n-1}$$

$$\therefore\quad a_n=2-\frac{4}{2^{n-1}}=\boldsymbol{2-\frac{1}{2^{n-3}}}$$

ポイント　Σ（すなわち，和）のからんだ漸化式から Σ 記号を消したいとき，番号をずらしてひけばよい

注　**ポイント**に書いてあることは，精講に書いてある公式を日本語で表したものです．このような表現にしたのは，実際の入試問題は精講の公式の形で出題されないことがあるからです．(⇨ **演習問題 128**(2))

(1)　数列 $\{a_n\}$ の初項から第 n 項までの和 S_n が次の条件をみたす．

$$S_1=1,\ S_{n+1}-3S_n=n+1\ (n\geqq 1)$$

(i)　S_n を求めよ．　　(ii)　a_n を求めよ．

(2)　$a_1=1,\ \sum_{k=1}^{n}ka_k=n^2a_n\ (n\geqq 1)$ をみたす数列 $\{a_n\}$ について，次の問いに答えよ．

(i)　a_n を $a_{n-1}\ (n\geqq 2)$ で表せ．　　(ii)　a_n を求めよ．

129 3項間の漸化式

$a_1=2$, $a_2=4$, $a_{n+2}=-a_{n+1}+2a_n$ $(n \geqq 1)$ で表される数列 $\{a_n\}$ がある.

(1) $a_{n+2}-\alpha a_{n+1}=\beta(a_{n+1}-\alpha a_n)$ をみたす2数 α, β を求めよ.

(2) a_n を求めよ.

$\boldsymbol{a_{n+2}=pa_{n+1}+qa_n}$ の型の漸化式の解き方は

2次方程式 $t^2=pt+q$ の解を α, β として，次の2つの場合があります.

(I) $\alpha \neq \beta$ のとき

$a_{n+2}=(\alpha+\beta)a_{n+1}-\alpha\beta a_n$ より

$$\begin{cases} a_{n+2}-\alpha a_{n+1}=\beta(a_{n+1}-\alpha a_n) & \cdots\cdots ① \\ a_{n+2}-\beta a_{n+1}=\alpha(a_{n+1}-\beta a_n) & \cdots\cdots ② \end{cases}$$

①より，数列 $\{a_{n+1}-\alpha a_n\}$ は，初項 $a_2-\alpha a_1$，公比 β の等比数列を表すので，

$$a_{n+1}-\alpha a_n=\beta^{n-1}(a_2-\alpha a_1) \quad \cdots\cdots ①'$$

同様に，②より，$a_{n+1}-\beta a_n=\alpha^{n-1}(a_2-\beta a_1) \quad \cdots\cdots ②'$

①′−②′ より，

$$(\beta-\alpha)a_n=\beta^{n-1}(a_2-\alpha a_1)-\alpha^{n-1}(a_2-\beta a_1)$$

$$\therefore \quad \boldsymbol{a_n=\frac{\beta^{n-1}(a_2-\alpha a_1)-\alpha^{n-1}(a_2-\beta a_1)}{\beta-\alpha}}$$

注 実際には $\alpha=1$（または $\beta=1$）の場合の出題が多く，その場合は階差数列の性質を利用します.（本問がそうです）

(II) $\alpha=\beta$ のとき

$a_{n+2}-\alpha a_{n+1}=\alpha(a_{n+1}-\alpha a_n)$ 　　$\therefore$ $a_{n+1}-\alpha a_n=\alpha^{n-1}(a_2-\alpha a_1)$ 　……③

つまり，数列 $\{a_{n+1}-\alpha a_n\}$ は，初項 $a_2-\alpha a_1$，公比 α の等比数列.

③の両辺を α^{n+1} でわって，$\dfrac{a_{n+1}}{\alpha^{n+1}}-\dfrac{a_n}{\alpha^n}=\dfrac{a_2-\alpha a_1}{\alpha^2}$

$n \geqq 2$ のとき，$\displaystyle\sum_{k=1}^{n-1}\left(\frac{a_{k+1}}{\alpha^{k+1}}-\frac{a_k}{\alpha^k}\right)=\sum_{k=1}^{n-1}\frac{a_2-\alpha a_1}{\alpha^2}$

よって，$\dfrac{a_n}{\alpha^n}-\dfrac{a_1}{\alpha}=(n-1)\cdot\dfrac{a_2-\alpha a_1}{\alpha^2}$

$\therefore$ $\boldsymbol{a_n=(n-1)\alpha^{n-2}a_2-(n-2)\alpha^{n-1}a_1}$

解　答

(1)　$a_{n+2}=(\alpha+\beta)a_{n+1}-\alpha\beta a_n$

与えられた漸化式と係数を比較して，

$\alpha+\beta=-1,\ \alpha\beta=-2$

$\therefore\ (\alpha,\ \beta)=\mathbf{(1,\ -2),\ (-2,\ 1)}$

(2)　$(\alpha,\ \beta)=(1,\ -2)$ として

$a_{n+2}-a_{n+1}=-2(a_{n+1}-a_n)$

$a_{n+1}-a_n=b_n$ とおくと，

$b_{n+1}=-2b_n$　◀123

また，$b_1=a_2-a_1=2$　　$\therefore\ b_n=2(-2)^{n-1}$

$n\geqq 2$ のとき，

$$a_n=a_1+\sum_{k=1}^{n-1}2(-2)^{k-1}$$

$$=2+2\cdot\frac{1-(-2)^{n-1}}{1-(-2)}=\mathbf{\frac{2}{3}\{4-(-2)^{n-1}\}}$$

これは，$n=1$ のときも含む．

(別解)　$(\alpha,\ \beta)=(-2,\ 1)$ として

$a_{n+2}+2a_{n+1}=a_{n+1}+2a_n$

$\therefore\ a_{n+1}+2a_n=a_2+2a_1$　よって，$a_{n+1}=-2a_n+8$　◀124

$\therefore\ a_{n+1}-\frac{8}{3}=-2\left(a_n-\frac{8}{3}\right),\ a_1-\frac{8}{3}=-\frac{2}{3}$

したがって，$a_n-\frac{8}{3}=-\frac{2}{3}(-2)^{n-1}$　　$\therefore\ a_n=\frac{2}{3}\{4-(-2)^{n-1}\}$

第7章

ポイント　$a_{n+2}=pa_{n+1}+qa_n$ 型は，2 次方程式 $t^2=pt+q$ の 2 解 α，β を利用して，等比数列に変形し 2 項間の漸化式にもちこむ

演習問題 129

$a_1=1,\ a_2=2,\ a_{n+2}=3a_{n+1}-2a_n$ で表される数列 $\{a_n\}$ がある．

(1)　$a_{n+2}-\alpha a_{n+1}=\beta(a_{n+1}-\alpha a_n)$ をみたす 2 数 α，β を求めよ．

(2)　a_n を n で表せ．

130 連立型漸化式

$a_1=2$, $b_1=1$, $a_{n+1}=2a_n+b_n$ $(n\geqq 1)$ ……①,
$b_{n+1}=a_n+2b_n$ $(n\geqq 1)$ ……② をみたす数列 $\{a_n\}$, $\{b_n\}$ がある.

(1) $a_n+b_n=c_n$ とおいて，数列 $\{c_n\}$ の一般項 c_n を求めよ.

(2) $a_n-b_n=d_n$ とおいて，数列 $\{d_n\}$ の一般項 d_n を求めよ.

(3) a_n, b_n を n で表せ.

(1) a_n+b_n を c_n とおくように指示されていますが，このとき a_n+b_n を作るのではなく，与えられた漸化式の一番大きいところ，つまり，a_{n+1}, b_{n+1} をみて $\boldsymbol{a_{n+1}+b_{n+1}}$ **を作ろう**と考えます.

すなわち，①+② を作ります.

(2) ①−② を作ります.

(3) $a_n+b_n=c_n$, $a_n-b_n=d_n$ より，$a_n=\frac{1}{2}(c_n+d_n)$, $b_n=\frac{1}{2}(c_n-d_n)$ です.

解 答

(1) ①+② より

$a_{n+1}+b_{n+1}=3(a_n+b_n)$ ◀ $\boldsymbol{a_{n+1}+b_{n+1}=c_{n+1}}$

∴ $c_{n+1}=3c_n$

ここで，$c_1=a_1+b_1=3$ だから，

数列 $\{c_n\}$ は初項 3，公比 3 の等比数列である.

よって，$c_n=3\cdot 3^{n-1}=\boldsymbol{3^n}$

(2) ①−② より

$a_{n+1}-b_{n+1}=a_n-b_n$ ◀ $\boldsymbol{a_{n+1}-b_{n+1}=d_{n+1}}$

よって，$d_{n+1}=d_n$, $d_1=a_1-b_1=1$ だから， ◀ $\boldsymbol{d_{n+1}=1\cdot d_n}$

数列 $\{d_n\}$ は，初項 1，公比 1 の等比数列である.

∴ $d_n=1\cdot 1^{n-1}=\boldsymbol{1}$

注 $d_{n+1}=d_n$ より，$d_n=d_{n-1}=\cdots\cdots=d_1$ としてもよいし，
$d_{n+1}=d_n+0$ と考えて，公差 0 の等差数列と考えてもよい.

(3) (1), (2)より $\begin{cases} a_n+b_n=3^n & \cdots\cdots③ \\ a_n-b_n=1 & \cdots\cdots④ \end{cases}$

③＋④，③－④より

$$a_n=\frac{3^n+1}{2},\quad b_n=\frac{3^n-1}{2}$$

この問題では，①＋② と ①－② を作ると等比数列ができましたが，もし，何も誘導がついていなかったら①，②の扱い方がわかりません．そこで，どうしたら ①＋②，①－② を見つけてこられるのかお話ししておきましょう．

①＋②×p より，$a_{n+1}+pb_{n+1}=(2+p)a_n+(1+2p)b_n$
ここで，数列 $\{a_n+pb_n\}$ が等比数列となるような p を考えると
$1:p=(2+p):(1+2p)$ が成りたつので，
$p(2+p)=1+2p \qquad \therefore \quad p^2=1$
$\therefore \quad p=\pm 1$
よって，①＋②，①－② を作ると等比数列ができる．

入試問題の場合は，たいてい誘導がついていますから指示に従えばよいのですが，丸覚えではなく，理由もしっかり知っておくことが数学の力をつけるには大切なことです．**演習問題 130**を使って練習してみましょう．

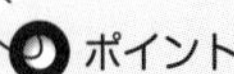

$\begin{cases} a_{n+1}=pa_n+qb_n \\ b_{n+1}=ra_n+sb_n \end{cases}$ 型漸化式では，数列 $\{a_n+tb_n\}$ が等比数列になるような t を考える

①より，$b_n=a_{n+1}-2a_n$ だから，$b_{n+1}=a_{n+2}-2a_{n+1}$
これらを②に代入すると，$a_{n+2}-4a_{n+1}+3a_n=0$ となり，**129**の形にすることができます．

演習問題 130

$a_1=2$，$b_1=1$，$a_{n+1}=2a_n+3b_n$ $(n\geqq 1)$，
$b_{n+1}=a_n+4b_n$ $(n\geqq 1)$ をみたす数列 $\{a_n\}$，$\{b_n\}$ について，次の問いに答えよ．

(1) 数列 $\{a_n+pb_n\}$ が等比数列となるような p を求めよ．

(2) a_n，b_n を n で表せ．

131 群数列（Ⅰ）

1から順に並べた自然数を，

1|2，3|4，5，6，7|8，9，10，11，12，13，14，15|16，…

のように，第 n 群（$n=1$，2，…）が 2^{n-1} 個の数を含むように分ける．

(1)　第 n 群の最初の数を n で表せ．

(2)　第 n 群に含まれる数の総和を求めよ．

(3)　3000 は第何群の何番目にあるか．

ある規則のある数列に区切りを入れてカタマリを作ってできる**群数列**を考えるときは，

「もとの数列で，はじめから数えて第何項目か？」

と考えます．このとき，第 n 群に入っている**項の数**を用意し，**各群の最後の数**に着目します．

解　答

(1)　第 $(n-1)$ 群の最後の数は，はじめから数えて $(1+2+\cdots+2^{n-2})$ 項目．

◀各群の最後の数が基準

すなわち，$(2^{n-1}-1)$ 項目だからその数字は

◀等比数列の和の公式を用いて計算する

$2^{n-1}-1$

よって，第 n 群の最初の数は

$(2^{n-1}-1)+1=\mathbf{2^{n-1}}$

(2)　(1)より，第 n 群に含まれる数は

初項 2^{n-1}，公差1，項数 2^{n-1} の等差数列．

よって，求める総和は

$$\frac{1}{2}\cdot 2^{n-1}\{2\cdot 2^{n-1}+(2^{n-1}-1)\cdot 1\}$$

$$=2^{n-2}(2\cdot 2^{n-1}+2^{n-1}-1)=\mathbf{2^{n-2}(3\cdot 2^{n-1}-1)}$$

(別解)　2行目は初項 2^{n-1}，末項 2^n-1，項数 2^{n-1} の等差数列と考えてもよい．

(3)　3000 は第 n 群に含まれているとすると

(1)より，$2^{n-1} \leqq 3000 < 2^n$

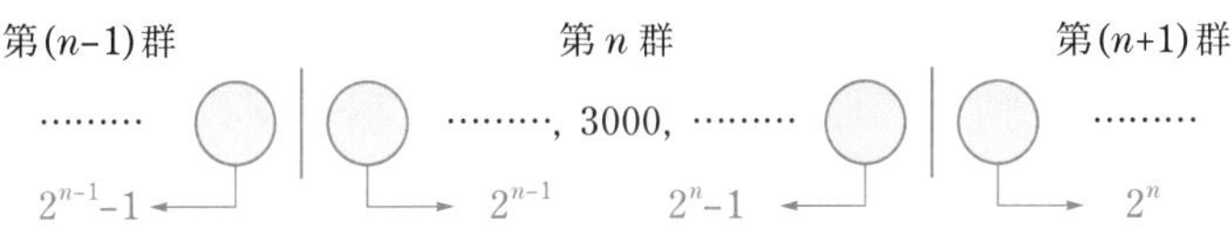

ここで，$2^{11}=2048$，$2^{12}=4096$ だから

$2^{11} < 3000 < 2^{12}$ 　　$\therefore$ 　$n=12$

よって，第 12 群に含まれている．

このとき，第 11 群の最後の数は，$2^{11}-1=2047$ だから，

$3000-2047=953$ より，3000 は**第 12 群の 953 番目**にある．

注 **1**．第 12 群に含まれているとき，第 12 群の最初の数に着目すると $3000-2048+1$ と計算しないといけません．逆に，ひき算をすると答がちがってしまいます．

注 **2**．(3)　2 行目の $2^{n-1} \leqq 3000 < 2^n$ は $2^{n-1} \leqq 3000 \leqq 2^n-1$ でも，$2^{n-1}-1 < 3000 \leqq 2^n-1$ でもよいのですが，(1)を利用すれば解答の形になるでしょう．

注 **3**．(1)，(2)は n に具体的な数字を入れることによって検算が可能です．

ポイント　もとの数列に規則のある群数列は，

Ⅰ．第 n 群に含まれる項の数を用意し

Ⅱ．各群の最後の数に着目し

Ⅲ．はじめから数えて何項目か

と考える

演習問題 131

1 から順に並べた自然数を

1｜2，3｜4，5，6｜7，8，9，10｜11，12，13，14，15｜16，…

のように，第 n 群に n 個の数を含むように分ける．

(1)　第 n 群の最初の数を求めよ．

(2)　第 n 群に含まれる数の総和を求めよ．

(3)　100 は第何群の何番目にあるか．

132 群数列(Ⅱ)

1, 2, 2, 3, 3, 3, 4, 4, 4, 4, 5, … のように，数字 n が n 個ずつ並んでいる数列を考える．

(1) n が並んでいる部分をまとめて，第 n 群と呼ぶことにするとき，第 n 群の数字の総和を求めよ．

(2) 第 100 項目はどんな数字か．

(3) 初項から第 100 項までの和を求めよ．

数列全体を決定する規則がなく，はじめからブロック化して見えている群数列を考えるときは，

「第何群の何番目か？」

と考えます．

このとき，第 n 群に入っている**項の数**を用意し，**各群の最後の数**に着目します．(131と同じ表現になっているところがポイントです)

解　答

(1) 第 n 群は，$\underbrace{n,\ n,\ \cdots,\ n}_{n\text{個}}$ だから，

その総和は，

$n\times n=\boldsymbol{n^2}$

(2) 100 項目が第 n 群にあるとする．

第 $(n-1)$ 群の最後の数は，はじめから数えると

$1+2+\cdots+(n-1)=\dfrac{1}{2}n(n-1)$ (項目) だから，

$$\frac{1}{2}n(n-1)<100\leqq\frac{1}{2}n(n+1)$$

$$\therefore\quad n(n-1)<200\leqq n(n+1)$$

第(n−1)群　　第 n 群　　第(n+1)群

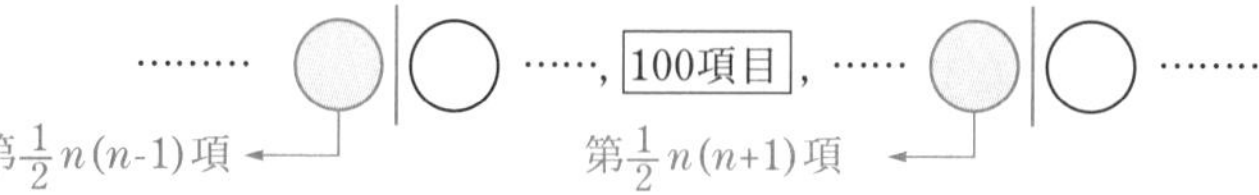

ここで，$n=14$ のとき

$$\begin{cases} n(n-1)=14\cdot 13=182 \\ n(n+1)=15\cdot 14=210 \end{cases}$$ だから，$n=14$

よって，第 100 項は **14**

(3) (2)より，第 13 群の最後の数は

$\frac{1}{2}\cdot 14\cdot 13=91$（項目）だから

第 100 項は第 14 群の 9 番目の数．

(1)より，求める和は

$$\sum_{k=1}^{13} k^2+14\cdot 9$$

$$=\frac{1}{6}\cdot 13\cdot \overset{7}{\cancel{14}}\cdot \overset{9}{\cancel{27}}+14\cdot 9$$ ◀118

$$=7\cdot 9\cdot (13+2)$$ ◀共通因数でくくる

$$=\mathbf{945}$$

注 (2)は，第 100 項目ですから，具体的に書き並べても答はでますが，今回は勉強のための教材ですから，一般性のある解答にしてあります．

ポイント

はじめからブロック化されている群数列は

Ⅰ．第 n 群に含まれる項の数を用意し

Ⅱ．各群の最後の数に着目し

Ⅲ．第何群の何番目か？

と考える

第7章

演習問題 132

1, 2, 2, 3, 3, 3, 3, 4, 4, 4, 4, 4, 4, 4, 4, 5, … のように，数字 n が 2^{n-1} 個ずつ並んでいる数列を考える．

(1) 第 n 群の数字の総和を求めよ．

(2) 第 100 項目はどんな数字か．

(3) 初項から第 100 項までの和を求めよ．

133 格子点の個数

3つの不等式 $x \geqq 0$, $y \geqq 0$, $2x+y \leqq 2n$ (nは自然数) で表される領域をDとする.

(1) Dに含まれ, 直線 $x=k$ ($k=0$, 1, $\cdots$, n) 上にある格子点 (x座標もy座標も整数の点) の個数をkで表せ.

(2) Dに含まれる格子点の総数をnで表せ.

$\sum$計算の応用例として, 格子点の個数を求める問題があります. これは様々なレベルの大学で入試問題として出題されています.

格子点の含まれている領域が具体的に表されていれば図をかいて数え上げることもできますが, このように, nが入ってくると数える手段を知らないと解答できません. その手段とは, **ポイント**に書いてある考え方です.

ポイントによれば, 直線 $y=k$ でもできそうに書いてありますが, こちらを使った解答は (**別解**) で確認してください.

解 答

(1) 直線 $x=k$ 上にある格子点は

$(k, 0)$, $(k, 1)$, $\cdots$, $(k, 2n-2k)$

の $(\boldsymbol{2n-2k+1})$ 個.

注 y座標だけを見ていくと, 個数がわかります.

(2) (1)の結果に, $k=0$, 1, $\cdots$, n を代入して, すべて加えたものが, Dに含まれる格子点の総数.

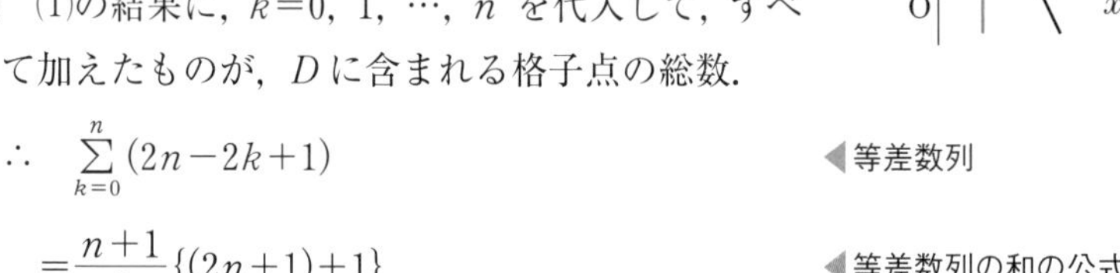

$$\therefore \sum_{k=0}^{n}(2n-2k+1)$$ ◀等差数列

$$=\frac{n+1}{2}\{(2n+1)+1\}$$ ◀等差数列の和の公式

$$=(\boldsymbol{n+1})^2$$

注 $\sum$計算をする式がkの1次式のとき, その式は等差数列の和を表しているので, $\dfrac{n}{2}(a+a_n)$ (⇨ **112**) を使って計算していますが, もちろん, $\displaystyle\sum_{k=0}^{n}(2n+1)-2\sum_{k=0}^{n}k$ として計算してもかまいません.

(別解) 直線 $y=2k$ $(k=0,\ 1,\ \cdots,\ n)$ 上の格子点は $(0,\ 2k)$, $(1,\ 2k)$, $\cdots$, $(n-k,\ 2k)$ の $(n-k+1)$ 個.

また，直線 $y=2k-1$ $(k=1,\ 2,\ \cdots,\ n)$ 上の格子点は

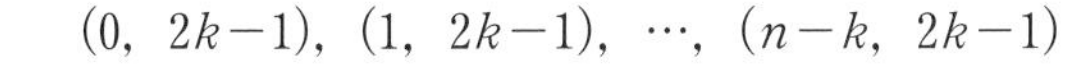

$(0,\ 2k-1)$, $(1,\ 2k-1)$, $\cdots$, $(n-k,\ 2k-1)$

の $(n-k+1)$ 個. よって，格子点の総数は

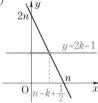

$$\sum_{k=0}^{n}(n-k+1)+\sum_{k=1}^{n}(n-k+1)$$

$$=2\sum_{k=1}^{n}(n-k+1)+(n+1)$$

$$=n(n+1)+(n+1)$$

$$=(n+1)(n+1)$$

$$=(n+1)^2$$

注 $y=2k$ と $y=2k-1$ に分ける理由は直線 $y=k$ と $2x+y=2n$ の交点を求めると，$\left(n-\dfrac{k}{2},\ k\right)$ となり，**$n-\dfrac{k}{2}$ が k の偶奇によって整数になる場合と整数にならない場合があるから**です.

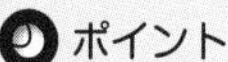

ポイント ある領域内の格子点の総数を求めるとき

Ⅰ. 直線 $x=k$ (または，$y=k$) 上の格子点の個数を k で表す

Ⅱ. Ⅰの結果について $\sum$ 計算をする

第7章

演習問題 133

放物線 $y=x^2$ ……① と直線 $y=n^2$ (n は自然数) ……② がある. ①と②で囲まれた部分(境界も含む)を M とする. このとき，次の問いに答えよ.

(1) 直線 $x=k$ $(k=1,\ 2,\ \cdots,\ n)$ 上の M 内の格子点の個数を n, k で表せ.

(2) M 内の格子点の総数を n で表せ.

134 漸化式の応用

平面上に n 本の直線があって，どの2本も平行でなく，どの3本も1点で交わらないとき，これらの直線によって平面が a_n 個の部分に分けられるとする．

(1) a_1，a_2，a_3 を求めよ．

(2) n 本の直線が引いてあり，あらたに $(n+1)$ 本目の直線を引いたとき，もとの n 本の直線と何か所で交わるか．

(3) (2)を利用して，a_{n+1} を a_n で表せ．

(4) a_n を求めよ．

まず，設問の意味を正しくとらえないといけません．n が含まれているとわかりにくいので，**n に具体的な数字を代入してイメージをつかむ**ことが大切で，これが(1)です．

(3)が最大のテーマです．「**a_{n+1} を a_n で表せ**」という要求のときに，a_1，a_2，a_3 などから様子を探るのも1つの手ですが，それは 137 以降(数学的帰納法)にまかせることにします．ここでは，**一般に考えるときにはどのように考えるか**を学習します．

a_n と a_{n+1} の違いは直線の本数が1本増えることです．

直線の数が増えれば分割される平面が増えることは想像がつきますが，**問題はいくつ増えるか**で，これを考えるために(2)があります．

解　答

(1)

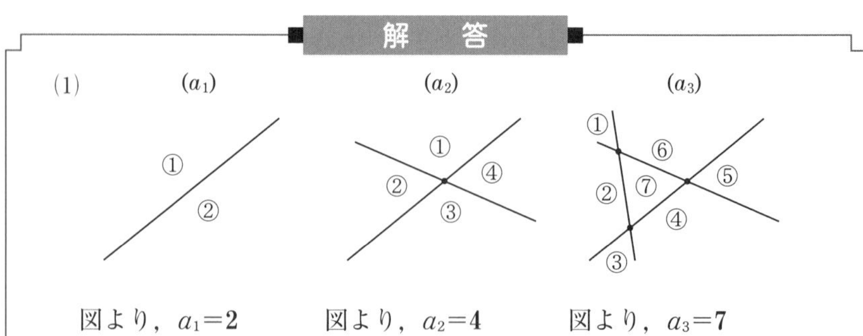

図より，$a_1=\mathbf{2}$　　図より，$a_2=\mathbf{4}$　　図より，$a_3=\mathbf{7}$

(2) すべての直線は，どの2本も平行でなく，どの3本も1点で交わらないので，$(n+1)$ 本目の直線は，それ以前に引いてある n 本の直線のすべてと1回ずつ交わっている．よって，**n か所**で交わる．

(3) (2)で考えたように，$(n+1)$ 本目の直線はそれ以前に引いてある直線と n か所で交わり，その交点によって，$(n+1)$ 本目の直線は，2つの半直線と $(n-1)$ 個の線分に分割されている（下図）．

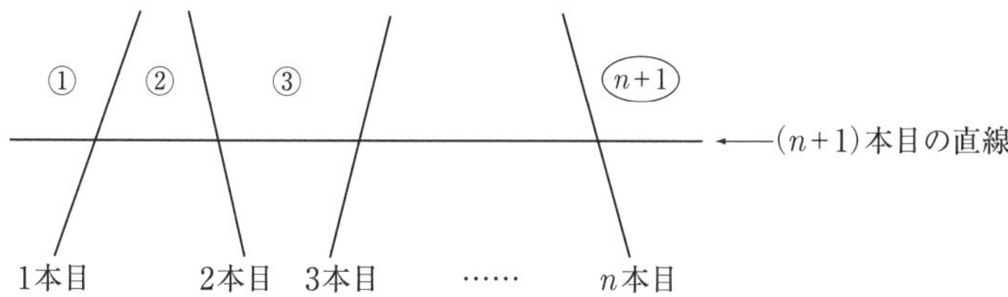

この $(n+1)$ 個の半直線と線分の1つによって，いままで1つであった平面が2つに分割される．
よって，$(n+1)$ 本目の直線によって，平面の部分は $(n+1)$ 個増えることになる．

$$\therefore\ \boldsymbol{a_{n+1}=a_n+n+1\ (n\geqq 1)}$$

◀階差数列（123）

(4) $n\geqq 2$ のとき，

$$a_n=a_1+\sum_{k=1}^{n-1}(k+1)=2+(2+3+\cdots+n)$$
$$=(1+2+\cdots+n)+1=\frac{1}{2}n(n+1)+1=\boldsymbol{\frac{1}{2}(n^2+n+2)}$$

これは，$n=1$ のときも含む．

◀吟味を忘れずに

ポイント 漸化式を作るとき，n 番目の状態を既知として，$(n+1)$ 番目の状態を考え，その変化を追う

第7章

演習問題 134

右図のように円 O_1，O_2，… は互いに接し，かつ点Cで交わる半直線 l_1，l_2 に内接している．このとき，次の問いに答えよ．

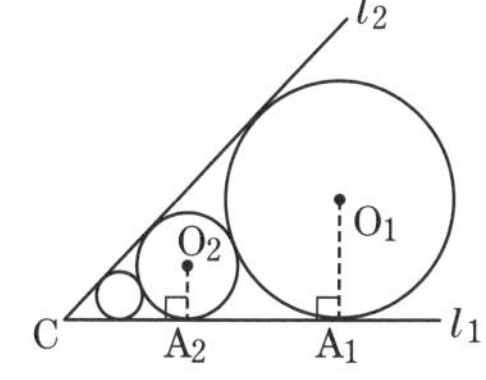

(1) 円 O_1 の半径が5，CA_1 の長さが12であるとき，円 O_2 の半径 r_2 を求めよ．

(2) n 番目の円 O_n の半径を r_n とするとき，r_n と r_{n+1} の関係式を求めよ．

(3) r_n を求めよ．

135 場合の数と漸化式

(1)　5段の階段があり，1回に1段または2段登るとする．このとき，登り方は何通りあるか．ただし，スタート地点は0段目とよぶことにする．(右図参照)

(2)　(1)と同じように n 段の階段を登る方法が a_n 通りあるとする．このとき，

(ア)　a_1，a_2 を求めよ．

(イ)　$n \geqq 1$ のとき，a_{n+2} を a_{n+1}，a_n で表せ．

(ウ)　a_8 を求めよ．

精講　(1)　まず，1段，2段，2段と登る方法と2段，1段，2段と登る方法は，異なる登り方であることをわかることが基本です．次に，1段を使う方法は5が奇数であることから1回，3回，5回のどれかです．そこで，1と2をいくつか使って，和が5になる組合せを考えて，そのあと入れかえを考えればよいことになります．

(2)　(イ)　これがこの 135 のメインテーマで，漸化式の有効な利用例です．考え方は，**ポイント**に書いてあるどちらかになります．この問題では，どちらでも漸化式が作れます．

(ウ)　漸化式が与えられたとき，一般項を求められることは大切ですが，漸化式の使い方の基本は**番号を下げる**ことです．

解　答

(1)　5段の階段を登るとき，1段登ることは奇数回必要だから，

1段を1回使う組合せは，1段，2段，2段

3回使う組合せは，1段，1段，1段，2段

5回使う組合せは，1段，1段，1段，1段，1段　で

それぞれ，入れかえが3通り，4通り，1通りあるので

$3+4+1=\mathbf{8}$ **(通り)**

(2)　(ア)　1段登る方法は1つしかないので，$a_1=\mathbf{1}$

2段登る方法は，1段，1段と，2段の2通りあるので，$a_2=\mathbf{2}$

(イ)　1回の登り方に着目して $(n+2)$ 段の階段を登る方法を考えると次の2つの場合がある．

① 最初に1段登って，残り $(n+1)$ 段登る

② 最初に2段登って，残り n 段登る

①，②は排反で，$(n+1)$ 段登る方法，n 段登る方法はそれぞれ a_{n+1} 通り，a_n 通りあるので，

$a_{n+2}=a_{n+1}+a_n$　　◀Ⅰ・A 91 ポイント

∴　$\boldsymbol{a_{n+2}=a_{n+1}+a_n}$

(ウ)　(イ)より，

$a_8=a_7+a_6=(a_6+a_5)+a_6$

$=2a_6+a_5=2(a_5+a_4)+a_5$

$=3a_5+2a_4=3(a_4+a_3)+2a_4$

$=5a_4+3a_3=5(a_3+a_2)+3a_3$

$=8a_3+5a_2=8(a_2+a_1)+5a_2$

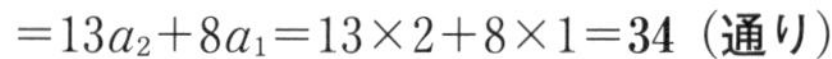

$=13a_2+8a_1=13\times2+8\times1=$**34（通り）**

Ⅰ．(ウ)の要領で a_5 を求めると，$a_5=3a_2+2a_1=3\times2+2=8$（通り）となり，(1)の答と一致します．

Ⅱ．最後の手段に着目するときは，次の2つの場合となります．

① まず $(n+1)$ 段登って，最後に1段登る

② まず n 段登って，最後に2段登る

ポイント　場合の数の問題で漸化式を作るとき，次のどちらか
① 最初の手段で場合分け　② 最後の手段で場合分け

演習問題 135

横1列に並べられた n 枚のカードに赤か青か黄のどれか1つの色をぬる．赤が連続してはいけないという条件の下で，ぬり方が a_n 通りあるとする．

(1)　a_1，a_2 を求めよ．

(2)　$n\geqq1$ のとき，a_{n+2} を a_{n+1}，a_n で表せ．

(3)　a_8 を求めよ．

136 確率と漸化式

袋の中に1, 2, 3, 4, 5の数字のかかれたカードが1枚ずつ入っている．この袋の中から，1枚カードを取り出し，それにかかれた数字を記録し，もとにもどすという操作をくり返す．1回目からn回目までに記録された数字の総和をS_nとし，S_nが偶数である確率をp_nとおく．このとき，次の問いに答えよ．

(1) p_1，p_2を求めよ．

(2) p_{n+1}をp_nで表せ．

(3) p_nをnで表せ．

(1) 確率の問題ではこのような設問がよく見受けられますが，これは単に点数をあげるための設問ではありません．これを通して問題のイメージをつかみ，一般的な状態（⇨(2)）での**考える方針をつかんでほしい**という意味があります．

(2) 確率の問題で漸化式を作るとき，まず，確率記号の右下の文字（添字）に着目します．ここでは，nと$n+1$の関係式を作るので，n回終了時の状況をスタートにして，あと1回の操作でどのようなことが起これば，**目的の事態が起こるか**考えます．このとき，図で考えると式が立てやすくなります．

(3) 漸化式の処理ができれば，何の問題もありません．

解 答

(1) （p_1について）

1回目に，2か4のカードが出ればよいので，$p_1=\boldsymbol{\frac{2}{5}}$

（p_2について）

次の2つの場合が考えられる．

① 1回目が偶数のとき，2回目も偶数

② 1回目が奇数のとき，2回目も奇数

◀数字ではなく偶奇で考える

①，②は排反だから，

$$p_2=\frac{2}{5}\times\frac{2}{5}+\frac{3}{5}\times\frac{3}{5}=\boldsymbol{\frac{13}{25}}$$

(2)　　n 回終了時　　　$(n+1)$ 回終了時

p_n：　総和が偶数 →(2, 4)→ 総和が偶数：p_{n+1}

$1-p_n$：　総和が奇数 →(1, 3, 5)→ 総和が偶数：p_{n+1}

次の 2 つの場合が考えられる．

① S_n が偶数のとき，$(n+1)$ 回目も偶数

② S_n が奇数のとき，$(n+1)$ 回目も奇数

①，②は排反だから，$p_{n+1}=p_n\times\dfrac{2}{5}+(1-p_n)\times\dfrac{3}{5}$

$\therefore\quad \boldsymbol{p_{n+1}=-\dfrac{1}{5}p_n+\dfrac{3}{5}}$

(3)　$p_{n+1}=-\dfrac{1}{5}p_n+\dfrac{3}{5}$ より，$p_{n+1}-\dfrac{1}{2}=-\dfrac{1}{5}\left(p_n-\dfrac{1}{2}\right)$　◀124

$\therefore\quad p_n-\dfrac{1}{2}=\left(p_1-\dfrac{1}{2}\right)\left(-\dfrac{1}{5}\right)^{n-1}$

よって，$p_n=\boldsymbol{\dfrac{1}{2}+\dfrac{1}{2}\left(-\dfrac{1}{5}\right)^n}$　◀$-\dfrac{1}{10}=\dfrac{1}{2}\times\left(-\dfrac{1}{5}\right)$

ポイント　確率で漸化式を作るとき

① n 回終了時に起こりうるすべての場合を考えて

② 次に何が起これば要求された状況になるか

と考える

第7章

演習問題 136

数直線上の原点を出発して，次のルールで移動する点Pがある．

(ルール)　1 個のサイコロを投げ，

① 出た目が 5 以上ならば，正方向に 2 進む

② 出た目が 4 以下ならば，正方向に 1 進む

このルールの下で，サイコロを n 回投げたとき，点Pの座標が奇数になる確率を p_n とおく．

(1)　p_1，p_2 を求めよ．　　(2)　p_{n+1} を p_n で表せ．

(3)　p_n を n で表せ．

137 数学的帰納法(Ⅰ)

$a_1=1$, $a_{n+1}=\dfrac{4-a_n}{3-a_n}$ $(n\geqq 1)$ で表される数列 $\{a_n\}$ について

(1) a_2, a_3, a_4 を求めよ.

(2) 一般項を推定せよ.

(3) (2)の推定が正しいことを数学的帰納法で示せ.

一般に，ある事柄を証明するとき，手段として

Ⅰ．演えき法　Ⅱ．背理法(Ⅰ・A **24**)　**Ⅲ．数学的帰納法**

の3通りがあります.

Ⅰ，Ⅱはすでに学習済みです．ここではⅢの考え方を説明します．**数学的帰納法**は次の2つの部分で構成された証明方法です.

ｉ) **$n=1$ のとき成りたつことを示す**

ⅱ) **$n=k$ のとき成りたつと仮定して，**

$n=k+1$ のときも成りたつことを示す

これで，すべての自然数 n について成りたつことを示したことになります.

不思議に思う人もいるかもしれませんが，これで OK であることは，次のように考えればわかります.

まず，ｉ)より，$n=1$ のときは成りたちます.

次に，$n=1$ のときが成りたつので ⅱ)より，$n=2$ のときが成りたつ．同様に，ⅱ)より，$n=2$ のときが成りたつので，$n=3$ のときも成りたつ．以下，このくりかえしで，すべての自然数に対して成りたちます.

解　答

$a_{n+1}=\dfrac{4-a_n}{3-a_n}$ ……①

(1) ①に $n=1$ を代入して，$a_2=\dfrac{4-a_1}{3-a_1}=\dfrac{4-1}{3-1}=\mathbf{\dfrac{3}{2}}$

①に $n=2$ を代入して，$a_3=\dfrac{4-a_2}{3-a_2}=\mathbf{\dfrac{5}{3}}$

①に $n=3$ を代入して，$a_4=\dfrac{4-a_3}{3-a_3}=\mathbf{\dfrac{7}{4}}$

(2) 数列 $\{a_n\}$ は

$\frac{1}{1}$, $\frac{3}{2}$, $\frac{5}{3}$, $\frac{7}{4}$, … だから

$\begin{cases} a_n \text{ の分母は初項1，公差1の等差数列} \\ a_n \text{ の分子は初項1，公差2の等差数列} \end{cases}$

と考えられる.

すなわち，$a_n = \boldsymbol{\frac{2n-1}{n}}$ ……② と推定できる.

(3) i) $n=1$ のとき，②の右辺は1であり，与えられた条件より，$a_1=1$ であるから，$n=1$ のとき，②は成りたつ.

ii) $n=k$ のとき

$a_k = \frac{2k-1}{k}$ が成りたつと仮定すると，①より

$$a_{k+1} = \frac{4-a_k}{3-a_k} = \frac{4-\frac{2k-1}{k}}{3-\frac{2k-1}{k}} = \frac{4k-(2k-1)}{3k-(2k-1)}$$

$$= \frac{2k+1}{k+1} = \frac{2(k+1)-1}{k+1}$$

これは，②に $n=k+1$ を代入したものだから，②は，$n=k+1$ のときも成りたつ.

i)，ii) より，(2)の推定は正しい.

ポイント 数学的帰納法による証明は次の手順

i) $n=1$ のときを示す

ii) $n=k$ のときを仮定して，$n=k+1$ のときを示す

この漸化式は **127** の **注** にある図を見てもわかるようにこのまま解くことができます. それが **演習問題 127** です.

演習問題 137

$a_1=0$, $a_{n+1} = \frac{1}{2-a_n}$ で定められる数列 $\{a_n\}$ がある.

(1) a_2, a_3, a_4 を求めて，a_n を推定せよ.

(2) (1)の推定が正しいことを数学的帰納法を用いて示せ.

138 数学的帰納法(II)

n が自然数のとき，次の各式が成立することを数学的帰納法を用いて証明せよ．

(1) $1^2+2^2+\cdots+n^2=\dfrac{1}{6}n(n+1)(2n+1)$ ……①

(2) $1+\dfrac{1}{2}+\dfrac{1}{3}+\cdots+\dfrac{1}{n}\geqq\dfrac{2n}{n+1}$ ……②

精講 手順は **137** と同じですが，$n=k$ のときの式から，$n=k+1$ のときの式を作り上げるときに，どんな作業をすればよいのかが問題によって違うので，問題に応じてどんな作業をするかを考えなければなりません．

解答

(1) i) $n=1$ のとき

左辺$=1$，右辺$=\dfrac{1}{6}\cdot1\cdot2\cdot3=1$

よって，$n=1$ のとき，①は成立する．

ii) $n=k$ のとき

$$1^2+2^2+\cdots+k^2=\frac{1}{6}k(k+1)(2k+1) \quad \cdots\cdots①'$$

が成立すると仮定する．

①′ の両辺に $(k+1)^2$ を加えて

◀左辺に，$1^2+2^2+\cdots+k^2+(k+1)^2$ を作ることを考える

左辺$=1^2+2^2+\cdots+k^2+(k+1)^2$

$$右辺=\frac{1}{6}k(k+1)(2k+1)+(k+1)^2$$

$$=\frac{1}{6}(k+1)\{(2k^2+k)+6(k+1)\}$$

$$=\frac{1}{6}(k+1)(k+2)(2k+3)$$

これは，①の右辺に $n=k+1$ を代入したものである．

よって，①は $n=k+1$ でも成立する．

i)，ii) より，①はすべての自然数 n について成立する．

(2) i) $n=1$ のとき

左辺$=1$，右辺$=\dfrac{2\cdot 1}{1+1}=1$ となり，$n=1$ のとき②は成立する.

ii) $n=k$ のとき，②が成立すると仮定すると

$$1+\frac{1}{2}+\frac{1}{3}+\cdots+\frac{1}{k}\geqq\frac{2k}{k+1}\quad\cdots\cdots②'$$

②′の両辺に $\dfrac{1}{k+1}$ を加えると

◀左辺を証明したい式にする

$$左辺=1+\frac{1}{2}+\frac{1}{3}+\cdots+\frac{1}{k}+\frac{1}{k+1}$$

$$右辺=\frac{2k}{k+1}+\frac{1}{k+1}=\frac{2k+1}{k+1}$$

ここで,

$$\frac{2k+1}{k+1}-\frac{2(k+1)}{k+2}=\frac{k}{(k+1)(k+2)}>0$$

◀ここがポイント

$$\therefore\quad 1+\frac{1}{2}+\cdots+\frac{1}{k+1}\geqq\frac{2k+1}{k+1}>\frac{2(k+1)}{k+2}$$

すなわち,

$$1+\frac{1}{2}+\cdots+\frac{1}{k+1}\geqq\frac{2(k+1)}{k+2}$$

これは，②に $n=k+1$ を代入したものである.

よって，$n=k+1$ でも②は成立する.

i)，ii) より，すべての自然数 n について②は成立する.

ポイント 数学的帰納法を使って証明するとき，$n=k$ のときを仮定したら，$n=k+1$ のときを計算用紙に書いておき，2つの式の違いを見比べながらこれから行うべき作業を決める

第7章

演習問題 138

n が自然数のとき，次の各式が成立することを数学的帰納法を用いて証明せよ.

(1) $\dfrac{1}{1\cdot 2}+\dfrac{1}{2\cdot 3}+\cdots+\dfrac{1}{n(n+1)}=\dfrac{n}{n+1}$

(2) $\dfrac{1}{1^2}+\dfrac{1}{2^2}+\dfrac{1}{3^2}+\cdots+\dfrac{1}{n^2}\leqq 2-\dfrac{1}{n}$

第8章 ベクトル

139 $m\vec{a}+n\vec{b}$

右図のような正六角形 ABCDEF において，$\overrightarrow{\mathrm{AB}}=\vec{a}$，$\overrightarrow{\mathrm{AF}}=\vec{b}$ とおく．このとき，次の各ベクトルを $\vec{a}$，$\vec{b}$ で表せ．

(1)　$\overrightarrow{\mathrm{CD}}$　　(2)　$\overrightarrow{\mathrm{BC}}$　　(3)　$\overrightarrow{\mathrm{AC}}$

(4)　$\overrightarrow{\mathrm{AD}}$　　(5)　$\overrightarrow{\mathrm{BD}}$

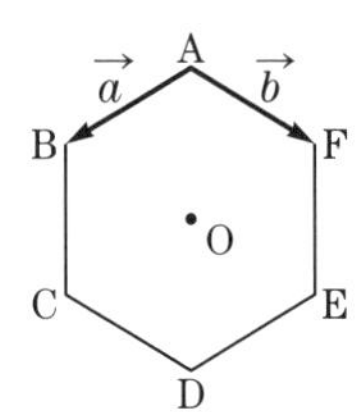

平面上では，**基本になるベクトルを2つ**(ただし，$\vec{0}$ ではなく，平行ではないもの)を用意できれば，どんなベクトル $\vec{x}$ も，$\vec{x}=m\vec{a}+n\vec{b}$ (m，n は実数) の形で表せます．すなわち，

$\vec{a}\neq\vec{0}$，$\vec{b}\neq\vec{0}$，$\vec{a}\not\parallel\vec{b}$ のとき，任意のベクトル $\vec{x}$ は適当な実数 m，n を用いて，

$\vec{x}=m\vec{a}+n\vec{b}$ と表せる

このとき，必要になるものは，ベクトルの和，差，実数倍の考え方です．

①和　$\vec{a}+\vec{b}$

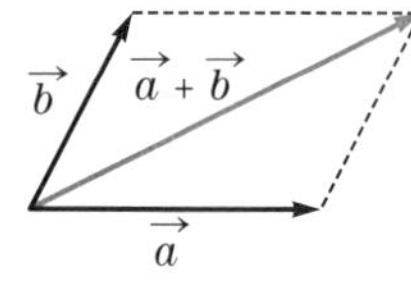

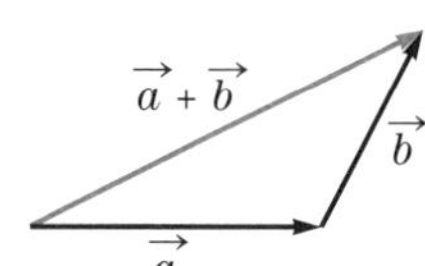

②差　$\vec{a}-\vec{b}$

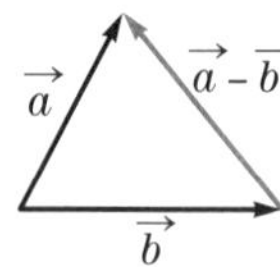

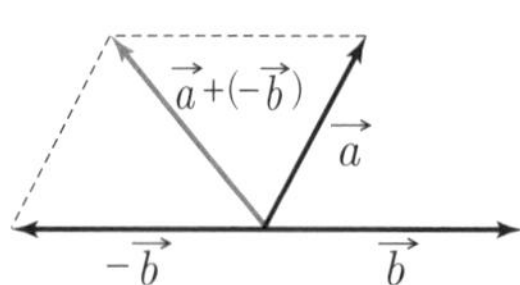

③実数倍　$k\vec{a}$

$k>0$ のとき，$\vec{a}$ と**同じ向き**　で大きさが k 倍

$k<0$ のとき，$\vec{a}$ と**逆向き**　で大きさが $|k|$ 倍

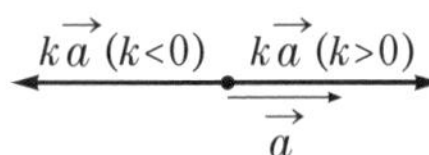

また，ベクトルでは**向きと大きさが等しい 2 つのベクトルは同じ**と考えるので，この設問でいえば，$\overrightarrow{\mathbf{ED}}=\overrightarrow{\mathbf{FO}}=\overrightarrow{\mathbf{OC}}=\vec{\boldsymbol{a}}$ であることです．ベクトルは，**平行線をつたってどんどん移動していく**のです．平行線があると同じベクトルが**あちこちに現れてくる**ので，見逃さないようにしましょう．

解　答

(1)　$\overrightarrow{\mathrm{CD}}=\overrightarrow{\mathrm{AF}}=\vec{\boldsymbol{b}}$　◀同じベクトル

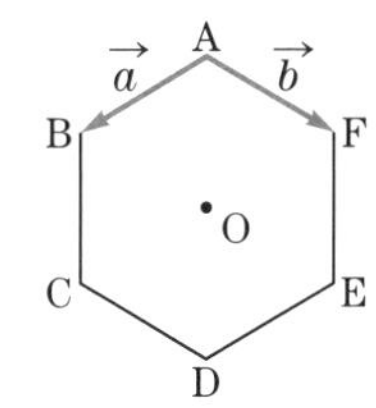

(2)　$\overrightarrow{\mathrm{BC}}=\overrightarrow{\mathrm{AO}}=\overrightarrow{\mathrm{AB}}+\overrightarrow{\mathrm{AF}}=\vec{\boldsymbol{a}}+\vec{\boldsymbol{b}}$
(↳同じベクトル)(↳精講 ①)

(3)　$\overrightarrow{\mathrm{AC}}=\overrightarrow{\mathrm{AB}}+\overrightarrow{\mathrm{BC}}=\vec{a}+(\vec{a}+\vec{b})=\mathbf{2}\vec{\boldsymbol{a}}+\vec{\boldsymbol{b}}$
(↳精講 ①)

(4)　$\overrightarrow{\mathrm{AD}}=2\overrightarrow{\mathrm{AO}}=\mathbf{2}(\vec{\boldsymbol{a}}+\vec{\boldsymbol{b}})$
(↳精講 ③)

(5)　$\overrightarrow{\mathrm{BD}}=\overrightarrow{\mathrm{AD}}-\overrightarrow{\mathrm{AB}}$　◀②

$=2(\vec{a}+\vec{b})-\vec{a}$

$=\vec{\boldsymbol{a}}+\mathbf{2}\vec{\boldsymbol{b}}$

(別解)

(4)　$\overrightarrow{\mathrm{AD}}=\overrightarrow{\mathrm{AB}}+\overrightarrow{\mathrm{BC}}+\overrightarrow{\mathrm{CD}}$　◀精講 ①

$=\vec{a}+(\vec{a}+\vec{b})+\vec{b}=2\vec{a}+2\vec{b}$

(5)　$\overrightarrow{\mathrm{BD}}=\overrightarrow{\mathrm{AE}}=\overrightarrow{\mathrm{AF}}+\overrightarrow{\mathrm{FE}}=\overrightarrow{\mathrm{AF}}+\overrightarrow{\mathrm{BC}}$
(↳同じベクトル)(↳精講 ①)(↳同じベクトル)

$=\vec{b}+(\vec{a}+\vec{b})=\vec{a}+2\vec{b}$

ポイント　ベクトルの計算は
① 和　② 差　③ 実数倍　④ 同じベクトル

演習問題 139

139 において，$\overrightarrow{\mathrm{AB}}=\vec{a}$，$\overrightarrow{\mathrm{BC}}=\vec{b}$ とおくとき，次のベクトルを $\vec{a}$，$\vec{b}$ で表せ．

(1)　$\overrightarrow{\mathrm{AC}}$　(2)　$\overrightarrow{\mathrm{AD}}$　(3)　$\overrightarrow{\mathrm{AF}}$　(4)　$\overrightarrow{\mathrm{AE}}$

140 分点の位置ベクトル

平行四辺形 OABC において，BC を 2：1 に内分する点を D，OA を 4：1 に外分する点を E，DE と AB の交点を F とするとき，次のベクトルを，$\overrightarrow{OA}$，$\overrightarrow{OC}$ で表せ．

(1) $\overrightarrow{OD}$　　(2) $\overrightarrow{OE}$　　(3) $\overrightarrow{OF}$

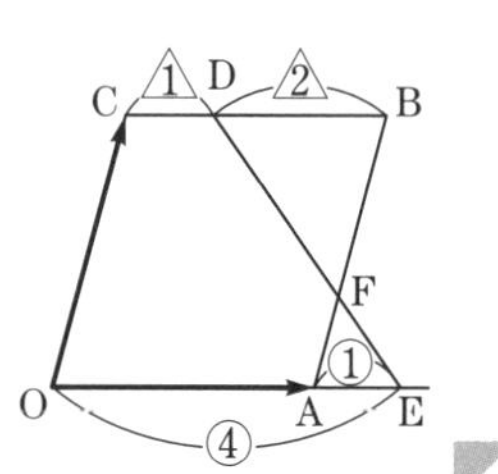

ベクトルの始点を O とするとき，$\overrightarrow{OP}$ を点 P の**位置ベクトル**といいます．この点 P が右図のように線分 AB を $m:n$ に分ける点であれば，

$$\overrightarrow{\mathbf{OP}}=\frac{n\overrightarrow{\mathbf{OA}}+m\overrightarrow{\mathbf{OB}}}{m+n}$$

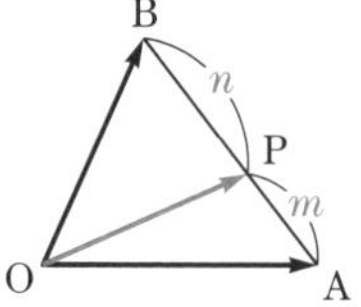

と表されますが，これは **31** の「**分点の座標**」とまったく同じ形をしていますので，覚えやすいと思います．また，外分の場合もまったく同じ扱い (m，n のうち，小さい方に「−」をつける) になります．

(位置ベクトル)

平面上に**定点 O をとり**，O を始点，P を終点とするベクトル $\vec{p}=\overrightarrow{OP}$ を考えると，$\vec{p}$ は点 P の位置を決めるベクトルと考えられます．そこで，$\vec{p}$ を**点 O に関する位置ベクトル**と呼び，この点を記号 $P(\vec{p})$ で表します．

また，始点を O，$\overrightarrow{OA}=\vec{a}$，$\overrightarrow{OB}=\vec{b}$ とすると，$\overrightarrow{OB}=\overrightarrow{OA}+\overrightarrow{AB}$ より，$\overrightarrow{AB}=\overrightarrow{OB}-\overrightarrow{OA}$ だから，

$$\overrightarrow{\mathbf{AB}}=\vec{b}-\vec{a}$$ （「B の位置ベクトル」−「A の位置ベクトル」）

と表せます．

解　答

(1) $\overrightarrow{OD}=\dfrac{\overrightarrow{OB}+2\overrightarrow{OC}}{2+1}=\dfrac{1}{3}\overrightarrow{OB}+\dfrac{2}{3}\overrightarrow{OC}$

$=\dfrac{1}{3}(\overrightarrow{OA}+\overrightarrow{OC})+\dfrac{2}{3}\overrightarrow{OC}=\dfrac{\mathbf{1}}{\mathbf{3}}\overrightarrow{\mathbf{OA}}+\overrightarrow{\mathbf{OC}}$

◀**BC** を **2：1** に内分する点

(別解) $\overrightarrow{OD}=\overrightarrow{OC}+\overrightarrow{CD}=\overrightarrow{OC}+\dfrac{1}{3}\overrightarrow{CB}$

◀$\overrightarrow{\mathbf{CB}}$ と $\overrightarrow{\mathbf{OA}}$ は向きも大きさも等しい

$=\dfrac{1}{3}\overrightarrow{OA}+\overrightarrow{OC}$ 　($\because$ 　$\overrightarrow{CB}=\overrightarrow{OA}$)

(2) OA：AE＝3：1 だから，

$\overrightarrow{OE}=\boldsymbol{\dfrac{4}{3}\overrightarrow{OA}}$

◀OA を 4：1 に外分する点がEというのは OE を 3：1 に内分する点がAということ

(3) △AEF∽△BDF だから，

AF：BF＝AE：BD＝$\dfrac{1}{3}$OA：$\dfrac{2}{3}$CB

＝1：2 　($\because$ 　OA＝CB)

$\therefore$ 　$\overrightarrow{OF}=\dfrac{2\overrightarrow{OA}+\overrightarrow{OB}}{1+2}$

◀AB を 1：2 に内分する点

$=\dfrac{2}{3}\overrightarrow{OA}+\dfrac{1}{3}\overrightarrow{OB}$

$=\dfrac{2}{3}\overrightarrow{OA}+\dfrac{1}{3}(\overrightarrow{OA}+\overrightarrow{OC})$

$=\boldsymbol{\overrightarrow{OA}+\dfrac{1}{3}\overrightarrow{OC}}$

(別解) 　$\overrightarrow{OF}=\overrightarrow{OA}+\overrightarrow{AF}=\overrightarrow{OA}+\dfrac{1}{3}\overrightarrow{AB}$

$=\overrightarrow{OA}+\dfrac{1}{3}\overrightarrow{OC}$

◀$\overrightarrow{AB}$ と $\overrightarrow{OC}$ は向きも大きさも等しい

ポイント 　線分 AB を $m：n$ に分ける点Pの位置ベクトルは，

$\overrightarrow{OP}=\dfrac{n\overrightarrow{OA}+m\overrightarrow{OB}}{m+n}$ と表せる

演習問題 140

第8章

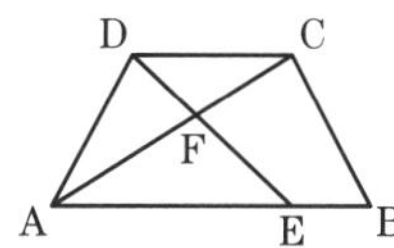

右図のような等脚台形 ABCD は AB＝4, AD＝2, ∠DAB＝$\dfrac{\pi}{3}$ をみたしている．AB を 3：1 に内分する点をE，DE と AC の交点をFとするとき，次の問いに答えよ．

(1) DF：FE を求めよ． 　(2) $\overrightarrow{AF}$ を $\overrightarrow{AB}$，$\overrightarrow{AD}$ で表せ．

141　3点が一直線上にある条件

△OABの辺OA，OB上に点C，Dを，OC：CA＝1：2，OD：DB＝2：1 となるようにとり，ADとBCの交点をEとするとき，次の問いに答えよ．

(1)　AE：ED＝s：$(1-s)$ とおいて，$\overrightarrow{\mathrm{OE}}$ を s，$\overrightarrow{\mathrm{OA}}$，$\overrightarrow{\mathrm{OB}}$ で表せ．

(2)　BE：EC＝t：$(1-t)$ とおいて，$\overrightarrow{\mathrm{OE}}$ を t，$\overrightarrow{\mathrm{OA}}$，$\overrightarrow{\mathrm{OB}}$ で表せ．

(3)　$\overrightarrow{\mathrm{OE}}$ を $\overrightarrow{\mathrm{OA}}$，$\overrightarrow{\mathrm{OB}}$ で表せ．

ベクトルの問題では，「**点＝2直線の交点**」ととらえます．だから問題文に「交点」という単語があれば，そこに着目して数式に表せばよいのですが，このとき，「**3点が一直線上にある条件**」が使われます．

〈3点A，B，Cが一直線上にある条件〉

Ⅰ．Aが始点のとき

$\overrightarrow{\mathrm{AC}}=k\overrightarrow{\mathrm{AB}}$

Ⅱ．A以外の点□が始点のとき

$\overrightarrow{\square\mathrm{C}}=m\overrightarrow{\square\mathrm{A}}+n\overrightarrow{\square\mathrm{B}}$　**(ただし，$m+n=1$)**

(1)の s：$(1-s)$，(2)の t：$(1-t)$ のところは
「ADとBCの交点をE」という文章を

A，E，Dは一直線上にある
B，E，Cは一直線上にある

と読みかえて，Ⅱを利用していることになります．

また，この手法では同じベクトルを2通りに表し，次の考え方を使います．

$\vec{a}\neq\vec{0}$，$\vec{b}\neq\vec{0}$，$\vec{a}\not\parallel\vec{b}$ **のとき**　(このとき $\vec{a}$，$\vec{b}$ は**1次独立**であるといいます)

$p\vec{a}+q\vec{b}=p'\vec{a}+q'\vec{b}\Longleftrightarrow p=p'，q=q'$

解　答

(1)　$\overrightarrow{\mathrm{OE}}=(1-s)\overrightarrow{\mathrm{OA}}+s\overrightarrow{\mathrm{OD}}$　　◀3点A，D，Eが一直線上にある条件

$=(1-s)\overrightarrow{\mathrm{OA}}+s\left(\frac{2}{3}\overrightarrow{\mathrm{OB}}\right)$

$=(1-s)\overrightarrow{\mathbf{OA}}+\dfrac{2}{3}s\overrightarrow{\mathbf{OB}}$

(2) $\overrightarrow{\mathrm{OE}}=(1-t)\overrightarrow{\mathrm{OB}}+t\overrightarrow{\mathrm{OC}}$ ◀3点B, C, Eが一直線上にある条件

$=(1-t)\overrightarrow{\mathrm{OB}}+t\left(\dfrac{1}{3}\overrightarrow{\mathrm{OA}}\right)$

$=\dfrac{t}{3}\overrightarrow{\mathbf{OA}}+(1-t)\overrightarrow{\mathbf{OB}}$

(3) $\overrightarrow{\mathrm{OA}}\neq\vec{0}$, $\overrightarrow{\mathrm{OB}}\neq\vec{0}$, $\overrightarrow{\mathrm{OA}}\not\parallel\overrightarrow{\mathrm{OB}}$ だから

(1), (2)より

$1-s=\dfrac{t}{3}$ ……①, $\dfrac{2}{3}s=1-t$ ……②

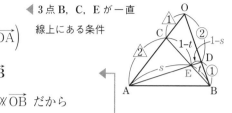

◀$\overrightarrow{\mathbf{OE}}$ を2通りに表し比べる ポイント

①×3+② より, $3-\dfrac{7}{3}s=1$ ∴ $s=\dfrac{6}{7}$ ◀$t=\dfrac{3}{7}$ になる

∴ $\overrightarrow{\mathrm{OE}}=\dfrac{\mathbf{1}}{\mathbf{7}}\overrightarrow{\mathbf{OA}}+\dfrac{\mathbf{4}}{\mathbf{7}}\overrightarrow{\mathbf{OB}}$

注 「$\overrightarrow{\mathrm{OA}}\neq\vec{0}$, $\overrightarrow{\mathrm{OB}}\neq\vec{0}$, $\overrightarrow{\mathrm{OA}}\not\parallel\overrightarrow{\mathrm{OB}}$ だから」のところは,「$\overrightarrow{\mathrm{OA}}$ と $\overrightarrow{\mathrm{OB}}$ は**1次独立**だから」と書いてもかまいません.

(2)を使わずに(1)だけでも答えがだせます.

$\overrightarrow{\mathrm{OE}}=(1-s)\overrightarrow{\mathrm{OA}}+\dfrac{2}{3}s\overrightarrow{\mathrm{OB}}=3(1-s)\overrightarrow{\mathrm{OC}}+\dfrac{2}{3}s\overrightarrow{\mathrm{OB}}$

3点B, E, Cは一直線上にあるので

$3(1-s)+\dfrac{2}{3}s=1$ ∴ $s=\dfrac{6}{7}$

ポイント $\vec{a}\neq\vec{0}$, $\vec{b}\neq\vec{0}$, $\vec{a}\not\parallel\vec{b}$ のとき
$p\vec{a}+q\vec{b}=p'\vec{a}+q'\vec{b} \Longleftrightarrow p=p',\ q=q'$

演習問題 141

△ABCにおいて, 辺ABを 2：3 に内分する点をD, 辺ACを 4：3 に内分する点をEとし, 直線BEと直線CDの交点をPとする. さらに, 直線APが辺BCと交わる点をFとする. このとき,

(1) $\overrightarrow{\mathrm{AP}}$ を $\overrightarrow{\mathrm{AB}}$ と $\overrightarrow{\mathrm{AC}}$ で表せ.

(2) 点FはBCをどのような比に分ける点か.

142 三角形の重心の位置ベクトル

△PQR がある．3点 P，Q，R の点Oに関する位置ベクトルをそれぞれ，$\vec{p}$，$\vec{q}$，$\vec{r}$ とする．辺 PQ，QR，RP をそれぞれ，3：2，3：4，4：1 に内分する点を A，B，C とするとき，

(1) $\overrightarrow{OA}$，$\overrightarrow{OB}$，$\overrightarrow{OC}$ を $\vec{p}$，$\vec{q}$，$\vec{r}$ で表せ．

(2) △ABC の重心Gの位置ベクトルを $\vec{p}$，$\vec{q}$，$\vec{r}$ で表せ．

(重心の位置ベクトル)

△ABC の重心の定義は3中線の交点（I・A 52）ですが，そのことから，次のような性質が導かれることを学んでいます．

> △ABC において，辺 BC の中点をMとすると
> 重心Gは線分 AM を 2：1 に内分する点

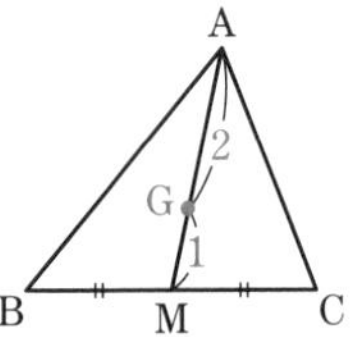

そこで，140 の「分点の位置ベクトル」の考え方を利用すると，次のような公式が導けます．

$$\overrightarrow{AG}=\frac{2}{3}\overrightarrow{AM}=\frac{2}{3}\cdot\frac{1}{2}(\overrightarrow{AB}+\overrightarrow{AC})=\frac{1}{3}(\overrightarrow{AB}+\overrightarrow{AC})$$

ここで，$\overrightarrow{AB}=\overrightarrow{OB}-\overrightarrow{OA}$，$\overrightarrow{AC}=\overrightarrow{OC}-\overrightarrow{OA}$，$\overrightarrow{AG}=\overrightarrow{OG}-\overrightarrow{OA}$ だから

$$\overrightarrow{OG}-\overrightarrow{OA}=\frac{1}{3}(\overrightarrow{OB}+\overrightarrow{OC}-2\overrightarrow{OA})$$

$$\therefore\ \boldsymbol{\overrightarrow{OG}=\frac{1}{3}(\overrightarrow{OA}+\overrightarrow{OB}+\overrightarrow{OC})}$$

解 答

(1) PA：AQ＝3：2 だから

$$\overrightarrow{OA}=\frac{2\overrightarrow{OP}+3\overrightarrow{OQ}}{5}=\boldsymbol{\frac{2\vec{p}+3\vec{q}}{5}}$$

◀ 140「分点の位置ベクトル」

QB：BR＝3：4 だから

$$\overrightarrow{OB}=\frac{4\overrightarrow{OQ}+3\overrightarrow{OR}}{7}=\boldsymbol{\frac{4\vec{q}+3\vec{r}}{7}}$$

RC：CP＝4：1 だから

$$\overrightarrow{OC}=\frac{\overrightarrow{OR}+4\overrightarrow{OP}}{5}=\boldsymbol{\frac{4\vec{p}+\vec{r}}{5}}$$

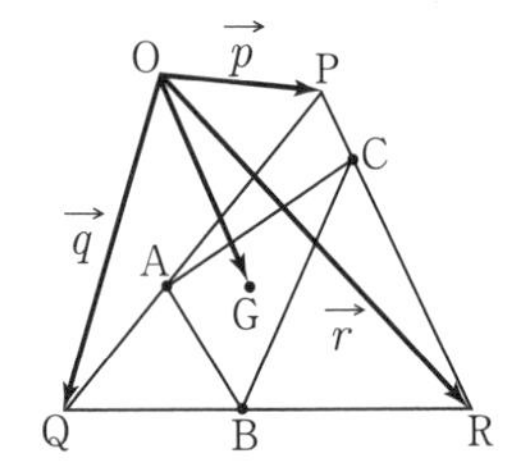

(2) $\overrightarrow{OG}=\frac{1}{3}(\overrightarrow{OA}+\overrightarrow{OB}+\overrightarrow{OC})$

$$=\frac{1}{3}\left(\frac{2\vec{p}+3\vec{q}}{5}+\frac{4\vec{q}+3\vec{r}}{7}+\frac{4\vec{p}+\vec{r}}{5}\right)$$

$$=\frac{2}{5}\vec{p}+\frac{41}{105}\vec{q}+\frac{22}{105}\vec{r}$$

ポイント

△ABC の重心をGとすると

$$\overrightarrow{OG}=\frac{\overrightarrow{OA}+\overrightarrow{OB}+\overrightarrow{OC}}{3}$$

すなわち，$A(\vec{a})$，$B(\vec{b})$，$C(\vec{c})$，$G(\vec{g})$ とすると

$$\vec{g}=\frac{\vec{a}+\vec{b}+\vec{c}}{3}$$

注 141 精講 IIをみると，始点が□で表示してあります．

重心の位置ベクトルも始点がOでなく，□であったら

$\overrightarrow{\square G}=\frac{1}{3}(\overrightarrow{\square A}+\overrightarrow{\square B}+\overrightarrow{\square C})$ と表現されます．

だから，始点がAであると

$\overrightarrow{AG}=\frac{1}{3}(\overrightarrow{AA}+\overrightarrow{AB}+\overrightarrow{AC})=\frac{1}{3}(\overrightarrow{AB}+\overrightarrow{AC})$ となります．

ここで，$\overrightarrow{AA}$ は始点と終点が一致しているので大きさが0のベクトルです．このようなベクトルを $\vec{0}$ と表します．$\vec{0}$ はベクトルの和（差）において，数0と同じようにふるまいます．つまり，0+1+2=1+2 となるのと同じです．

演習問題 142

正三角形 ABC がある．辺 AC に関して点Bと反対側に DA=AC，$\angle DAC=\frac{\pi}{2}$ となるように点Dをとる．また，△ABC の外心をO，△DAC の重心をEとするとき，$\overrightarrow{OD}$，$\overrightarrow{OE}$ を $\overrightarrow{OA}$，$\overrightarrow{OB}$ で表せ．

143 ベクトルの成分

座標平面上の原点Oを中心とする半径2の円に内接する正六角形 ABCDEF は，A(2, 0) で，Bは第1象限にあるとする．このとき，次の問いに答えよ．

(1) $\overrightarrow{AB}$，$\overrightarrow{BC}$ を成分で表せ．

(2) $\overrightarrow{AC}+2\overrightarrow{DE}-3\overrightarrow{FA}$ を成分で表せ．

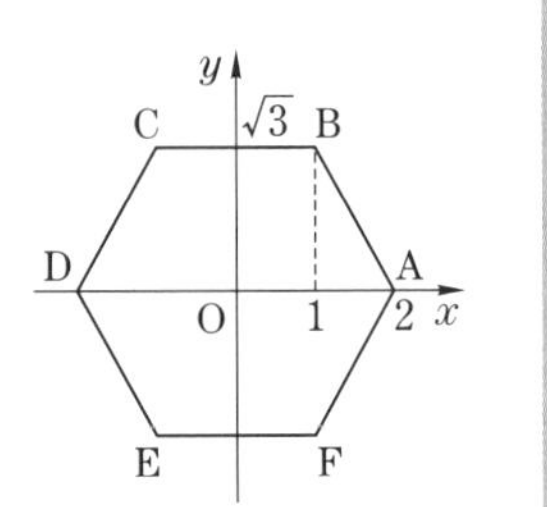

座標平面上の原点をOとし，P$(m,\ n)$ をとる．さらに，座標軸上の A(1, 0)，B(0, 1)，M$(m,\ 0)$，N$(0,\ n)$ に対し，

$\overrightarrow{OP}=\vec{p}$，$\overrightarrow{OA}=\vec{e_1}$，$\overrightarrow{OB}=\vec{e_2}$ とおく．このとき，

$\overrightarrow{OM}=m\vec{e_1}$，$\overrightarrow{ON}=n\vec{e_2}$，$\overrightarrow{OP}=\overrightarrow{OM}+\overrightarrow{ON}$ であるから

$\vec{p}=m\vec{e_1}+n\vec{e_2}$ と **$\vec{p}$ は $\vec{e_1}$，$\vec{e_2}$ を用いて1通り**に表せます．

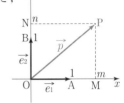

このとき，$\vec{e_1}$，$\vec{e_2}$ を**基本ベクトル**，m を $\vec{p}$ の **x 成分**，n を $\vec{p}$ の **y 成分**といい，$\vec{p}$ は成分を用いて，

$$\boldsymbol{\vec{p}=(m,\ n)}$$

と表せます．これを，$\vec{p}$ の**成分表示**といいます．

そして，成分表示されたベクトルの和，差，実数倍については，次の性質が成りたちます．

$\vec{a}=(a_1,\ a_2)$，$\vec{b}=(b_1,\ b_2)$ とするとき

Ⅰ．$\boldsymbol{\vec{a}\pm\vec{b}=(a_1\pm b_1,\ a_2\pm b_2)}$ **(複号同順)**

Ⅱ．$\boldsymbol{k\vec{a}=(ka_1,\ ka_2)}$

ベクトル $\vec{p}$ の始点を原点にとると，ベクトル $\vec{p}$ の成分は，終点Pの座標と一致しているので，この性質を利用して**座標の問題をベクトルで解いたり，ベクトルの問題を座標で解いたりすることができる**ようになります．

解　答

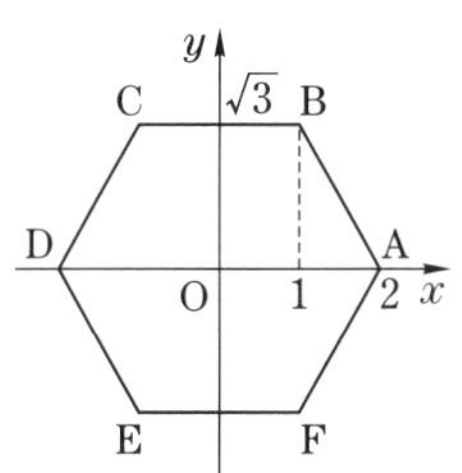

(1)　$\overrightarrow{OA}=(2,\ 0)$，$\overrightarrow{OB}=(1,\ \sqrt{3})$ より

$\overrightarrow{AB}=\overrightarrow{OB}-\overrightarrow{OA}=(1,\ \sqrt{3})-(2,\ 0)$

$=(\mathbf{-1},\ \boldsymbol{\sqrt{3}})$

注　$\overrightarrow{AB}=\overrightarrow{OC}=(-1,\ \sqrt{3})$ でもよい．

また，$\overrightarrow{BC}=-\overrightarrow{OA}=-(2,\ 0)=(\mathbf{-2},\ \mathbf{0})$

(2)　$\begin{cases}\overrightarrow{AC}=\overrightarrow{OC}-\overrightarrow{OA}\\ \overrightarrow{DE}=\overrightarrow{CO}=-\overrightarrow{OC}\\ \overrightarrow{FA}=\overrightarrow{OB}\end{cases}$

◀すべてのベクトルを O を始点とするベクトルで表す

より，

$(与式)=\overrightarrow{OC}-\overrightarrow{OA}-2\overrightarrow{OC}-3\overrightarrow{OB}$

$=-(\overrightarrow{OA}+\overrightarrow{OC})-3\overrightarrow{OB}$

$=-\overrightarrow{OB}-3\overrightarrow{OB}=-4\overrightarrow{OB}$

$=-4(1,\ \sqrt{3})=(\mathbf{-4},\ \mathbf{-4}\boldsymbol{\sqrt{3}})$

ポイント　ベクトルの成分は
始点を座標平面上の原点としたときの終点の座標に
一致する

第8章

演習問題 143

$\vec{a}=(5,\ 4)$，$\vec{b}=(-2,\ 3)$，$\vec{c}=(3,\ -5)$ のとき，次の問いに答えよ．

(1)　$\vec{a}-2\vec{b}+3\vec{c}$ を成分で表せ．

(2)　$\vec{c}=m\vec{a}+n\vec{b}$ と表すとき，m，n を求めよ．

144 平行条件

座標平面上に3点 A(3, −1), B(5, −2), C(−3, 4) と $\overrightarrow{OP}=\overrightarrow{OC}+t\overrightarrow{BA}$ (t：実数) をみたす点Pをとる．このとき，

(1) $\overrightarrow{BA}$, $\overrightarrow{OP}$ を成分で表せ．

(2) $\overrightarrow{OP}/\!/\overrightarrow{OA}$ となる t を求めよ．

(2) $\vec{a}\neq\vec{0}$, $\vec{b}\neq\vec{0}$ のとき，$\boldsymbol{\vec{a}/\!/\vec{b} \iff \vec{b}=k\vec{a}}$ (k：実数) が成りたちますが，$\vec{a}=(a_1,\ a_2)$, $\vec{b}=(b_1,\ b_2)$ と成分で表されていたら，$\boldsymbol{\vec{a}/\!/\vec{b} \iff a_1b_2-a_2b_1=0}$ を使います．

解 答

(1) $\overrightarrow{BA}=\overrightarrow{OA}-\overrightarrow{OB}=(3,\ -1)-(5,\ -2)=\boldsymbol{(-2,\ 1)}$

$\overrightarrow{OP}=\overrightarrow{OC}+t\overrightarrow{BA}=(-3,\ 4)+t(-2,\ 1)$

$=\boldsymbol{(-2t-3,\ t+4)}$

(2) $\overrightarrow{OP}/\!/\overrightarrow{OA}$ より $(-2t-3,\ t+4)/\!/(3,\ -1)$

よって，$(-2t-3)\cdot(-1)-(t+4)\cdot 3=0$ ◀平行条件

∴ $2t+3-3t-12=0$

∴ $-t-9=0$ ∴ $\boldsymbol{t=-9}$

ポイント

$\vec{a}=(a_1,\ a_2)$, $\vec{b}=(b_1,\ b_2)$ のとき

$\vec{a}/\!/\vec{b} \iff a_1b_2-a_2b_1=0$

注 $\vec{a}/\!/\vec{b} \iff \vec{b}=k\vec{a}$ であり，成分で考えると，

$\vec{b}=k\vec{a} \iff a_1:a_2=b_1:b_2$

$\iff a_1b_2-a_2b_1=0$

演習問題 144

$\vec{a}=(2,\ -\sqrt{5})$, $\vec{b}=(x,\ 3)$ のとき，$\vec{a}+\vec{b}$ と $\vec{a}-\vec{b}$ が平行となるような x の値を求めよ．

145 ベクトルの大きさ（Ⅰ）

$\vec{a}=(3,\ 4)$ について，次の問いに答えよ．

(1) $|\vec{a}|$ を求めよ．

(2) $\vec{a}$ と同じ向きの単位ベクトル $\vec{e}$ を求めよ．

(3) $\vec{a}$ と平行な単位ベクトル $\vec{e'}$ を求めよ．

(4) $\vec{a}$ と同じ向きで大きさ 2 のベクトル $\vec{l}$ を求めよ．

ベクトルは「**向き**」と「**大きさ**」を含んでいますが，このうち「**大きさ**」については，様々な**サイズに調整する技術**をもたなければなりません．考え方は，

公式 $\vec{a}=(x,\ y)$ のとき，$|\vec{a}|=\sqrt{x^2+y^2}$

を利用して，大きさを 1 にしておいて，139 精講 ③の考え方（実数倍）を使います．

解答

(1) $|\vec{a}|=\sqrt{3^2+4^2}=\mathbf{5}$

(2) $\vec{e}=\dfrac{\vec{a}}{|\vec{a}|}=\dfrac{1}{5}(3,\ 4)=\left(\dfrac{\mathbf{3}}{\mathbf{5}},\ \dfrac{\mathbf{4}}{\mathbf{5}}\right)$ ◀ポイント

(3) $\vec{e'}=\pm\vec{e}=\pm\left(\dfrac{\mathbf{3}}{\mathbf{5}},\ \dfrac{\mathbf{4}}{\mathbf{5}}\right)$

注 「平行」には，**同じ向き** と **逆向き** の 2 つがあります．

(4) $\vec{l}=2\vec{e}=\left(\dfrac{\mathbf{6}}{\mathbf{5}},\ \dfrac{\mathbf{8}}{\mathbf{5}}\right)$ ◀大きさの調整

ポイント $\vec{a}$ と同じ向きの単位ベクトルは $\dfrac{\vec{a}}{|\vec{a}|}$

第8章

$\vec{a}+\vec{b}=(5,\ 3)$，$\vec{a}-3\vec{b}=(-7,\ 7)$ のとき，次の問いに答えよ．

(1) $\vec{a}$，$\vec{b}$ を成分で表せ．　(2) $|\vec{a}-2\vec{b}|$ を求めよ．

(3) $\vec{a}-2\vec{b}$ と同じ向きの単位ベクトルを求めよ．

146 ベクトルの大きさ(Ⅱ)

$\vec{a}=(-3,\ 1)$, $\vec{b}=(2,\ 1)$ とするとき，$|\vec{a}+t\vec{b}|$ の最小値とそのときの実数 t の値を求めよ．

精講 [145]の大きさの公式を用いて計算すると，

$|\vec{a}+t\vec{b}|^2$ は t の2次式

になります．あとは2次関数の最大・最小の問題で，これはⅠ・Aで学んでいます．

解答

$\vec{a}+t\vec{b}=(-3,\ 1)+t(2,\ 1)=(2t-3,\ t+1)$

$\therefore\ |\vec{a}+t\vec{b}|^2=(2t-3)^2+(t+1)^2$

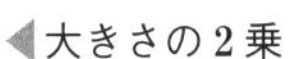

◀大きさの2乗

$=5t^2-10t+10$

$=5(t-1)^2+5$

◀2次関数の最大・最小にもちこむ

よって，$|\vec{a}+t\vec{b}|$ は，

$t=1$ のとき，最小値 $\sqrt{5}$ をとる．

◀$\sqrt{\ }$ をつけることを忘れずに

参考 $t=1$ のとき，3つのベクトル $\vec{a}$, $\vec{b}$, $\vec{a}+\vec{b}$ の関係は右図のようになっていて，$(\vec{a}+\vec{b})\perp\vec{b}$ となっています．このことについては，[151]を参照してください．

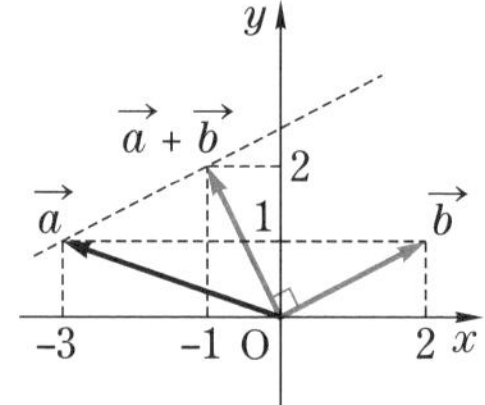

ポイント　$\vec{a}=(x,\ y)$ のとき，$|\vec{a}|=\sqrt{x^2+y^2}$

演習問題 146

$\vec{u}=(2\cos\theta+3\sin\theta,\ \cos\theta+4\sin\theta)$ の大きさ $|\vec{u}|$ の最大値と，そのときの θ の値を求めよ．ただし，$0\leqq\theta\leqq\pi$ とする．

147 角の 2 等分ベクトルの扱い（Ⅰ）

$\vec{a}=(1,\ 1)$，$\vec{b}=(1,\ 7)$ とするとき，$\vec{a}$ と $\vec{b}$ のなす角を 2 等分するベクトルのうち，大きさが $\sqrt{10}$ のベクトル $\vec{u}$ を求めよ．

角の 2 等分ベクトルの扱い方は 2 通りあり，1 つが **147** で，もう 1 つが **148** です．これらはどちらとも大切で，状況によって使い分けられるようにならなければなりません．

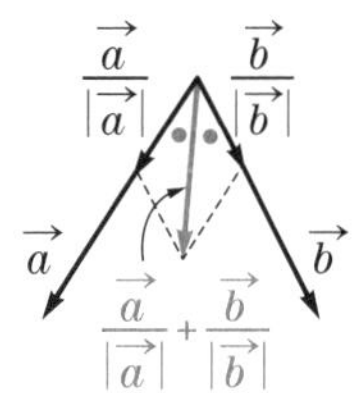

解答

$\vec{a}$ と $\vec{b}$ のなす角を 2 等分するベクトルの 1 つは $\dfrac{\vec{a}}{|\vec{a}|}+\dfrac{\vec{b}}{|\vec{b}|}$ ◀ポイント

これを $\vec{c}$ とおくと，$|\vec{a}|=\sqrt{2}$，$|\vec{b}|=5\sqrt{2}$ であるから

$$\vec{c}=\frac{\vec{a}}{|\vec{a}|}+\frac{\vec{b}}{|\vec{b}|}=\left(\frac{1}{\sqrt{2}},\ \frac{1}{\sqrt{2}}\right)+\left(\frac{1}{5\sqrt{2}},\ \frac{7}{5\sqrt{2}}\right)$$

$$=\left(\frac{6}{5\sqrt{2}},\ \frac{12}{5\sqrt{2}}\right)$$

◀$\dfrac{\vec{a}}{|\vec{a}|}$，$\dfrac{\vec{b}}{|\vec{b}|}$ は **145** 同じ向きの単位ベクトル

ここで，$|\vec{c}|=\dfrac{6}{5}\sqrt{\dfrac{1}{2}+2}=\dfrac{6\sqrt{5}}{5\sqrt{2}}=\dfrac{6}{\sqrt{10}}$

よって，$\vec{u}=\sqrt{10}\dfrac{\vec{c}}{|\vec{c}|}$

$$=\frac{10}{6}\left(\frac{6}{5\sqrt{2}},\ \frac{12}{5\sqrt{2}}\right)=(\sqrt{2},\ 2\sqrt{2})$$

◀まず，大きさを 1 にしておいて，そのあと $\sqrt{10}$ 倍する

ポイント　$\vec{a}$，$\vec{b}$ のなす角を 2 等分するベクトルの 1 つは $\dfrac{\vec{a}}{|\vec{a}|}+\dfrac{\vec{b}}{|\vec{b}|}$ で表される

演習問題 147

$\vec{a}=(3,\ 4)$，$\vec{b}=(5,\ 12)$ とするとき，$\vec{a}$ と $\vec{b}$ のなす角を 2 等分する単位ベクトル $\vec{e}$ を求めよ．

148 角の2等分ベクトルの扱い(Ⅱ)

AB=5, BC=7, CA=3 をみたす △ABC について，次の問いに答えよ．

(1) ∠A の2等分線と辺 BC の交点を D とするとき，$\overrightarrow{AD}$ を $\overrightarrow{AB}$, $\overrightarrow{AC}$ で表せ．

(2) ∠B の2等分線と線分 AD の交点を I とするとき，AI：ID を求めよ．

(3) $\overrightarrow{AI}$ を $\overrightarrow{AB}$, $\overrightarrow{AC}$ で表せ．

(4) 始点を O とし，$\overrightarrow{OI}$ を $\overrightarrow{OA}$, $\overrightarrow{OB}$, $\overrightarrow{OC}$ で表せ．

(1) 角の2等分ベクトルの扱い方の2つ目です．
右図のとき，次の性質を利用します．

AB：AC=BD：DC　(Ⅰ・A 53)

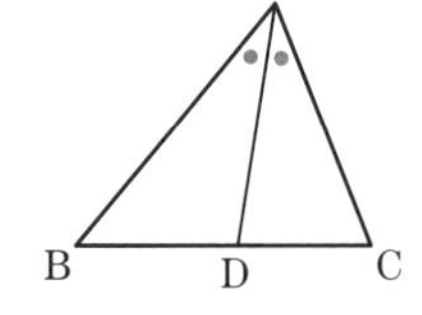

(2) 三角形の内角の2等分線は1点で交わり，その点は，**内心**と呼ばれます．(Ⅰ・A 52)

(4) これは「**始点を変えよ**」ということですが，この結果が問題なのです．ウソのようにきれいな関係式がでてきます．たまには，数学の美しさを鑑賞するのも悪くはないでしょう．

解答

(1) BD：DC=AB：AC=5：3

◀三角形の角の2等分線と辺の比

$$\therefore\quad \overrightarrow{AD}=\frac{3\overrightarrow{AB}+5\overrightarrow{AC}}{8}$$

◀

注 右図の○印は「長さ」ではなく「比」を表しています．

(2) $BD=7\times\frac{5}{8}=\frac{35}{8}$

$$\therefore\quad AI:ID=BA:BD=5:\frac{35}{8}=8:7$$

◀2等分線と辺の比

注 ∠B は △ABC の内角の1つといえますが，△ABD の内角の1つとみることもできます．

(3)　$\overrightarrow{\mathrm{AI}}=\dfrac{8}{15}\overrightarrow{\mathrm{AD}}=\dfrac{8}{15}\cdot\dfrac{3\overrightarrow{\mathrm{AB}}+5\overrightarrow{\mathrm{AC}}}{8}=\boldsymbol{\dfrac{3\overrightarrow{\mathrm{AB}}+5\overrightarrow{\mathrm{AC}}}{15}}$

(4)　$\overrightarrow{\mathrm{AI}}=\overrightarrow{\mathrm{OI}}-\overrightarrow{\mathrm{OA}}$，$\overrightarrow{\mathrm{AB}}=\overrightarrow{\mathrm{OB}}-\overrightarrow{\mathrm{OA}}$，$\overrightarrow{\mathrm{AC}}=\overrightarrow{\mathrm{OC}}-\overrightarrow{\mathrm{OA}}$

$15\overrightarrow{\mathrm{AI}}=3\overrightarrow{\mathrm{AB}}+5\overrightarrow{\mathrm{AC}}$ にこれらを代入して　◀(3)の式を利用する

$$15(\overrightarrow{\mathrm{OI}}-\overrightarrow{\mathrm{OA}})=3(\overrightarrow{\mathrm{OB}}-\overrightarrow{\mathrm{OA}})+5(\overrightarrow{\mathrm{OC}}-\overrightarrow{\mathrm{OA}})$$

$$\therefore\quad \overrightarrow{\mathrm{OI}}=\boldsymbol{\frac{7\overrightarrow{\mathrm{OA}}+3\overrightarrow{\mathrm{OB}}+5\overrightarrow{\mathrm{OC}}}{15}}$$

注　**(始点を変える公式)**

$\overrightarrow{\mathrm{AB}}=\overrightarrow{\square\mathrm{B}}-\overrightarrow{\square\mathrm{A}}$　(□は新しい始点)

(4)の結論を見ると，$\overrightarrow{\mathrm{OA}}$，$\overrightarrow{\mathrm{OB}}$，$\overrightarrow{\mathrm{OC}}$ の係数が，3 辺の長さになっています．これは偶然ではなく，一般に，次の式が成りたつことが知られています．(マーク式では有効な知識です)

右図のような △ABC において，
内心を I とすると

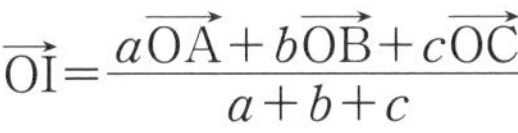

$$\overrightarrow{\mathrm{OI}}=\frac{a\overrightarrow{\mathrm{OA}}+b\overrightarrow{\mathrm{OB}}+c\overrightarrow{\mathrm{OC}}}{a+b+c}$$

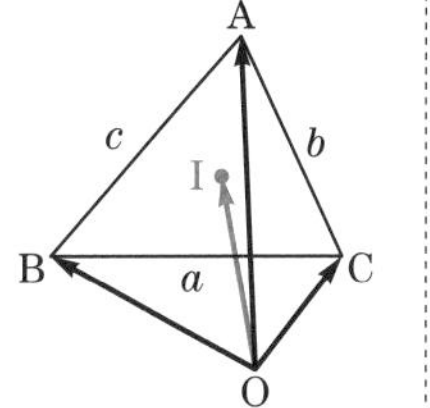

証明は**演習問題 148**です．誘導にしたがってがんばってみましょう．

ポイント　三角形の内心は，3 つの内角の 2 等分線の交点

演習問題 148

BC$=a$，CA$=b$，AB$=c$ をみたす △ABC について，次の問いに答えよ．

(1)　∠A の 2 等分線と辺 BC の交点を D とするとき，$\overrightarrow{\mathrm{AD}}$ を $\overrightarrow{\mathrm{AB}}$，$\overrightarrow{\mathrm{AC}}$，$a$，$b$，$c$ を用いて表せ．

(2)　∠B の 2 等分線と線分 AD の交点を I とするとき，AI：ID を a，b，c で表せ．

(3)　$\overrightarrow{\mathrm{AI}}$ を $\overrightarrow{\mathrm{AB}}$，$\overrightarrow{\mathrm{AC}}$，$a$，$b$，$c$ で表せ．

(4)　始点を O とし，$\overrightarrow{\mathrm{OI}}$ を $\overrightarrow{\mathrm{OA}}$，$\overrightarrow{\mathrm{OB}}$，$\overrightarrow{\mathrm{OC}}$，$a$，$b$，$c$ で表せ．

149 $l\overrightarrow{PA}+m\overrightarrow{PB}+n\overrightarrow{PC}=\vec{0}$

△ABC と点 P があって，$3\overrightarrow{PA}+4\overrightarrow{PB}+5\overrightarrow{PC}=\vec{0}$ が成りたっている．このとき，次の問いに答えよ．

(1) $\overrightarrow{AP}$ を $\overrightarrow{AB}$，$\overrightarrow{AC}$ で表せ．

(2) BC を 5：4 に内分する点を D とするとき，P は線分 AD 上にあることを示し，AP：PD を求めよ．

(3) 面積比 △PAB：△PBC：△PCA を求めよ．

(1) 「始点を変えよ」ということです．148(4)を参照してください．

(2) 「P が AD 上にある」$\Longleftrightarrow$「$\overrightarrow{AP}\,/\!/\,\overrightarrow{AD}$」
$\Longleftrightarrow$「$\overrightarrow{AP}=k\overrightarrow{AD}$」(139 精講 ③)

(3) ベクトルにはつきものの**面積比**です．

比を求めるとき，

Ⅰ．基準を決めて

Ⅱ．共通部分に着目します

解　答

(1) $3\overrightarrow{PA}+4\overrightarrow{PB}+5\overrightarrow{PC}=\vec{0}$ より

$-3\overrightarrow{AP}+4(\overrightarrow{AB}-\overrightarrow{AP})+5(\overrightarrow{AC}-\overrightarrow{AP})=\vec{0}$　◀始点を A に変える

$\therefore\ 12\overrightarrow{AP}=4\overrightarrow{AB}+5\overrightarrow{AC}$

$\therefore\ \overrightarrow{AP}=\boldsymbol{\dfrac{4\overrightarrow{AB}+5\overrightarrow{AC}}{12}}$

(2) $\overrightarrow{AD}=\dfrac{4\overrightarrow{AB}+5\overrightarrow{AC}}{9}$ だから　◀140 分点の位置ベクトル

$\overrightarrow{AP}=\dfrac{9}{12}\overrightarrow{AD}=\dfrac{3}{4}\overrightarrow{AD}$　◀$\overrightarrow{AP}=k\overrightarrow{AD}$

よって，P は線分 AD 上にあり，

AP：PD＝**3：1**

(3) △ABC の面積を S とおく．　◀基準

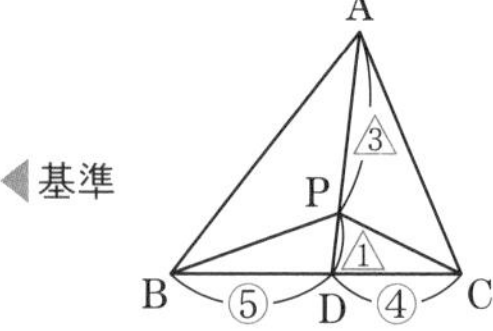

(i) △PAB の面積 S_1

$S_1=\dfrac{3}{4}\triangle ABD=\dfrac{3}{4}\cdot\dfrac{5}{9}\triangle ABC=\dfrac{5}{12}S$　◀共通部分に着目

注 △PAB の底辺を AP，△ABD の底辺を AD と考えれば，2 つの三角形の高さは共通になります．△ABD と △ABC についても同様です．（右図参照）

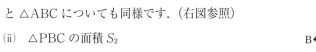

(ii) △PBC の面積 S_2

$$S_2=\frac{1}{4}\triangle \mathrm{ABC}=\frac{1}{4}S$$

◀共通部分に着目

注 △PBC と △ABC の底辺は共通で BC と考えると，高さの比は PD：AD（右図参照）

(iii) △PCA の面積 S_3

$$S_3=S-\left(\frac{5}{12}S+\frac{1}{4}S\right)=\frac{1}{3}S$$

(i)〜(iii)より，$S_1:S_2:S_3=$**5：3：4**

(3)の答えを見ると，$\overrightarrow{\mathrm{PA}}$，$\overrightarrow{\mathrm{PB}}$，$\overrightarrow{\mathrm{PC}}$ の係数が答えになっていますが，これは偶然ではありません．一般に次の性質が成りたっています．

△ABC と点 P があって，（右図）
$l\overrightarrow{\mathrm{PA}}+m\overrightarrow{\mathrm{PB}}+n\overrightarrow{\mathrm{PC}}=\vec{0}$ $(l>0,\ m>0,\ n>0)$
が成りたつとき，

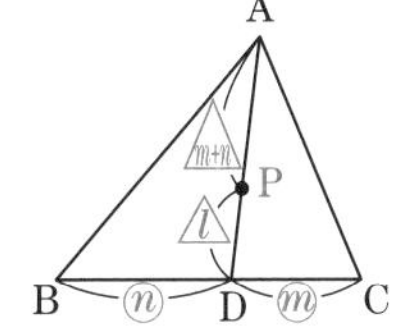

① BD：DC$=n:m$
AP：PD$=(m+n):l$

② △PAB：△PBC：△PCA$=n:l:m$

ポイント 面積比は「基準を決めて」，「共通部分に着目」

演習問題 149

△ABC とその内部に点 P があって，$\overrightarrow{\mathrm{PA}}+3\overrightarrow{\mathrm{PB}}+5\overrightarrow{\mathrm{PC}}=\vec{0}$ が成りたっている．このとき，次の問いに答えよ．

(1) $\overrightarrow{\mathrm{AP}}$ を $\overrightarrow{\mathrm{AB}}$，$\overrightarrow{\mathrm{AC}}$ で表せ．

(2) 直線 AP と BC の交点を D とするとき，AP：PD，BD：DC を求めよ．

(3) 面積比 △PAB：△PBC：△PCA を求めよ．

第8章

150 内積（Ⅰ）

$|\vec{a}|=2$, $|\vec{b}|=3$, $\vec{a}$ と $\vec{b}$ のなす角が $\frac{\pi}{3}$ のとき，次の問いに答えよ．

(1) 内積 $\vec{a}\cdot\vec{b}$ を求めよ．　　(2) $|3\vec{a}-2\vec{b}|$ を求めよ．

(1) 2つのベクトル $\vec{a}$, $\vec{b}$ の内積 $\vec{a}\cdot\vec{b}$ は，$\vec{a}$ と $\vec{b}$ のなす角を $\theta\,(0\leqq\theta\leqq\pi)$ として，$|\vec{a}||\vec{b}|\cos\theta$ で定義されます．ここで，注意するのは，なす角は**始点をそろえて**測るということ．

だから，右図のようなとき，$\vec{a}$ と $\vec{b}$ のなす角は，$\frac{\pi}{3}$ ではなく，$\frac{2\pi}{3}$ です．

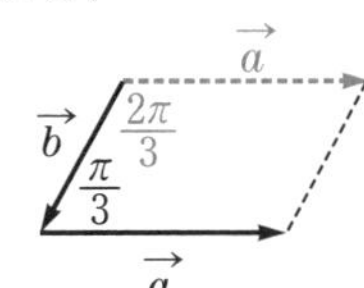

また，内積については，次の性質が成りたちます．

Ⅰ．$\vec{a}\cdot\vec{b}=\vec{b}\cdot\vec{a}$　　Ⅱ．$\vec{a}\cdot(\vec{b}+\vec{c})=\vec{a}\cdot\vec{b}+\vec{a}\cdot\vec{c}$

Ⅲ．$k\vec{a}\cdot\vec{b}=k(\vec{a}\cdot\vec{b})=\vec{a}\cdot k\vec{b}$　　Ⅳ．$|\vec{a}|^2=\vec{a}\cdot\vec{a}$

注 ベクトルのなす角は，三角関数で考えたような向きをもった角ではなく，小学校で習った分度器で測った角です．

解　答

(1) $\vec{a}\cdot\vec{b}=|\vec{a}||\vec{b}|\cos\frac{\pi}{3}=\mathbf{3}$

(2) $|3\vec{a}-2\vec{b}|^2=9|\vec{a}|^2-12\vec{a}\cdot\vec{b}+4|\vec{b}|^2$

$=36-36+36=36$

◀ $(3a-2b)^2$ の展開の要領で

$\therefore\ |3\vec{a}-2\vec{b}|=\mathbf{6}$

ポイント
- ベクトルのなす角は始点をそろえて測る
- 内積計算は文字式計算の要領で行えばよい

演習問題 150

$|\vec{a}|=3$, $|\vec{b}|=2$, $|2\vec{a}+\vec{b}|=2\sqrt{13}$ をみたすベクトル $\vec{a}$, $\vec{b}$ について

(1) 内積 $\vec{a}\cdot\vec{b}$ を求めよ．

(2) $\vec{a}$ と $\vec{b}$ のなす角 $\theta\,(0\leqq\theta\leqq\pi)$ を求めよ．

151 内積（Ⅱ）

$2|\vec{a}|=|\vec{b}|\ (\neq 0)$ かつ $\vec{a}$ と $\vec{a}+\vec{b}$ が直交しているとき，次の問いに答えよ．

(1) $\vec{a}\cdot\vec{b}$ を $|\vec{a}|$ で表せ．

(2) $\vec{a}$ と $\vec{b}$ のなす角を求めよ．

$\vec{a}\perp\vec{b}$ とは「$\vec{a}$ と $\vec{b}$ のなす角が $\dfrac{\pi}{2}$」ということですから，定義より

$\boldsymbol{\vec{a}\cdot\vec{b}=|\vec{a}||\vec{b}|\cos\dfrac{\pi}{2}=0}$ となります．

解答

(1) $\vec{a}\perp(\vec{a}+\vec{b})$ だから，

$\vec{a}\cdot(\vec{a}+\vec{b})=0 \quad \therefore \quad \vec{a}\cdot\vec{a}+\vec{a}\cdot\vec{b}=0$

よって，$\boldsymbol{\vec{a}\cdot\vec{b}=-|\vec{a}|^2}$ $(\because\ \vec{a}\cdot\vec{a}=|\vec{a}|^2)$

◀150 精講 Ⅳ

(2) $\vec{a}$ と $\vec{b}$ のなす角を $\theta\ (0\leqq\theta\leqq\pi)$ とすると，

$$\cos\theta=\frac{\vec{a}\cdot\vec{b}}{|\vec{a}||\vec{b}|}=\frac{-|\vec{a}|^2}{|\vec{a}|\cdot 2|\vec{a}|}$$

◀ $\boldsymbol{\cos\theta=\dfrac{\vec{a}\cdot\vec{b}}{|\vec{a}||\vec{b}|}}$

$$=\frac{-|\vec{a}|^2}{2|\vec{a}|^2}=-\frac{1}{2}$$

$0\leqq\theta\leqq\pi$ だから，$\theta=\boldsymbol{\dfrac{2\pi}{3}}$

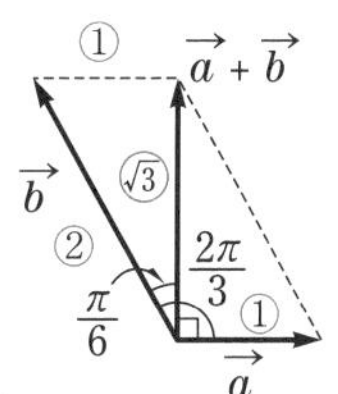

注 ベクトルのなす角はふつう **0 以上 π 以下**で考えます．

ポイント $\vec{a}\perp\vec{b}$ ならば，$\vec{a}\cdot\vec{b}=0$

第8章

演習問題 151

$\vec{a}$ と $\vec{b}$，$\vec{a}+\vec{b}$ と $\vec{a}-\vec{b}$ のなす角はともに $\dfrac{\pi}{3}$ で，$\vec{b}$ は単位ベクトルとする．このとき，$|\vec{a}|$ を求めよ．

152 内積（Ⅲ）

$|\vec{a}|=2$，$|\vec{b}|=1$，$\vec{a}$ と $\vec{b}$ のなす角を $\dfrac{\pi}{3}$，t を実数とするとき，$|\vec{a}+t\vec{b}|$ の最小値とそのときの t の値 t_0 を求め，$\vec{p}=\vec{a}+t_0\vec{b}$ に対して，$\vec{p}\cdot\vec{b}$ を計算せよ．

146のように，$\vec{a}$，$\vec{b}$ の成分がわかっているわけではありませんが，150 精講 Ⅳの公式を利用すれば解決します．

解答

$\vec{a}\cdot\vec{b}=|\vec{a}||\vec{b}|\cos\dfrac{\pi}{3}=1$ だから

$$|\vec{a}+t\vec{b}|^2=t^2|\vec{b}|^2+(2\vec{a}\cdot\vec{b})t+|\vec{a}|^2$$

$$=t^2+2t+4=(t+1)^2+3$$

◀ $(\boldsymbol{a}+t\boldsymbol{b})^2$ の展開の要領で

よって，$|\vec{a}+t\vec{b}|$ は，

$t=-1$ のとき，**最小値 $\sqrt{3}$** をとる．

◀ $\sqrt{}$ をつけるのを忘れないように

∴ $t_0=\mathbf{-1}$

このとき，$\vec{p}=\vec{a}-\vec{b}$ で

$\vec{p}\cdot\vec{b}=(\vec{a}-\vec{b})\cdot\vec{b}=\vec{a}\cdot\vec{b}-|\vec{b}|^2=\mathbf{0}$

注 $\vec{p}\cdot\vec{b}=0$，すなわち，$\vec{p}\perp\vec{b}$ となるのは偶然ではありません．一般に，$|\vec{a}+t\vec{b}|$ が最小となるとき，$(\vec{a}+t\vec{b})\perp\vec{b}$ が成立しています．（右図参照）

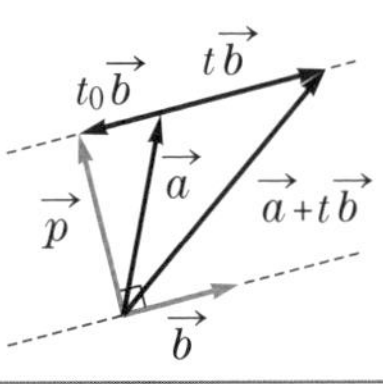

ポイント $\vec{x}=m\vec{a}+n\vec{b}$ と表されるとき，$|\vec{a}|$，$|\vec{b}|$，$\vec{a}\cdot\vec{b}$ がわかると，$|\vec{x}|$ がわかる

演習問題 152

$\vec{a}=(1,\ 1)$，$\vec{b}=(2,\ 4)$ のとき，次の問いに答えよ．ただし，x は実数とする．

(1) $|x\vec{a}+\vec{b}|^2$ を x で表せ．

(2) $|x\vec{a}+\vec{b}|$ の最小値と，そのときの x の値を求めよ．

153 内積（Ⅳ）

$\vec{a}=(1,\ x)$，$\vec{b}=(1,\ -2)$ のとき，$2\vec{a}+3\vec{b}$ と $\vec{a}-2\vec{b}$ が垂直となるような x の値を求めよ．

151 で学んだように，「**ベクトルが垂直**」とくれば「内積＝0」ですが，今回は，ベクトルが成分で表されています．成分で表されたベクトルの内積について次のことを覚えておきましょう．

$\vec{a}=(a_1,\ a_2)$，$\vec{b}=(b_1,\ b_2)$ のとき，

$$\boldsymbol{\vec{a}\cdot\vec{b}=a_1b_1+a_2b_2}$$

このことより，次のこともいえます．

$\vec{a}=(a_1,\ a_2)$，$\vec{b}=(b_1,\ b_2)$ のとき，

$\boldsymbol{\vec{a}\perp\vec{b}}$ **ならば，**$\boldsymbol{a_1b_1+a_2b_2=0}$

このことは，144 の「**平行条件**」といっしょに覚えておくとよいでしょう．

解答

$2\vec{a}+3\vec{b}=(2,\ 2x)+(3,\ -6)=(5,\ 2x-6)$

$\vec{a}-2\vec{b}=(1,\ x)-(2,\ -4)=(-1,\ x+4)$

$(2\vec{a}+3\vec{b})\perp(\vec{a}-2\vec{b})$ だから，

$(2\vec{a}+3\vec{b})\cdot(\vec{a}-2\vec{b})=0$

$\therefore\ -5+(2x-6)(x+4)=0$ ◀$\boldsymbol{a_1b_1+a_2b_2=0}$

よって，$2x^2+2x-29=0$ $\therefore\ x=\dfrac{\boldsymbol{-1\pm\sqrt{59}}}{\boldsymbol{2}}$

ポイント

$\vec{a}=(a_1,\ a_2)$，$\vec{b}=(b_1,\ b_2)$ のとき

$\vec{a}\cdot\vec{b}=a_1b_1+a_2b_2$

特に，$\vec{a}\perp\vec{b}$ のとき，$a_1b_1+a_2b_2=0$

第8章

演習問題 153

$\vec{a}=(1,\ 2)$，$\vec{b}=(3,\ -1)$ のとき，$\vec{a}+t\vec{b}$ と $\vec{a}-\vec{b}$ が垂直となるような t の値を求めよ．

154 正射影ベクトル

△OABにおいて，頂点Bから直線OAに下ろした垂線の足をHとする．$\overrightarrow{OA}=\vec{a}$，$\overrightarrow{OB}=\vec{b}$ とおくとき，次の問いに答えよ．

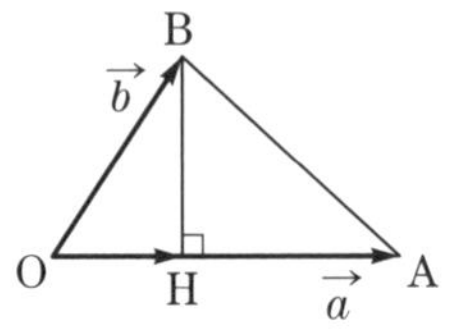

(1) $\overrightarrow{OH}=k\vec{a}$ をみたす実数 k を $|\vec{a}|$，$\vec{a}\cdot\vec{b}$ で表せ．

(2) OA=6，OB=4，AB=5 のとき

(ア) $\vec{a}\cdot\vec{b}$ の値を求めよ．

(イ) $\overrightarrow{OH}$ を $\vec{a}$ で表せ．

図のような $\overrightarrow{OH}$ を「$\vec{b}$ の $\vec{a}$ への**正射影ベクトル**」といいます．$\vec{a}$ に垂直な方向から光をあてたときの，$\vec{b}$ の $\vec{a}$ 上への影ということです．このとき，$\overrightarrow{OH}/\!/\vec{a}$ ですから，

$$\overrightarrow{OH}=k\vec{a}$$ (⇨ 144)

と表せます．わからないものは k 1つなので，条件が1つあれば解決します．それが $\overrightarrow{\mathbf{BH}}\perp\overrightarrow{\mathbf{OA}}$ です．同じ意味ですが，$\overrightarrow{BH}\perp\overrightarrow{OH}$ と考えると余分な手間がかかります．

解　答

(1) $\overrightarrow{OH}=k\vec{a}$ より

$$\overrightarrow{BH}=\overrightarrow{OH}-\overrightarrow{OB}$$
$$=k\vec{a}-\vec{b}$$

◀$\overrightarrow{\mathbf{BH}}\cdot\overrightarrow{\mathbf{OA}}=\mathbf{0}$ を使うための準備

$\overrightarrow{BH}\perp\overrightarrow{OA}$ より，$\overrightarrow{BH}\cdot\overrightarrow{OA}=0$

だから

$$(k\vec{a}-\vec{b})\cdot\vec{a}=0$$
$$\therefore\quad k|\vec{a}|^2=\vec{a}\cdot\vec{b}$$
$$\therefore\quad k=\frac{\vec{\boldsymbol{a}}\cdot\vec{\boldsymbol{b}}}{|\vec{\boldsymbol{a}}|^2}$$

(2)(ア) $|\overrightarrow{AB}|^2=|\overrightarrow{OB}-\overrightarrow{OA}|^2$ より

$|\vec{b}-\vec{a}|^2=25$

$\therefore\quad |\vec{b}|^2-2\vec{a}\cdot\vec{b}+|\vec{a}|^2=25$ ◀150

$\therefore\quad 16-2\vec{a}\cdot\vec{b}+36=25$

よって，$\vec{a}\cdot\vec{b}=\mathbf{\dfrac{27}{2}}$

(イ) (1)より

$$\overrightarrow{\mathrm{OH}}=\left(\frac{\vec{a}\cdot\vec{b}}{|\vec{a}|^2}\right)\vec{a}$$

$$=\left(\frac{27}{2}\times\frac{1}{36}\right)\vec{a}=\frac{\mathbf{3}}{\mathbf{8}}\vec{\boldsymbol{a}}$$

注 正射影ベクトルの公式を覚えておくと，垂線の足の座標や対称点の座標をすぐに求められます(**演習問題 154**)．マーク式試験では有効な道具の1つですし，記述式でも検算手段として有効です．

この問題であれば，

$\overrightarrow{\mathrm{OA}}\cdot\overrightarrow{\mathrm{OB}}=\dfrac{27}{2}$ で，$|\overrightarrow{\mathrm{OA}}|=6$ だから

$\overrightarrow{\mathrm{OH}}=\dfrac{27}{2}\times\dfrac{1}{36}\overrightarrow{\mathrm{OA}}=\dfrac{3}{8}\vec{a}$

とすぐに答えがだせます．

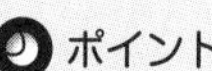

ポイント

△OAB において，点Bから直線 OA に下ろした垂線の足をHとすると，

$$\overrightarrow{\mathrm{OH}}=\left(\frac{\overrightarrow{\mathrm{OA}}\cdot\overrightarrow{\mathrm{OB}}}{|\overrightarrow{\mathrm{OA}}|^2}\right)\overrightarrow{\mathrm{OA}}$$

演習問題 154

座標平面上に点 A(3, 1) と直線 l : $y=2x$ がある．

(1) 直線 l に平行な単位ベクトル $\vec{u}$ を成分で表せ．
ただし，$\vec{u}$ の x 成分は正とする．

(2) 点Aを通り，l に垂直な直線と l の交点をHとするとき $\overrightarrow{\mathrm{OH}}$ を $\vec{u}$ で表せ．

(3) 点Aの l に関する対称点をBとするとき，Bの座標を求めよ．

155 ベクトル方程式（Ⅰ）

$\vec{a}=(2,\ -1)$，$\vec{b}=(1,\ 3)$ とする．$\overrightarrow{\mathrm{OP}}=\vec{a}+t\vec{b}$（$t$：実数）で表される点 $\mathrm{P}(x,\ y)$ の軌跡を x，y で表せ．

45の軌跡の考え方によれば，次の手順です．

Ⅰ．x，y を t で表し，

Ⅱ．t を消去して x と y の関係式を作る

解 答

$(x,\ y)=(2,\ -1)+t(1,\ 3)=(t+2,\ 3t-1)$

$$\therefore \begin{cases} x=t+2 & \cdots\cdots① \\ y=3t-1 & \cdots\cdots② \end{cases}$$

◀45参照

①，②から t を消去して，$3x-y=7$

よって，点Pの軌跡は，直線 $\boldsymbol{y=3x-7}$

右図を見てもらえばわかりますが，$\overrightarrow{\mathrm{OP}}=\overrightarrow{\mathrm{OA}}+t\vec{u}$ の形で表される点Pは，Aを通り，$\vec{u}$ に平行な直線 l 上を動きます．

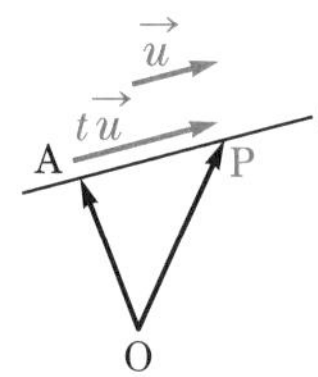

このことより，次のような解答もできます．

(別解) 点Pは点 $(2,\ -1)$ を通り，$\vec{b}=(1,\ 3)$ に平行な直線，すなわち，$(2,\ -1)$ を通り，傾き3の直線上を動くので，$y-(-1)=3(x-2)$ より点Pの軌跡は，直線 $y=3x-7$

ポイント 点Aを通り，ベクトル $\vec{u}$ に平行な直線上の任意の点Pは，$\overrightarrow{\mathrm{OP}}=\overrightarrow{\mathrm{OA}}+t\vec{u}$（$t$：実数）と表せる

演習問題 155

点 $\mathrm{A}(2,\ 1)$ を通り，$\vec{u}=(1,\ 2)$ に平行な直線を媒介変数 t を用いて表し，その方程式を求めよ．

156 ベクトル方程式（Ⅱ）

4 点 O(0, 0), A(3, 0), B(2, 2), C(4, 1) が与えられている．点 P$(x,\ y)$ が $|3\overrightarrow{\mathrm{OP}}-\overrightarrow{\mathrm{OA}}-\overrightarrow{\mathrm{OB}}-\overrightarrow{\mathrm{OC}}|=3$ をみたしているとき，$x,\ y$ のみたす方程式を求めよ．

精講

155 と同様に考えていけばよいのですが，変数 t が入っているわけではありませんから，少しやりやすいと思います．

解答

$3\overrightarrow{\mathrm{OP}}-\overrightarrow{\mathrm{OA}}-\overrightarrow{\mathrm{OB}}-\overrightarrow{\mathrm{OC}}=3(x,\ y)-(3,\ 0)-(2,\ 2)-(4,\ 1)$

$=3(x-3,\ y-1)$

$\therefore\ |(x-3,\ y-1)|=1 \qquad \therefore\ \boldsymbol{(x-3)^2+(y-1)^2=1}$

(別解)　与えられた条件式を 3 でわると

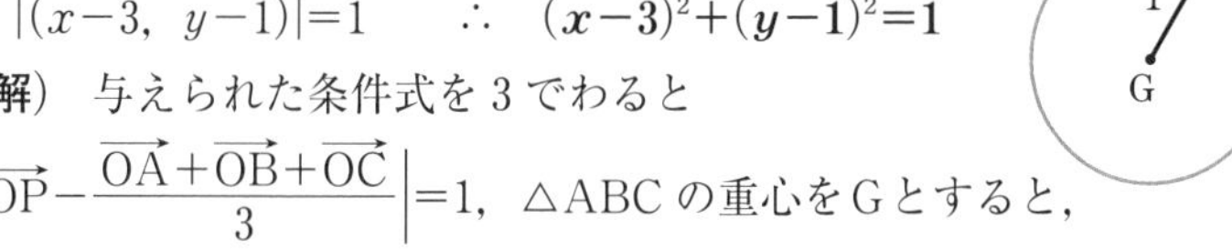

$\left|\overrightarrow{\mathrm{OP}}-\dfrac{\overrightarrow{\mathrm{OA}}+\overrightarrow{\mathrm{OB}}+\overrightarrow{\mathrm{OC}}}{3}\right|=1$，△ABC の重心を G とすると，

$|\overrightarrow{\mathrm{OP}}-\overrightarrow{\mathrm{OG}}|=1 \qquad \therefore\ |\overrightarrow{\mathrm{GP}}|=1$　◀ **142**

よって，P は G を中心，半径 1 の円周上を動く．(上図参照)

G(3, 1) だから，P の軌跡の方程式は $(x-3)^2+(y-1)^2=1$

注　このように「おきかえることによってベクトルの数を減らす」ことが**非成分タイプの軌跡では基本方針**になります．(⇨**演習問題 156**)

ポイント　点 C を中心とする半径 r の円周上の点 P は $|\overrightarrow{\mathrm{CP}}|=r$ をみたす

演習問題 156

平面上に 4 点 O, A, B, C があり，$\overrightarrow{\mathrm{CA}}+2\overrightarrow{\mathrm{CB}}+3\overrightarrow{\mathrm{CO}}=\vec{0}$ をみたしている．このとき，次の問いに答えよ．

(1)　$\vec{a}=\overrightarrow{\mathrm{OA}},\ \vec{b}=\overrightarrow{\mathrm{OB}}$ とするとき，$\overrightarrow{\mathrm{OC}}$ を $\vec{a}$ と $\vec{b}$ で表せ．

(2)　線分 OB を 1：2 に内分する点を D とおくとき，$\overrightarrow{\mathrm{OD}}$ を $\vec{b}$ で表せ．

(3)　A が O を中心とする半径 12 の円周上を動くとき，点 C の軌跡を求めよ．

157 軌跡（Ⅰ）

△OAB に対して，$\overrightarrow{OP}=\alpha\overrightarrow{OA}+\beta\overrightarrow{OB}$ と表される点Pを考える．

(1)　$\alpha+\beta=1$ のとき，Pの軌跡を求めよ．

(2)　$\alpha\geqq 0$，$\beta\geqq 0$，$\alpha+\beta=1$ のとき，点Pの軌跡を求めよ．

(1)　文字が2つ（α，β）あるとわかりにくいので，**1つ（β）を消して**みましょう．すると，155 参考 の考え方で答えがでてきます．しかし，141の 精講 Ⅱをよく読むと……．

解答

(1)　$\beta=1-\alpha$ より，

$\overrightarrow{OP}=\alpha\overrightarrow{OA}+(1-\alpha)\overrightarrow{OB}=\overrightarrow{OB}+\alpha(\overrightarrow{OA}-\overrightarrow{OB})$　◀1文字を消して

$\therefore\ \overrightarrow{OP}=\overrightarrow{OB}+\alpha\overrightarrow{BA}$　◀155

よって，Pの軌跡は，Bを通り，$\overrightarrow{BA}$ に平行な直線

すなわち，**直線 AB.**

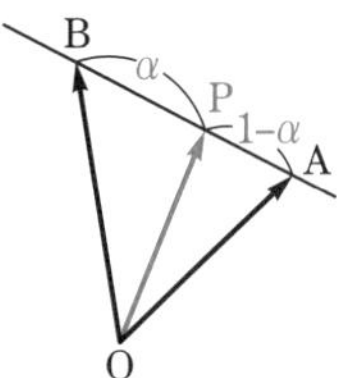

(2)　$\beta=1-\alpha\geqq 0$，$\alpha\geqq 0$ より，$0\leqq\alpha\leqq 1$

$\therefore\ \overrightarrow{OP}=\overrightarrow{OB}+\alpha\overrightarrow{BA}\ (0\leqq\alpha\leqq 1)$

よって，Pの軌跡は，**線分 AB.**

注　$\alpha=0$ のとき，P=B　　$\alpha=1$ のとき，P=A

ポイント

定点A，Bと動点Pがあり，

$\overrightarrow{OP}=m\overrightarrow{OA}+n\overrightarrow{OB}$ と表されているとき

Ⅰ．$m+n=1 \Longleftrightarrow$ Pは直線AB上にある

Ⅱ．$m\geqq 0$，$n\geqq 0$，$m+n=1$

$\Longleftrightarrow$ Pは線分AB上にある

演習問題 157

$\overrightarrow{OA}=(2,\ 4)$，$\overrightarrow{OB}=(-2,\ 4)$，$\overrightarrow{OP}=\alpha\overrightarrow{OA}+\beta\overrightarrow{OB}$ $(\alpha+2\beta=1)$ と表される点 $P(x,\ y)$ の軌跡を求めよ．

158 軌跡（Ⅱ）

△ABC と点Pがあり，

$$\overrightarrow{PA}+2\overrightarrow{PB}+3\overrightarrow{PC}=k\overrightarrow{CB}\ (k：実数)\quad\cdots\cdots①$$

をみたしているとき，次の問いに答えよ．

(1) $\overrightarrow{AP}$ を k，$\overrightarrow{AB}$，$\overrightarrow{AC}$ で表せ．

(2) Pが △ABC の内部にあるときの k の値の範囲を求めよ．

(2) (1)で，$\overrightarrow{AP}=m\overrightarrow{AB}+n\overrightarrow{AC}$ 型に変形しましたが，このとき，点Pが △ABC の内部にあるための条件は，「$\boldsymbol{m>0,\ n>0,\ m+n<1}$」です．これは，しっかりと覚えておきましょう．

解　答

(1) ①より $-\overrightarrow{AP}+2(\overrightarrow{AB}-\overrightarrow{AP})+3(\overrightarrow{AC}-\overrightarrow{AP})=k(\overrightarrow{AB}-\overrightarrow{AC})$

$\therefore\ 6\overrightarrow{AP}=(2-k)\overrightarrow{AB}+(k+3)\overrightarrow{AC}$

$$\therefore\ \overrightarrow{AP}=\boldsymbol{\frac{2-k}{6}\overrightarrow{AB}+\frac{k+3}{6}\overrightarrow{AC}}$$

(2) 点Pが △ABC の内部にあるとき

$$\frac{2-k}{6}>0,\ \frac{k+3}{6}>0,\ \frac{2-k}{6}+\frac{k+3}{6}<1$$

$\therefore\ \boldsymbol{-3<k<2}$

$m>0,\ n>0,$
$m+n<1$

注 始点をCに変えると，**演習問題 158**の形になります．

ポイント　$\overrightarrow{OP}=m\overrightarrow{OA}+n\overrightarrow{OB}$ と表される点Pが△OAB の周，および内部にある
$\iff m\geqq 0,\ n\geqq 0,\ m+n\leqq 1$

演習問題 158

158において

(1) $\overrightarrow{CP}$ を $\overrightarrow{CA}$，$\overrightarrow{CB}$，k で表せ．

(2) 点Pが △ABC の周，および内部にあるような k の値の範囲を求めよ．

159 ベクトルと図形

平面上に1辺の長さが k の正方形OABCがある．この平面上に $\angle AOP=\frac{\pi}{3}$，$\angle COP=\frac{5\pi}{6}$，OP=1 となる点Pをとり，線分APの中点をMとする．

$\overrightarrow{OA}=\vec{a}$，$\overrightarrow{OP}=\vec{p}$ とおいて，次の問いに答えよ．

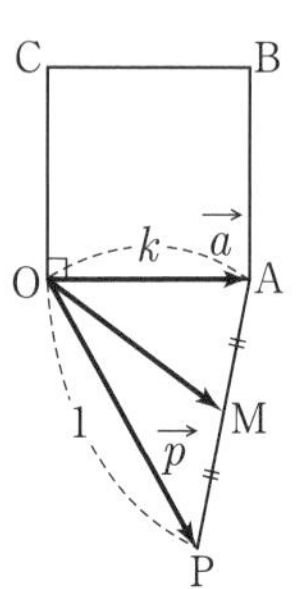

(1) 線分OMの長さを k を用いて表せ．

(2) $\overrightarrow{OC}$ を k と $\vec{a}$，$\vec{p}$ を用いて表せ．

(3) $\overrightarrow{AC}$ と $\overrightarrow{OM}$ が平行になるときの k の値を求めよ．

精講

(1) 基本になる2つのベクトル $\vec{a}$，$\vec{p}$ に対して，$|\vec{a}|$，$|\vec{p}|$，$\vec{a}\cdot\vec{p}$ がわかるので，$\overrightarrow{OM}$ を $\vec{a}$，$\vec{p}$ で表せれば解決です(⇨ **152**)．あるいは，APを求めて中線定理(⇨Ⅰ・A **81**)を使う手もあります．

(2) 内積がからみそう(角度の条件があるから)なので **$\overrightarrow{OC}=s\vec{a}+t\vec{p}$ とおいてスタート**します．

(3) $\overrightarrow{AC}$，$\overrightarrow{OM}$ を $\vec{a}$，$\vec{p}$ で表して，係数の比が等しくなることを使います．

解答

(1) $\overrightarrow{OM}=\frac{\vec{a}+\vec{p}}{2}$ より

$|\overrightarrow{OM}|^2=\frac{1}{4}|\vec{a}+\vec{p}|^2=\frac{1}{4}(|\vec{a}|^2+2\vec{a}\cdot\vec{p}+|\vec{p}|^2)$　◀ **150**

$|\vec{a}|=k$，$|\vec{p}|=1$，$\vec{a}\cdot\vec{p}=|\vec{a}||\vec{p}|\cos\frac{\pi}{3}=\frac{k}{2}$

だから

$OM=\sqrt{\frac{k^2+k+1}{4}}=\boldsymbol{\frac{\sqrt{k^2+k+1}}{2}}$

(2) $\overrightarrow{OC}=s\vec{a}+t\vec{p}$ とおくと，$\overrightarrow{OC}\cdot\vec{a}=0$ だから

$(s\vec{a}+t\vec{p})\cdot\vec{a}=0$　　∴　$s|\vec{a}|^2+t\vec{a}\cdot\vec{p}=0$

∴　$2k^2s+kt=0$

$k \neq 0$ だから，$2ks+t=0$ ……①

次に，$\overrightarrow{OC}\cdot\vec{p}=|\overrightarrow{OC}||\vec{p}|\cos\dfrac{5\pi}{6}=-\dfrac{\sqrt{3}}{2}k$ だから

$$2(s\vec{a}+t\vec{p})\cdot\vec{p}=-\sqrt{3}k$$

$$\therefore\ 2(s\vec{a}\cdot\vec{p}+t|\vec{p}|^2)=-\sqrt{3}k$$

$$\therefore\ ks+2t=-\sqrt{3}k \quad \cdots\cdots②$$

①，②より，$s=\dfrac{\sqrt{3}}{3}$，$t=-\dfrac{2\sqrt{3}}{3}k$

よって，$\overrightarrow{OC}=\boldsymbol{\dfrac{\sqrt{3}}{3}\vec{a}-\dfrac{2\sqrt{3}}{3}k\vec{p}}$

注 $\overrightarrow{OP}=m\overrightarrow{OA}+n\overrightarrow{OC}$ とおいて，解答と同じようにして，m，n を求めたあと，「$\overrightarrow{OC}=\cdots$」と変形する方が少し計算がラクになります．

(3) $\overrightarrow{AC}=\overrightarrow{OC}-\overrightarrow{OA}=\left(\dfrac{\sqrt{3}}{3}-1\right)\vec{a}-\dfrac{2\sqrt{3}}{3}k\vec{p}$

$\overrightarrow{OM}=\dfrac{1}{2}\vec{a}+\dfrac{1}{2}\vec{p}$ より，$\overrightarrow{AC}/\!/\overrightarrow{OM}$ のとき ◀ポイント

$$\frac{\sqrt{3}}{3}-1=-\frac{2\sqrt{3}}{3}k$$

$$\therefore\ k=\boldsymbol{\frac{\sqrt{3}-1}{2}}$$

ポイント

$\vec{a}\neq\vec{0}$，$\vec{b}\neq\vec{0}$，$\vec{a}\not\parallel\vec{b}$ のとき

$m\vec{a}+n\vec{b}\,/\!/\,m'\vec{a}+n'\vec{b}$ $(mnm'n'\neq 0)$

$\iff m:n=m':n'$

演習問題 159

平面上の 3 点 A(2, a) $(3<a<10)$，B(1, 2)，C(6, 3) について，次の問いに答えよ．

(1) 四角形 ABCD が平行四辺形のとき，D の座標を a で表せ．

(2) (1)のとき，直線 AD 上の点 E で CD=CE となるものを求め，E が AD の内分点であることを示せ．ただし，E≠D とする．

(3) 2 つの四角形 ABCD と四角形 ABCE の面積比が 4：3 のとき，a の値を求めよ．

160 空間座標

2点 A(4, −1, 2), B(1, 1, 3) に対して，次の座標を求めよ．

(1) 線分 AB を 2：1 に内分する点C

(2) 線分 AB を 2：1 に外分する点D

(3) △ABE が正三角形で，xy 平面上にある点E

空間座標と平面座標の**違いは，z 座標の有無だけ**でその他の公式はまったく同様に扱えます．

(3) xy 平面上の点 $\rightleftarrows$ z 座標$=0$

解　答

(1) $\mathrm{C}\left(\dfrac{4\cdot1+1\cdot2}{2+1},\ \dfrac{(-1)\cdot1+1\cdot2}{2+1},\ \dfrac{2\cdot1+3\cdot2}{2+1}\right)$　◀31

$\therefore$ $\mathbf{C\left(2,\ \dfrac{1}{3},\ \dfrac{8}{3}\right)}$

(2) $\mathrm{D}\left(\dfrac{4(-1)+1\cdot2}{2-1},\ \dfrac{(-1)\cdot(-1)+1\cdot2}{2-1},\ \dfrac{2(-1)+3\cdot2}{2-1}\right)$　$\therefore$ $\mathbf{D(-2,\ 3,\ 4)}$

(3) $\mathrm{E}(x,\ y,\ 0)$ とおくと，$\mathrm{AB}^2=14$ より　◀ポイント

$(x-4)^2+(y+1)^2+4=14$　$\therefore$ $x^2+y^2-8x+2y+7=0$ ……①

$(x-1)^2+(y-1)^2+9=14$　$\therefore$ $x^2+y^2-2x-2y-3=0$ ……②

①−② より，$y=\dfrac{3x-5}{2}$　これを②に代入して整理すると

$(13x-11)(x-3)=0$　$\therefore$ $x=\dfrac{11}{13},\ 3$

よって，$\mathbf{E\left(\dfrac{11}{13},\ -\dfrac{16}{13},\ 0\right),\ (3,\ 2,\ 0)}$

ポイント　空間座標で用いる公式は，平面座標の公式に z 座標をつけ加えればよい

演習問題 160

3点 A(1, 2, 2), B(3, 1, 2), C(2, 1, 1) から $\dfrac{\sqrt{5}}{2}$ の距離にある点Pの座標を求めよ．

161 空間ベクトル

$\vec{a}=(1,\ -2,\ 2)$, $\vec{b}=(2,\ 3,\ -10)$ について，次の問いに答えよ．

(1) $\vec{c}=(x,\ y,\ 1)$ が，$\vec{a}$, $\vec{b}$ の両方に直交するとき，x, y の値を求めよ．

(2) $\vec{a}$, $\vec{b}$ の両方に直交し，大きさが1であるベクトル $\vec{d}$ を求めよ．

空間ベクトルと平面ベクトルの**違いは，z 成分の有無だけ**で，**144**の「平行条件」を除いて，公式はすべて同じ扱い方になります．

解答

(1) $\vec{a}\perp\vec{c}$, $\vec{b}\perp\vec{c}$ より，$\vec{a}\cdot\vec{c}=\vec{b}\cdot\vec{c}=0$

したがって，$\begin{cases}1\cdot x-2\cdot y+2\cdot 1=0\\ 2\cdot x+3\cdot y-10\cdot 1=0\end{cases}$ ◀**153**

$\therefore\ \begin{cases}x-2y+2=0\\ 2x+3y-10=0\end{cases}$ よって，$\boldsymbol{x=y=2}$

(2) $\vec{c}=(2,\ 2,\ 1)$ より，$|\vec{c}|=\sqrt{4+4+1}=3$

$\therefore\ \vec{d}=\pm\dfrac{\vec{c}}{|\vec{c}|}=\pm\dfrac{1}{3}\vec{c}=\boldsymbol{\pm\left(\dfrac{2}{3},\ \dfrac{2}{3},\ \dfrac{1}{3}\right)}$ ◀**145**

注 右図を見たらわかるように，$-\vec{c}$ も，$\vec{a}$ と $\vec{b}$ の両方に垂直になっているので，求めるベクトルは2つあることになります．

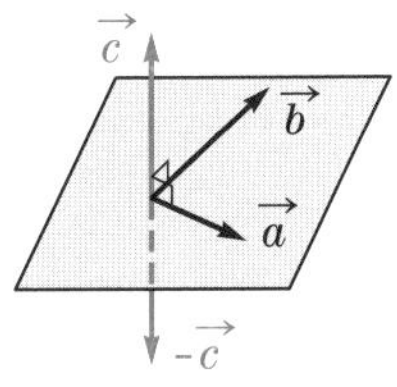

ポイント $\vec{a}=(a_1,\ a_2,\ a_3)$, $\vec{b}=(b_1,\ b_2,\ b_3)$ のとき
$\vec{a}\cdot\vec{b}=a_1b_1+a_2b_2+a_3b_3$

$|\vec{a}|=1$, $|\vec{b}|=\sqrt{2}$, $|\vec{c}|=\sqrt{3}$ で，$\vec{a}$ と $\vec{b}$, $\vec{b}$ と $\vec{c}$, $\vec{c}$ と $\vec{a}$ のなす角がそれぞれ，$\dfrac{\pi}{3}$, $\dfrac{\pi}{2}$, $\dfrac{2\pi}{3}$ のとき，$|\vec{a}+\vec{b}+\vec{c}|$ を求めよ．

162 三角形の面積

3点 A(2, 3, 0), B(3, 1, 2), C(4, 2, 1) を頂点とする $\triangle$ABC について，次の問いに答えよ．

(1) $|\overrightarrow{AB}|$, $|\overrightarrow{AC}|$, $\overrightarrow{AB}\cdot\overrightarrow{AC}$ を求めよ．

(2) $\overrightarrow{AB}$ と $\overrightarrow{AC}$ のなす角を θ とするとき，$\sin\theta$ を求めよ．

(3) $\triangle$ABC の面積を求めよ．

161 で学んだように，平面でも空間でも，公式はほとんど同じです．

解 答

(1) $\overrightarrow{AB}=\overrightarrow{OB}-\overrightarrow{OA}=(3,\ 1,\ 2)-(2,\ 3,\ 0)=(1,\ -2,\ 2)$,

$\overrightarrow{AC}=\overrightarrow{OC}-\overrightarrow{OA}=(4,\ 2,\ 1)-(2,\ 3,\ 0)=(2,\ -1,\ 1)$

$\therefore\ |\overrightarrow{AB}|=\sqrt{1+4+4}=\mathbf{3}$, $|\overrightarrow{AC}|=\sqrt{4+1+1}=\boldsymbol{\sqrt{6}}$

また，$\overrightarrow{AB}\cdot\overrightarrow{AC}=1\cdot2+(-2)\cdot(-1)+2\cdot1=2+2+2=\mathbf{6}$

(2) $\cos\theta=\dfrac{\overrightarrow{AB}\cdot\overrightarrow{AC}}{|\overrightarrow{AB}||\overrightarrow{AC}|}=\dfrac{6}{3\sqrt{6}}=\dfrac{\sqrt{6}}{3}$

$0<\theta<\pi$ だから，

$\sin\theta=\sqrt{1-\cos^2\theta}=\sqrt{\dfrac{3}{9}}=\boldsymbol{\dfrac{\sqrt{3}}{3}}$

(3) $\triangle\text{ABC}=\dfrac{1}{2}|\overrightarrow{AB}||\overrightarrow{AC}|\sin\theta$

$=\dfrac{1}{2}\cdot3\cdot\sqrt{6}\cdot\dfrac{\sqrt{3}}{3}=\boldsymbol{\dfrac{3\sqrt{2}}{2}}$

ところで，空間において三角形の面積を求めようとするとき，それが特殊な三角形 (直角三角形，二等辺三角形) であれば，3辺の長ささえだせばどうにかなります．

しかし，一般の三角形であれば上の手順を踏むことになります．これではたいへんです．そこで，**ベクトルを用いた一般の三角形の面積公式**を考えてみることにしましょう．

$\triangle$ABC において，$\angle A=\theta$ とおくと，

$$\triangle ABC=\frac{1}{2}|\overrightarrow{AB}||\overrightarrow{AC}|\sin\theta$$

ここで，$\cos\theta=\dfrac{\overrightarrow{AB}\cdot\overrightarrow{AC}}{|\overrightarrow{AB}||\overrightarrow{AC}|}$ だから，

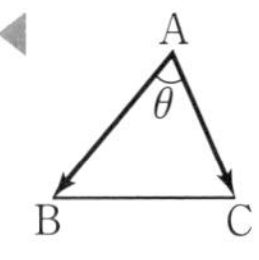

$0<\theta<\pi$ より，

$$\sin\theta=\sqrt{1-\cos^2\theta}=\sqrt{1-\frac{(\overrightarrow{AB}\cdot\overrightarrow{AC})^2}{|\overrightarrow{AB}|^2|\overrightarrow{AC}|^2}}$$

$$=\sqrt{\frac{|\overrightarrow{AB}|^2|\overrightarrow{AC}|^2-(\overrightarrow{AB}\cdot\overrightarrow{AC})^2}{|\overrightarrow{AB}|^2|\overrightarrow{AC}|^2}}$$

$$=\frac{\sqrt{|\overrightarrow{AB}|^2|\overrightarrow{AC}|^2-(\overrightarrow{AB}\cdot\overrightarrow{AC})^2}}{|\overrightarrow{AB}||\overrightarrow{AC}|}$$

$$\therefore\quad \triangle ABC=\frac{1}{2}\sqrt{|\overrightarrow{AB}|^2|\overrightarrow{AC}|^2-(\overrightarrow{AB}\cdot\overrightarrow{AC})^2}$$

◀この公式は自力で証明もできるように

注 この公式は，**空間だけではなく，平面でも利用できます．**

(別解) (1)，(2)の結果を図にすると右図のようになるので，$\triangle$ABC の面積は，

$$\frac{1}{2}\times3\times\sqrt{2}=\frac{3\sqrt{2}}{2}$$

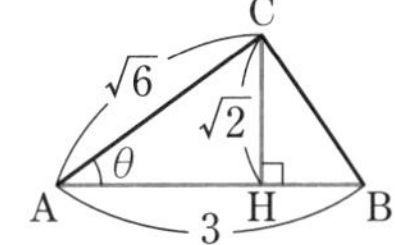

ポイント

$\triangle$ABC の面積を S とすると

$$S=\frac{1}{2}\sqrt{|\overrightarrow{AB}|^2|\overrightarrow{AC}|^2-(\overrightarrow{AB}\cdot\overrightarrow{AC})^2}$$

特に，$\overrightarrow{AB}=(x_1,\ y_1)$，$\overrightarrow{AC}=(x_2,\ y_2)$ のとき

$$S=\frac{1}{2}|x_1y_2-x_2y_1|$$

と表せる

第8章

演習問題 162

空間内に 3 点 A(5, 0, 1)，B(3, 4, 3)，C(3, 1, −1) がある．$\triangle$ABC の面積を求めよ．

163 直方体

右図のような直方体 OADB-CEFG において，$\overrightarrow{OA}=\vec{a}$，$\overrightarrow{OB}=\vec{b}$，$\overrightarrow{OC}=\vec{c}$ とおく．

$|\vec{a}|=1$, $|\vec{b}|=2$, $|\vec{c}|=3$ とし，2 点 E，G を通る直線を l とする．

(1)　$\overrightarrow{OE}$，$\overrightarrow{OG}$ を $\vec{a}$，$\vec{b}$，$\vec{c}$ で表せ．

(2)　P を l 上の点とする．このとき，$\overrightarrow{OP}$ は実数 t を用いて，$\overrightarrow{OP}=\overrightarrow{OE}+t\overrightarrow{EG}$ と表せる．

(ア)　$\overrightarrow{OP}\perp\overrightarrow{EG}$ となる t の値を求めよ．

(イ)　△OEP が二等辺三角形となるとき，t の値をすべて求めよ．

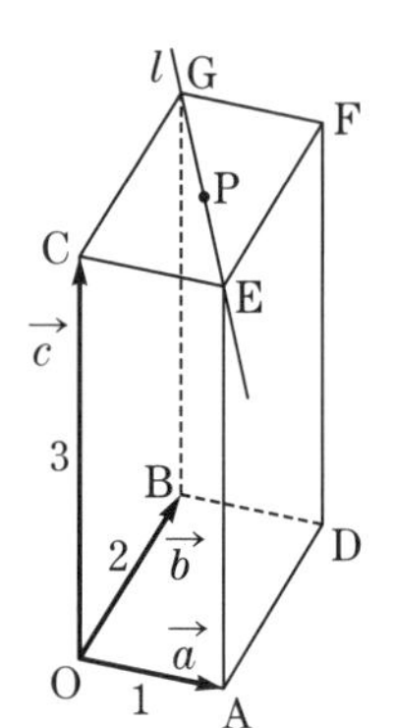

(2)(ア)　$\overrightarrow{OP}$，$\overrightarrow{EG}(=\overrightarrow{OG}-\overrightarrow{OE})$ を $\vec{a}$，$\vec{b}$，$\vec{c}$ で表し，$|\vec{a}|=1$，$|\vec{b}|=2$，$|\vec{c}|=3$，$\vec{a}\cdot\vec{b}=\vec{b}\cdot\vec{c}=\vec{c}\cdot\vec{a}=0$ を用いて計算すれば，t の方程式がでてきます．これを解けば答えはでてきます．

(イ)　二等辺三角形という条件は要注意です．それはどの 2 辺が等しいかによって，3 つの場合が考えられるからです．

解　答

(1)　$\overrightarrow{OE}=\overrightarrow{OA}+\overrightarrow{OC}=\boldsymbol{\vec{a}+\vec{c}}$

$\overrightarrow{OG}=\overrightarrow{OB}+\overrightarrow{OC}=\boldsymbol{\vec{b}+\vec{c}}$

(2)(ア)　$\overrightarrow{OP}=\overrightarrow{OE}+t\overrightarrow{EG}=\overrightarrow{OE}+t(\overrightarrow{OG}-\overrightarrow{OE})$

$=\vec{a}+\vec{c}+t(\vec{b}-\vec{a})$

$=(1-t)\vec{a}+t\vec{b}+\vec{c}$

$\overrightarrow{OP}\cdot\overrightarrow{EG}=0$ だから

$\{(1-t)\vec{a}+t\vec{b}+\vec{c}\}\cdot(\vec{b}-\vec{a})=0$

$\therefore\ (t-1)|\vec{a}|^2+t|\vec{b}|^2=0$　　$(\because\ \vec{a}\cdot\vec{b}=\vec{b}\cdot\vec{c}=\vec{c}\cdot\vec{a}=0)$

$|\vec{a}|=1$，$|\vec{b}|=2$ より

$t-1+4t=0$

$\therefore\ t=\boldsymbol{\frac{1}{5}}$

(イ) $|\overrightarrow{\mathrm{OE}}|^2=1^2+3^2=10$

$|\overrightarrow{\mathrm{OP}}|^2=|(1-t)\vec{a}+t\vec{b}+\vec{c}|^2$

$=(1-t)^2|\vec{a}|^2+t^2|\vec{b}|^2+|\vec{c}|^2$ $(\because\ \vec{a}\cdot\vec{b}=\vec{b}\cdot\vec{c}=\vec{c}\cdot\vec{a}=0)$

$=t^2-2t+1+4t^2+9=5t^2-2t+10$

$|\overrightarrow{\mathrm{EP}}|^2=|t\overrightarrow{\mathrm{EG}}|^2=5t^2$

(i) OE＝OP のとき，$|\overrightarrow{\mathrm{OE}}|^2=|\overrightarrow{\mathrm{OP}}|^2$ より，

$10=5t^2-2t+10$ $t(5t-2)=0$ $\therefore$ $t=\dfrac{2}{5}$ ($t=0$ は不適)

(ii) OP＝EP のとき，$|\overrightarrow{\mathrm{OP}}|^2=|\overrightarrow{\mathrm{EP}}|^2$ より，

$5t^2-2t+10=5t^2$ $-2t+10=0$ $\therefore$ $t=5$

(iii) EP＝OE のとき，$|\overrightarrow{\mathrm{EP}}|^2=|\overrightarrow{\mathrm{OE}}|^2$ より，

$5t^2=10$ $t^2=2$ $\therefore$ $t=\pm\sqrt{2}$

(i)〜(iii)より $\boldsymbol{t=\pm\sqrt{2},\ \dfrac{2}{5},\ 5}$

注 (2) 直方体では，座標も有効な手段です．すなわち，A(1, 0, 0), B(0, 2, 0), C(0, 0, 3) とおくと，$\overrightarrow{\mathrm{EG}}=\overrightarrow{\mathrm{AB}}$ だから $\overrightarrow{\mathrm{OP}}=(1,\ 0,\ 3)+t(-1,\ 2,\ 0)=(-t+1,\ 2t,\ 3)$ と表せ，P$(-t+1,\ 2t,\ 3)$, E(1, 0, 3) と座標で表して，OP^2, EP^2, OE^2 を計算します．

ポイント 単に「二等辺三角形」「直角三角形」とあったら，場合が 3 種類あることに注意

演習問題 163

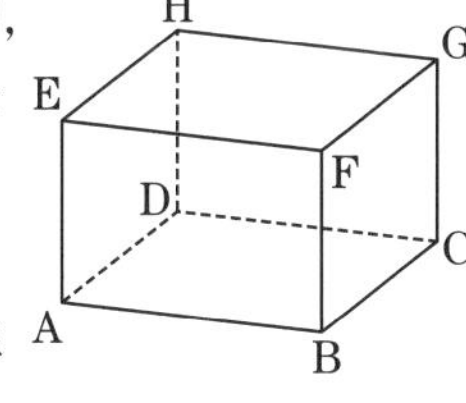

右図の直方体において，$\overrightarrow{\mathrm{AG}}=(5,\ 5,\ -3)$, $\overrightarrow{\mathrm{AC}}=(3,\ 1,\ 2)$, $\overrightarrow{\mathrm{BH}}=(3,\ 1,\ -7)$ が成りたっている．

(1) $\overrightarrow{\mathrm{AB}}$, $\overrightarrow{\mathrm{AD}}$, $\overrightarrow{\mathrm{AE}}$ を成分で表せ．

(2) 直線 AH 上に，△ABP が二等辺三角形となるように点Pをとる．

(ア) $\angle\mathrm{BAH}=\dfrac{\pi}{2}$ を示せ．

(イ) $\overrightarrow{\mathrm{AP}}=t\overrightarrow{\mathrm{AH}}$ となる実数 t の値を求めよ．

第8章

164 四面体（Ⅰ）

四面体OABCにおいて，ACの中点をP，PBの中点をQとしCQの延長とABとの交点をRとする．

(1) $\overrightarrow{OA}=\vec{a}$，$\overrightarrow{OB}=\vec{b}$，$\overrightarrow{OC}=\vec{c}$ とするとき，$\overrightarrow{OQ}$ を $\vec{a}$，$\vec{b}$，$\vec{c}$ を用いて表せ．

(2) AR：RB，CQ：QR を求めよ．

空間では平面と異なり，基本になるベクトルが3つ必要です（ただし，この3つのベクトルは $\vec{0}$ ではなく，同一平面上にないベクトルです）．しかし，分点や重心に関する公式などは**まったく同じ**です．また，空間図形を扱う上でのキーポイントは，

空間といえども，どこかで切り出せば平面になる

ということです．

解答

(1) $\overrightarrow{OQ}=\dfrac{1}{2}(\overrightarrow{OB}+\overrightarrow{OP})$ に，

$\overrightarrow{OP}=\dfrac{1}{2}(\overrightarrow{OA}+\overrightarrow{OC})$ を代入して，

$$\overrightarrow{OQ}=\frac{1}{2}\overrightarrow{OB}+\frac{1}{4}(\overrightarrow{OA}+\overrightarrow{OC})$$

$$=\boldsymbol{\frac{1}{4}\vec{a}+\frac{1}{2}\vec{b}+\frac{1}{4}\vec{c}}$$

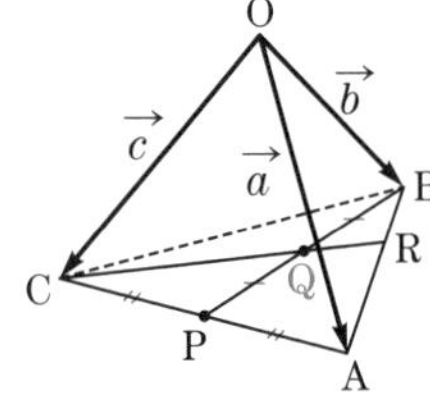

(2) $\overrightarrow{OR}=\overrightarrow{OC}+s\overrightarrow{CQ}$ と表せて，　◀Rは直線CQ上

$$\overrightarrow{CQ}=\overrightarrow{OQ}-\overrightarrow{OC}=\frac{1}{4}\vec{a}+\frac{1}{2}\vec{b}-\frac{3}{4}\vec{c}$$

$$\therefore\quad \overrightarrow{OR}=\vec{c}+s\left(\frac{1}{4}\vec{a}+\frac{1}{2}\vec{b}-\frac{3}{4}\vec{c}\right)$$

$$=\frac{s}{4}\vec{a}+\frac{s}{2}\vec{b}+\left(1-\frac{3s}{4}\right)\vec{c}$$

ここで，$\overrightarrow{OR}$ は△OAB上のベクトルだから，

$\vec{c}$ の係数$=0$　◀ポイント

$\therefore\quad 1-\dfrac{3}{4}s=0 \qquad \therefore\quad s=\dfrac{4}{3}$

よって，$\overrightarrow{\mathrm{OR}}=\dfrac{1}{3}\vec{a}+\dfrac{2}{3}\vec{b}=\dfrac{\overrightarrow{\mathrm{OA}}+2\overrightarrow{\mathrm{OB}}}{3}$　◀分点公式の形

$\therefore\quad \mathrm{AR}:\mathrm{RB}=\mathbf{2:1}$

また，$\overrightarrow{\mathrm{OR}}=\overrightarrow{\mathrm{OC}}+\dfrac{4}{3}\overrightarrow{\mathrm{CQ}}$ より $\overrightarrow{\mathrm{CR}}=\dfrac{4}{3}\overrightarrow{\mathrm{CQ}}$

$\therefore\quad \mathrm{CQ}:\mathrm{QR}=\mathbf{3:1}$

(別解)　(2)　(要求は △ABC 上の点に関するものだから……)

(1)より，$4\overrightarrow{\mathrm{OQ}}=\overrightarrow{\mathrm{OA}}+2\overrightarrow{\mathrm{OB}}+\overrightarrow{\mathrm{OC}}$

$\therefore\quad 4(\overrightarrow{\mathrm{CQ}}-\overrightarrow{\mathrm{CO}})$

$\quad=\overrightarrow{\mathrm{CA}}-\overrightarrow{\mathrm{CO}}+2(\overrightarrow{\mathrm{CB}}-\overrightarrow{\mathrm{CO}})-\overrightarrow{\mathrm{CO}}$

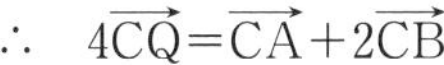

$\therefore\quad 4\overrightarrow{\mathrm{CQ}}=\overrightarrow{\mathrm{CA}}+2\overrightarrow{\mathrm{CB}}$

$\therefore\quad \overrightarrow{\mathrm{CQ}}=\dfrac{1}{4}\overrightarrow{\mathrm{CA}}+\dfrac{2}{4}\overrightarrow{\mathrm{CB}}$

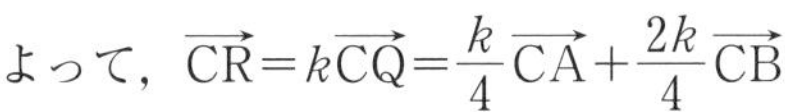

よって，$\overrightarrow{\mathrm{CR}}=k\overrightarrow{\mathrm{CQ}}=\dfrac{k}{4}\overrightarrow{\mathrm{CA}}+\dfrac{2k}{4}\overrightarrow{\mathrm{CB}}$

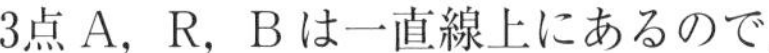

3点 A，R，B は一直線上にあるので，　◀141 精講 II

$\dfrac{k}{4}+\dfrac{2k}{4}=1 \qquad \therefore\quad k=\dfrac{4}{3}$

よって，$\overrightarrow{\mathrm{CR}}=\dfrac{1}{3}\overrightarrow{\mathrm{CA}}+\dfrac{2}{3}\overrightarrow{\mathrm{CB}}$ となり，AR：RB＝2：1

また，$\overrightarrow{\mathrm{CR}}=\dfrac{4}{3}\overrightarrow{\mathrm{CQ}}$ より，CQ：QR＝3：1

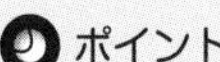

ポイント　空間といえども，ある平面で切って考えれば平面の考え方が通用する

演習問題 164

四面体 OABC において，辺 AB を 1：2 に内分する点を D，線分 CD を 3：5 に内分する点を E，線分 OE を 1：3 に内分する点を F，直線 AF が平面 OBC と交わる点をGとするとき，次の問いに答えよ．

(1)　$\overrightarrow{\mathrm{OE}}$，$\overrightarrow{\mathrm{OF}}$ を，$\overrightarrow{\mathrm{OA}}$，$\overrightarrow{\mathrm{OB}}$，$\overrightarrow{\mathrm{OC}}$ で表せ．

(2)　AG：FG を求めよ．

165 四面体（Ⅱ）

座標空間に2点 A(2, 2, 3)，B(4, 3, 5) をとり，AB を1辺とする正四面体 ABCD を考える．

(1) $|\overrightarrow{AB}|$，$\overrightarrow{AB}\cdot\overrightarrow{AC}$ を求めよ．

(2) 辺 AB を $t:(1-t)$ に内分する点を P とするとき，$\overrightarrow{PC}\cdot\overrightarrow{PD}$，$|\overrightarrow{PC}|^2$ を t で表せ．

(3) $\angle CPD=\theta$ とおくとき，$\cos\theta$ を t で表せ．

(4) $\cos\theta$ の最小値と，そのときの t の値を求めよ．

(1) AとBしか与えられていないのに，$\overrightarrow{AB}\cdot\overrightarrow{AC}$ が求まるのか？と思った人は問題文の読み方が足りません．

「**正四面体**」と書いてあります．正四面体とは，どのような立体でしょうか．

(2) **164** の**ポイント**にあるように，平面 PCD で切って平面の問題にいいかえます．

(3) 空間でも，ベクトルのなす角の定義は同じです．

解　答

(1) $\overrightarrow{AB}=(2,\ 1,\ 2)$ だから，

$$|\overrightarrow{AB}|=\sqrt{4+1+4}=\mathbf{3}$$

また，$\triangle$ABC は正三角形だから，

$$\angle BAC=\frac{\pi}{3},\ |\overrightarrow{AC}|=|\overrightarrow{AB}|=3$$

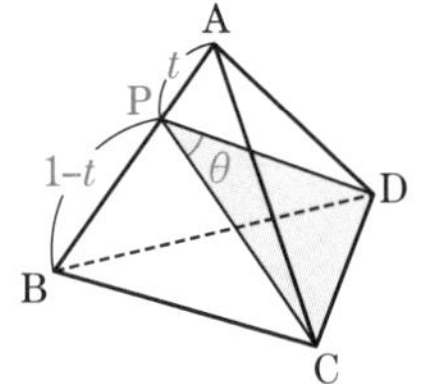

$$\therefore\ \overrightarrow{AB}\cdot\overrightarrow{AC}=|\overrightarrow{AB}||\overrightarrow{AC}|\cos\frac{\pi}{3}$$

$$=3\cdot3\cdot\frac{1}{2}=\mathbf{\frac{9}{2}}$$

(2) $\overrightarrow{PC}=\overrightarrow{AC}-\overrightarrow{AP}=\overrightarrow{AC}-t\overrightarrow{AB}$

$\overrightarrow{PD}=\overrightarrow{AD}-\overrightarrow{AP}=\overrightarrow{AD}-t\overrightarrow{AB}$

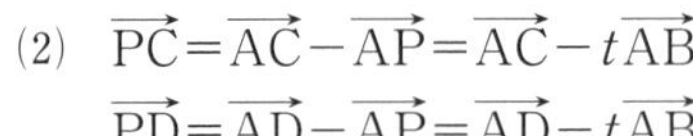

$$\therefore\ \overrightarrow{PC}\cdot\overrightarrow{PD}=(\overrightarrow{AC}-t\overrightarrow{AB})\cdot(\overrightarrow{AD}-t\overrightarrow{AB})$$

$$=\overrightarrow{AC}\cdot\overrightarrow{AD}-t\overrightarrow{AB}\cdot\overrightarrow{AC}-t\overrightarrow{AB}\cdot\overrightarrow{AD}+t^2|\overrightarrow{AB}|^2$$

△ACD，△ABD も正三角形だから　◀正四面体の性質

$$\overrightarrow{AC}\cdot\overrightarrow{AD}=\overrightarrow{AB}\cdot\overrightarrow{AD}=\overrightarrow{AB}\cdot\overrightarrow{AC}=\frac{9}{2}$$

よって，$\overrightarrow{PC}\cdot\overrightarrow{PD}=\boldsymbol{9t^2-9t+\frac{9}{2}}$

また，$|\overrightarrow{PC}|^2=|\overrightarrow{AC}-t\overrightarrow{AB}|^2=|\overrightarrow{AC}|^2-2t\overrightarrow{AB}\cdot\overrightarrow{AC}+t^2|\overrightarrow{AB}|^2$

$$=\boldsymbol{9t^2-9t+9}$$

(3)　$|\overrightarrow{PD}|^2=|\overrightarrow{AD}-t\overrightarrow{AB}|^2=9t^2-9t+9$ だから

$$\cos\theta=\frac{\overrightarrow{PC}\cdot\overrightarrow{PD}}{|\overrightarrow{PC}||\overrightarrow{PD}|}=\frac{18t^2-18t+9}{2(9t^2-9t+9)}$$

$$=\boldsymbol{\frac{2t^2-2t+1}{2t^2-2t+2}}$$

(4)　$\cos\theta=1-\dfrac{1}{2t^2-2t+2}=1-\dfrac{1}{2\left(t-\dfrac{1}{2}\right)^2+\dfrac{3}{2}}$　◀わり算をすることで，分子の次数を下げる

よって，$\boldsymbol{t=\frac{1}{2}}$ **のとき，最小値** $\boldsymbol{\frac{1}{3}}$

ポイント　正四面体とは，4 つの面がすべて合同な正三角形である四面体

注　正三角すいと正四面体は異なります．

正三角すいとは，右図のように，

1 つの面は正三角形，その他の面は，合同な二等辺三角形であるような四面体です．

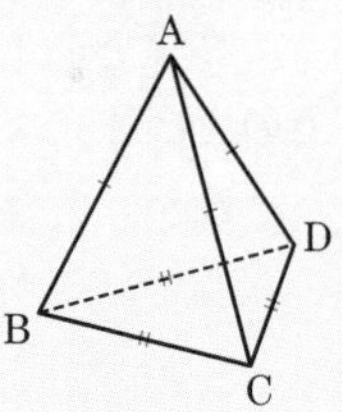

演習問題 165

正四面体 ABCD の辺 AB，CD の中点をそれぞれ，M，N とし，線分 MN の中点を G，$\angle AGB=\theta$ とするとき，AB=2 として次の問いに答えよ．

(1)　$\overrightarrow{GA}$，$\overrightarrow{GB}$ を $\overrightarrow{AB}$，$\overrightarrow{AC}$，$\overrightarrow{AD}$ を用いて表せ．

(2)　$|\overrightarrow{GA}|$，$|\overrightarrow{GB}|$，$\overrightarrow{GA}\cdot\overrightarrow{GB}$ の値を求めよ．

(3)　$\cos\theta$ の値を求めよ．

166 垂線の足のベクトル

原点をOとする座標空間に3点 A(1, 1, −1), B(2, −1, 1), C(4, 5, −1) がある．このとき，次の問いに答えよ．

(1) $|\overrightarrow{OA}|$, $|\overrightarrow{OB}|$, $\overrightarrow{OA}\cdot\overrightarrow{OB}$, $\overrightarrow{OB}\cdot\overrightarrow{OC}$, $\overrightarrow{OC}\cdot\overrightarrow{OA}$ の値を求めよ．

(2) 3点O, A, Bを含む平面をπとする．点Cから平面πへ下ろした垂線と平面πの交点をHとする．このとき，$\overrightarrow{OH}=s\overrightarrow{OA}+t\overrightarrow{OB}$ と表せる．$\overrightarrow{CH}\perp\overrightarrow{OA}$, $\overrightarrow{CH}\perp\overrightarrow{OB}$ を利用して，s, tの値を求めよ．

(2) まず，図をかくことが必要ですが，空間座標では点が軸上にあるなど，特殊なとき以外は座標軸はかきません．必要だとしても適当にかけば十分です．

次に，「直線lが平面πと垂直」とは「直線lが平面π上の任意の直線と垂直」ということですが，π上のすべての直線を考えるわけにはいかないので，

「直線lが平面π上の平行でない2直線と垂直」と読みかえます．(図Ⅰ)

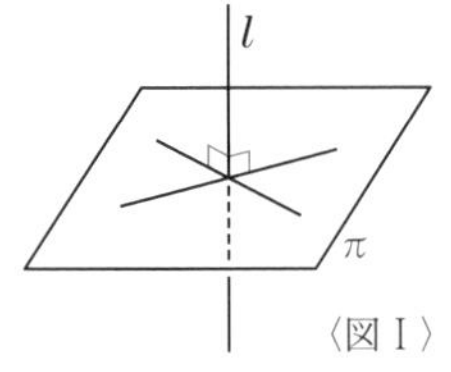

〈図Ⅰ〉

これをベクトルで書きなおすと，「直線lと平面π上の1次独立な2つのベクトルと垂直」となります．

これが，条件の「$\overrightarrow{CH}\perp\overrightarrow{OA}$, $\overrightarrow{CH}\perp\overrightarrow{OB}$」です．

それでは，なぜ「$\overrightarrow{OH}=s\overrightarrow{OA}+t\overrightarrow{OB}$」と表せるのでしょうか？　それは，4点O, A, B, Hが同一平面上にあるからです．(図Ⅱ)

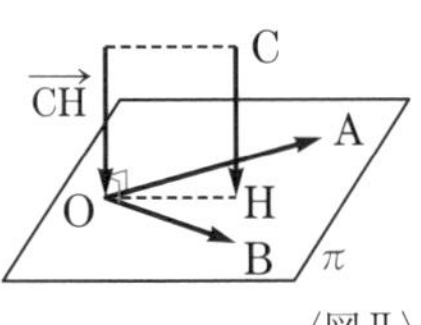

〈図Ⅱ〉

これは**ポイント**にあるように2つの形があり，ベクトルの始点が含まれるかどうかで使い分けます．

解答

(1) $\overrightarrow{OA}=(1,\ 1,\ -1)$, $\overrightarrow{OB}=(2,\ -1,\ 1)$
$\overrightarrow{OC}=(4,\ 5,\ -1)$ より

◀143 始点を原点にとるとベクトルの成分は終点の座標と一致

$|\overrightarrow{OA}|=\sqrt{1^2+1^2+(-1)^2}=\sqrt{3}$

$|\overrightarrow{OB}|=\sqrt{2^2+(-1)^2+1^2}=\sqrt{6}$

$\overrightarrow{OA}\cdot\overrightarrow{OB}=2-1-1=0$　◀161

$\overrightarrow{\mathrm{OB}}\cdot\overrightarrow{\mathrm{OC}}=8-5-1=\mathbf{2}$, $\overrightarrow{\mathrm{OC}}\cdot\overrightarrow{\mathrm{OA}}=4+5+1=\mathbf{10}$

(2) $\overrightarrow{\mathrm{OH}}=s\overrightarrow{\mathrm{OA}}+t\overrightarrow{\mathrm{OB}}$ より

$\overrightarrow{\mathrm{CH}}=\overrightarrow{\mathrm{OH}}-\overrightarrow{\mathrm{OC}}=s\overrightarrow{\mathrm{OA}}+t\overrightarrow{\mathrm{OB}}-\overrightarrow{\mathrm{OC}}$　◀始点を O にかえる

$\overrightarrow{\mathrm{CH}}\perp\overrightarrow{\mathrm{OA}}$ より，$\overrightarrow{\mathrm{CH}}\cdot\overrightarrow{\mathrm{OA}}=0$ だから

$(s\overrightarrow{\mathrm{OA}}+t\overrightarrow{\mathrm{OB}}-\overrightarrow{\mathrm{OC}})\cdot\overrightarrow{\mathrm{OA}}=0$

$\therefore\ \ s|\overrightarrow{\mathrm{OA}}|^2+t\overrightarrow{\mathrm{OA}}\cdot\overrightarrow{\mathrm{OB}}-\overrightarrow{\mathrm{OC}}\cdot\overrightarrow{\mathrm{OA}}=0$

(1)より，$|\overrightarrow{\mathrm{OA}}|^2=3$，$\overrightarrow{\mathrm{OA}}\cdot\overrightarrow{\mathrm{OB}}=0$，$\overrightarrow{\mathrm{OC}}\cdot\overrightarrow{\mathrm{OA}}=10$

$\therefore\ \ 3s-10=0$　　よって，$s=\dfrac{\mathbf{10}}{\mathbf{3}}$

次に，$\overrightarrow{\mathrm{CH}}\perp\overrightarrow{\mathrm{OB}}$ より，$\overrightarrow{\mathrm{CH}}\cdot\overrightarrow{\mathrm{OB}}=0$ だから

$(s\overrightarrow{\mathrm{OA}}+t\overrightarrow{\mathrm{OB}}-\overrightarrow{\mathrm{OC}})\cdot\overrightarrow{\mathrm{OB}}=0$

$\therefore\ \ s\overrightarrow{\mathrm{OA}}\cdot\overrightarrow{\mathrm{OB}}+t|\overrightarrow{\mathrm{OB}}|^2-\overrightarrow{\mathrm{OB}}\cdot\overrightarrow{\mathrm{OC}}=0$

$\overrightarrow{\mathrm{OA}}\cdot\overrightarrow{\mathrm{OB}}=0$，$|\overrightarrow{\mathrm{OB}}|^2=6$，$\overrightarrow{\mathrm{OB}}\cdot\overrightarrow{\mathrm{OC}}=2$ より

$6t-2=0$　　$\therefore\ \ t=\dfrac{\mathbf{1}}{\mathbf{3}}$

ポイント

① 直線 l と平面 π が垂直
$\Longleftrightarrow$ 直線 l が平面 π 上の 1 次独立な 2 つのベクトルと垂直

② 4 点 A，B，C，D が同一平面上にある
$\Longleftrightarrow \overrightarrow{\mathrm{AD}}=s\overrightarrow{\mathrm{AB}}+t\overrightarrow{\mathrm{AC}}$ (s，t は実数)
$\Longleftrightarrow \overrightarrow{\square\mathrm{D}}=l\overrightarrow{\square\mathrm{A}}+m\overrightarrow{\square\mathrm{B}}+n\overrightarrow{\square\mathrm{C}}$
(□は始点，$l+m+n=1$)

注　②は 141 精講 の，3 点が一直線上にある条件と同じ形をしています．

第8章

演習問題 166

四面体 OABC において，OA＝OB＝OC＝2，AB＝BC＝CA＝1 とする．また，辺 OB 上に点Pを AP⊥OB となるようにとる．$\overrightarrow{\mathrm{OA}}=\vec{a}$，$\overrightarrow{\mathrm{OB}}=\vec{b}$，$\overrightarrow{\mathrm{OC}}=\vec{c}$ とおくとき，次の問いに答えよ．

(1) $\vec{a}\cdot\vec{b}$ の値を求めよ．　　(2) $\overrightarrow{\mathrm{OP}}$ を $\vec{b}$ で表せ．

(3) 平面 OAC 上に点Qを直線 PQ が平面 OAC に垂直となるようにとる．このとき，$\overrightarrow{\mathrm{OQ}}$ を $\vec{a}$，$\vec{c}$ で表せ．

基礎問

167 空間ベクトルにおける幾何の活用

座標空間内で，原点O，A(2, 0, 0)，B(b_1, b_2, 0)，C(c_1, c_2, c_3) を頂点とする正四面体を考える．ただし，$b_2>0$，$c_3>0$ とする．

(1) b_1, b_2, c_1, c_2, c_3 を求めよ．

(2) $\overrightarrow{OA}\perp\overrightarrow{BC}$ を示せ．

(3) Pは直線BC上の点で，$\overrightarrow{OP}\perp\overrightarrow{BC}$ をみたしている．Pの座標を求めよ．

(1) 5変数ですから式を5つ作ればよいのですが，5文字の連立方程式が厳しいことが予想できます．

そこで，正四面体という特殊性を利用して行けるところまで幾何で押します．

(2) $\overrightarrow{OA}\cdot\overrightarrow{BC}=0$ を示します．(⇨ **151**)

(3) 正四面体の側面はすべて正三角形だから，Pは辺BCの中点になっています．

解　答

(1) 辺OAの中点をMとすると，△OABは正三角形だから，BM⊥OA

OM=1 より，$b_1=\mathbf{1}$

BM=$\sqrt{3}$，$b_2>0$ より，$b_2=\mathbf{\sqrt{3}}$

次に，△OABの重心をGとおくと，

$$G\left(1,\ \frac{\sqrt{3}}{3},\ 0\right)$$

四面体OABCは正四面体だから，CG⊥平面OAB

$\therefore\ c_1=b_1=\mathbf{1}$，$c_2=GM=\mathbf{\dfrac{\sqrt{3}}{3}}$

また，三平方の定理と $c_3>0$ より

$$c_3=CG=\sqrt{CM^2-MG^2}=\sqrt{BM^2-MG^2}$$

$$=\sqrt{3-\left(\frac{\sqrt{3}}{3}\right)^2}=\sqrt{\frac{8}{3}}=\mathbf{\frac{2\sqrt{6}}{3}}$$

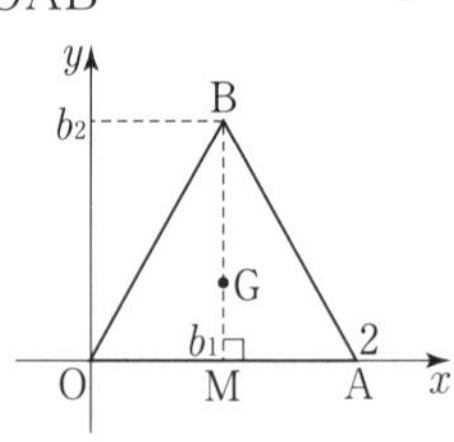

(2) $\overrightarrow{OA}=(2,\ 0,\ 0)$

$\overrightarrow{BC}=\overrightarrow{OC}-\overrightarrow{OB}$

$=\left(1,\ \frac{\sqrt{3}}{3},\ \frac{2\sqrt{6}}{3}\right)-(1,\ \sqrt{3},\ 0)=\left(0,\ -\frac{2\sqrt{3}}{3},\ \frac{2\sqrt{6}}{3}\right)$

よって，$\overrightarrow{OA}\cdot\overrightarrow{BC}=0$

$\therefore$ $\overrightarrow{OA}\neq\vec{0}$，$\overrightarrow{BC}\neq\vec{0}$ だから，$\overrightarrow{OA}\perp\overrightarrow{BC}$

(3) △OBC は正三角形だから，

P は辺 BC の中点．

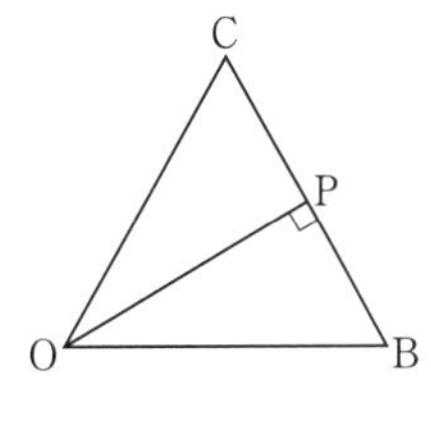

よって，$\overrightarrow{OP}=\frac{1}{2}(\overrightarrow{OB}+\overrightarrow{OC})$

$=\frac{1}{2}\left(2,\ \frac{4\sqrt{3}}{3},\ \frac{2\sqrt{6}}{3}\right)$

$=\left(1,\ \frac{2\sqrt{3}}{3},\ \frac{\sqrt{6}}{3}\right)$

$\therefore$ $\mathbf{P}\left(\mathbf{1},\ \frac{\mathbf{2\sqrt{3}}}{\mathbf{3}},\ \frac{\sqrt{\mathbf{6}}}{\mathbf{3}}\right)$

注 正四面体は立方体から 4 つの四面体を切り落としたものであることを利用すると，正方形の対角線が直交することから，

OA⊥BC は明らかです．

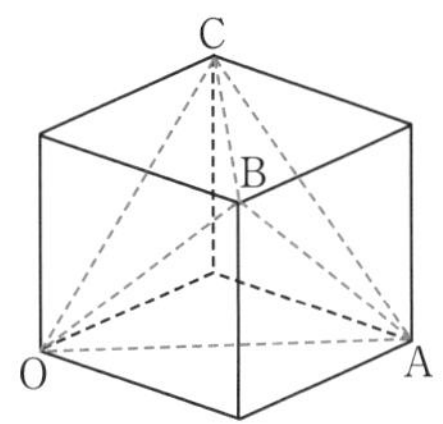

ポイント 点が座標で与えられているからといって，必ずしも座標で考える必要はない．状況にあわせて，幾何，座標，ベクトルを上手に選択する

第8章

演習問題 167

座標空間内で，原点O，A(2, 0, 0)，B(1, $\sqrt{3}$, 0)，C(c_1, c_2, c_3) を頂点とする正三角すいを考える．ただし，$c_3>0$ とする．

(1) △OAB は正三角形であることを示せ．

(2) CO$=\sqrt{3}$ のとき，c_1，c_2，c_3 の値を求めよ．

168 球と直線

座標空間内に，球面 $C: x^2+y^2+z^2=1$ と直線 l があり，直線 l は点 $\mathrm{A}(a,\ 1,\ 1)$ を通り，$\vec{u}=(1,\ 1,\ 1)$ に平行とする．また，$a \geqq 1$ とする．このとき，次の問いに答えよ．

(1)　l 上の任意の点をXとするとき，点Xの座標を媒介変数 t を用いて表せ．

(2)　原点Oから l に下ろした垂線と l の交点をHとする．Hの座標を a で表し，OH を a で表せ．

(3)　球面 C と直線 l が異なる2点P，Qで交わるような a のとりうる値の範囲を求めよ．

(4)　(3)のとき，$\angle\mathrm{POQ}=\dfrac{\pi}{2}$ となる a の値を求めよ．

(1)　点 $\mathrm{A}(x_0,\ y_0,\ z_0)$ を通り，ベクトル $\vec{u}=(p,\ q,\ r)$ に平行な直線上の任意の点をXとすると，

$$\overrightarrow{\mathrm{OX}}=(x_0,\ y_0,\ z_0)+t(p,\ q,\ r)$$

と表せます．

(2)　Hは l 上にあるので，(1)を利用すると，$\overrightarrow{\mathrm{OH}}$ が a と t で表せます．そのあと，$\overrightarrow{\mathrm{OH}}\cdot\vec{u}=0$ を利用して，t を a で表します．

(3)　球面 C と直線 l が異なる2点で交わるとき，

OH＜半径

が成りたちます．

(4)　$\angle\mathrm{POQ}=\dfrac{\pi}{2}$ を $\overrightarrow{\mathrm{OP}}\cdot\overrightarrow{\mathrm{OQ}}=0$ と考えてしまっては，タイヘンです．

それは，PとQの座標がわからないので，$\overrightarrow{\mathrm{OP}}$，$\overrightarrow{\mathrm{OQ}}$ を成分で表せないからです．座標やベクトルの問題では，**幾何の性質を上手に使える**と負担が軽くなります．

解　答

(1)　$\overrightarrow{\mathrm{OX}}=\overrightarrow{\mathrm{OA}}+t\vec{u}=(a,\ 1,\ 1)+(t,\ t,\ t)=(t+a,\ t+1,\ t+1)$

　$\therefore$　$\boldsymbol{\mathrm{X}(t+a,\ t+1,\ t+1)}$

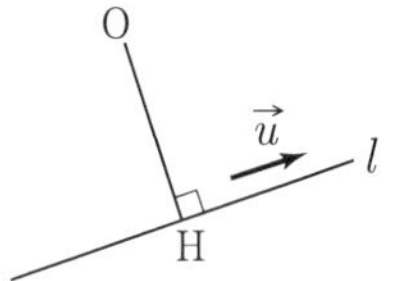

(2)　Hは l 上の点だから，(1)を用いて

$\overrightarrow{OH}=(t+a,\ t+1,\ t+1)$ と表せる．

ここで，$\overrightarrow{OH}\perp\vec{u}$ だから，

$\overrightarrow{OH}\cdot\vec{u}=t+a+t+1+t+1=3t+a+2=0$

$\therefore\quad t=-\dfrac{a+2}{3}$

このとき，$t+a=\dfrac{2a-2}{3}$，$t+1=\dfrac{-a+1}{3}$

よって，$\mathbf{H}\left(\dfrac{\mathbf{2a-2}}{\mathbf{3}},\ \dfrac{\mathbf{-a+1}}{\mathbf{3}},\ \dfrac{\mathbf{-a+1}}{\mathbf{3}}\right)$

また，$OH^2=\dfrac{4}{9}(a-1)^2+\dfrac{1}{9}(-a+1)^2+\dfrac{1}{9}(-a+1)^2$

$=\dfrac{6}{9}(a-1)^2$　　◀33 2点間の距離の公式

$a\geqq1$ だから，$OH=\dfrac{\sqrt{6}}{3}|a-1|=\dfrac{\sqrt{6}}{3}(\boldsymbol{a-1})$　◀$\sqrt{A^2}=|A|$

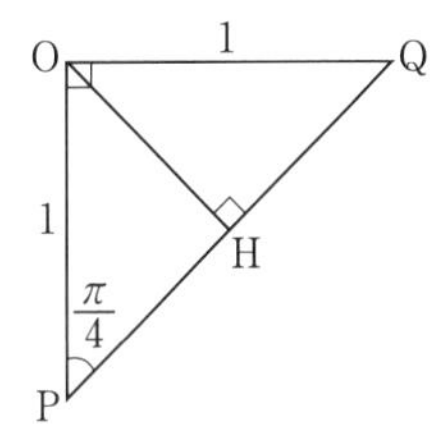

(3)　$OH<1$ だから，$\dfrac{\sqrt{6}}{3}(a-1)<1$

$\therefore\quad \mathbf{1\leqq a<1+\dfrac{\sqrt{6}}{2}}$　◀仮定に $a\geqq1$ がある

(4)　$\angle POQ=\dfrac{\pi}{2}$ だから，$OH=\dfrac{1}{\sqrt{2}}$

$\therefore\quad \dfrac{\sqrt{6}}{3}(a-1)=\dfrac{1}{\sqrt{2}}$　　$\therefore\quad a=\mathbf{1+\dfrac{\sqrt{3}}{2}}$

ポイント　中心 $(a,\ b,\ c)$，半径 r の球面の方程式は

$(x-a)^2+(y-b)^2+(z-c)^2=r^2$

168において，

(1)　$\angle POQ=\dfrac{\pi}{3}$ となるような a の値を求めよ．

(2)　線分 PQ の長さが最大になる点Aに対して，球面 C 上の動点R をとり，線分 AR を考える．線分 AR の長さを最小にする点 R_0 の座標を求めよ．

第8章

第9章 統計的な推測

169 確率変数と確率分布

白球3個，黒球4個が入った袋から同時に3個の球を取り出すとき，その中の白球の個数をXとする．このとき，Xの確率分布を求めよ．

この問題の白球の個数Xのように，ある試行の結果に応じてXの値が定まり，その値をとる確率が定まるとき，この変数Xを**確率変数**といいます．

◀確率変数は，X以外の文字で表すこともある

一般に，確率変数Xのとり得る値をx_1，x_2，……，x_nとし，それぞれの値に対応する確率Pをp_1，p_2，……，p_nとするとき，これらの対応関係は，次の表のようになります．この表を**確率分布**といいます．

X	x_1	x_2	……	x_n	計
P	p_1	p_2	……	p_n	1

◀「確率分布を求めよ」と問われたら，この表をかく

このとき，

① $p_1 \geqq 0$，$p_2 \geqq 0$，……，$p_n \geqq 0$

② $p_1+p_2+\cdots\cdots+p_n=1$

◀全事象の起こる確率は1(これがポイント)

が成り立ちます．

一般に，確率変数Xの値がx_nとなる確率を$\boldsymbol{P(X=x_n)}$と表します．

解答

Xのとり得る値は　$X=0$，1，2，3

それぞれの値をとる確率は

◀確率変数Xの値を取りこぼしなく調べあげる

$$P(X=0)=\frac{{}_4\mathrm{C}_3}{{}_7\mathrm{C}_3}=\frac{4\cdot3\cdot2}{7\cdot6\cdot5}=\frac{4}{35}$$

◀${}_7\mathrm{C}_3=\dfrac{7\cdot6\cdot5}{3\cdot2\cdot1}$，${}_4\mathrm{C}_3=\dfrac{4\cdot3\cdot2}{3\cdot2\cdot1}$

$$P(X=1)=\frac{{}_3\mathrm{C}_1\times{}_4\mathrm{C}_2}{{}_7\mathrm{C}_3}=\frac{18}{35}$$

$$P(X=2)=\frac{{}_3\mathrm{C}_2\times{}_4\mathrm{C}_1}{{}_7\mathrm{C}_3}=\frac{12}{35}$$

$$P(X=3)=\frac{{}_3C_3}{{}_7C_3}=\frac{1}{35}$$

よって，求める確率分布は次の表のようになる．

X	0	1	2	3	計
$P(X)$	$\frac{4}{35}$	$\frac{18}{35}$	$\frac{12}{35}$	$\frac{1}{35}$	1

◀全事象の起こる確率が1にならなければ，どこかで間違えている
この問題では必要ないが，確率を約分しない方が全事象の起こる確率が1になっているかすぐに確認できる

(別解)　$P(X=3)$ を求める際に，全事象の起こる確率が1になることに着目して

$$P(X=3)=1-\frac{4}{35}-\frac{18}{35}-\frac{12}{35}=\frac{1}{35}$$

注　確率変数Xの値がa以上b以下の値をとる確率を $\boldsymbol{P(a \leqq X \leqq b)}$ のように表します．**基礎問**の場合において，$P(1 \leqq X \leqq 2)$ は次のように計算することができます．

$$P(1 \leqq X \leqq 2)=P(X=1)+P(X=2)=\frac{18}{35}+\frac{12}{35}=\frac{30}{35}=\frac{6}{7}$$

ポイント

・確率分布は，試行において，確率変数Xの値を取りこぼしなく調べあげることから始まる

・これらのXの値に対応する確率を表にしたものが確率分布であり，これらの確率の和（全事象が起こる確率）が1になることに着目すると，検算することができたり，計算スピードを上げたりすることができる

演習問題 169

2個のサイコロを同時に投げて，出る目の最大数をXとする．このとき，Xの確率分布を求めよ．

基礎問

170 確率変数の期待値

総数 100 本のくじがあり，その当たりくじの１等，２等，３等の賞金と本数は表の通りであり，はずれたときは賞金はないものとする．なお，このくじの代金は１本 50 円であるとする．

	賞金	本数
1 等	1000 円	1 本
2 等	750 円	3 本
3 等	150 円	5 本
はずれ	0 円	91 本

(1)　くじを１本買ったときの賞金の期待値を求めよ．

(2)　(1)の結果から判断して，このくじを買うのは得なのか，損なのかを答えよ．

このくじを１本買ったとき，賞金として期待される金額，すなわち，賞金の平均は，次のようになります．

$$\frac{1}{100}(1000+2250+750+0)=\frac{4000}{100}=40\ (円)$$

この第１式目の平均の式は，$1000\cdot\frac{1}{100}+750\cdot\frac{3}{100}+150\cdot\frac{5}{100}+0\cdot\frac{91}{100}$ と変形でき，これは，「**(確率変数のとり得る値)×(その確率) のシグマ**」と見ることができます．

一般に，確率変数 X の確率分布が，次の表のように与えられたとき，

X	x_1	x_2	……	x_n	計
P	p_1	p_2	……	p_n	1

$$x_1p_1+x_2p_2+\cdots\cdots+x_np_n=\sum_{k=1}^{n}x_kp_k$$

◀(確率変数のとり得る値)×(その確率)のシグマ

を，確率変数 X の**期待値**または**平均**といい，

$E(X)$ または m で表します．この $E(X)$ の E は，expectation の頭文字で，期待値を意味します．また，m は，mean の頭文字で，平均を意味します．

解　答

(1)　賞金と確率の表は，次のように表される．

賞金	1000 円	750 円	150 円	0 円	計
確率	$\frac{1}{100}$	$\frac{3}{100}$	$\frac{5}{100}$	$\frac{91}{100}$	1

よって，賞金の期待値は

$$1000\cdot\frac{1}{100}+750\cdot\frac{3}{100}+150\cdot\frac{5}{100}+0\cdot\frac{91}{100}$$

◀(確率変数のとり得る値)×(その確率) のシグマ

$$=\frac{1}{100}(1000+2250+750+0)$$

◀先に $\frac{1}{100}$ でくくると，計算がしやすくなる

$$=\frac{4000}{100}=\mathbf{40}\,(\textbf{円})$$

(2)　賞金の期待値 40 円がくじの代金 50 円よりも安いので，このくじを買うのは**損**である．

ポイント

・期待値を求めるには，確率変数Xの値を取りこぼしなく調べあげることから始まる

・これらのXの値に対応する確率を求めた後，

(確率変数のとり得る値)×(その確率) のシグマ

すなわち，

$$x_1p_1+x_2p_2+\cdots\cdots+x_np_n=\sum_{k=1}^{n}x_kp_k$$

を計算すればよい

演習問題 170

4 枚のコインを同時に投げ，表が奇数枚出たときのみ，その表の出ているコインを獲得するゲームを行う．このゲームを 1 回行ったときに獲得するコインの枚数の期待値を求めよ．

171 確率変数の変換後の期待値

総数100本のくじがある．その当たりくじの1等，2等，3等の賞金と本数は表の通りであり，はずれたときは賞金はないものとする．なお，このくじの代金は1本50円であるとする．

	賞金	本数
1等	1000円	1本
2等	750円	3本
3等	150円	5本
はずれ	0円	91本

(1) 70円の所持金がある．くじを1本買い，賞金を受け取った後の所持金の期待値を求めよ．

(2) くじを2本買ったときの賞金の合計金額の期待値を求めよ．

(1) 所持金の70円で，50円を払って，賞金としての期待値が40円(前の**基礎問**で求めました)のくじを買うと考えることができます．賞金を受け取った後の所持金の期待値は，$20+40=60$ (円)になりそうですね．

くじを1本買ったときに1本に対応する賞金をX，賞金を受け取った後の所持金をYとすると，$Y=X+20$ となります．先ほど述べたことから，期待値$E(Y)$について，$E(Y)=E(X+20)=E(X)+20$ が成り立ちそうです．実は，一般に，$\boldsymbol{Y=aX+b}$ **のとき，**$\boldsymbol{E(Y)=aE(X)+b}$ が成り立ちます．

(証明) 確率変数Xの確率分布が，表1のように与えられたとき，$Y=aX+b$ で表される確率変数Yを考えると，Yは $y_k=ax_k+b$ $(k=1,\ 2,\ \cdots\cdots,\ n)$ を値にとる確率変数で，その確率分布は，表2のようになる．

〈表1〉

X	x_1	x_2	$\cdots\cdots$	x_n	計
P	p_1	p_2	$\cdots\cdots$	p_n	1

〈表2〉

Y	y_1	y_2	$\cdots\cdots$	y_n	計
P	p_1	p_2	$\cdots\cdots$	p_n	1

このとき，

$$\begin{aligned}E(Y)&=y_1p_1+y_2p_2+\cdots\cdots+y_np_n\\&=(ax_1+b)p_1+(ax_2+b)p_2+\\&\qquad\cdots\cdots+(ax_n+b)p_n\\&=a(x_1p_1+x_2p_2+\cdots\cdots+x_np_n)\\&\qquad+b(p_1+p_2+\cdots\cdots+p_n)\\&=aE(X)+b \quad ■\end{aligned}$$

◀$y_k=ax_k+b$ $(k=1,\ 2,\ \cdots\cdots,\ n)$

◀全事象の起こる確率は1

(2) 賞金としての期待値が40円のくじを2本買うと考えることができます．このときの賞金の合計金額の期待値は，$40\times2=80$（円）になりそうですね．くじを2本買ったときに1本に対応する賞金をX，もう1本に対応する賞金をYとすると，$E(X+Y)=E(X)+E(Y)$が成り立ちそうです．実は，$\boldsymbol{E(X+Y)=E(X)+E(Y)}$が成り立ち，「和の期待値」は「期待値の和」になります．

◀$E(X+Y)=E(X)+E(Y)$は，X，Yが独立でも従属でも成り立つ（詳しくは **175** で）

注 一般に，

$\boldsymbol{E(aX+bY)=aE(X)+bE(Y)}$が成り立ちます．

◀X，Yが独立でも従属でも成り立つ

解答

(1) くじを1本買ったときに1本に対応する賞金をX，賞金を受け取った後の所持金をYとすると，$Y=70-50+X$　$\therefore$　$Y=X+20$

$$E(X)=1000\cdot\frac{1}{100}+750\cdot\frac{3}{100}+150\cdot\frac{5}{100}+0\cdot\frac{91}{100}=40\ (円)$$

よって，

$$E(Y)=E(X+20)=E(X)+20=40+20=\mathbf{60}\ (\textbf{円})$$

◀$E(aX+b)=aE(X)+b$

(2) くじを2本買ったときに1本に対応する賞金をX，もう1本に対応する賞金をYとすると，

$$E(X+Y)=E(X)+E(Y)=2E(X)=\mathbf{80}\ (\textbf{円})$$

◀「和の期待値」は「期待値の和」

ポイント

- $Y=aX+b$のとき，$E(Y)=aE(X)+b$が成り立つ
- 「和の期待値」は「期待値の和」になり，$E(X+Y)=E(X)+E(Y)$が成り立つ
- 一般に，$E(aX+bY)=aE(X)+bE(Y)$が成り立つ

演習問題 171

2つのさいころA，Bを投げたときに出た目をそれぞれX，Yとする．このとき，確率変数X，Yに対して，次の問いに答えよ．

(1) $Z=2X+3$で表される確率変数Zの期待値を求めよ．

(2) $Z=X+Y$で表される確率変数Zの期待値を求めよ．

172 確率変数の分散・標準偏差

生徒 720 人全員を対象に，ある 1 週間に図書館で借りた本の冊数について調査を行った結果，1 冊も借りなかった生徒が 612 人，1 冊借りた生徒が 54 人，2 冊借りた生徒が 36 人であり，3 冊借りた生徒が 18 人であった．4 冊以上借りた生徒はいなかった．この生徒から 1 人を無作為に選んだとき，その生徒が借りた本の冊数を表す確率変数を X とする．

(1) X の期待値 $E(X)$ を求めよ． (2) X の分散 $V(X)$ を求めよ．

(3) X の標準偏差 $\sigma(X)$ を求めよ．

精講

「データの分析」と同様に，散らばりの度合いを数値で表すものとして，「確率分布」でも分散と標準偏差があります．**分散**は $V(X)$ と表します．この $V(X)$ の V は，variance の頭文字で，分散を意味します．

分散は，(確率変数 X と期待値 m の差)^2 の期待値，すなわち，(偏差)^2 の期待値であり，

$$\boldsymbol{V(X)=E((X-m)^2)=(x_1-m)^2p_1+(x_2-m)^2p_2+\cdots\cdots+(x_n-m)^2p_n}$$

として，分布の**散らばりの度合い**を数値で表します．この式を変形していくと，$\boldsymbol{V(X)=E(X^2)-\{E(X)\}^2}$ を導くことができます．

(証明) $V(X)=(x_1-m)^2p_1+(x_2-m)^2p_2+\cdots\cdots+(x_n-m)^2p_n$

$=(x_1{}^2p_1+x_2{}^2p_2+\cdots\cdots+x_n{}^2p_n)-2m(x_1p_1+x_2p_2+\cdots\cdots+x_np_n)$

$+m^2(p_1+p_2+\cdots\cdots+p_n)$ ◀全事象の起こる確率は 1

$=E(X^2)-2mE(X)+m^2$ ◀$E(X)$ も m も同じ期待値，$E(X)$ に統一

$=E(X^2)-\{E(X)\}^2$ ◀分散 $V(X)$ は X^2 の期待値と (X の期待値)^2 の差

証明の第 1 式目の分散の定義の式から，$V(X)$ は負になることはなく，0 か正になります．また，分散が小さいほど，分布がその期待値 (平均) の近くに集中していて，逆に大きいほど分布が幅広く広がっていることになります．

また，**標準偏差**は $\sigma(X)$ で表し，分散 $V(X)$ の正の平方根，すなわち，$\boldsymbol{\sigma(X)=\sqrt{V(X)}}$ として，分布の散らばりの度合いを数値で表します．これは，確率変数 X の**単位に合わせるため**に，分散 $V(X)$ の正の平方根をとっています．

◀分散 $V(X)$ の単位は，元の単位の 2 乗

解　答

(1)　Xの確率分布は次の表のようになる.

X	0	1	2	3	計
$P(X)$	$\frac{612}{720}$	$\frac{54}{720}$	$\frac{36}{720}$	$\frac{18}{720}$	1

よって, $E(X)=0\cdot\frac{612}{720}+1\cdot\frac{54}{720}+2\cdot\frac{36}{720}+3\cdot\frac{18}{720}$　◀170

$=\frac{1}{720}(0+54+72+54)=\frac{180}{720}=\mathbf{\frac{1}{4}}$　◀先に$\frac{1}{720}$でくくると, 計算がしやすくなる

(2)　X^2の期待値$E(X^2)$は,

$E(X^2)=0^2\cdot\frac{612}{720}+1^2\cdot\frac{54}{720}+2^2\cdot\frac{36}{720}+3^2\cdot\frac{18}{720}$　◀170

$=\frac{360}{720}=\frac{1}{2}$

よって, $V(X)=E(X^2)-\{E(X)\}^2$　◀分散$V(X)$はX^2の期待値と(Xの期待値)^{2}の差

$=\frac{1}{2}-\left(\frac{1}{4}\right)^2=\frac{1}{2}-\frac{1}{16}=\mathbf{\frac{7}{16}}$　◀分散$V(X)$は, 負になることはない

(3)　$\sigma(X)=\sqrt{V(X)}=\sqrt{\frac{7}{16}}=\mathbf{\frac{\sqrt{7}}{4}}$　◀標準偏差$\sigma(X)$は分散$V(X)$の正の平方根

ポイント

・分散$V(X)$は, X^2の期待値と(Xの期待値)^{2}の差, すなわち, $V(X)=E(X^2)-\{E(X)\}^2$で求まる

・標準偏差$\sigma(X)$は, 分散$V(X)$の正の平方根, すなわち, $\sigma(X)=\sqrt{V(X)}$で求まる

演習問題 172

1から6までの番号をつけてある6枚のカードがある. この中から同時に2枚のカードを引くとき, 引いたカードの番号の大きい方をXとする.

(1)　Xの確率分布を求めよ.　(2)　Xの期待値$E(X)$を求めよ.

(3)　Xの標準偏差$\sigma(X)$を求めよ.

173 確率変数の変換後の分散・標準偏差

1から8までの整数のいずれか一つが書かれたカードが，各数に対して1枚ずつ合計8枚ある．Dさんがカードを引いて，賞金を得るゲームをする．100円のゲーム代を払って，カードを1枚引き，書いてある数がXのとき，$20X-10$円を受け取る．Dさんがカードを1枚引いて受け取る金額からゲーム代を差し引いた金額をY円とする．次の値を求めよ．

(1) 確率変数Xの期待値$E(X)$，分散$V(X)$，標準偏差$\sigma(X)$

(2) 確率変数Yの期待値$E(Y)$，分散$V(Y)$，標準偏差$\sigma(Y)$

(2) 171 で学習したように，$Y=aX+b$ のとき，$E(Y)=aE(X)+b$ が成り立ちました．このとき，さらに **$V(Y)=a^2V(X)$，$\sigma(Y)=|a|\sigma(X)$** が成り立ちます．

(証明)

$Y=aX+b$ のとき，$Y-E(Y)=aX+b-\{aE(X)+b\}$

$=a\{X-E(X)\}$ ◀$E(aX+b)=aE(X)+b$

よって，$V(Y)=E(\{Y-E(Y)\}^2)$ ◀分散 $V(Y)$ は，(Y の偏差)^2 の期待値

$=E(a^2\{X-E(X)\}^2)$

$=a^2E(\{X-E(X)\}^2)$ ◀$E(aX)=aE(X)$

$=a^2V(X)$ ◀分散 $V(X)$ は，(X の偏差)^2 の期待値

また，

$\sigma(Y)=\sqrt{V(Y)}=\sqrt{a^2V(X)}$

$=|a|\sigma(X)$ ■ ◀標準偏差は分散の正の平方根

確率変数Yのとり得る値は，確率変数Xのとり得る値全てにおいて「a倍して，bを加えた」ものです．分散$V(Y)$は，(Yの偏差)^{2}の期待値という2乗の式が含まれているので，aを外に出す際に，aは2乗になって出てきます．$V(Y)=a^2V(X)$ の式にbが出てこないのは，確率変数Xのとり得る値全てにbを加えているので，**bは散らばり具合に影響を与えない**ためです．

解　答

(1)　$E(X)=\frac{1}{8}(1+2+3+4+5+6+7+8)=\mathbf{\frac{9}{2}}$

また，$E(X^2)=\frac{1}{8}(1^2+2^2+3^2+4^2+5^2+6^2+7^2+8^2)=\frac{51}{2}$ であるから，

$V(X)=E(X^2)-\{E(X)\}^2$　◀分散は，X^2 の期待値と$(X$ の期待値$)^2$ の差

$=\frac{51}{2}-\left(\frac{9}{2}\right)^2=\mathbf{\frac{21}{4}}$

$\sigma(X)=\sqrt{V(X)}=\sqrt{\frac{21}{4}}=\mathbf{\frac{\sqrt{21}}{2}}$　◀標準偏差 $\sigma(X)$ は分散 $V(X)$ の正の平方根

(2)　$Y=20X-10-100=20X-110$ であるから，

$E(Y)=20E(X)-110=20\cdot\frac{9}{2}-110=\mathbf{-20}$　◀$E(aX+b)=aE(X)+b$

$V(Y)=V(20X-110)=20^2V(X)=400\cdot\frac{21}{4}=\mathbf{2100}$　◀$V(aX+b)=a^2V(X)$

$\sigma(Y)=\sqrt{V(Y)}=\mathbf{10\sqrt{21}}$　◀標準偏差 $\sigma(Y)$ は分散 $V(Y)$ の正の平方根

(別解)　$\sigma(Y)=\sigma(20X-110)=|20|\sigma(X)=20\cdot\frac{\sqrt{21}}{2}=10\sqrt{21}$

◀$\sigma(aX+b)=|a|\sigma(X)$

ポイント

$Y=aX+b$ のとき，

$E(Y)=aE(X)+b$

$V(Y)=a^2V(X)$

$\sigma(Y)=\sqrt{V(Y)}$ もしくは $\sigma(Y)=|a|\sigma(X)$

で求まる

演習問題 173

1 から 5 までの数字を 1 つずつ書いた 5 枚のカードがある．この中から同時に 2 枚のカードを取り出すとき，取り出したカードの書かれている数字の大きい方から小さい方を引いた値をXとする．このとき，$Y=2X+3$ で表される確率変数Yの期待値 $E(Y)$，分散 $V(Y)$，標準偏差 $\sigma(Y)$ を求めよ．

174 2つの確率変数が独立であるときの積の期待値

2つの確率変数 X, Y を組み合わせた同時確率分布が次のように与えられている．ただし，$0<a<1$, $0<b<1$ とする．X, Y が互いに独立であるとき，表のア〜カを埋めよ．また，確率変数 XY の期待値 $E(XY)$ を求めよ．

X ＼ Y	2	4	計
1	ウ	エ	a
2	オ	カ	ア
計	b	イ	1

2つの確率変数 X, Y について，X が a, Y が b の値をとる確率を $\boldsymbol{P(X=a,\ Y=b)}$ で表します．

X がとり得る任意の値 x_i, Y がとり得る任意の値 y_j について，$P(X=x_i,\ Y=y_j)=P(X=x_i)P(Y=y_j)$ がつねに成り立つとき，X, Y は互いに**独立**であるといいます．$P(X=x_i,\ Y=y_j)\neq P(X=x_i)P(Y=y_j)$ となる x_i, y_j が一組でも存在すれば，X, Y は互いに**独立でない**となります．(従属であるといいます．)

X, Y は互いに独立であるとき，X, Y の確率分布が，それぞれ下の表のようになるとします．

X	x_1	x_2	計
P	p_1	p_2	1

Y	y_1	y_2	計
P	q_1	q_2	1

実は，**X と Y が互いに独立であるとき，$\boldsymbol{E(XY)=E(X)E(Y)}$** が成り立ちます．このことを証明してみましょう．

(証明)　X, Y は互いに独立であるので，

$P(X=x_1,\ Y=y_1)=P(X=x_1)P(Y=y_1)=p_1q_1$,

$P(X=x_1,\ Y=y_2)=p_1q_2$,

$P(X=x_2,\ Y=y_1)=p_2q_1$,

$P(X=x_2,\ Y=y_2)=p_2q_2$ となり，

X ＼ Y	y_1	y_2	計
x_1	p_1q_1	p_1q_2	p_1
x_2	p_2q_1	p_2q_2	p_2
計	q_1	q_2	1

X, Y を組み合わせた同時確率分布は上の表のようになります．

x_iy_j の値をとり得る確率変数 XY の確率分布は，右の表のようになります．

XY	x_1y_1	x_1y_2	x_2y_1	x_2y_2	計
P	p_1q_1	p_1q_2	p_2q_1	p_2q_2	1

よって，

$$E(XY)=x_1y_1p_1q_1+x_1y_2p_1q_2+x_2y_1p_2q_1+x_2y_2p_2q_2$$
$$=(x_1p_1+x_2p_2)(y_1q_1+y_2q_2)$$
$$=E(X)E(Y) \quad \blacksquare$$

◀ X と Y が互いに独立でないときは，不成立

解　答

$P(X=1)=a$ より　$P(X=2)=\mathbf{1-a}$ ア

$P(Y=2)=b$ より　$P(Y=4)=\mathbf{1-b}$ イ

また，X，Y は互いに独立であるので，

$P(X=1,\ Y=2)=P(X=1)P(Y=2)=\boldsymbol{ab}$ ウ

$P(X=1,\ Y=4)=P(X=1)P(Y=4)=\boldsymbol{a(1-b)}$ エ

$P(X=2,\ Y=2)=P(X=2)P(Y=2)=\boldsymbol{(1-a)b}$ オ

$P(X=2,\ Y=4)=P(X=2)P(Y=4)=\boldsymbol{(1-a)(1-b)}$ カ

$E(X)=1\cdot a+2\cdot(1-a)=2-a$　◀170

$E(Y)=2\cdot b+4\cdot(1-b)=4-2b$　◀170

よって，

$$E(XY)=E(X)E(Y)=(2-a)(4-2b)=\mathbf{2(2-a)(2-b)}$$

▲ X と Y が互いに独立であるので，「積の期待値」は「期待値の積」

ポイント

- X がとり得る任意の値 x_i，Y がとり得る任意の値 y_j について，$P(X=x_i,\ Y=y_j)=P(X=x_i)P(Y=y_j)$ がつねに成り立つとき，X，Y は互いに独立である
- X と Y が互いに独立であるときに限り，「積の期待値」は「期待値の積」，すなわち，$E(XY)=E(X)E(Y)$ が成り立つ

演習問題 174

1，2，3，4，5，6 の数字が 1 つずつ記入された 6 枚のカードを袋の中に入れる．この袋の中から 2 枚のカードを同時に抜き出し，それらのカードの数の大きい方を X，小さい方を Y とする．

(1)　確率変数 X と Y は互いに独立であるか，独立でないか，答えよ．

(2)　確率変数 XY の期待値 $E(XY)$ を求めよ．

175 2つの確率変数が独立であるときの分散

大小2個のさいころを同時に投げる試行を考える．この試行で，大きいさいころの出た目をX，小さいさいころの出た目をYとする．$T=X+Y$ とするとき，次の問いに答えよ．

(1) Xの分散$V(X)$を求めよ．

(2) Tの期待値$E(T)$を求めよ．

(3) Tの分散$V(T)$を求めよ．

(2) X，Yが独立でも独立でなくても，「和の期待値」は「期待値の和」，すなわち，$E(X+Y)=E(X)+E(Y)$ が成り立ちます．

(3) XとYが互いに独立であるときに限り，「積の期待値」は「期待値の積」，すなわち，$E(XY)=E(X)E(Y)$ が成り立ちました．また，このとき，「和の分散」は「分散の和」，すなわち，$V(X+Y)=V(X)+V(Y)$ が成り立ちます．

(証明)

$V(X+Y)=E((X+Y)^2)-\{E(X+Y)\}^2$ ◀分散は，$(X+Y)^2$ の期待値と$(X+Y$ の期待値$)^2$ の差

$=E(X^2+2XY+Y^2)-\{E(X)+E(Y)\}^2$ ◀171

$=E(X^2)+2E(XY)+E(Y^2)-[\{E(X)\}^2+2E(X)E(Y)+\{E(Y)\}^2]$

$=E(X^2)-\{E(X)\}^2+E(Y^2)-\{E(Y)\}^2=V(X)+V(Y)$ ◀174

解答

(1) $E(X)=\dfrac{1}{6}(1+2+3+4+5+6)=\dfrac{21}{6}=\dfrac{7}{2}$，

$E(X^2)=\dfrac{1}{6}(1^2+2^2+3^2+4^2+5^2+6^2)=\dfrac{91}{6}$

より，

$V(X)=E(X^2)-\{E(X)\}^2=\dfrac{91}{6}-\left(\dfrac{7}{2}\right)^2=\mathbf{\dfrac{35}{12}}$ ◀分散はX^2の期待値と$(X$の期待値$)^2$の差

(2) $E(X)=E(Y)$ より，

$E(T)=E(X+Y)$

$=E(X)+E(Y)$ ◀X，Yが独立，従属に関わらず，「和の期待値」は「期待値の和」が成立

$=\dfrac{7}{2}+\dfrac{7}{2}=\mathbf{7}$

(3)　$V(X)=V(Y)=\dfrac{35}{12}$

X，Y は互いに独立であるから，

$V(T)=V(X+Y)$

$=V(X)+V(Y)$

$=\dfrac{35}{12}+\dfrac{35}{12}=\mathbf{\dfrac{35}{6}}$

◀X，Y が独立のときに限り，「和の分散」は「分散の和」が成立

ポイント

X，Y が独立，従属に関わらず，
「和の期待値」は「期待値の和」，
すなわち，$E(X+Y)=E(X)+E(Y)$
が成り立つが，
X と Y が互いに独立のときに限り，
「積の期待値」は「期待値の積」，
すなわち，$E(XY)=E(X)E(Y)$
さらに，「和の分散」は「分散の和」，
すなわち，$V(X+Y)=V(X)+V(Y)$
が成り立つ

注　X と Y が互いに独立であるとき，$V(aX+bY)=a^2V(X)+b^2V(Y)$ が成り立ちます．

演習問題 175

大小 2 個のさいころを同時に投げる試行を考える．この試行で，大きいさいころの出た目を X，小さいさいころの出た目を Y とする．$T=2X-Y$ とするとき，次の問いに答えよ．

(1)　T の期待値 $E(T)$ を求めよ．

(2)　T の分散 $V(T)$ を求めよ．

176 二項分布の期待値・分散・標準偏差

白球4個，赤球1個の入っている箱から任意に1個を取り出し，色を調べてもとに戻す試行を5回繰り返す．このとき，白球の出る回数を W とおき，$X=$(白球の出る回数)$-$(赤球の出る回数)とする．

(1) W の期待値 $E(W)$，W の分散 $V(W)$ を求めよ．

(2) X の期待値 $E(X)$，X の分散 $V(X)$ を求めよ．

精講　1つの試行で，ある事象 A の起こる確率を p，起こらない確率を $q=1-p$ とします．この試行を n 回繰り返す反復試行において，事象 A の起こる回数を X とすると，X は確率変数であり，$X=r$ $(r=0,\ 1,\ 2,\ \cdots\cdots,\ n)$ となる確率は，$P(X=r)={}_n\mathrm{C}_r p^r q^{n-r}$ (ただし，$p+q=1$) であるから，X の確率分布は，次の表のようになります．

X	0	1	$\cdots\cdots$	r	$\cdots\cdots$	n	計
P	${}_n\mathrm{C}_0 q^n$	${}_n\mathrm{C}_1 pq^{n-1}$	$\cdots\cdots$	${}_n\mathrm{C}_r p^r q^{n-r}$	$\cdots\cdots$	${}_n\mathrm{C}_n p^n$	1

表の全事象の起こる確率が1となるのは，次のように二項定理の展開式から確認できます．

$$\begin{aligned}&{}_n\mathrm{C}_0 p^n+{}_n\mathrm{C}_1 p^{n-1}q+\cdots\cdots+{}_n\mathrm{C}_r p^{n-r}q^r+\cdots\cdots+{}_n\mathrm{C}_{n-1} pq^{n-1}+{}_n\mathrm{C}_n q^n\\&=(p+q)^n=1\end{aligned}$$

このことから，上の表のような確率分布を**二項分布**といい，これは n と p の値で定まるので，$\boldsymbol{B(n,\ p)}$ で表します．このとき，確率変数 X は二項分布 **$\boldsymbol{B(n,\ p)}$ に従う**といいます．$B(n,\ p)$ のBは，binomial distribution の頭文字であり，二項分布を意味します．X が二項分布 $B(n,\ p)$ に従うとき，**期待値 $\boldsymbol{E(X)=np}$，分散 $\boldsymbol{V(X)=np(1-p)}$，標準偏差 $\boldsymbol{\sigma(X)=\sqrt{np(1-p)}}$** となります．

(証明)　確率変数 X は事象 A の起こる回数であるから

第 i 回目の試行で，A が起こるときを $X_i=1$，A が起こらないときを $X_i=0$ で表すと，事象 A の起こる回数 X は $X=X_1+X_2+\cdots\cdots+X_n$ と表せる．

▲このような確率変数の設定は今後よく登場する

ここで，X_i の平均 $E(X_i)$ と分散 $V(X_i)$ は，

X_i	1	0	計
P	p	q	1

$E(X_i)=1\cdot p+0\cdot q=p$,

$V(X_i)=E(X_i{}^2)-\{E(X_i)\}^2=(1^2\cdot p+0^2\cdot q)-p^2=p(1-p)=pq$

このとき，確率変数 X_1，X_2，……，X_n は互いに独立であるから，
$X=X_1+X_2+\cdots\cdots+X_n$ の平均 $E(X)$ と分散 $V(X)$ について，

$$E(X)=E(X_1)+E(X_2)+\cdots\cdots+E(X_n)$$ ◀171

$$=np$$

$$V(X)=V(X_1)+V(X_2)+\cdots\cdots+V(X_n)$$ ◀175

$$=npq=np(1-p)$$

また，標準偏差は，$\sigma(X)=\sqrt{V(X)}$ であるから，$\sigma(X)=\sqrt{np(1-p)}$ ■

解答

(1) W は二項分布 $B\left(5,\ \frac{4}{5}\right)$ に従うから， ◀白が出る確率は $\frac{4}{5}$

$$E(W)=5\cdot\frac{4}{5}=\mathbf{4}$$ ◀$B(n,\ p)$ に従うとき $E(W)=np$

$$V(W)=5\cdot\frac{4}{5}\cdot\left(1-\frac{4}{5}\right)=\mathbf{\frac{4}{5}}$$ ◀$B(n,\ p)$ に従うとき $V(W)=np(1-p)$

(2) $X=$(白球の出る回数)$-$(赤球の出る回数) より

$$X=W-(5-W)=2W-5$$

$$E(X)=E(2W-5)=2E(W)-5=2\cdot4-5=\mathbf{3}$$ ◀171

$$V(X)=V(2W-5)=2^2V(W)=4\cdot\frac{4}{5}=\mathbf{\frac{16}{5}}$$ ◀173

ポイント

X が二項分布 $B(n,\ p)$ に従うとき

$$E(X)=np$$

$$V(X)=np(1-p)$$

$$\sigma(X)=\sqrt{np(1-p)}$$

演習問題 176

3 枚の 10 円硬貨と 4 枚の 50 円硬貨を同時に投げる試行を考える．この試行で，10 円硬貨の表の出る枚数を X，50 円硬貨の表の出る枚数を Y とする．$Z=X+Y$ とするとき，次の問いに答えよ．

(1) X の期待値 $E(X)$，X の分散 $V(X)$ を求めよ．

(2) 確率変数 Z の期待値 $E(Z)$ と分散 $V(Z)$ を求めよ．

177 確率密度関数

連続型確率変数 X のとり得る値 x の範囲が $s \leqq x \leqq t$ で，確率密度関数が $f(x)$ のとき，X の平均 $E(X)$ は次の式で与えられる．

$$E(X)=\int_s^t xf(x)dx$$

a を正の実数とする．連続型確率変数 X のとり得る値 x の範囲が $-a \leqq x \leqq 2a$ で，確率密度関数が

$$f(x)=\begin{cases} \dfrac{2}{3a^2}(x+a) & (-a \leqq x \leqq 0 \text{ のとき}) \\ \dfrac{1}{3a^2}(2a-x) & (0 \leqq x \leqq 2a \text{ のとき}) \end{cases}$$

であるとする．

(1) X が a 以上 $\dfrac{3}{2}a$ 以下の範囲にある確率 $P\left(a \leqq X \leqq \dfrac{3}{2}a\right)$ を求めよ．

(2) X の平均 $E(X)$ を求めよ．

(3) $Y=2X+7$ のとき，Y の平均 $E(Y)$ を求めよ．

精講 これまでは，ものの個数や起こった回数などのように，確率変数がとびとびの値をとるものだけを扱ってきました．この確率変数を**離散型確率変数**といいます．これに対して，人の身長，物の重さ，待ち時間などのように，連続的な値をとる確率変数を**連続型確率変数**といいます．

連続型確率変数 X が a 以上 b 以下の範囲にある確率 $P(a \leqq X \leqq b)$ は，

$$P(a \leqq X \leqq b)=\int_a^b f(x)dx$$ ◀確率を図の斜線部分の面積として表す

で表されます．すなわち，確率 $P(a \leqq X \leqq b)$ は，

曲線 $y=f(x)$，x 軸，直線 $x=a$，$x=b$

で囲まれた部分の面積で表されます．

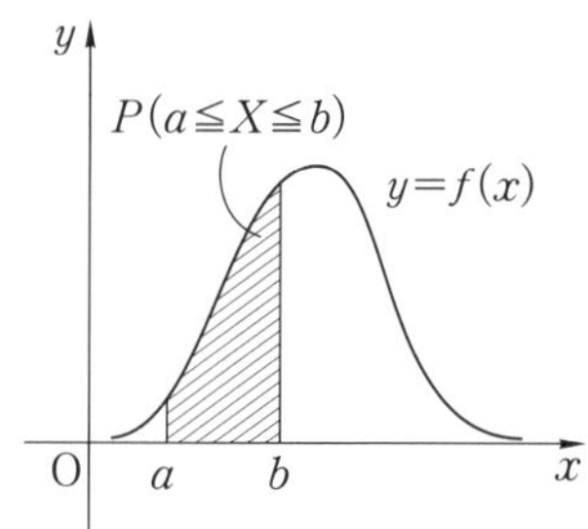

ここで，関数 $f(x)$ は

$f(x) \geqq 0$ ◀確率は負になることはないので，$f(x)<0$ になることはない

であり，X のとり得る値の全範囲が $\alpha \leqq X \leqq \beta$

のとき,

$$\int_{\alpha}^{\beta} f(x)\,dx=1$$

◀全事象確率は 1

を満たします.

このf(x)をXの**確率密度関数**といい,曲線 $y=f(x)$ を**分布曲線**といいます.

◀分布曲線は直線や折れ線の場合もある

	離散型確率変数	連続型確率変数
期待値	$E(X)=x_1p_1+x_2p_2+\cdots\cdots+x_np_n=\sum_{k=1}^{n}x_kp_k$ (確率変数のとり得る値)×(その確率)のシグマ	$E(X)=\int_{\alpha}^{\beta}xf(x)\,dx$ シグマをインテグラルに,確率 p を $f(x)dx$ に
分散	$V(X)=E((X-m)^2)=\sum_{k=1}^{n}(x_k-m)^2p_k$ (確率変数 X と期待値 m の差)^2 の期待値	$V(X)=\int_{\alpha}^{\beta}(x-m)^2f(x)\,dx$ シグマをインテグラルに,確率 p を $f(x)dx$ に
標準偏差	$\sigma(X)=\sqrt{V(X)}$ 標準偏差 $\sigma(X)$ は分散 $V(X)$ の正の平方根	$\sigma(X)=\sqrt{V(X)}$

離散型確率変数のときと同様に,連続型確率変数 X に対しても,$Y=aX+b$ のとき,

Y の平均(期待値)$E(Y)$ は,

$$E(Y)=aE(X)+b$$

分散 $V(Y)$ は,

$$V(Y)=a^2V(X)$$

が成り立ちます.

解　答

(1)　X が a 以上 $\frac{3}{2}a$ 以下の範囲にある確率 $P\left(a \leqq X \leqq \frac{3}{2}a\right)$ は

$$P\left(a \leqq X \leqq \frac{3}{2}a\right)=\int_a^{\frac{3}{2}a} f(x)\,dx$$

◀確率 $P(a \leqq X \leqq b)=\int_a^b f(x)\,dx$

$$=\int_a^{\frac{3}{2}a}\frac{1}{3a^2}(2a-x)\,dx=\frac{1}{3a^2}\left[2ax-\frac{1}{2}x^2\right]_a^{\frac{3}{2}a}$$

$$=\frac{1}{3a^2}\left[2a\left(\frac{3}{2}a-a\right)-\frac{1}{2}\left\{\left(\frac{3}{2}a\right)^2-a^2\right\}\right]$$

$$=\frac{1}{3a^2}\left(a^2-\frac{5}{8}a^2\right)=\frac{1}{3a^2}\cdot\frac{3}{8}a^2=\boldsymbol{\frac{1}{8}}$$

(2)　$E(X)=\int_{-a}^{2a} xf(x)\,dx$　◀(確率変数のとり得る値)×($f(x)$) の定積分

$$=\int_{-a}^{0} x\cdot\frac{2}{3a^2}(x+a)\,dx+\int_0^{2a} x\cdot\frac{1}{3a^2}(2a-x)\,dx$$

$$=\frac{2}{3a^2}\int_{-a}^{0} x(x+a)\,dx+\frac{1}{3a^2}\int_0^{2a} x(2a-x)\,dx$$

$$=\frac{2}{3a^2}\left[-\frac{1}{6}\{0-(-a)\}^3\right]+\frac{1}{3a^2}\left\{\frac{1}{6}(2a-0)^3\right\}$$

◀定積分の $\frac{1}{6}$ 公式

$$=-\frac{a}{9}+\frac{4a}{9}=\boldsymbol{\frac{a}{3}}$$

(3)　$E(Y)=E(2X+7)=2E(X)+7$　◀ **171**

$$=2\cdot\frac{a}{3}+7=\boldsymbol{\frac{2a}{3}+7}$$

注　**基礎問**において，全確率が1となることは，下の計算で確認できます．

$$P(-a \leqq X \leqq 2a)=\int_{-a}^{2a} f(x)\,dx$$

$$=\int_{-a}^{0}\frac{2}{3a^2}(x+a)\,dx+\int_0^{2a}\frac{1}{3a^2}(2a-x)\,dx$$

$$=\frac{2}{3a^2}\int_{-a}^{0}(x+a)\,dx+\frac{1}{3a^2}\int_0^{2a}(2a-x)\,dx$$

$$=\frac{2}{3a^2}\left[\frac{1}{2}x^2+ax\right]_{-a}^{0}+\frac{1}{3a^2}\left[2ax-\frac{1}{2}x^2\right]_0^{2a}$$

$$=\frac{1}{3}+\frac{2}{3}=1$$

ポイント

・連続型確率変数 X の確率密度関数が $f(x)$ であるとき，X が a 以上 b 以下の範囲にある確率 $P(a \leqq X \leqq b)$ は，

$$P(a \leqq X \leqq b)=\int_a^b f(x)\,dx$$

・連続型確率変数 X の平均（期待値）$E(X)$ は，

$$E(X)=\int_\alpha^\beta xf(x)\,dx$$

分散 $V(X)$ は，

$$V(X)=\int_\alpha^\beta (x-m)^2 f(x)\,dx$$

標準偏差 $\sigma(X)$ は，

$$\sigma(X)=\sqrt{V(X)}$$

・連続型確率変数 X に対しても，$Y=aX+b$ のとき，Y の平均（期待値）$E(Y)$ は，

$$E(Y)=aE(X)+b$$

分散 $V(Y)$ は，

$$V(Y)=a^2V(X)$$

が成り立つ

演習問題 177

ある人が会社に通勤するのに要する時間を X とする．X のとり得る値 x の範囲を $20 \leqq x \leqq 50$ とし，確率密度関数を

$f(x)=kx+\dfrac{13}{180}$ とする．

(1) k の値を求めよ．

(2) a，b が，$20 \leqq a \leqq b \leqq 50$ であるとき，a 以上 b 以下の値をとる確率 $P(a \leqq X \leqq b)$ を a，b を用いて表せ．

(3) $P(t \leqq X \leqq t+10)=\dfrac{1}{3}$ を満たす t の値を求めよ．ただし，t，$t+10$ はいずれも x の変域内とする．

178 正規分布

以下の問題を解答するにあたっては，必要に応じて正規分布表を用いてもよい．ある学校の女子の身長は，平均 160 cm，標準偏差 5 cm の正規分布に従うものとする．身長を X cm とする．

(1)　確率変数 $\dfrac{X-160}{5}$ の平均と標準偏差を求めよ．

(2)　$P(X \geqq x) \leqq 0.1$ となる最小の整数 x を求めよ．

(3)　165 cm 以上 175 cm 以下の女子は，約何％いるか．

自然現象や社会現象の中には，次のような**正規分布**に従うものが多くあります．

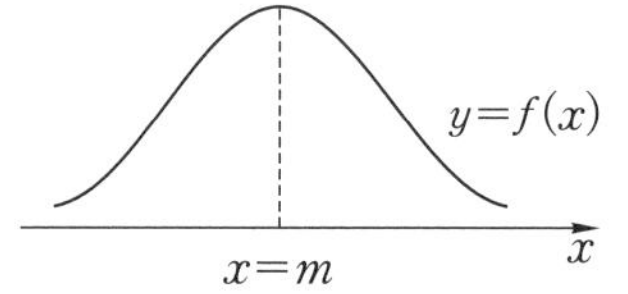

◀直線 $x=m$ に関して対称なグラフ

連続型確率変数 X の確率密度関数 $f(x)$ が，平均 m，標準偏差 σ として，

$$f(x)=\frac{1}{\sqrt{2\pi}\sigma}e^{-\frac{(x-m)^2}{2\sigma^2}}$$

◀複雑な式でびっくりするかもしれないが，曲線 $y=f(x)$ は上図の山型のグラフになる（ここでは，「そうなんだ」と思って先に進むこと）

であるとき，X は正規分布 $\boldsymbol{N(m,\ \sigma^2)}$ **に従う**といいます．

◀m は平均，σ は標準偏差

ここで，e は無理数であり，その値は $e=2.71828\cdots\cdots$ です．また，曲線 $y=f(x)$ を正規分布曲線といいます．$N(m,\ \sigma^2)$ の N は，normal distribution の頭文字であり，正規分布を意味します．

X が正規分布 $N(m,\ \sigma^2)$ に従うとき，$\boldsymbol{Z=\dfrac{X-m}{\sigma}}$ と変数変換してみます．

このとき，Z の確率分布は，

平均 0，標準偏差 1 の正規分布 $\boldsymbol{N(0,\ 1)}$

とシンプルになります．この変換を**標準化**といいます．

◀X が正規分布 $N(m,\ \sigma^2)$ に従うとき，$Z=\dfrac{X-m}{\sigma}$ とおき X を標準化すると，Z は $N(0,\ 1)$ に従う

実際,

平均　$E\left(\dfrac{X-m}{\sigma}\right)=\dfrac{E(X)-m}{\sigma}=\dfrac{m-m}{\sigma}=0$　◀$E(aX+b)=aE(X)+b$, $E(X)=m$

標準偏差　$\sigma\left(\dfrac{X-m}{\sigma}\right)=\dfrac{\sigma(X)}{\sigma}=1$　◀$a>0$ のとき, $\sigma(aX+b)=a\sigma(X)$, $\sigma(X)=\sigma$

となります.

正規分布 $N(0,\ 1)$ を**標準正規分布**といい, 変数変換後の確率密度関数 $f(z)$ は

$$f(z)=\frac{1}{\sqrt{2\pi}}e^{-\frac{z^2}{2}}$$

◀先ほどの複雑な式が少しシンプルな式に
◀直線 $z=0$ に関して対称なグラフ

となります. 標準正規分布 $N(0,\ 1)$ に従う確率変数 Z に対して, Z が0以上 u 以下の範囲にある確率 $P(0\leqq Z\leqq u)$ は, $P(0\leqq Z\leqq u)=\int_0^u f(z)\,dz$ となりますが, この u のいろいろな値に対して, この積分計算結果を表にまとめたものを**正規分布表** (巻末に掲載) といいます. 実際に, 正規分布表から, 次の確率 (割合) を求めてみましょう.

① $P(0\leqq Z\leqq 1.82)$

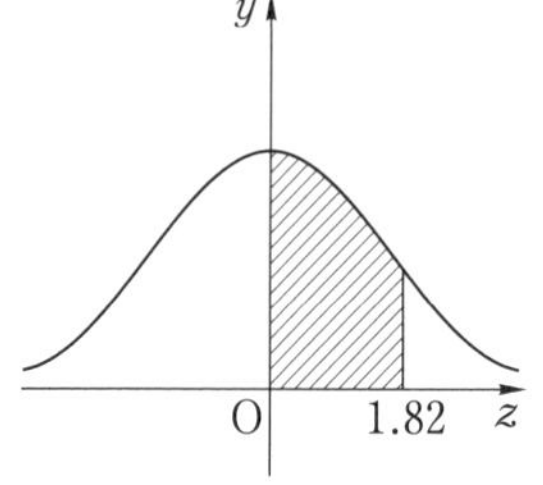

$P(0\leqq Z\leqq 1.82)=0.4656$

◀$P(0\leqq Z\leqq 1.82)$ は, 正規分布表の表の青色部分に書かれた数字から, 1.8 と 0.02 が交差する数を読み取ればよい

② $P(Z\geqq -1.12)$

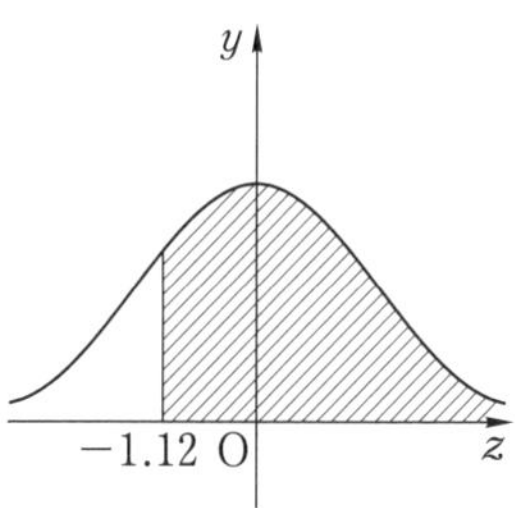

$P(Z\geqq -1.12)$
$=P(-1.12\leqq Z\leqq 0)+P(Z\geqq 0)$
$=P(0\leqq Z\leqq 1.12)+P(Z\geqq 0)$
$=0.3686+0.5$
$=0.8686$

◀正規分布曲線の対称性より
$P(Z\geqq 0)=0.5$
$P(-1.12\leqq Z\leqq 0)$
$=P(0\leqq Z\leqq 1.12)$
後半の確率は, 正規分布表の表の青色部分に書かれた数字から, 1.1 と 0.02 が交差する数を読み取ればよい

③ $P(0.56 \leqq Z \leqq 1.82)$

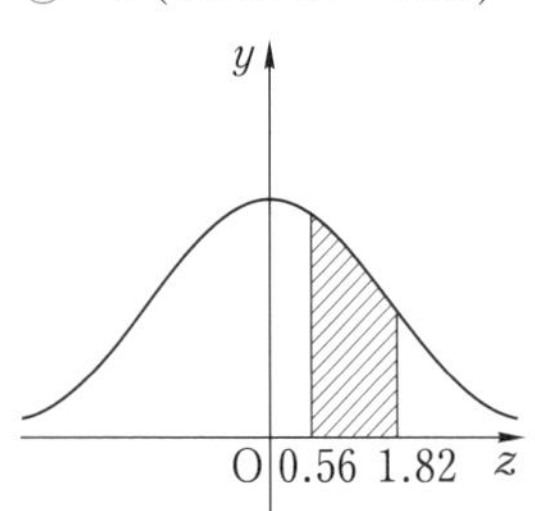

$P(0.56 \leqq Z \leqq 1.82)$

$= P(0 \leqq Z \leqq 1.82) - P(0 \leqq Z \leqq 0.56)$

$= 0.4656 - 0.2123$

$= 0.2533$

◀正規分布表を利用するために $P(0 \leqq Z \leqq u)$ の形に変形する

$P(0 \leqq Z \leqq u)$ の値と正規分布表から，u の値を求めることもできます．

例えば，$P(0 \leqq Z \leqq u) = 0.4881$ のとき，

正規分布表から，

$u = 2.26$

◀表の白色部分に書かれた数字から，0.4881 を探し，表の青色部分に書かれた数字から，u を読み取ればよい

解　答

(1) 平均 $E(X) = 160$，標準偏差 $\sigma(X) = 5$ より

$$E\left(\frac{X-160}{5}\right) = \frac{E(X)-160}{5} = \frac{160-160}{5} = \mathbf{0}$$

◀171

$$\sigma\left(\frac{X-160}{5}\right) = \frac{\sigma(X)}{5} = \frac{5}{5} = \mathbf{1}$$

◀173

(2) X は正規分布 $N(160,\ 5^2)$ に従う．

$Z = \dfrac{X-160}{5}$ とおいて X を標準化すると，

Z は $N(0,\ 1)$ に従う．

◀X が正規分布 $N(m,\ \sigma^2)$ に従うとき，$Z = \dfrac{X-m}{\sigma}$ とおき X を標準化し，正規分布表を使える土台を作る

$P(Z \geqq u) \leqq 0.1$ となる最小の u は，$u \geqq 0$ の範囲にある．

◀

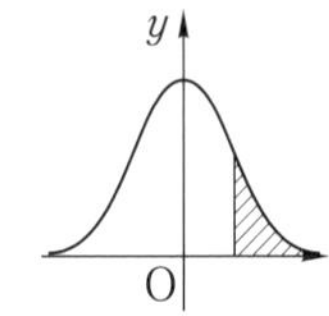

正規分布曲線より，

$P(Z \geqq u) = 0.5 - P(0 \leqq Z \leqq u)$ であるから，

$$P(Z \geqq u) \leqq 0.1 \iff P(0 \leqq Z \leqq u) \geqq 0.4$$

これを満たす最小の u は，正規分布表より，

$u = 1.29$

◀表の白色部分に書かれた数字から，0.4000 以上になる最小の数を探し，表の青色部分に書かれた数字から，最小の u を読み取ればよい

$Z \geqq 1.29$ であるから　$\dfrac{X-160}{5} \geqq 1.29$

$\therefore \quad X \geqq 166.45$

よって，最小の整数xの値は　　$\boldsymbol{x=167}$

◀身長の高いほうから10パーセントの中に入るための身長の高さの条件

(3)　$P(165 \leqq X \leqq 175)=P\left(\frac{165-160}{5} \leqq Z \leqq \frac{175-160}{5}\right)$

$=P(1 \leqq Z \leqq 3)$

$=P(0 \leqq Z \leqq 3)-P(0 \leqq Z \leqq 1)$

$=0.4987-0.3413$

$=0.1574$

よって，**約16％**いる．

◀正規分布表を利用するために$P(0 \leqq Z \leqq u)$の形に変形する

◀$P(0 \leqq Z \leqq 3)$は，正規分布表の表の青色部分に書かれた数字から，3.0と0.00が交差する数を読み取ればよい
$P(0 \leqq Z \leqq 1)$は，1.0と0.00が交差する数を読み取ればよい

ポイント

Xが正規分布$N(m,\ \sigma^2)$に従うとき，$Z=\frac{X-m}{\sigma}$とおきXを標準化し，正規分布表を使える土台を作る

演習問題 178

ある企業の入社試験は採用枠300名のところ500名の応募があった．試験の結果は500点満点の試験に対し，平均点245点，標準偏差50点であった．得点の分布が正規分布であるとみなされるとき，合格最低点はおよそ何点であるか．小数点以下を切り上げて答えよ．ただし，確率変数Zが標準正規分布に従うとき，
$P(Z>0.25)=0.4$，$P(Z>0.52)=0.3$，$P(Z>0.84)=0.2$とする．

179 二項分布の正規近似

以下の問題を解答するにあたっては，必要に応じて正規分布表を用いてもよい．

(1)　1回の試行において，事象Aの起こる確率がp，起こらない確率が$1-p$であるとする．この試行をn回繰り返すとき，事象Aの起こる回数をWとする．確率変数Wの平均(期待値)mが$\dfrac{1216}{27}$，標準偏差σが$\dfrac{152}{27}$であるとき，n，pを求めよ．

(2)　(1)の反復試行において，Wが38以上となる確率の近似値を求めよ．

176で学習したように，確率変数Xが二項分布$B(n,\ p)$に従うとき，

期待値は　$m=E(X)=np$，標準偏差は　$\sigma=\sqrt{np(1-p)}$

となりました．このとき，nを十分大きくとると，Xは近似的に正規分布

$$\boldsymbol{N(m,\ \sigma^2)=N(np,\ np(1-p))}$$

に従います．この定理は，**ラプラスの定理**とよばれ，証明については**180**の参考Ⅱで紹介します．

このことから，$Z=\dfrac{X-m}{\sigma}$とおいてXを標準化すると，Zの確率分布は，近似的に標準正規分布$N(0,\ 1)$になります．

解　答

(1)　W は，二項分布 $B(n,\ p)$ に従う．

$m=np=\dfrac{1216}{27}$　……①

◀$B(n,\ p)$ に従うとき $E(W)=np$

$\sigma=\sqrt{np(1-p)}=\dfrac{152}{27}$　……②

◀$B(n,\ p)$ に従うとき $\sigma=\sqrt{np(1-p)}$

②より　$np(1-p)=\dfrac{152^2}{27^2}$

ここで，①より　$\dfrac{1216}{27}(1-p)=\dfrac{152^2}{27^2}$

$\therefore\quad 1-p=\dfrac{152^2}{27^2}\cdot\dfrac{27}{1216}=\dfrac{19}{27}$

$\therefore\quad p=1-\dfrac{19}{27}=\mathbf{\dfrac{8}{27}}$

よって，①より　$n=\dfrac{1216}{27}\cdot\dfrac{27}{8}=\mathbf{152}$

(2)　n が十分大きいから，二項分布 $B(n,\ p)$ に従う W は，近似的に正規分布 $N(m,\ \sigma^2)$ に従う．

$Z=\dfrac{W-m}{\sigma}$ とおいて W を標準化すると，Z は近似的に標準正規分布 $N(0,\ 1)$ に従う．

◀W が正規分布 $N(m,\ \sigma^2)$ に従うとき，$Z=\dfrac{W-m}{\sigma}$ とおき W を標準化し，正規分布表を使える土台を作る

$W\geqq 38$ のとき，

$\sigma>0$ に注意して，

正規分布表より

$$
\begin{aligned}
P(W\geqq 38)&=P\left(\frac{W-m}{\sigma}\geqq\frac{38-m}{\sigma}\right)\\
&=P\left(Z\geqq\frac{38-\frac{1216}{27}}{\frac{152}{27}}\right)\\
&=P(Z\geqq -1.25)\\
&=P(Z\geqq 0)+P(-1.25\leqq Z\leqq 0)\\
&=0.5+P(0\leqq Z\leqq 1.25)\\
&=0.5+0.3944=0.8944
\end{aligned}
$$

y, z, O, -1.25

$\therefore\quad P(W\geqq 38)\fallingdotseq\mathbf{0.89}$

ポイント

確率変数 X が二項分布 $B(n,\ p)$ に従うとき，

期待値は $m=E(X)=np$

標準偏差は $\sigma=\sqrt{np(1-p)}$

であり，

n を十分大きくとると，X は近似的に正規分布

$N(m,\ \sigma^2)=N(np,\ np(1-p))$

に従う．そこで

$Z=\dfrac{X-m}{\sigma}$ とおいて X を標準化することで，正規分布表を使える土台を作る

演習問題 179

以下の問題を解答するにあたっては，必要に応じて正規分布表を用いてもよい．

有権者数が1万人を超えるある地域において，選挙が実施された．

今回実施された選挙の有権者全員を対象として，今回の選挙と前回の選挙のそれぞれについて，投票したか，棄権した（投票しなかった）かを調査した．今回の選挙については

今回投票，今回棄権

の2通りのどちらであるかを調べ，前回の選挙については，選挙権がなかった者が含まれているので，

前回投票，前回棄権，前回選挙権なし

の3通りのいずれであるかを調べた．この調査の結果は下の表のようになった．たとえば，この有権者全体において，今回棄権かつ前回投票の人の割合は10％であることを示している．このとき，今回投票かつ前回棄権の人の割合は［アイ］％である．

	前回投票	前回棄権	前回選挙権なし
今回投票	45％	［アイ］％	3％
今回棄権	10％	29％	1％

この有権者全体から無作為に1人を選ぶとき，今回投票の人が選ばれる確率は 0.[ウエ] であり，前回投票の人が選ばれる確率は 0.[オカ] である．

また，今回の有権者全体から 900 人を無作為に抽出したとき，その中で，今回棄権かつ前回投票の人数を表す確率変数を X とする．このとき，X は二項分布 $B(900,\ 0.\boxed{キク})$ に従うので，X の平均(期待値) は [ケコ]，標準偏差は [サ].[シ] である．

次に，X が 105 以上になる確率を求めよう．$Z=\dfrac{X-\boxed{ケコ}}{\boxed{サ}.\boxed{シ}}$ とおくと，標本数は十分に大きいので，Z は近似的に標準正規分布に従う．よって，この確率は 0.[スセ] と求められる．

180 標本平均と正規分布

ある国の 14 歳女子の身長は，母平均 160 cm，母標準偏差 5 cm の正規分布に従うものとする．この国の女子の母集団から，無作為に抽出した女子の身長を X cm とする．この国の 14 歳女子の集団から，大きさ 2500 の無作為標本を抽出する．

(1) 標本平均 $\overline{X}$ の平均 $E(\overline{X})$ と標準偏差 $\sigma(\overline{X})$ を求めよ．

(2) X の母平均と標本平均 $\overline{X}$ の差 $|\overline{X}-160|$ が 0.2 cm 以上となる確率を求めよ．

ここで，統計調査の基本的な事柄をまとめておきます．

・**標本調査**…世論調査のように，調査対象全体の集合から一部を抜き出して調べ，そこから全体の状況を推測する調査方法．

・**母集団**…標本調査において，調査対象全体の集合．

・**標本**…調査のために母集団から抜き出された要素の集合．

・**抽出**…標本を抜き出すこと．

・**無作為抽出**…母集団の特徴を正しく推測するために，標本にかたよりのないように行う標本の抜き出し方．

・**無作為標本**…無作為抽出により抜き出された標本．

・**標本の大きさ**…標本に含まれる要素の個数．

母集団における平均，分散，標準偏差を，それぞれ**母平均**，**母分散**，**母標準偏差**といいます．母平均 m，母標準偏差 σ の母集団から，大きさ n の標本 $(X_1,\ X_2,\ \cdots\cdots,\ X_n)$ を無作為抽出するとき，$\dfrac{1}{n}(X_1+X_2+\cdots\cdots+X_n)$ を**標本平均**といい，$\overline{X}$ で表します．このとき，次のことが成り立ちます．

標本平均 $\overline{X}$ の

期待値は $E(\overline{X})=m$

分散は $V(\overline{X})=\dfrac{\sigma^2}{n}$

標準偏差は $\sigma(\overline{X})=\dfrac{\sigma}{\sqrt{n}}$

（証明）

$1 \leqq k \leqq n$ を満たす自然数 k に対して

$$E(X_k)=m,\quad V(X_k)=\sigma^2$$

であるから，$\overline{X}$ の期待値 $E(\overline{X})$ は，

$$E(\overline{X})=\frac{1}{n}\{E(X_1)+E(X_2)+\cdots\cdots+E(X_n)\}$$

$$=\frac{1}{n}\cdot nm=m$$

◀標本平均の期待値と母平均は等しくなる

また，X_1，X_2，……，X_n は独立であるから，$\overline{X}$ の分散 $V(\overline{X})$ は，

$$V(\overline{X})=\frac{1}{n^2}\{V(X_1)+V(X_2)+\cdots\cdots+V(X_n)\}$$

$$=\frac{1}{n^2}\cdot n\sigma^2=\frac{\sigma^2}{n}$$

また，$\overline{X}$ の標準偏差 $\sigma(\overline{X})$ は，

$$\sigma(\overline{X})=\sqrt{V(\overline{X})}$$

$$=\sqrt{\frac{\sigma^2}{n}}=\frac{\sigma}{\sqrt{n}}$$

母平均 m，母標準偏差 σ の母集団から無作為抽出された，大きさ n の標本平均 $\overline{X}$ について，n が十分大きければ，**標本平均 $\overline{X}$ の分布は正規分布 $N\left(m,\ \dfrac{\sigma^2}{n}\right)$ と見なすことができます**（⇨参考 I）．これは，母集団から無作為抽出された標本平均 $\overline{X}$ をその度，計算することによって得られる標本平均 $\overline{X}$ の期待値は，母平均 m に近づく（と見なす）ことを意味しています．さらに，$Z=\dfrac{\overline{X}-m}{\dfrac{\sigma}{\sqrt{n}}}$ とおいて $\overline{X}$ を標準化すると，Z は $N(0,\ 1)$ に従います．

解答

(1) X の母平均は $E(X)=160$，母標準偏差は $\sigma(X)=5$，標本の大きさは 2500 であるから

$$E(\overline{X})=E(X)=\mathbf{160}\ \textbf{(cm)}$$

◀標本平均の期待値と母平均は等しい

$$\sigma(\overline{X})=\frac{\sigma(X)}{\sqrt{2500}}=\frac{5}{50}=\mathbf{0.1}\ \textbf{(cm)}$$

(2) $\overline{X}$ は正規分布 $N(160,\ 0.1^2)$ に従うので，$Z=\dfrac{\overline{X}-160}{0.1}$ とおいて $\overline{X}$ を標準化すると，Z は $N(0,\ 1)$ に従う．

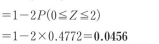

$$\begin{aligned}P(|\overline{X}-160|\geqq 0.2)&=P(|0.1Z|\geqq 0.2)\\&=P(|Z|\geqq 2)\\&=P(Z\leqq -2)+P(Z\geqq 2)\\&=2P(Z\geqq 2)\\&=1-2P(0\leqq Z\leqq 2)\\&=1-2\times 0.4772=\mathbf{0.0456}\end{aligned}$$

◀

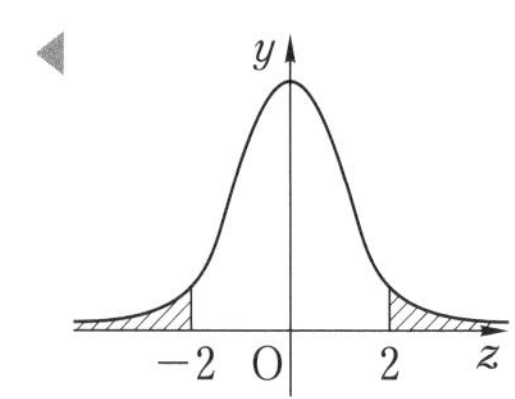

ポイント

母平均 m，母標準偏差 σ の母集団から無作為抽出された，大きさ n の標本平均 $\overline{X}$ について，

・標本平均 $\overline{X}$ の

期待値は $E(\overline{X})=m$

分散は $V(\overline{X})=\dfrac{\sigma^2}{n}$

標準偏差は $\sigma(\overline{X})=\dfrac{\sigma}{\sqrt{n}}$

・n が十分大きければ，$\overline{X}$ の分布は正規分布 $N\left(m,\ \dfrac{\sigma^2}{n}\right)$ と見なすことができる

Ⅰ　中心極限定理

一般に，母平均 m，母標準偏差 σ の母集団から無作為抽出された大きさ n の標本平均 $\overline{X}$ について，n が十分大きければ，標本平均 $\overline{X}$ の分布は正規分布 $N\left(m,\ \dfrac{\sigma^2}{n}\right)$ と見なすことができます．この母集団の分布は，正規分布でなくても，どんな分布であっても，何度か繰り返し標本を取ると，その標本平均 $\overline{X}$ は正規分布に近づいていくことになります．このことは，**中心極限定理**によって支えられています．この定理の詳しい内容や証明は，大学で学びます．

Ⅱ　ラプラスの定理と中心極限定理のつながり（飛ばしてもよい．）

母集団から無作為抽出した標本が特性Aをもつ確率を p とし，それを値1で表し，特性Aをもたない確率を $1-p$ で表し，それを値0で表すとします．このとき，この母集団の母平均は $m=p$，母標準偏差は $\sigma=\sqrt{p(1-p)}$ となります．

この母集団から無作為抽出した大きさ n の標本を X_1，X_2，……，X_n とするとき，$X=X_1+X_2+\cdots\cdots+X_n$ は二項分布 $B(n,\ p)$ に従います．

$\overline{X}=\dfrac{X}{n}$ であり，n が十分大きければ中心極限定理により，$\overline{X}$ は正規分布 $N\left(p,\ \dfrac{p(1-p)}{n}\right)$ に従うと見なすことができます．

したがって，$X=n\overline{X}$ は平均が np，分散が $np(1-p)$ なので，正規分布 $N(np,\ np(1-p))$ に近似的に従います．

以上により，ラプラスの定理が示されました．

演習問題 180

母平均 m，母標準偏差 σ の正規分布に従う母集団から大きさ n の無作為標本を抽出するとき，その標本平均 $\overline{X}$ について，

$P\left(|\overline{X}-m|\geqq\dfrac{\sigma}{4}\right)\leqq0.02$ を満たす最小の n を求めよ。

181 母平均の推定

ある母集団の確率分布が平均 m，標準偏差 9 の正規分布であるとする.

(1) $m=50$ のときに，この母集団から無作為に大きさ 144 の標本を抽出するとき，その標本平均の期待値，標準偏差を求めよ.

(2) 母平均 m がわかっていないときに，無作為に大きさ 144 の標本を抽出したところ，その標本平均の値は 51.0 であった．母平均 m に対する信頼度 95% の信頼区間を求めよ.

(3) 母平均 m がわかっていないときに，無作為に大きさ 144 の標本を抽出して母平均 m に対する信頼度 95% の信頼区間を求めることを，304 回繰り返す．それらの信頼区間のうち，母平均 m を含むものの数を Y とするとき，確率変数 Y の期待値，標準偏差を求め，$Y \leqq 285$ となる確率 $P(Y \leqq 285)$ を求めよ.

標本調査の目的は，**抽出した標本の分布がもつ性質から母集団の分布がもつ性質を推測すること**です．当然，母平均は1つの値に定まりますが，標本平均は抽出する標本によってその都度変わりますから，1回のみの抽出した標本だけでは母平均を正確に求めることはできません．しかし，**180** で学習したように，標本平均の期待値と母平均は等しい性質がありますので，標本平均をもとにして，**ある一定の割合**で母平均を含む区間を求めることができます.

このように，標本平均から母平均をある程度の幅で推定することを，**母平均の区間推定**といい，この区間を**信頼区間**といいます．また，信頼区間が母平均を含む**一定の割合**のことを**信頼度**といいます．この信頼度は 95% や 99% を用いる場合が多いです.

例えば，信頼度が 95% の信頼区間とは，標本を 100 回抽出してそれぞれの信頼区間を求めたとき，**そのうち 95 回程度は，その信頼区間に母平均 m を含む**という意味になります.

さて，Z の値がある範囲にある確率は，正規分布表から求めることができ，例えば，

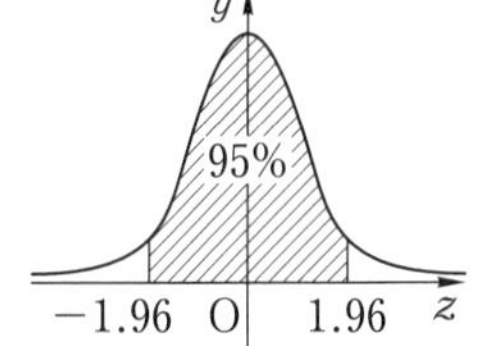

$$P(-1.96 \leqq Z \leqq 1.96) = 2P(0 \leqq Z \leqq 1.96)$$
$$= 0.4750 \times 2$$
$$= 0.95 \ (=95\%) \quad \cdots\cdots ①$$

となります．180 で学んだように，母平均 m，母標準偏差 σ の正規分布に従う母集団から無作為抽出された大きさ n の標本平均 $\overline{X}$ について，$Z=\dfrac{\overline{X}-m}{\dfrac{\sigma}{\sqrt{n}}}$ とおいて，$\overline{X}$ を標準化すると，Z は $N(0,\ 1)$ に従うと見なすことができます．

$$-1.96 \leqq Z \leqq 1.96 \iff -1.96 \leqq \frac{\overline{X}-m}{\frac{\sigma}{\sqrt{n}}} \leqq 1.96$$

$$\iff \overline{X}-1.96\cdot\frac{\sigma}{\sqrt{n}} \leqq m \leqq \overline{X}+1.96\cdot\frac{\sigma}{\sqrt{n}}$$

となりますので，①より，$P\left(\overline{X}-1.96\cdot\dfrac{\sigma}{\sqrt{n}} \leqq m \leqq \overline{X}+1.96\cdot\dfrac{\sigma}{\sqrt{n}}\right)=0.95$ となります．

標本の大きさ n が十分大きいとき，母平均 m に対する信頼度 95% の信頼区間は，$\boldsymbol{\overline{X}-1.96\cdot\dfrac{\sigma}{\sqrt{n}} \leqq m \leqq \overline{X}+1.96\cdot\dfrac{\sigma}{\sqrt{n}}}$ となります．この式から，標本の大きさ n，標本平均 $\overline{X}$，母標準偏差 σ の値がわかっているときは，母平均 m の値を推定できます．

また，標本の大きさ n を大きくしていくと，**信頼区間の幅** $2\cdot1.96\cdot\dfrac{\sigma}{\sqrt{n}}$ は小さくなっていくこともわかりますね．

信頼度 99% の信頼区間については，正規分布表より，

$$P(-2.58 \leqq Z \leqq 2.58) = 2P(0 \leqq Z \leqq 2.58) = 0.4951 \times 2 = 0.9902 \fallingdotseq 99\%$$

となりますので，先ほどの話の「1.96」を「2.58」に置き換えて同様の議論を行うと，

$$P\left(\overline{X}-2.58\cdot\frac{\sigma}{\sqrt{n}} \leqq m \leqq \overline{X}+2.58\cdot\frac{\sigma}{\sqrt{n}}\right)=0.99$$

を得ることができます．

解答

(1)　母平均は 50，母標準偏差は 9，標本の大きさは 144 であるから

標本平均の期待値は **50**

標準偏差は　$\dfrac{9}{\sqrt{144}}=\dfrac{9}{12}=\mathbf{0.75}$

(2)　標本平均は 51.0，母標準偏差は 9，標本の大きさは 144 であるから，母平均 m に対する信頼度 95％ の信頼区間は

$$51.0-1.96\cdot\frac{9}{\sqrt{144}}\leqq m\leqq 51.0+1.96\cdot\frac{9}{\sqrt{144}}$$

$\therefore$　$51.0-1.47\leqq m\leqq 51.0+1.47$

$\therefore$　$\mathbf{49.53\leqq m\leqq 52.47}$

(3)　信頼度 95％ の信頼区間に母平均 m を含む確率は 0.95 であるから，Y は二項分布 $B(304,\ 0.95)$ に従うので，

期待値は　$304\cdot 0.95=\mathbf{288.8}$

標準偏差は

$$\sqrt{304\cdot 0.95\cdot 0.05}=\sqrt{4^2\cdot 19\cdot\frac{5\cdot 19}{10^2}\cdot\frac{5}{10^2}}$$
$$=\frac{4\cdot 19\cdot 5}{10^2}$$
$$=\mathbf{3.8}$$

304 は十分大きいから，$Z=\dfrac{Y-288.8}{3.8}$ とおいて Y を標準化すると，Z は $N(0,\ 1)$ に従うと見なすことができる．

$$P(Y\leqq 285)=P\left(\frac{Y-288.8}{3.8}\leqq\frac{285-288.8}{3.8}\right)$$
$$=P(Z\leqq -1.00)$$
$$=0.5-P(0\leqq Z\leqq 1)$$
$$=0.5-0.3413$$
$$=\mathbf{0.1587}$$

ポイント

標本平均を $\overline{X}$，母標準偏差を σ とし，標本の大きさ n が十分大きいとすると，

母平均 m に対する信頼度 95％の信頼区間は，

$$\overline{X}-1.96\cdot\frac{\sigma}{\sqrt{n}} \leqq m \leqq \overline{X}+1.96\cdot\frac{\sigma}{\sqrt{n}}$$

母平均 m に対する信頼度 99％の信頼区間は，

$$\overline{X}-2.58\cdot\frac{\sigma}{\sqrt{n}} \leqq m \leqq \overline{X}+2.58\cdot\frac{\sigma}{\sqrt{n}}$$

注 1　実際には，母標準偏差 σ が未知な場合がほとんどです．標本の大きさ n が十分大きければ，母標準偏差 σ の代わりに標本の標準偏差 s を代用しても構いません．

注 2　信頼度が上がれば，その信頼区間に母平均 m がさらに含まれやすくなるので，信頼区間の幅は広くなります．上の信頼区間の 2 式を比べることで，このことが確認できます．

演習問題 181

ある試験の受験者全体の平均点と標準偏差はまだ公表されていない．この試験の受験者全体を母集団としたときの母平均 m を推定するため，この受験者から無作為に抽出された 96 名の点数を調べたところ，標本平均の値は 99 点であった．ただし，$\sqrt{6}=2.45$ とする．

(1)　母標準偏差の値を 20 点であるとするとき，m に対する信頼度 95％の信頼区間を求めよ．

(2)　母標準偏差の値が 15 点であるとするとき，m に対する信頼度 95％の信頼区間の幅を求めよ．

182 母比率の推定

新しい薬を作っているある工場で，大量の製品全体の中から任意に400個を抽出して検査を行ったところ，8個の不良品があった．この製品全体について，不良率 p に対する信頼度95％の信頼区間を求めよ．

母集団の中で，ある特定の性質をもつ要素の母集団全体に対する割合を**母比率**といいます．また，標本の中で，ある特定の性質をもつ要素の標本全体に対する割合を**標本比率**といいます．

母集団の性質Aの母比率 p に対する信頼度95％の信頼区間を，標本比率 R を用いて推定してみましょう．

この母集団から無作為抽出した，大きさ n の標本の性質Aをもつものの個数を X とすると，

$$P(X=r)={}_n\mathrm{C}_r p^r(1-p)^{n-r} \qquad (r=0,\ 1,\ 2,\ \cdots,\ n)$$

これより，X は二項分布 $B(n,\ p)$ に従いますので，176で学習したように，期待値は $E(X)=np$，分散は $V(X)=np(1-p)$ となります．

n が十分大きいとき，X は近似的に $N(np,\ np(1-p))$ に従いますので，$Z=\dfrac{X-np}{\sqrt{np(1-p)}}$ とおいて，X を標準化すると，Z は $N(0,\ 1)$ に従います．

正規分布表より，$P(-1.96\leqq Z\leqq 1.96)=2P(0\leqq Z\leqq 1.96)=0.4750\times 2=0.95$ ですので，

$$\begin{aligned}-1.96\leqq Z\leqq 1.96 &\iff -1.96\leqq \frac{X-np}{\sqrt{np(1-p)}}\leqq 1.96\\ &\iff -1.96\sqrt{np(1-p)}\leqq X-np\leqq 1.96\sqrt{np(1-p)}\\ &\iff -X-1.96\sqrt{np(1-p)}\leqq -np\leqq -X+1.96\sqrt{np(1-p)}\\ &\iff \frac{X}{n}-1.96\sqrt{\frac{p(1-p)}{n}}\leqq p\leqq \frac{X}{n}+1.96\sqrt{\frac{p(1-p)}{n}}\end{aligned}$$

$\dfrac{X}{n}$ は標本の性質Aをもつ標本比率 R を表しています．さらに，n が十分大きいとき，p と R はほぼ等しいと見なせますので，信頼度95％の信頼区間は，

$$\boldsymbol{R-1.96\sqrt{\frac{R(1-R)}{n}}\leqq p\leqq R+1.96\sqrt{\frac{R(1-R)}{n}}}$$

信頼度 99％ の信頼区間については，正規分布表より，

$$P(-2.58 \leqq Z \leqq 2.58)=2P(0 \leqq Z \leqq 2.58)=0.4951 \times 2=0.9902 \fallingdotseq 99\%$$

となりますので，先ほどの 1.96 の数字を 2.58 に置き換えて同様の議論を行うと，信頼度 99％ の信頼区間は，

$$R-2.58\sqrt{\frac{R(1-R)}{n}} \leqq p \leqq R+2.58\sqrt{\frac{R(1-R)}{n}}$$

解　答

標本比率 R は　$R=\frac{8}{400}=0.02$

よって，p に対する信頼度 95％ の信頼区間は

$$0.02-1.96\sqrt{\frac{0.02\cdot(1-0.02)}{400}} \leqq p \leqq 0.02+1.96\sqrt{\frac{0.02\cdot(1-0.02)}{400}}$$

$\therefore\quad 0.02-1.96\times0.007 \leqq p \leqq 0.02+1.96\times0.007$

$\therefore\quad \mathbf{0.00628 \leqq p \leqq 0.03372}$

ポイント

大きさ n の標本の標本比率を R とすると，
母比率 p に対する信頼度 95％ の信頼区間は

$$R-1.96\sqrt{\frac{R(1-R)}{n}} \leqq p \leqq R+1.96\sqrt{\frac{R(1-R)}{n}}$$

母比率 p に対する信頼度 99％ の信頼区間は

$$R-2.58\sqrt{\frac{R(1-R)}{n}} \leqq p \leqq R+2.58\sqrt{\frac{R(1-R)}{n}}$$

演習問題 182

n を自然数とする．原点Oから出発して数直線上を n 回移動する点Aを考える．点Aは，1 回ごとに，確率 $p\,(0<p<1)$ で正の向きに 3 だけ移動し，確率 $1-p$ で負の向きに 1 だけ移動する．n 回移動した後の点Aの座標を X とする．2400 回移動した後の点Aの座標が $X=1440$ であった．このとき，p に対する信頼度 95％ の信頼区間を求めよ．

183 仮説検定

(1)　1個のさいころを720回投げたら，6の目が145回出た．このさいころは正しく作られていないといえるか．有意水準5%で(仮説)検定せよ．

(2)　A県内の高校3年男子の，昨年度の平均身長は168.2 cmであり，これは一昨年度の平均身長よりも高かった．今年度もこの平均身長増加の傾向が続いているかどうかを調べるため，100名を無作為抽出して平均身長を求めたところ169.3 cmであり，また，その標準偏差は5.8 cmであった．今年度もこの傾向が続いているといえるか．有意水準5%で(仮説)検定せよ．

標本から得られた結果より，母集団分布に関するある仮説が正しいかどうかを正規分布表を利用して判定することを，**仮説検定**といいます．仮説検定において，仮説を**帰無仮説**といい，帰無仮説と対立する仮説を**対立仮説**といいます．仮説検定の手順を説明します．

(i)　標本から得られた結果の原因を推測し，帰無仮説を立てます．仮説検定は確率的背理法をもとに議論していきますので，仮説は捨てられる方向で立てることが多いです．

(ii)　**有意水準**を先に決めておき，これをもとに正規分布表から**棄却域**を求めておきます．

有意水準とは，その仮説がめったに起こらず棄却できると判断するための基準となる確率のことで，5%または1%にすることが多いです．

棄却域とは，有意水準以下となる確率変数の値の範囲のことです．

(iii)　標本から得られた値が**棄却域に含まれればその仮説を棄却**し，**棄却域に含まれなければ仮説を棄却しない**という結論をくだします．棄却域に含まれない場合，仮説が正しいとも誤りであるともいえませんので，注意してください．

棄却域を分布の両側にとる検定を**両側検定**といい，棄却域を分布の片側にとる検定を**片側検定**といいます．どちらの検定になるかは，問題文から判断することになります．

確率変数 X が $N(m,\ \sigma^2)$ に従うとき，$Z=\dfrac{X-m}{\sigma}$ とおいて X を標準化すると，Z は $N(0,\ 1)$ に従います．

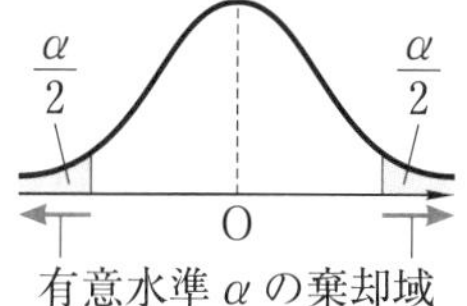

$P(-1.96\leqq Z\leqq 1.96)=0.95$ より，
$P(Z\leqq -1.96,\ 1.96\leqq Z)=0.05$ となるので，両側検定において，有意水準 5% の棄却域は

$$Z\leqq -1.96,\ 1.96\leqq Z$$

となり，有意水準 1% の棄却域は，

$$Z\leqq -2.58,\ 2.58\leqq Z$$

となります．

また，

$$P(0\leqq Z\leqq 1.65)=0.45,\ P(0\leqq Z\leqq 2.33)=0.49$$

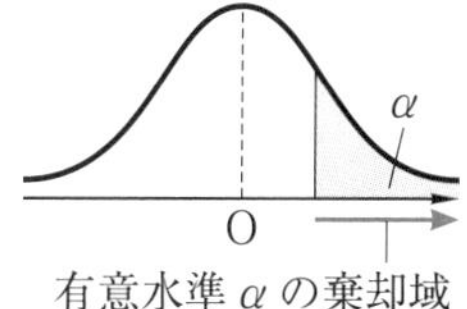

ですから，右片側検定において，有意水準 5% の棄却域は $1.65\leqq Z$ となり，有意水準 1% の棄却域は $2.33\leqq Z$ となります．左片側検定において，有意水準 5% の棄却域は $Z\leqq -1.65$ となり，有意水準 1% の棄却域は $Z\leqq -2.33$ となります．

解　答

(1) 帰無仮説を「さいころは正しく作られている」とし，この仮説が正しいとする．

6 の目が出る回数を X とすると，X は二項分布 $B\left(720,\ \dfrac{1}{6}\right)$ に従うので，X の期待値 m は　$m=720\times\dfrac{1}{6}=120$

X の標準偏差 σ は $\sigma=\sqrt{720\times\dfrac{1}{6}\times\dfrac{5}{6}}=10$

よって，X は近似的に $N(120,\ 10^2)$ に従うので，$Z=\dfrac{X-120}{10}$ とおいて X を標準化すると，Z は $N(0,\ 1)$ に従う．

両側検定において，有意水準 5% の棄却域は

$$Z\leqq -1.96 \text{ または } 1.96\leqq Z$$

$X=145$ のとき，$Z=\dfrac{145-120}{10}=2.5$ は棄却域に入るので，帰無仮説

は棄却される．

したがって，さいころは**正しく作られていない**といえる．

(2)　帰無仮説を「今年度の平均身長は昨年度の平均身長と同じく 168.2 cm である」とし，この仮説が正しいとする．身長を X cm とすると，標本平均 $\overline{X}$ は $N\left(168.2,\ \dfrac{5.8^2}{100}\right)$ に従うので，$Z=\dfrac{\overline{X}-168.2}{\dfrac{5.8}{\sqrt{100}}}$ とおいて $\overline{X}$ を標準化すると，Z は $N(0,\ 1)$ に従う．

右片側検定において，有意水準 5% の棄却域は

$$1.65 \leqq Z$$

$\overline{X}=169.3$ のとき，$Z=\dfrac{169.3-168.2}{\dfrac{5.8}{\sqrt{100}}} \fallingdotseq 1.90$ は棄却域に入るので，帰無仮説は棄却される．

したがって，今年度も**平均身長増加の傾向が続いている**といえる．

(1)では，「さいころは正しく作られているかいないか」，すなわち，「6の目が出やすい」場合と「6の目が出にくい」場合の両方の可能性を考える必要があり，どちらの方に異常な値をとっても仮説を棄却できるように，棄却域が両側にある両側検定を用います．

(2)では，「平均身長増加の傾向が続いているか」，すなわち，「平均身長が増加した」場合のみの可能性を考えているので，棄却域が片側のみにある片側検定を用います．

両側検定または片側検定のどちらを用いるかについては，問題文で与えられていることもあります．

ポイント

確率変数 X が $N(m,\ \sigma^2)$ に従うとき,

$Z=\dfrac{X-m}{\sigma}$ とおくと,

両側検定において,

　有意水準 5% の棄却域は　$Z \leqq -1.96,\ 1.96 \leqq Z$

　有意水準 1% の棄却域は　$Z \leqq -2.58,\ 2.58 \leqq Z$

右片側検定において,

　有意水準 5% の棄却域は　$1.65 \leqq Z$

　有意水準 1% の棄却域は　$2.33 \leqq Z$

左片側検定において,

　有意水準 5% の棄却域は　$Z \leqq -1.65$

　有意水準 1% の棄却域は　$Z \leqq -2.33$

演習問題 183

ある工場で製造しているポップコーンの重さは，平均 200 g，標準偏差 5 g の正規分布に従う．ある日，この工場で製造されたポップコーンを 100 袋購入して重さを調べたところ，標本平均は 198 g であった．この日の購入したポップコーンの重さは異常であるといえるか．有意水準 5% で (仮説) 検定せよ．

演習問題の解答

1

(1) $(2x-3y)^3=(2x)^3-3\cdot(2x)^2\cdot(3y)$
$+3\cdot(2x)\cdot(3y)^2-(3y)^3$
$=\boldsymbol{8x^3-36x^2y+54xy^2-27y^3}$

(2) $(x-3y)(x^2+3xy+9y^2)$
$=(x-3y)\{x^2+x\cdot3y+(3y)^2\}$
$=x^3-(3y)^3$
$=\boldsymbol{x^3-27y^3}$

2

$a^6-9a^3b^3+8b^6=(a^3-b^3)(a^3-8b^3)$
$=(a-b)(a^2+ab+b^2)(a-2b)$
$\times(a^2+2ab+4b^2)$
$=\boldsymbol{(a-b)(a-2b)(a^2+ab+b^2)}$
$\boldsymbol{\times(a^2+2ab+4b^2)}$

3

$(2a-b)^5$ を展開したときの一般項は
${}_5C_k(2a)^{5-k}(-b)^k$
すなわち，$(-1)^k{}_5C_k\cdot2^{5-k}a^{5-k}b^k$
よって，a^3b^2 の係数は $k=2$ のときで
$(-1)^2{}_5C_2\cdot2^3=\boldsymbol{80}$
また，ab^4 の係数は $k=4$ のときで
$(-1)^4{}_5C_4\cdot2^1=\boldsymbol{10}$

4

(1) $(3x-2y)^6$ を展開したときの一般項は
${}_6C_r(3x)^r(-2y)^{6-r}$
$={}_6C_r\cdot3^r\cdot(-2)^{6-r}\cdot x^ry^{6-r}$
$r=3$ のときが求める係数だから
${}_6C_3\cdot3^3\cdot(-2)^3=\dfrac{6\times5\times4}{3\times2}\cdot27\cdot(-8)$
$=\boldsymbol{-4320}$

(2) $(a+b)^n={}_nC_0a^n+{}_nC_1a^{n-1}b$
$+{}_nC_2a^{n-2}b^2+\cdots+{}_nC_nb^n$
両辺に $a=1$，$b=-1$ を代入すると
$(1-1)^n={}_nC_0-{}_nC_1+{}_nC_2+\cdots+(-1)^n{}_nC_n$
$\therefore\ {}_nC_0-{}_nC_1+{}_nC_2+\cdots+(-1)^n{}_nC_n=0$

5

$$\begin{array}{r}
4x^2-4x+a+4\\
x+1\overline{)\,4x^3\qquad\quad+ax+b}\\
\underline{4x^3+4x^2\qquad\qquad}\\
-4x^2+ax\\
\underline{-4x^2-4x}\\
(a+4)x+b\\
\underline{(a+4)x+a+4}\\
b-a-4
\end{array}$$

わりきれるとき，余りは0だから
$b-a-4=0$ ……①

$$\begin{array}{r}
2x^2+x+\dfrac{a+1}{2}\\
2x-1\overline{)\,4x^3\qquad\quad+ax+b}\\
\underline{4x^3-2x^2\qquad\qquad}\\
2x^2+ax\\
\underline{2x^2-\ x}\\
(a+1)x+b\\
\underline{(a+1)x-\dfrac{a+1}{2}}\\
\dfrac{a+1}{2}+b
\end{array}$$

余りは6だから $\dfrac{a+1}{2}+b=6$
$\therefore\ a+2b=11$ ……②
①，②より，$a=\boldsymbol{1}$，$b=\boldsymbol{5}$

6

(1) $(与式)=\left(3+\dfrac{1}{x-5}\right)-\left(5-\dfrac{1}{x-2}\right)$
$+\left(1-\dfrac{1}{x-3}\right)+\left(1-\dfrac{1}{x-4}\right)$
$=\dfrac{1}{x-5}+\dfrac{1}{x-2}-\dfrac{1}{x-3}-\dfrac{1}{x-4}$
$=\dfrac{1}{x-5}-\dfrac{1}{x-3}+\dfrac{1}{x-2}-\dfrac{1}{x-4}$
$=2\left\{\dfrac{1}{(x-5)(x-3)}-\dfrac{1}{(x-2)(x-4)}\right\}$

$$=\frac{\mathbf{2(2x-7)}}{\mathbf{(x-5)(x-3)(x-2)(x-4)}}$$

(2) $(与式)=\dfrac{bc}{(a-b)(a-c)}$

$$-\frac{ca}{(a-b)(b-c)}$$

$$+\frac{ab}{(b-c)(a-c)}$$

$$=\frac{bc(b-c)-ca(a-c)+ab(a-b)}{(a-b)(b-c)(a-c)}$$

$$=\frac{(b-c)\{a^2-(b+c)a+bc\}}{(a-b)(b-c)(a-c)}$$

$$=\frac{(a-b)(a-c)}{(a-b)(a-c)}=\mathbf{1}$$

7

$$2+\cfrac{1}{k+\cfrac{1}{m+\cfrac{1}{5}}}=\frac{803}{371}$$

より $\quad\cfrac{1}{k+\cfrac{1}{m+\cfrac{1}{5}}}=\dfrac{61}{371}$

両辺の逆数をとると

$$k+\cfrac{1}{m+\cfrac{1}{5}}=\frac{371}{61}$$

$$\therefore\quad k+\cfrac{1}{m+\cfrac{1}{5}}=6+\frac{5}{61}$$

$$\therefore\quad k+\cfrac{1}{m+\cfrac{1}{5}}=6+\cfrac{1}{12+\cfrac{1}{5}}$$

よって，$k=\mathbf{6}$，$m=\mathbf{12}$

8

(1) $x+\dfrac{1}{y}=1$ より

$$x=1-\frac{1}{y}=\frac{y-1}{y}$$

$y+\dfrac{1}{z}=1$ より $z=\dfrac{1}{1-y}$

よって，$xyz=\left(\dfrac{y-1}{y}\right)\cdot y\cdot\left(\dfrac{1}{1-y}\right)=\mathbf{-1}$

(2) $\dfrac{1}{bc+b+1}=\dfrac{a}{a(bc+b+1)}$

$=\dfrac{a}{1+ab+a}\quad(\because\quad abc=1)$

$\dfrac{1}{ca+c+1}=\dfrac{ab}{ab(ca+c+1)}$

$=\dfrac{ab}{a+1+ab}\quad(\because\quad abc=1)$

よって，

$$(与式)=\frac{1}{ab+a+1}+\frac{a}{ab+a+1}$$

$$+\frac{ab}{ab+a+1}$$

$$=\frac{1+a+ab}{ab+a+1}=\mathbf{1}$$

9

(1) $\dfrac{x+y}{3}=\dfrac{2y+z}{7}=\dfrac{z+3x}{6}=k$

とおくと

$$\begin{cases}x+\ y=3k & \cdots\cdots①\\ 2y+\ z=7k & \cdots\cdots②\\ z+3x=6k & \cdots\cdots③\end{cases}$$

①×2−② より，$2x-z=-k$ ……④

③+④ より，$5x=5k\qquad\therefore\quad x=k$

よって，①より，$y=2k$，

③より，$z=3k$

$xyz\neq0$ より，$k\neq0$ だから

$x:y:z=k:2k:3k=\mathbf{1:2:3}$

(2) $\dfrac{x^2+y^2-z^2}{x^2+y^2+z^2}=\dfrac{k^2+4k^2-9k^2}{k^2+4k^2+9k^2}$

$=\dfrac{-4k^2}{14k^2}=\mathbf{-\dfrac{2}{7}}\quad(\because\quad k\neq0)$

10

$$\begin{cases}2a+b=3kc & \cdots\cdots①\\ 2b+c=3ka & \cdots\cdots②\\ 2c+a=3kb & \cdots\cdots③\end{cases}$$

①+②+③ より，

$$3(a+b+c)=3k(a+b+c)$$

（i）$a+b+c \neq 0$ のとき，$k=\mathbf{1}$
（ii）$a+b+c=0$ のとき，
$c=-a-b$ だから②より，$b-a=3ka$
$\therefore\ b=(3k+1)a$
このとき，$c=-(3k+2)a$
①に代入して，$(3k+3)a=-3k(3k+2)a$
$a \neq 0$ だから，$k+1=-3k^2-2k$
$\therefore\ 3k^2+3k+1=0$
これをみたす実数 k は存在しない．
したがって，$a+b+c=0$ の場合は不適．

11

左辺の x^3 の係数が 1 より，$a=\mathbf{1}$
よって，
$$x^3-9x^2+9x-4$$
$$=x(x-1)(x-2)+bx(x-1)+cx+d \quad \cdots\cdots①$$
①の両辺に $x=0,\ x=1,\ x=2$ を代入して
$$\begin{cases} -4=d \\ -3=c+d \\ -14=2b+2c+d \end{cases} \quad \therefore \quad \begin{cases} b=\mathbf{-6} \\ c=\mathbf{1} \\ d=\mathbf{-4} \end{cases}$$
逆に，このとき，
$$(\text{右辺})=x(x-1)(x-2)-6x(x-1)+x-4$$
$$=x^3-3x^2+2x-6x^2+6x+x-4$$
$$=x^3-9x^2+9x-4=(\text{左辺})$$
となり適する．

12

(1) $a:b=b:c$ より $\dfrac{a}{b}=\dfrac{b}{c}=k$

とおくと，$a=bk,\ c=\dfrac{b}{k}$
$$(\text{左辺})=\frac{1}{b^3k^3}+\frac{1}{b^3}+\frac{k^3}{b^3}=\frac{k^6+k^3+1}{b^3k^3}$$
$$(\text{右辺})=\frac{b^3k^3+b^3+\dfrac{b^3}{k^3}}{b^2k^2\cdot b^2\cdot\dfrac{b^2}{k^2}}=\frac{k^3+1+\dfrac{1}{k^3}}{b^3}$$
$$=\frac{k^6+k^3+1}{b^3k^3}$$
よって，$\dfrac{1}{a^3}+\dfrac{1}{b^3}+\dfrac{1}{c^3}=\dfrac{a^3+b^3+c^3}{a^2b^2c^2}$

(2) $x+\dfrac{1}{y}=1$ より $x=\dfrac{y-1}{y}$，

$y+\dfrac{1}{z}=1$ より $z=\dfrac{1}{1-y}$

よって，$z+\dfrac{1}{x}=\dfrac{1}{1-y}+\dfrac{y}{y-1}=1$

13

$a>0,\ b>0$ より
$$\left(a+\frac{1}{b}\right)\left(b+\frac{4}{a}\right)-9=ab+\frac{4}{ab}-4$$
$$=\left(\sqrt{ab}-\frac{2}{\sqrt{ab}}\right)^2 \geqq 0$$
よって，$\left(a+\dfrac{1}{b}\right)\left(b+\dfrac{4}{a}\right) \geqq 9$

また，等号成立は，$\sqrt{ab}=\dfrac{2}{\sqrt{ab}}$，

つまり，$ab=2$ のとき．

14

(1) 与えられた方程式は
$(3x-2)(x-1)=0$
よって，$x=\mathbf{1},\ \dfrac{\mathbf{2}}{\mathbf{3}}$

(2) 与えられた方程式は
$(x+1)(x+4)(x+2)(x+3)=24$
$\therefore\ (x^2+5x+4)(x^2+5x+6)=24$
$x^2+5x=t$ とおくと，
$(t+4)(t+6)=24 \quad \therefore\ t(t+10)=0$
$\therefore\ t=0$ または -10
（i）$t=0$，すなわち，$x^2+5x=0$ のとき，$x=\mathbf{0},\ \mathbf{-5}$
（ii）$t=-10$，すなわち，
$x^2+5x+10=0$ のとき，
$$x=\frac{\mathbf{-5\pm\sqrt{15}\,i}}{\mathbf{2}}$$

15

(1) $(1+i)^3=1+3i+3i^2+i^3$
$=\mathbf{-2+2i}$

(2) $\left(\dfrac{1-i}{\sqrt{2}}\right)^6=\dfrac{(1-i)^6}{(\sqrt{2})^6}=\dfrac{\{(1-i)^2\}^3}{8}$

$=\dfrac{(-2i)^3}{8}=\boldsymbol{i}$

注 $\dfrac{(1-i)^6}{(\sqrt{2})^6}=\dfrac{\{(1-i)^3\}^2}{8}$ としてもよい．

(3) $\dfrac{2-i}{3+i}=\dfrac{(2-i)(3-i)}{(3+i)(3-i)}=\dfrac{1-i}{2}$

$\dfrac{3-i}{2+i}=\dfrac{(3-i)(2-i)}{(2+i)(2-i)}=1-i$

より，(与式)$=\dfrac{1-i}{2}\times(1-i)=\boldsymbol{-i}$

16

(1) $x+y=2$，$xy=2$ より

$x^4+y^4=(x^2+y^2)^2-2x^2y^2$

$=\{(x+y)^2-2xy\}^2-2(xy)^2=\boldsymbol{-8}$

(2) $x=1-\sqrt{2}i$ より　$x-1=-\sqrt{2}i$

両辺を平方して整理すると，

$x^2-2x+3=0$

ここで，

x^3+2x^2+3x-7 を x^2-2x+3 でわると，

商が $x+4$ で，余りが $8x-19$

となることから，

x^3+2x^2+3x-7

$=(x+4)(x^2-2x+3)+8x-19$

と表せ，$x=1-\sqrt{2}i$ のとき

$x^2-2x+3=0$ であることより，求める式の値は

$8(1-\sqrt{2}i)-19=\boldsymbol{-11-8\sqrt{2}i}$

17

(1) $x^2-(k+1)x+k^2=0$ の判別式を D とすると

$D=(k+1)^2-4k^2=-3k^2+2k+1$

$=-(3k+1)(k-1)$

より

(i) $D>0$，すなわち，$\boldsymbol{-\dfrac{1}{3}<k<1}$ **のとき，異なる2つの実数解をもつ**

(ii) $D=0$，すなわち，$\boldsymbol{k=-\dfrac{1}{3},\ 1}$ **のとき，重解をもつ**

(iii) $D<0$，すなわち，$\boldsymbol{k<-\dfrac{1}{3},\ 1<k}$ **のとき，虚数解を2個もつ**

(2) 与えられた方程式は，2次方程式より，$k\neq0$

$kx^2-2kx+2k+1=0$ の判別式をDとすると

$\dfrac{D}{4}=k^2-k(2k+1)=-k^2-k$

$=-k(k+1)$

より

(i) $\dfrac{D}{4}>0$，すなわち，$\boldsymbol{-1<k<0}$ **のとき，異なる2つの実数解をもつ**

(ii) $\dfrac{D}{4}=0$，すなわち，$\boldsymbol{k=-1}$ **のとき，重解をもつ**

(iii) $\dfrac{D}{4}<0$，すなわち，$\boldsymbol{k<-1,\ 0<k}$ **のとき，虚数解を2個もつ**

18

①，②，③の判別式をそれぞれ，D_1，D_2，D_3 とすると

$\dfrac{D_1}{4}=a^2-1=(a-1)(a+1)$，

$\dfrac{D_2}{4}=4-a^2=-(a-2)(a+2)$，

$D_3=(a+1)^2-4a^2=-3a^2+2a+1$

$=-(3a+1)(a-1)$

よって，D_1，D_2，D_3 の符号は下表のようになる．

a	…	-2	…	-1	…	$-\dfrac{1}{3}$	…	1	…	2	…
D_1	+	+	+	0	−	−	−	0	+	+	+
D_2	−	0	+	+	+	+	+	+	+	0	−
D_3	−	−	−	−	−	0	+	0	−	−	−

ここで，題意をみたすためには，D_1，D_2，D_3 のうち，1つが正または0で，残り2

つが負であればよいので

$$a<-2,\ -1<a<-\frac{1}{3},\ 2<a$$

19

(1) 与式を i について整理して

$$(x^2+2x+1)+(x^2+3x+2)i=0$$

x^2+2x+1，x^2+3x+2 は実数だから

$$\begin{cases} x^2+2x+1=0 & \cdots\cdots① \\ x^2+3x+2=0 & \cdots\cdots② \end{cases}$$

①は　$(x+1)^2=0$　　$\therefore$　$x=-1$

②は　$(x+1)(x+2)=0$

　$\therefore$　$x=-1,\ -2$

①，②が同時に成りたつ x が求めるものだから $x=\mathbf{-1}$

(2) 与えられた式より

$$\frac{1}{x+yi}=\frac{1}{2}-\frac{1}{2+i}$$

$$(\text{右辺})=\frac{i}{2(2+i)}=\frac{i^2}{2i(2+i)}$$

$$=\frac{-1}{-2+4i}=\frac{1}{2-4i}$$

$$\therefore\quad x+yi=2-4i$$

x，y は実数だから　$x=\mathbf{2}$，$y=\mathbf{-4}$

20

与えられた式は

$$(x^2-3ax+a)+(x-2a)i=0$$

x，a は実数だから

$$\begin{cases} x^2-3ax+a=0 & \cdots\cdots① \\ x-2a=0 & \cdots\cdots② \end{cases}$$

②より $x=2a$．これを①に代入すると，

$2a^2-a=0$ となり $a=0,\ \dfrac{1}{2}$

$a>0$ より　$a=\mathbf{\dfrac{1}{2}}$

21

解と係数の関係より，

$$\alpha+\beta=-4,\ \alpha\beta=5$$

$$\therefore\quad \begin{cases} \alpha^2+\beta^2=(\alpha+\beta)^2-2\alpha\beta=6 \\ \alpha^2\cdot\beta^2=(\alpha\beta)^2=25 \end{cases}$$

よって，α^2，β^2 を解にもつ 2 次方程式は

$$\boldsymbol{x^2-6x+25=0}$$

22

解と係数の関係より

$\alpha+\beta+\gamma=-1$，$\alpha\beta+\beta\gamma+\gamma\alpha=-2$，

$\alpha\beta\gamma=-3$，

$$\alpha^3+\beta^3+\gamma^3-3\alpha\beta\gamma$$
$$=(\alpha+\beta+\gamma)(\alpha^2+\beta^2+\gamma^2-\alpha\beta-\beta\gamma-\gamma\alpha)$$

だから

$$\alpha^3+\beta^3+\gamma^3$$
$$=(\alpha+\beta+\gamma)\{(\alpha+\beta+\gamma)^2-3(\alpha\beta+\beta\gamma+\gamma\alpha)\}+3\alpha\beta\gamma$$
$$=-\{1-3\cdot(-2)\}+3\cdot(-3)$$
$$=-7-9=\mathbf{-16}$$

23

$x=1+i$ を与えられた式に代入すると

$$(1+i)^3+a(1+i)+b=0$$

$$\therefore\quad (-2+2i)+(a+ai)+b=0$$

$$\therefore\quad a+b-2+(a+2)i=0$$

a，b は実数だから

$$\begin{cases} a+b-2=0 & \cdots\cdots① \\ a+2=0 & \cdots\cdots② \end{cases}$$

①，②より $a=\mathbf{-2}$，$b=\mathbf{4}$

24

(1) $f(x)+g(x)$ を $x-a$ でわった余りは b だから，剰余の定理より

$$f(a)+g(a)=\boldsymbol{b}$$

$f(x)g(x)$ を $x-a$ でわった余りは c だから，同様にして

$$f(a)g(a)=\boldsymbol{c}$$

(2) $\{f(x)\}^2+\{g(x)\}^2$ を $x-a$ でわった余りは $\{f(a)\}^2+\{g(a)\}^2$

より(1)を用いると，

$$\{f(a)\}^2+\{g(a)\}^2$$
$$=\{f(a)+g(a)\}^2-2f(a)g(a)$$
$$=\boldsymbol{b^2-2c}$$

25

求める余りは，$ax+b$ とおけるので，
$f(x)=(x-2)(x+1)Q(x)+ax+b$
と表せる．$f(2)=3$，$f(-1)=6$ だから

$$\begin{cases} 2a+b=3 & \cdots\cdots① \\ -a+b=6 & \cdots\cdots② \end{cases}$$

①，②より，$a=-1$，$b=5$ となり，
求める余りは，$\boldsymbol{-x+5}$

26

(1) $P(x)$ は $x+1$，$x-1$，$x+2$ でわると，それぞれ 3，7，4 余るので
$P(-1)=3$，$P(1)=7$，$P(-2)=4$
ここで，
$P(x)=(x+1)(x-1)(x+2)Q(x)+ax^2+bx+c$
とおくと

$$\begin{cases} a-b+c=3 \\ a+b+c=7 \\ 4a-2b+c=4 \end{cases} \quad \therefore \quad \begin{cases} a=1 \\ b=2 \\ c=4 \end{cases}$$

よって，求める余りは $\boldsymbol{x^2+2x+4}$

(2) $P(x)$ を $(x+1)^2(x-1)$ でわった余りを $R(x)$（2 次以下の整式）とおくと
$P(x)=(x+1)^2(x-1)Q(x)+R(x)$
と表せる．
$P(x)$ は $(x+1)^2$ でわると $2x+1$ 余るので，$R(x)$ も $(x+1)^2$ でわると $2x+1$ 余る．
よって，$R(x)=a(x+1)^2+2x+1$ とおける．
$\therefore \quad P(x)=(x+1)^2(x-1)Q(x)+a(x+1)^2+2x+1$
$P(1)=-1$ より
$4a+3=-1 \qquad \therefore \quad a=-1$
よって，求める余りは
$-(x+1)^2+2x+1$
すなわち，$\boldsymbol{-x^2}$

27

(1) $P(2)=0$ より
$8a+8b-4ab-16=0 \qquad \cdots\cdots①$
$\therefore \quad -4(a-2)(b-2)=0$
$\therefore \quad a=\mathbf{2}$ または $b=\mathbf{2}$

(2) $P(-2)=0$ より
$24a-8b-8ab+24=0 \qquad \cdots\cdots②$
$\therefore \quad -8(a+1)(b-3)=0$
$\therefore \quad a=\mathbf{-1}$ または $b=\mathbf{3}$

(3) ①，②が同時に成りたてばよいので
$(a,\ b)=(\mathbf{-1},\ \mathbf{2})$ **または** $(\mathbf{2},\ \mathbf{3})$
(i) $(a,\ b)=(-1,\ 2)$ のとき
$P(x)=-x^4+3x^3+5x^2-12x-4$
$=\boldsymbol{(x-2)(x+2)(-x^2+3x+1)}$
(ii) $(a,\ b)=(2,\ 3)$ のとき
$P(x)=2x^4+x^3-11x^2-4x+12$
$=\boldsymbol{(x-2)(x+2)(2x+3)(x-1)}$

28

$x^3=1$ より
$(x-1)(x^2+x+1)=0$ だから
$\omega^3=1$，$\omega^2+\omega+1=0$

(i) $\boldsymbol{n=3m}$ **のとき**
$\omega^{2n}+\omega^n+1$
$=(\omega^3)^{2m}+(\omega^3)^m+1=1+1+1=\mathbf{3}$

(ii) $\boldsymbol{n=3m+1}$ **のとき**
$\omega^{2n}+\omega^n+1=\omega^{6m+2}+\omega^{3m+1}+1$
$=(\omega^3)^{2m}\cdot\omega^2+(\omega^3)^m\cdot\omega+1$
$=\omega^2+\omega+1=\mathbf{0}$

(iii) $\boldsymbol{n=3m+2}$ **のとき**
$\omega^{2n}+\omega^n+1=\omega^{6m+4}+\omega^{3m+2}+1$
$=(\omega^3)^{2m+1}\cdot\omega+(\omega^3)^m\cdot\omega^2+1$
$=\omega+\omega^2+1=\mathbf{0}$

29

共通解を α とおくと，

$$\begin{cases} \alpha^2-2a\alpha+6a=0 & \cdots\cdots①' \\ \alpha^2-2(a-1)\alpha+3a=0 & \cdots\cdots②' \end{cases}$$

①′－②′ より，

$$-2\alpha+3a=0 \qquad \therefore \quad \alpha=\frac{3}{2}a$$

これを①′ に代入すると　$a^2-8a=0$
$\therefore \quad a=0,\ 8$

ここで $a=0$ とすると $\alpha=0$ となり題意に反するので，$a=8$. このとき

①から　$x^2-16x+48=0$

∴　$(x-4)(x-12)=0$

∴　$x=4,\ 12$

②から　$x^2-14x+24=0$

∴　$(x-2)(x-12)=0$

∴　$x=2,\ 12$

よって，**共通解は 12** であり，**①の他の解は 4**，**②の他の解は 2** である.

30

(1)　①に $x=1+i$ を代入して

$(1+i)^3+a(1+i)^2+b(1+i)+c=0$ ……①′

①′より　$2i-2+2ai+b+bi+c=0$

∴　$(b+c-2)+(2a+b+2)i=0$

$a,\ b,\ c$ は実数だから，

$\begin{cases} b+c-2=0 \\ 2a+b+2=0 \end{cases}$ ∴ $\begin{cases} \boldsymbol{b=-2a-2} \\ \boldsymbol{c=2a+4} \end{cases}$

(2)　(1)より，①は

$x^3+ax^2-2(a+1)x+2a+4=0$

ここで，$x=1+i$ を解にもつから，

$x-1=i$　両辺を 2 乗して整理すると

$x^2-2x+2=0$

よって，$(x^2-2x+2)(x+a+2)=0$

ゆえに，①の実数解は $\boldsymbol{x=-a-2}$

(3)　①と②がただ 1 つの実数解を共有するとき，それは，$x=-a-2$ だから，②に代入して

$(a+2)^2+b(a+2)+3=0$

$(a+2)^2-2(a+1)(a+2)+3=0$

$-a^2-2a+3=0$

$a^2+2a-3=0$

$(a+3)(a-1)=0$

∴　$a=-3,\ 1$

$a=-3$ のとき，$b=4,\ c=-2$

$a=1$ のとき，$b=-4,\ c=6$

よって，

$(a,\ b,\ c)=\boldsymbol{(-3,\ 4,\ -2),\ (1,\ -4,\ 6)}$

31

(1)　内分する点は，

$\left(\dfrac{2\times3+3\times(-1)}{3+2},\ \dfrac{2\times1+3\times2}{3+2}\right)$

$=\boldsymbol{\left(\dfrac{3}{5},\ \dfrac{8}{5}\right)}$

外分する点は，

$\left(\dfrac{(-2)\times3+3\times(-1)}{3+(-2)},\ \dfrac{(-2)\times1+3\times2}{3+(-2)}\right)$

$=\boldsymbol{(-9,\ 4)}$

(2)　三角形の頂点は，それぞれの直線の交点であるから，その座標は，

$(0,\ 6),\ (-2,\ 0),\ (5,\ 0)$

よって，重心の座標は，

$\left(\dfrac{0+(-2)+5}{3},\ \dfrac{6+0+0}{3}\right)=\boldsymbol{(1,\ 2)}$

32

$2x+3y-6=0$ より

$y=-\dfrac{2}{3}x+2$

平行な直線は，傾きが $-\dfrac{2}{3}$ で，

点 $(3,\ 2)$ を通るので

$y-2=-\dfrac{2}{3}(x-3)$

すなわち，$\boldsymbol{y=-\dfrac{2}{3}x+4}$

33

△ABC は鋭角三角形なので，

$\mathrm{A}(0,\ a)$，$\mathrm{B}(-b,\ 0)$，$\mathrm{C}(c,\ 0)$，

$(a>0,\ b>0,\ c>0)$

とおける.

このとき，

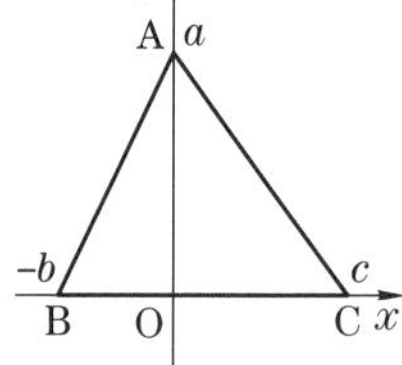

$\mathrm{AB}^2=a^2+b^2$，

$\mathrm{AC}^2=a^2+c^2$，

$\mathrm{BC}^2=(b+c)^2$

$\cos B=\dfrac{b}{\mathrm{AB}}$

∴　$\mathrm{AB}^2+\mathrm{BC}^2$

$-2\mathrm{AB}\cdot\mathrm{BC}\cos B$

$=a^2+b^2+(b+c)^2-2\mathrm{AB}\cdot\mathrm{BC}\cdot\dfrac{b}{\mathrm{AB}}$

$=a^2+b^2+(b+c)^2-2b(b+c)$

$=a^2+c^2=\mathrm{AC}^2$

よって，

$\mathrm{AC}^2=\mathrm{AB}^2+\mathrm{BC}^2-2\mathrm{AB}\cdot\mathrm{BC}\cos B$

が成りたつ．

34

A と l の距離は，

$\dfrac{|-3+8+3|}{\sqrt{1+4}}=\dfrac{8}{\sqrt{5}}$

より

$\mathrm{AH}=\mathrm{HP}=\dfrac{8}{\sqrt{5}}$

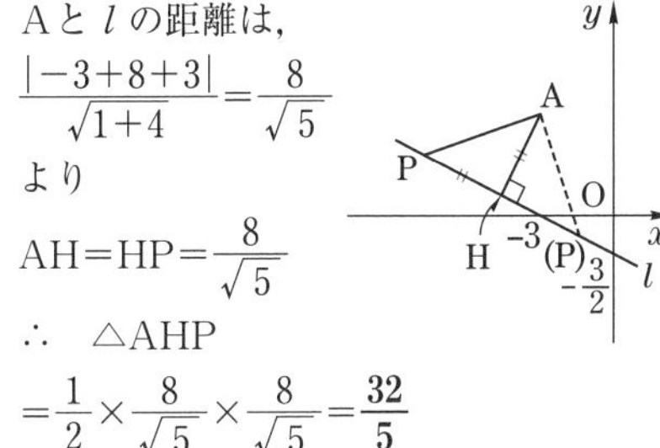

∴　$\triangle\mathrm{AHP}$

$=\dfrac{1}{2}\times\dfrac{8}{\sqrt{5}}\times\dfrac{8}{\sqrt{5}}=\mathbf{\dfrac{32}{5}}$

35

点 B の $y=2x+1$ に関する対称点を $\mathrm{B}'(a,\ b)$ とおくと，直線 BB' の傾きは $-\dfrac{1}{2}$ だから

$\dfrac{b-5}{a-4}=-\dfrac{1}{2}$

∴　$a+2b=14$　……①

また，線分 BB' の中点 $\left(\dfrac{a+4}{2},\ \dfrac{b+5}{2}\right)$ は $y=2x+1$ 上にあるので

$\dfrac{b+5}{2}=a+4+1$

∴　$2a-b=-5$　……②

①，②より，$a=\dfrac{4}{5}$，$b=\dfrac{33}{5}$

よって，$\mathrm{B}'\left(\dfrac{4}{5},\ \dfrac{33}{5}\right)$

ここで，$\mathrm{PB}=\mathrm{PB}'$ だから

$\mathrm{AP}+\mathrm{PB}=\mathrm{AP}+\mathrm{PB}'\geqq\mathrm{AB}'$　(一定)

(等号は，点 P が直線 AB' と $y=2x+1$ の交点と一致するとき成立．)

直線 AB' は $y-1=\dfrac{1-\dfrac{33}{5}}{3-\dfrac{4}{5}}(x-3)$

より　$y=-\dfrac{28}{11}x+\dfrac{95}{11}$

この直線と $y=2x+1$ の交点は

$\left(\dfrac{42}{25},\ \dfrac{109}{25}\right)$ だから $\mathbf{P}\left(\mathbf{\dfrac{42}{25}},\ \mathbf{\dfrac{109}{25}}\right)$ のとき，$\mathrm{AP}+\mathrm{PB}$ は最小．

36

(1)　(i)　垂直のとき

$1\cdot1+a\{-(2a-1)\}=0$

$2a^2-a-1=0$

$(2a+1)(a-1)=0$

∴　$a=-\mathbf{\dfrac{1}{2}}$，$\mathbf{1}$

(ii)　平行のとき

$1\cdot\{-(2a-1)\}-1\cdot a=0$

$3a-1=0$

∴　$a=\mathbf{\dfrac{1}{3}}$

(2)　$x+y=3$　……①

$y-x=1$　……②

$x+3y=3$　……③

(ア)　①＋②　より　$2y=4$

∴　$(x,\ y)=(1,\ 2)$

②＋③　より　$4y=4$

∴　$(x,\ y)=(0,\ 1)$

③－①　より　$2y=0$

∴　$(x,\ y)=(3,\ 0)$

よって，3 つの頂点の座標は，

$\mathbf{(1,\ 2)}$，$\mathbf{(0,\ 1)}$，$\mathbf{(3,\ 0)}$

(イ)　(ア)の答えの頂点の座標を順に A，B，C とし，つけ加える点を $\mathrm{D}(a,\ b)$ とすると，平行四辺形ができるのは次の 3 つの場合のみである．

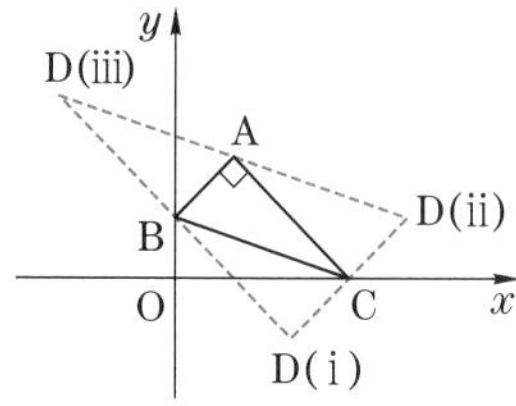

(i) BC が対角線のとき

平行四辺形の性質から，BC と AD の中点は一致するので，

$\left(\dfrac{a+1}{2},\ \dfrac{b+2}{2}\right)=\left(\dfrac{3}{2},\ \dfrac{1}{2}\right)$

$\therefore\ (a,\ b)=(2,\ -1)$

(ii) AC が対角線のとき，(i)と同様で

$\left(\dfrac{a}{2},\ \dfrac{b+1}{2}\right)=\left(\dfrac{4}{2},\ \dfrac{2}{2}\right)$

$\therefore\ (a,\ b)=(4,\ 1)$

(iii) AB が対角線のとき，(i)と同様で

$\left(\dfrac{a+3}{2},\ \dfrac{b}{2}\right)=\left(\dfrac{1}{2},\ \dfrac{3}{2}\right)$

$\therefore\ (a,\ b)=(-2,\ 3)$

(i)，(ii)，(iii)より，求める点の座標は

$\mathbf{(2,\ -1),\ (4,\ 1),\ (-2,\ 3)}$

37

(1) $y=ax+9-3a$

より　$(x-3)a+9-y=0$

これが任意の a について成りたつので

$\begin{cases}x-3=0\\9-y=0\end{cases}\quad\therefore\quad\begin{cases}x=3\\y=9\end{cases}$

よって，定点 $\mathbf{(3,\ 9)}$ を通る．

(2) a がすべての実数値をとっても，y 軸に平行で，点 $(3,\ 9)$ を通る直線 $x=3$ は表せないので，これと x 軸との交点 $(3,\ 0)$ は通ることができない．

よって，$p=\mathbf{3}$ はとることができない．

38

$2x+y-1=0$ は，$x+y+1=0$ と垂直ではないので求める直線は，

$k(2x+y-1)+(x-2y-3)=0$

すなわち

$(2k+1)x+(k-2)y-k-3=0$

と表せる．

これが，$x+y+1=0$ と垂直だから，

$1\cdot(2k+1)+1\cdot(k-2)=0$

$\therefore\ 3k-1=0$

よって，$k=\dfrac{1}{3}$ より，

$\dfrac{5}{3}x-\dfrac{5}{3}y-\dfrac{10}{3}=0$

$\therefore\ \boldsymbol{x-y-2=0}$

39

(1) 求める円の方程式を

$x^2+y^2+ax+by+c=0$

とおくと

Aを通るので，

$5a+5b+c+50=0$ ……①

Bを通るので，

$2a-4b+c+20=0$ ……②

Cを通るので，

$-2a+2b+c+8=0$ ……③

①－② より　$a+3b+10=0$ ……④

②－③ より　$2a-3b+6=0$ ……⑤

④＋⑤ より　$a=-\dfrac{16}{3}$，

④より　$b=-\dfrac{14}{9}$，

①より　$c=-\dfrac{140}{9}$

よって，求める円の方程式は

$\boldsymbol{x^2+y^2-\dfrac{16}{3}x-\dfrac{14}{9}y-\dfrac{140}{9}=0}$

(2) 3点A，B，Dを通る円がかけないのは，Dが直線AB上にあり，AともBとも異なるときである．

AB：$y-5=\dfrac{5-(-4)}{5-2}(x-5)$

すなわち，$y=3x-10$

より，求める a，b の関係式は

$\boldsymbol{b=3a-10}$

$(\boldsymbol{(a,\ b)\neq(5,\ 5),\ (2,\ -4)})$

40

円の中心$(-2,\ -1)$と直線との距離をdとおくと

$$d=\frac{|-2a+1+9-3a|}{\sqrt{a^2+(-1)^2}}=\frac{5|a-2|}{\sqrt{a^2+1}}$$

(i) $d<5$ のとき，

すなわち $\dfrac{5|a-2|}{\sqrt{a^2+1}}<5$ のとき

両辺を平方して，

$a^2-4a+4<a^2+1$

$\therefore\ -4a<-3$

よって，

$a>\dfrac{3}{4}$ のとき，異なる2点で交わる．

(ii) $d=5$ すなわち，

$a=\dfrac{3}{4}$ のとき，接する．

(iii) $d>5$ すなわち，

$a<\dfrac{3}{4}$ のとき，共有点をもたない．

41

求める接線はy軸と平行ではないので，

$y+2=m(x-4)$

すなわち，$mx-y-4m-2=0$

とおける．これが円 $x^2+y^2=10$ に接するので，$\dfrac{|-4m-2|}{\sqrt{m^2+1}}=\sqrt{10}$

両辺を平方すると

$16m^2+16m+4=10m^2+10$

$3m^2+8m-3=0$

$(3m-1)(m+3)=0$

$\therefore\ m=\dfrac{1}{3},\ -3$

よって，求める接線の方程式は，

$y=\dfrac{1}{3}x-\dfrac{10}{3}$ と $y=-3x+10$

42

$x^2+y^2=2$ ……①

$(x-1)^2+(y-1)^2=4$ ……②

①と②の中心間の距離$=\sqrt{1+1}=\sqrt{2}$

①の半径は$\sqrt{2}$，②の半径は2より

$2-\sqrt{2}<\sqrt{2}<2+\sqrt{2}$

だから，2円は異なる2点で交わる．

よって，①−② より，$-2x-2y=0$

$\therefore$ **$y=-x$**

43

$\mathrm{P}(x,\ y)$とおくと，

$\mathrm{AP}^2=(x-1)^2+(y-1)^2$，

$\mathrm{BP}^2=(x-5)^2+(y-5)^2$

$\mathrm{AP}^2:\mathrm{BP}^2=1:9$ だから

$9\mathrm{AP}^2=\mathrm{BP}^2$ より

$9(x-1)^2+9(y-1)^2=(x-5)^2+(y-5)^2$

$x^2-x+y^2-y-4=0$

$\left(x-\dfrac{1}{2}\right)^2+\left(y-\dfrac{1}{2}\right)^2=\dfrac{9}{2}$

よって，求める軌跡は，

円 $\left(x-\dfrac{1}{2}\right)^2+\left(y-\dfrac{1}{2}\right)^2=\dfrac{9}{2}$

44

円はx軸の下側からx軸に接しているので，中心の座標を$\mathrm{P}(X,\ Y)$とおくと，$Y<0$ であり，半径は $-Y$．

よって，円の方程式は

$(x-X)^2+(y-Y)^2=Y^2$

となり，点$(1,\ -2)$を通るので，

$(1-X)^2+(-2-Y)^2=Y^2$

$\therefore\ X^2-2X+4Y+5=0$

よって，求める軌跡は，

放物線 $y=-\dfrac{1}{4}x^2+\dfrac{1}{2}x-\dfrac{5}{4}$

これは $y<0$ をみたす．

45

(1) $\begin{cases} x=-t+2 & \cdots\cdots ① \\ y=2t+1 & \cdots\cdots ② \end{cases}$

①をtについて解くと $t=-x+2$

これを②に代入して $y=2(-x+2)+1$

∴　**直線 $y=-2x+5$**

(2) $\begin{cases} x=1-|t| & \cdots\cdots① \\ y=t^2-1 & \cdots\cdots② \end{cases}$

①より，$|t|=1-x$ ……①′

②より，$y=|t|^2-1$

①′を代入して　$y=(1-x)^2-1$

①′でさらに $|t|\geqq 0$ より，$x\leqq 1$

∴　**放物線の一部 $y=x^2-2x\ (x\leqq 1)$**

(3) $\begin{cases} x=1-\sin t \\ y=1+\cos t \end{cases}$

より $\begin{cases} 1-x=\sin t & \cdots\cdots① \\ y-1=\cos t & \cdots\cdots② \end{cases}$

$①^2+②^2$ より　$(1-x)^2+(y-1)^2=1$

また，$30°\leqq t\leqq 120°$ より，

$\dfrac{1}{2}\leqq\sin t\leqq 1,\ -\dfrac{1}{2}\leqq\cos t\leqq\dfrac{\sqrt{3}}{2}$

だから，$0\leqq x\leqq\dfrac{1}{2},\ \dfrac{1}{2}\leqq y\leqq\dfrac{\sqrt{3}}{2}+1$

となり，求める軌跡は

円弧 $(x-1)^2+(y-1)^2=1$

$$\left(0\leqq x\leqq\frac{1}{2},\ \frac{1}{2}\leqq y\leqq\frac{\sqrt{3}+2}{2}\right)$$

(1)，(2)，(3)のグラフは順に下の図のようになる．

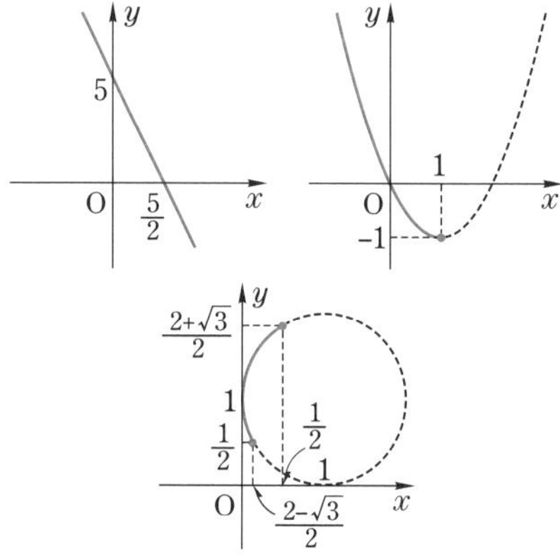

46

(1) ①と $y=-x^2+3x-2$ より，y を消去すると

$4x^2-2(2t+3)x+t^2+8t-4=0$ ……②

②は実数解をもつので，判別式を D とすると，$\dfrac{D}{4}\geqq 0$ であるから

$(2t+3)^2-4(t^2+8t-4)\geqq 0$

∴　$-4t+5\geqq 0$　　∴　$\boldsymbol{t\leqq\dfrac{5}{4}}$

(2) ①より　$y=(x-t)^2-\dfrac{1}{2}t^2+4t-4$

したがって，頂点の座標を $(X,\ Y)$ とすると

$X=t$ ……③

$Y=-\dfrac{1}{2}t^2+4t-4$ ……④

③，④より t を消去すると，

$Y=-\dfrac{1}{2}X^2+4X-4$

ここで，(1)より，$t\leqq\dfrac{5}{4}$ だから③より

$X\leqq\dfrac{5}{4}$

よって，求める軌跡は

放物線の一部

$$\boldsymbol{y=-\frac{1}{2}x^2+4x-4\quad\left(x\leqq\frac{5}{4}\right)}$$

47

(1) l の式から　$(x-1)t-y=0$

よって，t の値にかかわらず定点 $(1,\ 0)$ を通る．

m の式から　$x-1+(y-2)t=0$

よって，t の値にかかわらず定点 $(1,\ 2)$ を通る．

∴　**A(1，0)，B(1，2)**

(2) $t\cdot 1+(-1)\cdot t=0$ より，l と m は直交するので，P は線分 AB を直径とする円を描く．また，AB の中点は M(1，1) であり，

AM=1

よって，P は円 $(x-1)^2+(y-1)^2=1$ 上を動く．

ここで，l は $x=1$，mは $y=2$ と一致

することはないので点$(1,\ 2)$は含まれない.

よって，求める軌跡は

円 $(x-1)^2+(y-1)^2=1$ から，
点$(1,\ 2)$を除いたもの.

48

$|x-1|+|y-2|=1$ は曲線 $|x|+|y|=1$ をx軸方向に1，y軸方向に2だけ平行移動したもので，$|x|+|y|=1$ は，xに$-x$を代入してもyに$-y$を代入しても式は変わらないので，x軸，y軸，原点に関して対称.

よって，$|x|+|y|=1\ (x\geqq 0,\ y\geqq 0)$，すなわち，$x+y=1\ (x\geqq 0,\ y\geqq 0)$と，それを$x$軸，$y$軸，原点に関して対称移動した図形をあわせたものが

$|x|+|y|=1$

よって，求める図形は右図のような正方形.

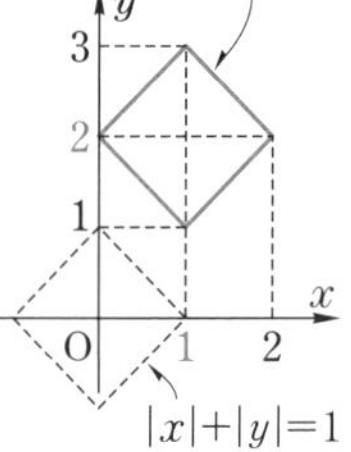

49

(1) $x-y<2 \Longleftrightarrow y>x-2$

よって，$y=x-2$ より上側を表す.

$$x-2y>1 \Longleftrightarrow y<\frac{1}{2}x-\frac{1}{2}$$

よって，$y=\frac{1}{2}x-\frac{1}{2}$ より下側を表す.

よって，求める領域は次図の色の部分(境界は含まない).

(2) $x^2+y^2-2x+4y\leqq 4$

$\Longleftrightarrow (x-1)^2+(y+2)^2\leqq 9$

よって，$(x-1)^2+(y+2)^2=3^2$ の周および内部を表す.

また，$y\geqq x$ は $y=x$ より上側とその図形上を表す.

よって，求める領域は次図の色の部分(境界を含む).

(1)

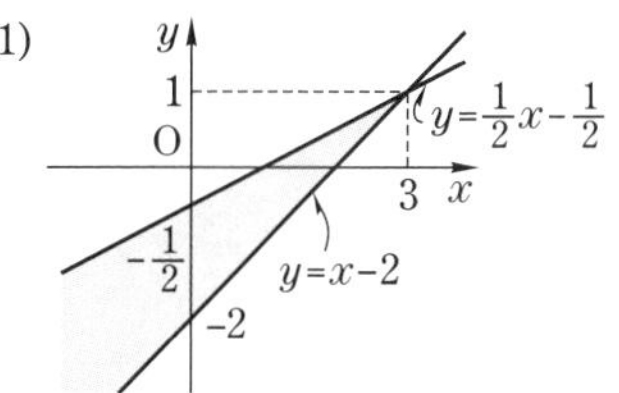

ただし，境界は含まない

(2)

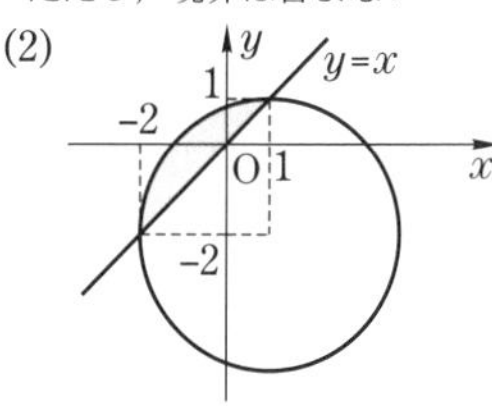

ただし，境界は含む

50

(1) $|x^2-2x|$

$$=\begin{cases} x^2-2x & (x^2-2x\geqq 0) \\ -(x^2-2x) & (x^2-2x<0) \end{cases}$$

$$=\begin{cases} x^2-2x & (x\leqq 0,\ 2\leqq x) \\ -x^2+2x & (0<x<2) \end{cases}$$

よって，求める領域は $y=|x^2-2x|$ の下側で，境界を含む.

(2) $|x^2-2|+1$

$$=\begin{cases} x^2-2+1 & (x^2-2\geqq 0) \\ -(x^2-2)+1 & (x^2-2<0) \end{cases}$$

$$=\begin{cases} x^2-1 & (x\leqq -\sqrt{2},\ \sqrt{2}\leqq x) \\ -x^2+3 & (-\sqrt{2}<x<\sqrt{2}) \end{cases}$$

よって，求める領域は $y=|x^2-2|+1$ の上側で，境界を含む.

(3) (i) $x-1\geqq 0,\ y-2\geqq 0$

すなわち　$x\geqq 1,\ y\geqq 2$ のとき

$|x-1|+|y-2|\leqq 1$

$\Longleftrightarrow x-1+y-2\leqq 1$

$\Longleftrightarrow y\leqq -x+4$

(ii) $x<1,\ y\geqq 2$ のとき

$|x-1|+|y-2|\leqq 1$

$\Longleftrightarrow -(x-1)+y-2\leqq 1$

$\Longleftrightarrow y\leqq x+2$

(iii) $x\geqq 1,\ y<2$ のとき

$|x-1|+|y-2|\leqq 1$

$\Longleftrightarrow x-1-(y-2)\leqq 1$

$\Longleftrightarrow y\geqq x$

(iv) $x<1$, $y<2$ のとき

$|x-1|+|y-2|\leqq 1$

$\Longleftrightarrow -(x-1)-(y-2)\leqq 1$

$\Longleftrightarrow y\geqq -x+2$

注 $|x|+|y|\leqq 1$ を x 軸方向に 1，y 軸方向に 2 だけ平行移動（⇨**48**）したものは，

$|x-1|+|y-2|\leqq 1$

領域を図示すると順に下図の色の部分となる．

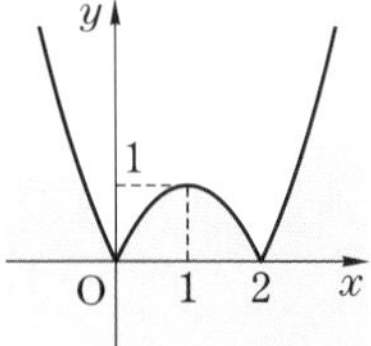

ただし，境界は含む

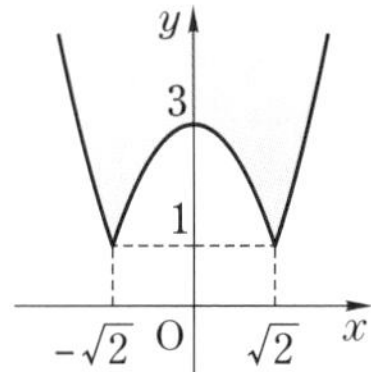

ただし，境界は含む

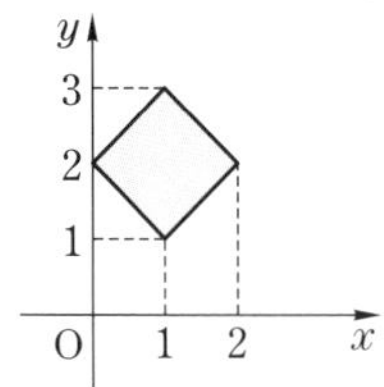

ただし，境界は含む

51

$x\geqq 0$，$y\geqq 0$，$2x+3y\leqq 12$，$2x+y\leqq 8$ の表す領域は，図Ⅰの色の部分である．ただし，境界は含む．

(1) $x+3y=k$ とおくと，

$y=-\dfrac{1}{3}x+\dfrac{k}{3}$ となり，図Ⅱより

A(0, 4) を通るとき，$\dfrac{k}{3}$ は最大で，k の**最大値は 12**

O(0, 0) を通るとき，$\dfrac{k}{3}$ は最小で，k の**最小値は 0**

(2) $x^2-y=k'$ とおくと，$y=x^2-k'$ となり，図Ⅲより

A(0, 4) を通るとき，$-k'$ は最大で，k' の**最小値は -4**

C(4, 0) を通るとき，$-k'$ は最小で，k' の**最大値は 16**

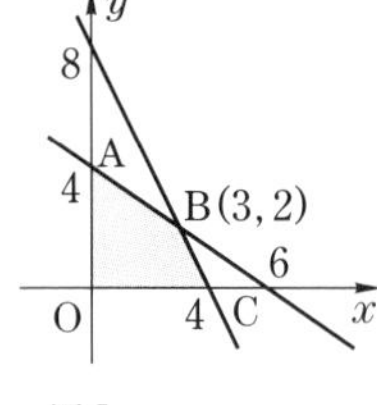

図Ⅰ

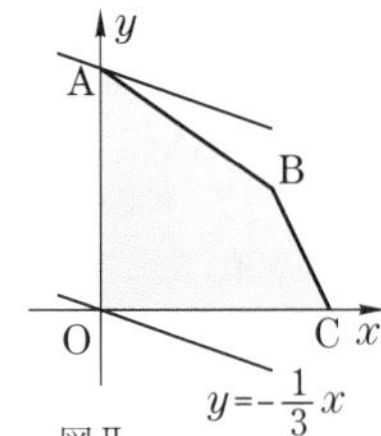

図Ⅱ

y
A 4
$y=x^2$
B
O
C x

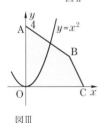

図Ⅲ

52

(1) (ア) $0°\leqq\theta<360°$ において，

$\sin\theta=\dfrac{\sqrt{3}}{2}$ を解くと，

$\theta=60°$，$120°$

よって，$\boldsymbol{\theta=60°+360°\times n}$，

$\boldsymbol{120°+360°\times n}$ （$\boldsymbol{n}$：**整数**）

(イ) $0°\leqq\theta<360°$ において，

$\cos\theta=-\dfrac{1}{2}$ を解くと，

$\theta=120°$，$240°$

よって，$\boldsymbol{\theta=120°+360°\times n}$，

$\boldsymbol{240°+360°\times n}$ （$\boldsymbol{n}$：**整数**）

(ウ) $0°\leqq\theta<360°$ において，

$\tan\theta=\dfrac{1}{\sqrt{3}}$ を解くと，$\theta=30°$，$210°$

よって，$\boldsymbol{\theta=30°+360°\times n}$，

$\boldsymbol{210°+360°\times n}$ （$\boldsymbol{n}$：**整数**）

(2) 60° の動径を表す角は，nを整数として，$60^\circ+360^\circ\times n$ と表せる．

$\therefore\ \ 500^\circ<60^\circ+360^\circ\times n<5000^\circ$

$\therefore\ \ 440^\circ<360^\circ\times n<4940^\circ$

これをみたす整数nは，2，3，4，5，6，7，8，9，10，11，12，13 だから求める個数は，**12 個**.

53

(1) (ア) $S=\dfrac{1}{2}rl$ より

$$l=\frac{2S}{r}=\frac{2\pi}{4}=\boldsymbol{\frac{\pi}{2}}$$

(イ) $l=r\theta$ より

$$\theta=\frac{l}{r}=\frac{\pi}{2}\cdot\frac{1}{4}=\boldsymbol{\frac{\pi}{8}}$$

(2) $\dfrac{\pi}{4}<1<\dfrac{\pi}{3}<2<\dfrac{2\pi}{3}<\dfrac{3\pi}{4}<3<\pi$

より 8 個の角 $\dfrac{\pi}{4}$，1，$\dfrac{\pi}{3}$，2，$\dfrac{2\pi}{3}$，$\dfrac{3\pi}{4}$，3，π は下図のような位置関係にある．

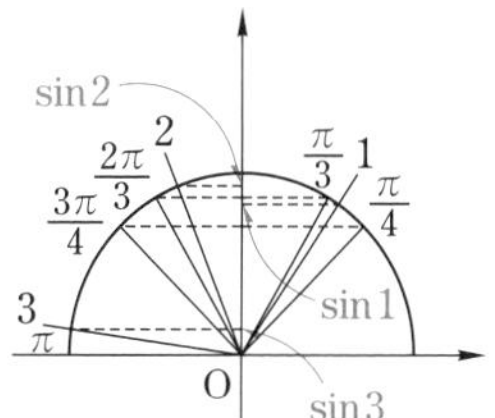

$\therefore\ \ \mathbf{\sin 3<\sin 1<\sin 2}$

54

$$\cos^2\alpha=1-\sin^2\alpha=\frac{9}{25},$$

$$\cos^2\beta=1-\sin^2\beta=\frac{16}{25}$$

$0<\alpha<\dfrac{\pi}{2}$，$\dfrac{\pi}{2}<\beta<\pi$ より，

$\cos\alpha>0$，$\cos\beta<0$

よって，

$\cos\alpha=\dfrac{3}{5}$，$\cos\beta=-\dfrac{4}{5}$

$\sin(\alpha-\beta)$

$=\sin\alpha\cos\beta-\cos\alpha\sin\beta$

$=\dfrac{4}{5}\cdot\left(-\dfrac{4}{5}\right)-\dfrac{3}{5}\cdot\dfrac{3}{5}=\mathbf{-1}$

$\cos(\alpha-\beta)$

$=\cos\alpha\cos\beta+\sin\alpha\sin\beta$

$=\dfrac{3}{5}\cdot\left(-\dfrac{4}{5}\right)+\dfrac{4}{5}\cdot\dfrac{3}{5}=\mathbf{0}$

55

$\dfrac{\pi}{2}<\theta<\pi$ より，$\cos\theta<0$

$\therefore\ \ \cos\theta=-\sqrt{1-\sin^2\theta}$

$=-\sqrt{1-\dfrac{1}{9}}=-\dfrac{2\sqrt{2}}{3}$

$\therefore\ \ \sin 2\theta=2\sin\theta\cos\theta$

$=2\cdot\dfrac{1}{3}\cdot\left(-\dfrac{2\sqrt{2}}{3}\right)=\boldsymbol{-\dfrac{4\sqrt{2}}{9}}$

$\therefore\ \ \cos 2\theta=1-2\sin^2\theta=1-2\cdot\dfrac{1}{9}=\boldsymbol{\dfrac{7}{9}}$

56

$\tan\theta=-2$ のとき，

$\dfrac{\pi}{2}<\theta<\pi$ だから

右図より，$\sin\theta=\dfrac{2}{\sqrt{5}}$，

$\cos\theta=-\dfrac{1}{\sqrt{5}}$

$\therefore\ \ \sin 3\theta=3\sin\theta-4\sin^3\theta$

$=\dfrac{6}{\sqrt{5}}-\dfrac{32}{5\sqrt{5}}=\boldsymbol{-\dfrac{2}{5\sqrt{5}}}$

$\therefore\ \ \cos 3\theta=4\cos^3\theta-3\cos\theta$

$=-\dfrac{4}{5\sqrt{5}}+\dfrac{3}{\sqrt{5}}=\boldsymbol{\dfrac{11}{5\sqrt{5}}}$

57

(解Ⅰ)（和積の公式を使って）

$\sin 3\theta+\sin 2\theta=2\sin\dfrac{5\theta}{2}\cos\dfrac{\theta}{2}=0$

$0\leqq\theta\leqq\dfrac{\pi}{2}$ より，$0\leqq\dfrac{\theta}{2}\leqq\dfrac{\pi}{4}$ だから，

$\cos\dfrac{\theta}{2}\neq 0$

よって，$\sin\dfrac{5\theta}{2}=0$

$0\leqq\dfrac{5\theta}{2}\leqq\dfrac{5\pi}{4}$ だから，$\dfrac{5\theta}{2}=0,\ \pi$

$\therefore\quad \boldsymbol{\theta=0,\ \dfrac{2\pi}{5}}$

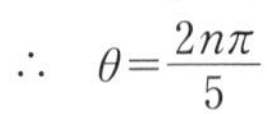

（2倍角，3倍角の公式を使うと…）

$\sin 2\theta=2\sin\theta\cos\theta,$

$\sin 3\theta=3\sin\theta-4\sin^3\theta$

より

$\sin 2\theta+\sin 3\theta$

$=2\sin\theta\cos\theta+3\sin\theta-4\sin^3\theta$

$=\sin\theta(2\cos\theta+3-4\sin^2\theta)$

$=\sin\theta(4\cos^2\theta+2\cos\theta-1)$

したがって，$\sin 2\theta+\sin 3\theta=0$ より

$$\sin\theta=0,\ \cos\theta=\frac{-1+\sqrt{5}}{4}$$

$(\because\quad 0\leqq\cos\theta\leqq 1)$

このあと，$\theta=0$ は求められますが，$\cos\theta=\dfrac{-1+\sqrt{5}}{4}$ から，$\theta=\dfrac{2\pi}{5}$ を求めることは厳しくなります．

(解Ⅱ) （$\sin(\pi+\theta)=-\sin\theta$ を使って）

$\sin 3\theta+\sin 2\theta=0$

$\sin 3\theta=-\sin 2\theta$

$\sin 3\theta=\sin(\pi+2\theta)$

$\therefore\quad \dfrac{3\theta+(\pi+2\theta)}{2}$

$=\dfrac{\pi}{2}+n\pi$

（n：整数）

$\therefore\quad \theta=\dfrac{2n\pi}{5}$

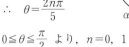

$0\leqq\theta\leqq\dfrac{\pi}{2}$ より，$n=0,\ 1$

よって，$\theta=0,\ \dfrac{2\pi}{5}$

58

(解Ⅰ) （加法定理を使って）

$y=x,\ y=2x,$ $y=mx$ が x 軸の正方向となす角をそれぞれ $\alpha,\ \beta,\ \theta$ $(0<\alpha<\theta<\beta<90^\circ)$ とおくと，

$$\theta=\frac{\alpha+\beta}{2}$$

$\tan\alpha=1,\ \tan\beta=2,\ \tan\theta=m$

$\therefore\quad \tan 2\theta=\tan(\alpha+\beta)$

$=\dfrac{\tan\alpha+\tan\beta}{1-\tan\alpha\tan\beta}$

$=-3$

次に，$\tan 2\theta=\dfrac{2\tan\theta}{1-\tan^2\theta}$ だから，

$3\tan^2\theta-2\tan\theta-3=0$

$\therefore\quad m=\tan\theta=\dfrac{1+\sqrt{10}}{3}\quad(\because\quad m>0)$

よって，求める直線は

$$\boldsymbol{y=\frac{1+\sqrt{10}}{3}x}$$

(解Ⅱ) （点と直線の距離の公式を使って）

$y=mx$ 上の点 $(x,\ y)$ と2つの直線 $y=x,$ $y=2x$ との距離は等しいので

$\dfrac{|x-y|}{\sqrt{1+1}}=\dfrac{|2x-y|}{\sqrt{4+1}}$

$\sqrt{5}\,|x-y|=\sqrt{2}\,|2x-y|$

$\sqrt{5}\,(x-y)=\pm\sqrt{2}\,(2x-y)$

$(\sqrt{5}\pm\sqrt{2})y=(\sqrt{5}\pm 2\sqrt{2})x$

$y=\dfrac{\sqrt{5}\pm 2\sqrt{2}}{\sqrt{5}\pm\sqrt{2}}x$ （複号同順）

$m>0$ より，$y=\dfrac{\sqrt{5}+2\sqrt{2}}{\sqrt{5}+\sqrt{2}}x$

$\therefore\quad y=\dfrac{1+\sqrt{10}}{3}x$

59

(1) $\sqrt{3}\sin x+\cos x$

$=2\left(\sin x\cdot\frac{\sqrt{3}}{2}+\cos x\cdot\frac{1}{2}\right)$

$=2\left(\sin x\cos\frac{\pi}{6}+\cos x\sin\frac{\pi}{6}\right)$

$\boldsymbol{=2\sin\left(x+\frac{\pi}{6}\right)}$

(2) $0\leqq x<2\pi$ より，

$\frac{\pi}{6}\leqq x+\frac{\pi}{6}<\frac{13\pi}{6}$ ……①

(1)より　$2\sin\left(x+\frac{\pi}{6}\right)\geqq 1$

$\sin\left(x+\frac{\pi}{6}\right)\geqq\frac{1}{2}$ ……②

①，②より　$\frac{\pi}{6}\leqq x+\frac{\pi}{6}\leqq\frac{5}{6}\pi$

$\therefore$　$\boldsymbol{0\leqq x\leqq\frac{2}{3}\pi}$

60

(1) $y=\cos^2 x-2\sin x\cos x+3\sin^2 x$

$=\cos^2 x-\sin 2x+3(1-\cos^2 x)$

$=3-2\cos^2 x-\sin 2x$

$=-(2\cos^2 x-1)-\sin 2x+2$

$\boldsymbol{=-\cos 2x-\sin 2x+2}$

(2) $\sin 2x+\cos 2x$

$=\sqrt{2}\left(\sin 2x\cdot\frac{1}{\sqrt{2}}+\cos 2x\cdot\frac{1}{\sqrt{2}}\right)$

$=\sqrt{2}\left(\sin 2x\cos\frac{\pi}{4}+\cos 2x\sin\frac{\pi}{4}\right)$

$=\sqrt{2}\sin\left(2x+\frac{\pi}{4}\right)$

より，

①は $y=-\sqrt{2}\sin\left(2x+\frac{\pi}{4}\right)+2$ となる．

$0\leqq x\leqq\pi$ より，$\frac{\pi}{4}\leqq 2x+\frac{\pi}{4}\leqq\frac{9\pi}{4}$ だから

$-1\leqq\sin\left(2x+\frac{\pi}{4}\right)\leqq 1$

$\therefore$　$-\sqrt{2}\leqq-\sqrt{2}\sin\left(2x+\frac{\pi}{4}\right)\leqq\sqrt{2}$

$\therefore$　$-\sqrt{2}+2\leqq-\sqrt{2}\sin\left(2x+\frac{\pi}{4}\right)+2$

$\leqq\sqrt{2}+2$

よって，$2x+\frac{\pi}{4}=\frac{3\pi}{2}$ すなわち

$\boldsymbol{x=\frac{5\pi}{8}}$ **のとき，最大値** $\boldsymbol{\sqrt{2}+2}$

$2x+\frac{\pi}{4}=\frac{\pi}{2}$　すなわち

$\boldsymbol{x=\frac{\pi}{8}}$ **のとき，最小値** $\boldsymbol{-\sqrt{2}+2}$

61

$\sin\theta-\sqrt{3}\cos\theta=t$ とおくと

$t^2=\sin^2\theta-2\sqrt{3}\sin\theta\cos\theta+3\cos^2\theta$

$=\frac{1-\cos 2\theta}{2}-\sqrt{3}\sin 2\theta+3\cdot\frac{1+\cos 2\theta}{2}$

$=\cos 2\theta-\sqrt{3}\sin 2\theta+2$

$\therefore$　$\cos 2\theta-\sqrt{3}\sin 2\theta=t^2-2$

よって，$y=2t+t^2-2=(t+1)^2-3$

ここで，$t=2\left(\sin\theta\cdot\frac{1}{2}-\cos\theta\cdot\frac{\sqrt{3}}{2}\right)$

$=2\sin\left(\theta-\frac{\pi}{3}\right)$

$0\leqq\theta\leqq\pi$ より，$-\frac{\pi}{3}\leqq\theta-\frac{\pi}{3}\leqq\frac{2\pi}{3}$ だから

$-\frac{\sqrt{3}}{2}\leqq\sin\left(\theta-\frac{\pi}{3}\right)\leqq 1$

$\therefore$　$-\sqrt{3}\leqq t\leqq 2$

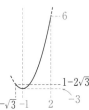

グラフより，**最大値 6，最小値 −3**

62

(1)　$y=\sin 2\left(x-\dfrac{\pi}{3}\right)$ のグラフは，

$y=\sin 2x$ のグラフを x 軸方向に $\dfrac{\pi}{3}$ だけ平行移動したもので，周期は $\dfrac{2\pi}{2}=\pi$．グラフは下図．

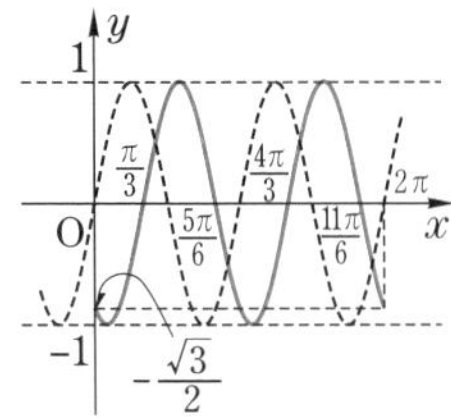

(2)　$y=2\cos\left(x-\dfrac{\pi}{6}\right)$ のグラフは，

$y=\cos x$ のグラフを，x 軸をもとに y 軸方向に 2 倍に拡大し，それを x 軸方向に $\dfrac{\pi}{6}$ だけ平行移動したもの．グラフは下図．

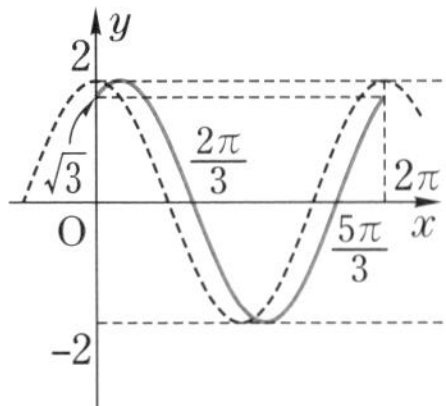

(3)　$y=\tan\left(x-\dfrac{\pi}{6}\right)$ のグラフは，

$y=\tan x$ のグラフを x 軸方向に $\dfrac{\pi}{6}$ だけ平行移動したもの．グラフは下図．

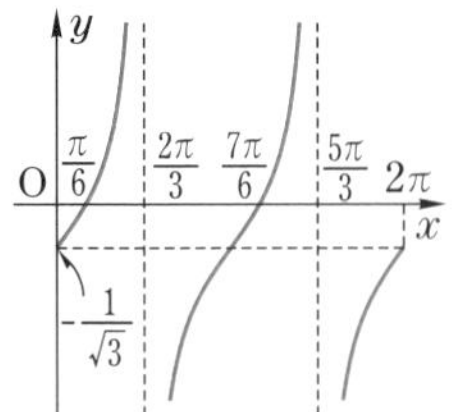

63

$\sin\alpha=\cos\left(\dfrac{\pi}{2}-\alpha\right)$ より，

$\cos\left(\dfrac{\pi}{2}-\alpha\right)=\cos 2\beta$

$\dfrac{\pi}{2}\leqq\alpha\leqq\pi$ より，$-\dfrac{\pi}{2}\leqq\dfrac{\pi}{2}-\alpha\leqq 0$

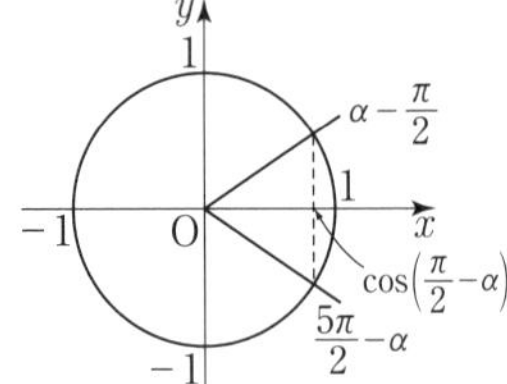

$0\leqq 2\beta\leqq 2\pi$ だから，

$2\beta=\alpha-\dfrac{\pi}{2}$ または，$\dfrac{5\pi}{2}-\alpha$

$\therefore\quad \beta=\boldsymbol{\dfrac{\alpha}{2}-\dfrac{\pi}{4},\ \dfrac{5\pi}{4}-\dfrac{\alpha}{2}}$

64

(1)　$a^{\frac{3}{2}}+a^{-\frac{3}{2}}$

$=(a^{\frac{1}{2}}+a^{-\frac{1}{2}})^3-3a^{\frac{1}{2}}\cdot a^{-\frac{1}{2}}(a^{\frac{1}{2}}+a^{-\frac{1}{2}})$

$=27-3\cdot 3=\mathbf{18}$

(2)　(ア)　4^x+4^{-x}

$=(2^x-2^{-x})^2+2\cdot 2^x\cdot 2^{-x}=1+2=\mathbf{3}$

(イ)　$(2^x+2^{-x})^2$

$=4^x+4^{-x}+2\cdot 2^x\cdot 2^{-x}=3+2=5$

$2^x+2^{-x}>0$ だから　$2^x+2^{-x}=\boldsymbol{\sqrt{5}}$

(ウ)　8^x-8^{-x}

$=(4^x+4^{-x})(2^x-2^{-x})+(2^x-2^{-x})$

$=3\cdot 1+1=\mathbf{4}$

(3)　$x^2-1=\dfrac{1}{4}(a+a^{-1}+2)-1$

$=\dfrac{1}{4}(a+a^{-1}-2)=\dfrac{1}{4}(a^{\frac{1}{2}}-a^{-\frac{1}{2}})^2$

$\therefore\quad \sqrt{x^2-1}=\dfrac{1}{2}|a^{\frac{1}{2}}-a^{-\frac{1}{2}}|$

$$=\begin{cases}\dfrac{1}{2}(a^{\frac{1}{2}}-a^{-\frac{1}{2}}) & (a>1)\\[2mm] \dfrac{1}{2}(a^{-\frac{1}{2}}-a^{\frac{1}{2}}) & (0<a<1)\end{cases}$$

(i) $a>1$ のとき

$x+\sqrt{x^2-1}$

$=\frac{1}{2}(a^{\frac{1}{2}}+a^{-\frac{1}{2}})+\frac{1}{2}(a^{\frac{1}{2}}-a^{-\frac{1}{2}})=a^{\frac{1}{2}}$

(ii) $0<a<1$ のとき

$x+\sqrt{x^2-1}$

$=\frac{1}{2}(a^{\frac{1}{2}}+a^{-\frac{1}{2}})+\frac{1}{2}(a^{-\frac{1}{2}}-a^{\frac{1}{2}})$

$=a^{-\frac{1}{2}}$

(i), (ii)より **$a>1$ のとき a, $0<a<1$ のとき a^{-1}**

65

$y=2^{-x+1}+1$

$\Longleftrightarrow y-1=2^{-(x-1)}$

より, $y=2^{-x}$ のグラフを **x 軸方向に 1, y 軸方向に 1 だけ平行移動したもの.**

そのグラフは右図.

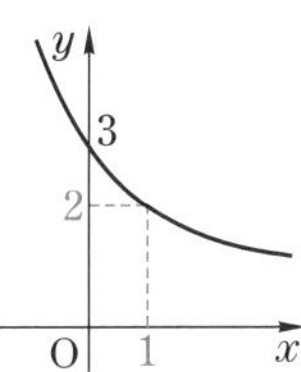

66

$2^x=t\quad(t>0)$ とおくと,

$2^{2x+3}=2^3\cdot2^{2x}=8t^2$

より, 与えられた方程式は,

$8t^2+7t-1=0$

$\therefore\quad(8t-1)(t+1)=0$

$t>0$ だから, $t=2^x=\frac{1}{8}$

$\therefore\quad$ **$x=-3$**

67

$2^x=X,\ 3^y=Y\quad(X>0,\ Y>0)$

とおくと, 与えられた連立方程式は

$\begin{cases}X+Y=17\\XY=72\end{cases}$

よって, X, Y を解にもつ 2 次方程式は (⇨21)

$t^2-17t+72=0$

すなわち, $(t-8)(t-9)=0$

$\therefore\quad t=8,\ 9$

$2^x<3^y$ より $\begin{cases}2^x=8\\3^y=9\end{cases}\quad\therefore\quad\begin{cases}\boldsymbol{x=3}\\\boldsymbol{y=2}\end{cases}$

68

(1) $3^4<3^{x(x-3)}$, 底$=3\ (>1)$ だから

$4<x(x-3)\qquad\therefore\quad x^2-3x-4>0$

$\therefore\quad(x-4)(x+1)>0$

$\therefore\quad$ **$x<-1,\ 4<x$**

(2) $2^x=t\quad(t>0)$ とおくと,

$4^x=(2^x)^2=t^2,\ 2^{x+1}=2t,\ 2^{x+3}=8t$ より,

与えられた不等式は $t^2-2t+16<8t$ となる.

$t^2-10t+16<0$

$(t-2)(t-8)<0$

$t>0$ だから

$2<t<8\qquad$ よって, $2^1<2^x<2^3$

底$=2\quad(>1)$ より **$1<x<3$**

69

(1) $(\log_{10}2)^2+(\log_{10}5)(\log_{10}4)+(\log_{10}5)^2$

$=(\log_{10}2)^2+2(\log_{10}5)(\log_{10}2)+(\log_{10}5)^2$

$=(\log_{10}2+\log_{10}5)^2$

$=\{\log_{10}(2\cdot5)\}^2=(\log_{10}10)^2=\mathbf{1}$

(2) $\sqrt{2\pm\sqrt{3}}=\sqrt{\frac{4\pm2\sqrt{3}}{2}}$

$=\frac{\sqrt{3}\pm1}{\sqrt{2}}$ (複号同順)

よって, (与式)$=\log_2\sqrt{2}=\boldsymbol{\frac{1}{2}}$

70

(1) $\log_3 6=\frac{\log_2 6}{\log_2 3}=\frac{1}{\log_2 3}+1$,

$\log_2 6=\log_2 3+1,\ \log_3 2=\frac{1}{\log_2 3}$

より,

(与式)$=\left(\frac{1}{\log_2 3}+1-1\right)(\log_2 3+1)$

$-\log_2 3-\frac{1}{\log_2 3}$

$=1+\dfrac{1}{\log_2 3}-\log_2 3-\dfrac{1}{\log_2 3}$

$=\mathbf{1-\log_2 3}$

(2) $B=\dfrac{\log_2 6}{\log_2 72}=\dfrac{\log_2 3+\log_2 2}{\log_2 9+\log_2 8}$

$=\dfrac{\log_2 3+1}{2\log_2 3+3}=\boldsymbol{\dfrac{A+1}{2A+3}}$

$C=\dfrac{\log_2 12}{\log_2 144}=\dfrac{\log_2 3+\log_2 4}{\log_2 9+\log_2 16}$

$=\dfrac{\log_2 3+2}{2\log_2 3+4}=\dfrac{A+2}{2A+4}=\boldsymbol{\dfrac{1}{2}}$

71

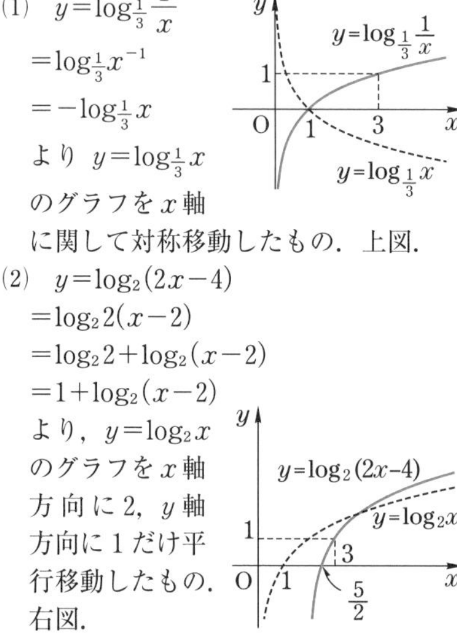

(1) $y=\log_{\frac{1}{3}}\dfrac{1}{x}$

$=\log_{\frac{1}{3}}x^{-1}$

$=-\log_{\frac{1}{3}}x$

より $y=\log_{\frac{1}{3}}x$ のグラフを x 軸に関して対称移動したもの．上図．

(2) $y=\log_2(2x-4)$

$=\log_2 2(x-2)$

$=\log_2 2+\log_2(x-2)$

$=1+\log_2(x-2)$

より，$y=\log_2 x$ のグラフを x 軸方向に 2，y 軸方向に 1 だけ平行移動したもの．右図．

72

(1) 真数条件，底条件より，

$5x^2-6>0$，$x>0$，$x\neq 1$

$\therefore\ \dfrac{\sqrt{30}}{5}<x$ ……①

このとき，与えられた不等式は

$\log_x(5x^2-6)=\log_x x^4$

$\therefore\ 5x^2-6=x^4$

$(x^2-2)(x^2-3)=0$

$x^2=2,\ 3$

①より，$x=\boldsymbol{\sqrt{2},\ \sqrt{3}}$

(2) 真数条件，底条件より，

$x>0$，$x\neq 1$ ……①

このとき，与えられた不等式は

$\log_2 x+2\cdot\dfrac{\log_2 2}{\log_2 x}-3=0$

$\log_2 x+\dfrac{2}{\log_2 x}-3=0$

$\log_2 x=t$ とおくと，

$t^2-3t+2=0$ $\therefore$ $(t-1)(t-2)=0$

$\therefore$ $\log_2 x=1,\ 2$ よって，$x=\mathbf{2,\ 4}$

（これは①をみたす）

73

$\log_2 xy=\log_2 x+\log_2 y$,

$\log_4 y=\dfrac{\log_2 y}{\log_2 4}=\dfrac{1}{2}\log_2 y$ だから

$\log_2 x=X$，$\log_2 y=Y$ とおくと

与えられた連立方程式は $\begin{cases}X+Y=3\\XY=2\end{cases}$

よって，X，Y を解にもつ 2 次方程式は

$t^2-3t+2=0$

すなわち，$(t-1)(t-2)=0$

$\therefore$ $t=1,\ 2$

よって，$\begin{cases}X=1\\Y=2\end{cases}$ または $\begin{cases}X=2\\Y=1\end{cases}$

すなわち，

$\begin{cases}\log_2 x=1\\\log_2 y=2\end{cases}$ または $\begin{cases}\log_2 x=2\\\log_2 y=1\end{cases}$

よって，$\begin{cases}\boldsymbol{x=2}\\\boldsymbol{y=4}\end{cases}$ **または** $\begin{cases}\boldsymbol{x=4}\\\boldsymbol{y=2}\end{cases}$

74

(1) $\log_2\sqrt{x}=\log_2 x^{\frac{1}{2}}=\dfrac{1}{2}\log_2 x$,

$\log_4 x=\dfrac{\log_2 x}{\log_2 4}=\dfrac{1}{2}\log_2 x$

よって，与えられた不等式は

$12\times\dfrac{1}{4}(\log_2 x)^2-\dfrac{7}{2}\log_2 x-10>0$

$\therefore$ $6(\log_2 x)^2-7\log_2 x-20>0$

$\log_2 x=t$ とおくと，

$6t^2-7t-20>0$,
$(3t+4)(2t-5)>0$
$\therefore\quad t<-\frac{4}{3},\ \frac{5}{2}<t$
ゆえに，$\log_2 x<-\frac{4}{3},\ \frac{5}{2}<\log_2 x$
$\therefore\quad \log_2 x<\log_2 2^{-\frac{4}{3}},\ \log_2 2^{\frac{5}{2}}<\log_2 x$
底$=2$ (>1) より
$x<2^{-\frac{4}{3}},\ 2^{\frac{5}{2}}<x$
x は自然数だから，$x\geqq 1$
$\therefore\quad x>\sqrt{32}$
$5<\sqrt{32}<6$ より，求める x は，**6**

(2) 真数条件より，$x>0$
このとき，与えられた不等式は
$2^0<2^{-2\log_{\frac{1}{2}}x}<2^4$,
底$=2$ (>1) より，$0<-2\log_{\frac{1}{2}}x<4$
$\therefore\quad -2<\log_{\frac{1}{2}}x<0$
$\therefore\quad \log_{\frac{1}{2}}\left(\frac{1}{2}\right)^{-2}<\log_{\frac{1}{2}}x<\log_{\frac{1}{2}}1$
底$=\frac{1}{2}$ (<1) より　$1<x<\left(\frac{1}{2}\right)^{-2}=4$
$\therefore$ $\boldsymbol{1<x<4}$ （これは $x>0$ をみたす）

75

$\log_{10}18^{20}=20(\log_{10}2+2\log_{10}3)$
$=20\times(0.3010+2\times0.4771)=25.104$
$\therefore\quad 25<\log_{10}18^{20}<26$
よって，18^{20} は **26 桁**の整数.
$\log_{10}\left(\frac{1}{6}\right)^{30}=-30(\log_{10}2+\log_{10}3)$
$=-30\times(0.3010+0.4771)=-23.343$
$\therefore\quad -24<\log_{10}\left(\frac{1}{6}\right)^{30}<-23$
よって，$\left(\frac{1}{6}\right)^{30}$ は**小数第 24 位**に初めて 0 でない数字が現れる.

76

(1) $2^{10}=1024,\ 3^6=729,\ 3^7=2187$
$\therefore\quad 3^6<2^{10}<3^7$　　よって，$l=$**6**

(2) $10A=10\log_3 2=\log_3 2^{10}$
ここで，(1)より，$3^6<2^{10}<3^7$ だから
$\log_3 3^6<\log_3 2^{10}<\log_3 3^7$
$\therefore\quad 6<10A<7$
よって，$10A$ の一の位の数字は **6**

(3) (2)より，$0.6<A<0.7$
よって，Aの小数第 1 位の数字は **6**

77

(A) (1) $7^{8x}+2401^{-2x}$
$=(49^x)^4+(49^{-x})^4$
であり，
$49^{2x}+49^{-2x}=(49^x+49^{-x})^2-2=a^2-2$
より
与式$=(49^{2x}+49^{-2x})^2-2$
$=(a^2-2)^2-2=\boldsymbol{a^4-4a^2+2}$

(2) $49^{2x}>0,\ 49^{-2x}>0$ だから，
相加平均≧相乗平均 より
$a^2=49^{2x}+49^{-2x}+2$
$\geqq 2\sqrt{49^{2x}\cdot 49^{-2x}}+2=2+2=4$
$\therefore\quad a^2\geqq 4$ （等号は，$x=0$ のとき成立）
そこで，$y=a^4-4a^2+2$ とおくと，
$y=(a^2-2)^2-2$
よって，$a^2=4$ のとき，すなわち
$x=0$ のとき**最小値 2**

(B) (1) $1\leqq x\leqq 81$，底$=3$ (>1) より，
$\log_3 1\leqq\log_3 x\leqq\log_3 81$
$\therefore\quad 0\leqq\log_3 x\leqq 4$　　$\therefore$　$\boldsymbol{0\leqq t\leqq 4}$

(2) $f(x)=(\log_3 x)(\log_3 x-\log_3 9)$
$=(\log_3 x)(\log_3 x-2)$
より，$y=t(t-2)$ とおくと，
$y=(t-1)^2-1$
(1)より，$t=4$ すなわち $x=81$ のとき
最大値 8

78

$a^{10}=(2^{\frac{4}{5}})^{10}=2^8=256$,
$b^{10}=(3^{\frac{1}{2}})^{10}=3^5=243$
$\therefore\quad b^{10}<a^{10}$　すなわち，$b<a$　……①
次に，$b^6=(3^{\frac{1}{2}})^6=3^3=27$,
$c^6=(4^{\frac{1}{3}})^6=4^2=16$

$\therefore \quad c^6 < b^6$ すなわち，$c < b$ ……②

①，②より，a，b，c を小さい順に並べると，$\boldsymbol{c}$，$\boldsymbol{b}$，$\boldsymbol{a}$

79

$$\frac{3}{2}\log_3 2 = \frac{1}{2}\log_3 2^3 = \frac{1}{2}\times\log_3 8$$

ここで，$\log_3 8 < \log_3 9 = 2$ だから，

$$\frac{3}{2}\log_3 2 < 1$$

また，

$$2^{-0.3}\times 3^{0.2} = 2^{-\frac{3}{10}}\times 3^{\frac{2}{10}}$$
$$=(2^{-3}\times 3^2)^{\frac{1}{10}} = \left(\frac{9}{8}\right)^{\frac{1}{10}} > 1$$

よって，小さい順に

$$\boldsymbol{\frac{3}{2}\log_3 2,\ 1,\ 2^{-0.3}\times 3^{0.2}}$$

80

①，㋑より

$$3\log_{10} 2 < 4\log_{10} 3 - 1 < 4\times\frac{12}{25} - 1 = \frac{23}{25}$$

$$\therefore \quad \log_{10} 2 < \frac{23}{75}$$

(1)の結果と合わせると，

$$\frac{3}{10} < \log_{10} 2 < \frac{23}{75}$$

81

(1) $\displaystyle \lim_{x\to 0}\frac{1}{x}\cdot\frac{x}{x+1} = \lim_{x\to 0}\frac{1}{x+1} = \boldsymbol{1}$

(2) $\displaystyle \lim_{x\to a}\frac{(x-a)(x-a+1)}{x(x-a)}$

$\displaystyle = \lim_{x\to a}\frac{x-a+1}{x} = \boldsymbol{\frac{1}{a}}$

82

$x\to 1$ のとき，分母 $\to 0$

だから，極限値が存在するためには，

$x\to 1$ のとき，分子 $\to 0$

よって $-a-b-1=0$

$$\therefore \quad a+b=-1$$

このとき，

$$x^2-(a+b)x-2 = x^2+x-2$$
$$=(x+2)(x-1)$$

$$\therefore \quad \lim_{x\to 1}\frac{(x-1)(x+2)}{(x-1)(x+a)}$$
$$=\lim_{x\to 1}\frac{x+2}{x+a} = \frac{3}{a+1}$$

$$\therefore \quad \frac{3}{a+1} = -\frac{1}{3}$$

よって，$a=\boldsymbol{-10}$，$b=\boldsymbol{9}$

逆に，このとき，

$$\lim_{x\to 1}\frac{x^2+x-2}{x^2-11x+10} = \lim_{x\to 1}\frac{x+2}{x-10} = -\frac{1}{3}$$

となり，確かに適する．

83

(1) $y' = (x^3)' - (2x^2)' + (4x)' - (2)'$

$\quad = \boldsymbol{3x^2-4x+4}$

(2) $y' = 4\cdot 3(3x+2)^3 = \boldsymbol{12(3x+2)^3}$

84

$f'(x) = 3x^2+2ax+b$ だから

$f'(1) = 3+2a+b = 2$

$\therefore \quad 2a+b=-1$ ……①

$f'(2) = 12+4a+b = 11$

$\therefore \quad 4a+b=-1$ ……②

①，②より，$a=\boldsymbol{0}$，$b=\boldsymbol{-1}$

85

$$\frac{f(x_2)-f(x_1)}{x_2-x_1} = f'(x_3) \text{ より}$$

$$\frac{a(x_2{}^2-x_1{}^2)+b(x_2-x_1)}{x_2-x_1} = 2ax_3+b$$

$$\therefore \quad a(x_2+x_1)+b = 2ax_3+b$$

$(\because \quad x_1 \neq x_2)$

$$\therefore \quad x_3 = \boldsymbol{\frac{x_1+x_2}{2}}$$

86

$f'(x)=2x-4$，$f(1)=2$，$f'(1)=-2$

より点 $(1,\ 2)$ における接線は

$$y-2=-2(x-1)$$

$\therefore\quad y=-2x+4$ ……①

$f(3)=2$, $f'(3)=2$ より点 $(3,\ 2)$ における接線は

$$y-2=2(x-3)$$

$\therefore\quad y=2x-4$ ……②

①, ②を連立させて解くと, $x=2$, $y=0$

よって, 求める交点は $(\mathbf{2},\ \mathbf{0})$

87

接点を $\mathrm{T}(t,\ t^2-4t+5)$ とおくと,

$f'(x)=2x-4$ よりTにおける接線は

$$y-(t^2-4t+5)=(2t-4)(x-t)$$

$$\therefore\quad y=(2t-4)x-t^2+5$$

これが $(1,\ 0)$ を通るので,

$0=2t-4-t^2+5\qquad\therefore\quad t^2-2t-1=0$

$$\therefore\quad t=1\pm\sqrt{2}$$

よって, 求める接線の方程式は

$$\boldsymbol{y=2(\sqrt{2}-1)x-2\sqrt{2}+2,}$$

$$\boldsymbol{y=-2(\sqrt{2}+1)x+2\sqrt{2}+2}$$

88

$f(x)=ax^2+bx+c\ (a\neq0)$ とおくと,

$f'(x)=2ax+b$ だから, 与式に代入して

$(x-1)(2ax+b)=ax^2+bx+c+(x-1)^2$

$\therefore\quad 2ax^2+(b-2a)x-b$

$\quad=(a+1)x^2+(b-2)x+c+1$

これは, x についての恒等式だから, 係数を比較して

$2a=a+1$ ……①

$b-2a=b-2$ ……②

$-b=c+1$ ……③

①より $a=1$. また, $f'(1)=-1$ より,

$f'(1)=2+b=-1\qquad\therefore\quad b=-3$

③より $c=2$

$$\therefore\quad f(x)=\boldsymbol{x^2-3x+2}$$

89

$f(x)=-2x^3+6x+2$ より

$f'(x)=-6x^2+6=-6(x-1)(x+1)$

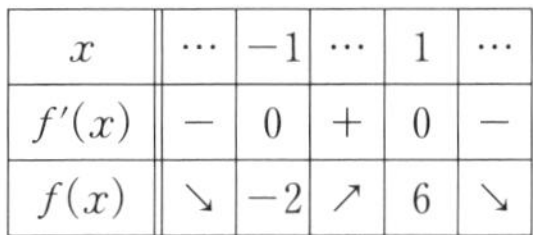

x	$\cdots$	-1	$\cdots$	1	$\cdots$
$f'(x)$	$-$	0	$+$	0	$-$
$f(x)$	↘	-2	↗	6	↘

よって, **極大値　6**

$(x=1$ のとき$)$

極小値 −2

$(x=-1$ のとき$)$

また, グラフは右図.

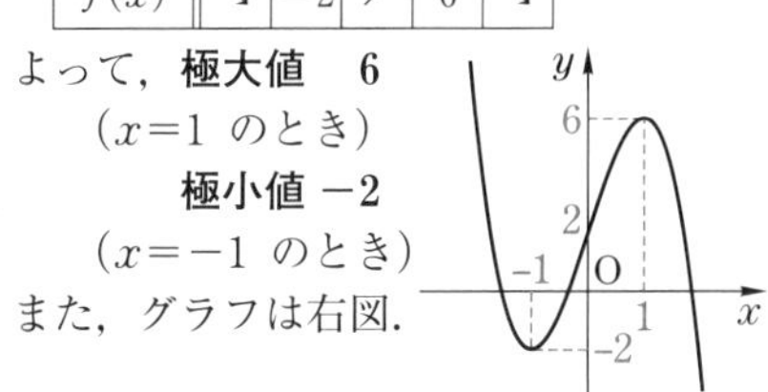

90

Pの x 座標を t とおくと

$f(t)=g(t)$ かつ $f'(t)=g'(t)$ より

$$\begin{cases}t^2+2=-t^2+at\\2t=-2t+a\end{cases}$$

$\therefore\quad\begin{cases}2t^2-at+2=0 & \cdots\cdots①\\4t=a & \cdots\cdots②\end{cases}$

①, ②より, $t^2=1\qquad\therefore\quad t=\pm1$

$t=1$ のとき, $a=4$,

$t=-1$ のとき, $a=-4$

よって, $\boldsymbol{a=4}$ のとき, $\mathbf{P}(\mathbf{1},\ \mathbf{3})$

$\boldsymbol{a=-4}$ のとき, $\mathbf{P}(\mathbf{-1},\ \mathbf{3})$

91

$f(x)=x^3+3ax^2+3bx$ より,

$$f'(x)=3x^2+6ax+3b$$

$x=2,\ 3$ で極値をとるので,

$$f'(2)=0,\ f'(3)=0$$

$\therefore\quad\begin{cases}12+12a+3b=0 & \cdots\cdots①\\27+18a+3b=0 & \cdots\cdots②\end{cases}$

①, ②より, $\boldsymbol{a=-\dfrac{5}{2}}$, $\boldsymbol{b=6}$

このとき, $f'(x)=3(x-2)(x-3)$ となり, 確かに適する.

$f(x)=x^3-\dfrac{15}{2}x^2+18x$ より,

$$f(2)=14,\ f(3)=\frac{27}{2}$$

よって, **極大値 14, 極小値 $\dfrac{27}{2}$**

92

(1)　$f(x)=x^3-3ax^2+3x-1$ より

$f'(x)=3x^2-6ax+3=3(x^2-2ax+1)$

よって，$f(x)$ が極値をもつためには，$x^2-2ax+1=0$ が異なる 2 つの実数解をもつことで，これは判別式を D とすると，$\dfrac{D}{4}>0$ となることであるから

$a^2-1>0$　　$\therefore$　$(a-1)(a+1)>0$

$\therefore$　$\boldsymbol{a<-1,\ 1<a}$

(2)　$x=2$ で極小となるので，

$f'(2)=0$　　$\therefore$　$4-4a+1=0$

$\therefore$　$a=\dfrac{5}{4}$

このとき $f(x)=x^3-\dfrac{15}{4}x^2+3x-1$

より，

$f'(x)=\dfrac{3}{2}(2x-1)(x-2)$ となり

$x=2$ で極小，$x=\dfrac{1}{2}$ で極大.

$f(2)=-2$，$f\left(\dfrac{1}{2}\right)=-\dfrac{5}{16}$ より，

$a=\dfrac{5}{4}$，**極小値** -2，**極大値** $-\dfrac{5}{16}$

93

$f(x)=(x+1)^2(x-2)=x^3-3x-2$

より

$f'(x)=3x^2-3=3(x-1)(x+1)$

よって，$-1\leqq x\leqq 4$ において，$f(x)$ の増減は表のようになる.

x	-1	$\cdots$	1	$\cdots$	4
$f'(x)$	0	$-$	0	$+$	
$f(x)$	0	↘	-4	↗	50

したがって，$-1\leqq x\leqq 4$ において

最大値 50　($x=4$ のとき)，

最小値 -4 ($x=1$ のとき)

94

$V=\dfrac{1}{3}\cdot\pi r^2\cdot h$

$=\dfrac{\pi}{3}r^2(a-r)$

$=\dfrac{\pi}{3}ar^2-\dfrac{\pi}{3}r^3$

$V'=\dfrac{2}{3}\pi ar-\pi r^2=\pi r\left(\dfrac{2}{3}a-r\right)$

ここで，$h=a-r>0$ より

$0<r<a$

よって，V の増減は表のようになる.

r	0	$\cdots$	$\frac{2}{3}a$	$\cdots$	a
V'	0	$+$	0	$-$	
V		↗	最大	↘	

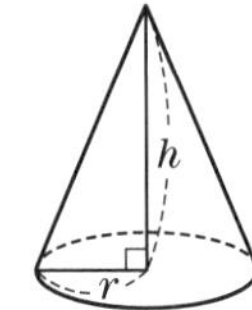

したがって，$r=\dfrac{2}{3}a$ のとき

最大値 $\boldsymbol{\dfrac{4\pi}{81}a^3}$

95

$x^3-4x+a=0$　　……①

$\Longleftrightarrow x^3-4x=-a$

より $\begin{cases} y=x^3-4x & \cdots\cdots② \\ y=-a & \cdots\cdots③ \end{cases}$

のグラフで考える．②の右辺を $f(x)$ とおく.

$f'(x)=3x^2-4=(\sqrt{3}x-2)(\sqrt{3}x+2)$

より②のグラフは次図のようになる.

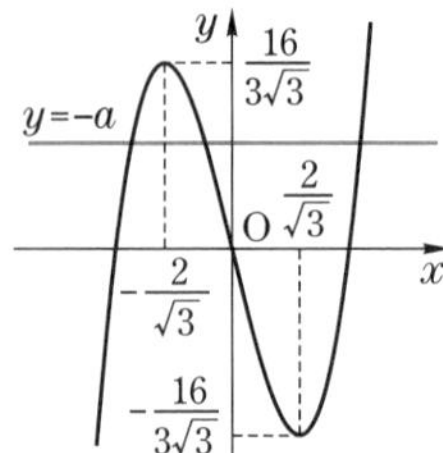

①の解がすべて実数となるには，②と③のグラフが接するときも含めて 3 点で交

われればよいので　$-\frac{16}{3\sqrt{3}} \leqq -a \leqq \frac{16}{3\sqrt{3}}$

$\therefore\ \boldsymbol{-\frac{16\sqrt{3}}{9} \leqq a \leqq \frac{16\sqrt{3}}{9}}$

96

(1)　$y'=3x^2-6$ より，$\mathrm{T}(t,\ t^3-6t)$ における接線は

$y-(t^3-6t)=(3t^2-6)(x-t)$

$\therefore\ \boldsymbol{y=(3t^2-6)x-2t^3}$

(2)　(1)で求めた接線は $\mathrm{A}(2,\ p)$ を通るので　$p=6t^2-12-2t^3$

$\therefore\ \boldsymbol{p=-2t^3+6t^2-12}$　……①

(3)　点Aから３本の接線が引けるので，①は異なる３つの実数解をもつ．

①より，$2t^3-6t^2+12+p=0$ だから，$f(t)=2t^3-6t^2+12+p$ とおくとき，$f(t)$ は極大値，極小値をもち，

(極大値)×(極小値)<0

が成りたつ．

$f'(t)=6t^2-12t=6t(t-2)$

より $f(0)f(2)<0$ であればよいので，

$(12+p)(4+p)<0$

$\therefore\ \boldsymbol{-12<p<-4}$

97

$f(x)=(x+2)^3-27x$ とおくと

$f'(x)=3(x+2)^2-27=3(x+5)(x-1)$

$f'(x)=0$ を解くと，$x=-5,\ 1$

よって，$f(x)$ の増減は表のようになる．

x	0	$\cdots$	1	$\cdots$
$f'(x)$		$-$	0	$+$
$f(x)$		↘	0	↗

ゆえに，$x=1$ で最小値 0

$\therefore\ f(x) \geqq 0$

すなわち，

$(x+2)^3 \geqq 27x$

($x>0$ のとき)

98

$f(x)=x^3-\frac{3}{2}(a+2)x^2+6ax+a$

とおくと

$f'(x)=3x^2-3(a+2)x+6a$

$=3(x-2)(x-a)$

$0<a<2$ だから，$x \geqq 0$ において，$f(x)$ の増減は表のようになる．

x	0	$\cdots$	a	$\cdots$	2	$\cdots$
$f'(x)$		$+$	0	$-$	0	$+$
$f(x)$	a	↗		↘	$7a-4$	↗

最小値$\geqq 0$ であればよいので，$a>0$ より $7a-4 \geqq 0$　$\therefore\ \boldsymbol{\frac{4}{7} \leqq a<2}$

99

(1)　$\int (x^2-x+3)\,dx$

$=\boldsymbol{\frac{1}{3}x^3-\frac{1}{2}x^2+3x+C}$

(2)　$\int (x+2)^2\,dx=\boldsymbol{\frac{1}{3}(x+2)^3+C}$

(3)　$\int (3x-1)^2\,dx=\frac{1}{3}\cdot\frac{1}{3}(3x-1)^3+C$

$=\boldsymbol{\frac{1}{9}(3x-1)^3+C}$

（Cはいずれも積分定数）

100

$f'(x)=3x^2-2x+1$ より，

$f(x)=x^3-x^2+x+C$　(C：積分定数)

$f(-1)=3$ より，$-1-1-1+C=3$

$\therefore\ C=6$

よって，$f(x)=\boldsymbol{x^3-x^2+x+6}$

101

(1)　$\int_{-1}^{1}(6x^2-x+2)\,dx$

$=\left[2x^3-\frac{x^2}{2}+2x\right]_{-1}^{1}$

$=\left(2-\dfrac{1}{2}+2\right)-\left(-2-\dfrac{1}{2}-2\right)=\mathbf{8}$

注 実際には

$\displaystyle\int_{-1}^{1}(6x^2-x+2)\,dx=2\int_{0}^{1}(6x^2+2)\,dx$

$=2\Big[2x^3+2x\Big]_0^1=2(2+2)=8$

を計算するのと同じ結果である.

(2) $\displaystyle\int_0^2(x-3)^2\,dx=\left[\frac{(x-3)^3}{3}\right]_0^2$

$=-\dfrac{1}{3}-\left(-\dfrac{27}{3}\right)=\mathbf{\dfrac{26}{3}}$

(3) $\displaystyle\int_{-2}^{3}(x-1)(x+2)\,dx$

$\displaystyle=\int_{-2}^{3}\{(x+2)-3\}(x+2)\,dx$

$\displaystyle=\int_{-2}^{3}\{(x+2)^2-3(x+2)\}\,dx$

$=\left[\dfrac{(x+2)^3}{3}-\dfrac{3}{2}(x+2)^2\right]_{-2}^{3}$

$=\dfrac{125}{3}-\dfrac{75}{2}=\mathbf{\dfrac{25}{6}}$

(4) $\alpha=1-\sqrt{2}$, $\beta=1+\sqrt{2}$ とおくと, α, β は $x^2-2x-1=0$ の解より

$\displaystyle\int_{1-\sqrt{2}}^{1+\sqrt{2}}(x^2-2x-1)\,dx$

$\displaystyle=\int_\alpha^\beta(x-\alpha)(x-\beta)\,dx=-\frac{1}{6}(\beta-\alpha)^3$

（∵ 101(2)）

$=-\dfrac{1}{6}\{(1+\sqrt{2})-(1-\sqrt{2})\}^3$

$=\mathbf{-\dfrac{8}{3}\sqrt{2}}$

102

(1) $|x^2+x-2|=|(x+2)(x-1)|$

$=\begin{cases} x^2+x-2 & (1\leqq x\leqq 2)\\ -(x^2+x-2) & (-2\leqq x\leqq 1)\end{cases}$

∴ $\displaystyle\int_{-2}^{2}|x^2+x-2|\,dx$

$\displaystyle=-\int_{-2}^{1}(x^2+x-2)\,dx+\int_{1}^{2}(x^2+x-2)\,dx$

$=-\left[\dfrac{x^3}{3}+\dfrac{x^2}{2}-2x\right]_{-2}^{1}+\left[\dfrac{x^3}{3}+\dfrac{x^2}{2}-2x\right]_{1}^{2}$

$=-2\left(\dfrac{1}{3}+\dfrac{1}{2}-2\right)+\left(-\dfrac{8}{3}+2+4\right)+\left(\dfrac{8}{3}+2-4\right)=\mathbf{\dfrac{19}{3}}$

(2) (i) **$0<a\leqq 1$ のとき**

$|(x-a)(x-1)|$

$=\begin{cases} (x-a)(x-1) & (-1\leqq x\leqq a)\\ -(x-a)(x-1) & (a\leqq x\leqq 1)\end{cases}$

∴ $\displaystyle\int_{-1}^{1}|(x-a)(x-1)|\,dx$

$\displaystyle=\int_{-1}^{a}(x-a)(x-1)\,dx-\int_{a}^{1}(x-a)(x-1)\,dx$

$\displaystyle=\int_{-1}^{a}\{(x-a)^2+(a-1)(x-a)\}\,dx-\int_{a}^{1}\{(x-a)^2+(a-1)(x-a)\}\,dx$

$=\left[\dfrac{(x-a)^3}{3}+(a-1)\cdot\dfrac{(x-a)^2}{2}\right]_{-1}^{a}-\left[\dfrac{(x-a)^3}{3}+(a-1)\cdot\dfrac{(x-a)^2}{2}\right]_{a}^{1}$

$=\dfrac{(a+1)^3}{3}-\dfrac{(a-1)(a+1)^2}{2}-\left\{-\dfrac{(a-1)^3}{3}+\dfrac{(a-1)^3}{2}\right\}$

$=\mathbf{\dfrac{-a^3+3a^2+3a+3}{3}}$

(ii) **$1<a$ のとき**

$|(x-a)(x-1)|=(x-a)(x-1)$ $(-1\leqq x\leqq 1)$ より

∴ $\displaystyle\int_{-1}^{1}|(x-a)(x-1)|\,dx$

$\displaystyle=\int_{-1}^{1}\{x^2-(a+1)x+a\}\,dx$

$\displaystyle=2\int_0^1(x^2+a)\,dx$

$=2\left(\dfrac{1}{3}+a\right)$

$=\mathbf{2a+\dfrac{2}{3}}$

103

(1)　$x=a$ を両辺に代入すると，

$0=a^2-2a-3$

$\therefore\quad (a-3)(a+1)=0$

$a>0$ より，$a=\mathbf{3}$

また，両辺を x で微分して，

$f(x)=\mathbf{2x-2}$

(2)　$f(x)=\int_1^x (t^2-3t-4)\,dt$　……①

①の両辺を x で微分すると，

$f'(x)=x^2-3x-4$

$\therefore\quad f(x)=\int (x^2-3x-4)\,dx$

$=\dfrac{x^3}{3}-\dfrac{3}{2}x^2-4x+C$

とおける．ここで，①の両辺に $x=1$ を代入すると，$f(1)=0$

であり，$f(1)=\dfrac{1}{3}-\dfrac{3}{2}-4+C$ であるから

$C-\dfrac{31}{6}=0\qquad\therefore\quad C=\dfrac{31}{6}$

よって，$f(x)=\boldsymbol{\dfrac{x^3}{3}-\dfrac{3}{2}x^2-4x+\dfrac{31}{6}}$

104

$\int_0^3 f(t)\,dt=a$　(a：定数) とおくと，

$f(x)=2x^2+ax-5$

$\therefore\quad a=\int_0^3 f(t)\,dt=\int_0^3 (2t^2+at-5)\,dt$

$=3+\dfrac{9}{2}a$

よって，$a=-\dfrac{6}{7}$

$\therefore\quad f(x)=\boldsymbol{2x^2-\dfrac{6}{7}x-5}$

105

$x^2-2x-1=0$ を解くと

$x=1\pm\sqrt{2}$

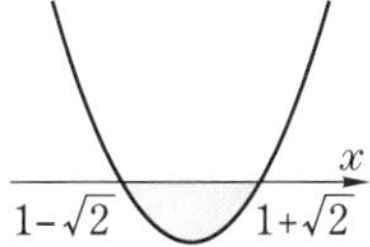

よって S は図の色の部分の面積．

$\therefore\quad S=-\int_{1-\sqrt{2}}^{1+\sqrt{2}} (x^2-2x-1)\,dx$

$=\dfrac{1}{6}\{(1+\sqrt{2})-(1-\sqrt{2})\}^3=\boldsymbol{\dfrac{8\sqrt{2}}{3}}$

106

(1)　$x^2=x+2$ を解くと　$x^2-x-2=0$

$\therefore\quad (x-2)(x+1)=0$

$\therefore\quad x=2,\ -1$

よって求める交点は，

$\mathbf{(2,\ 4)},\ \mathbf{(-1,\ 1)}$

(2)　(1)より，求める面積 S は右図の色の部分．

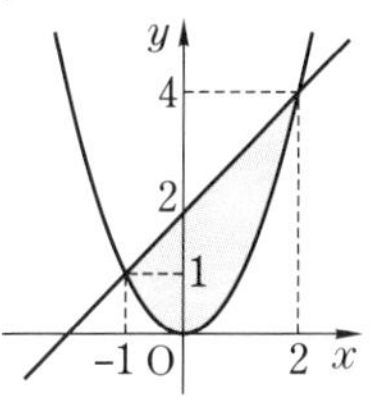

$\therefore\quad S=\int_{-1}^2 \{(x+2)-x^2\}\,dx$

$=-\int_{-1}^2 (x^2-x-2)\,dx$

$=-\left[\dfrac{1}{3}x^3-\dfrac{1}{2}x^2-2x\right]_{-1}^2$

$=\left(-\dfrac{1}{3}-\dfrac{1}{2}+2\right)-\left(\dfrac{8}{3}-2-4\right)=\boldsymbol{\dfrac{9}{2}}$

107

(1)　$2x^2-3x-5=|x^2-x-2|$　……①

を解く．①の右辺は 0 以上であることより

$2x^2-3x-5\geqq 0$

$(2x-5)(x+1)\geqq 0$

$\therefore\quad x\leqq -1,\ \dfrac{5}{2}\leqq x$　……②

②のとき，①は

$2x^2-3x-5=x^2-x-2$　……③

または

$2x^2-3x-5=-(x^2-x-2)$　……④

となる．

③より　$x^2-2x-3=0$

$(x+1)(x-3)=0$

$x=-1,\ 3$

これらは②をみたす．

④より　$3x^2-4x-7=0$

$(3x-7)(x+1)=0$

$x=-1,\ \dfrac{7}{3}$

②をみたすのは　$x=-1$

以上より①の解は　$x=\mathbf{-1,\ 3}$

注　①は絶対値の中身の符号で場合分けをして解いてもよい．

(2)　(1)より 2 つの曲線の交点は

$(-1,\ 0),\ (3,\ 4)$

$$|x^2-x-2|=\begin{cases}-(x^2-x-2) & (-1\leqq x\leqq 2)\\ x^2-x-2 & (2\leqq x\leqq 3)\end{cases}$$

よって，求める面積 S は右図の色の部分．

$$\therefore\quad S=\int_{-1}^{2}\{-(x^2-x-2)-(2x^2-3x-5)\}dx+\int_{2}^{3}\{(x^2-x-2)-(2x^2-3x-5)\}dx$$

$$=-\int_{-1}^{2}(x+1)(3x-7)dx-\int_{2}^{3}(x-3)(x+1)dx$$

$$=-\int_{-1}^{2}\{3(x+1)^2-10(x+1)\}dx-\int_{2}^{3}\{(x-3)^2+4(x-3)\}dx$$

$$=-\Big[(x+1)^3-5(x+1)^2\Big]_{-1}^{2}-\left[\frac{(x-3)^3}{3}+2(x-3)^2\right]_{2}^{3}$$

$$=-(27-45)-\left(\frac{1}{3}-2\right)=\mathbf{\frac{59}{3}}$$

108

(1)　$4-x^2=a-x$

を整理して，$x^2-x+a-4=0$ ……③

③の判別式を D とすると，

$D=1-4(a-4)=17-4a$

①，②が異なる 2 点で交わる条件は

$17-4a>0$

$\therefore\quad \boldsymbol{a<\dfrac{17}{4}}$

(2)　右図の色の部分が面積 S を表すので，③の 2 解を α，β $(\alpha<\beta)$ とすると

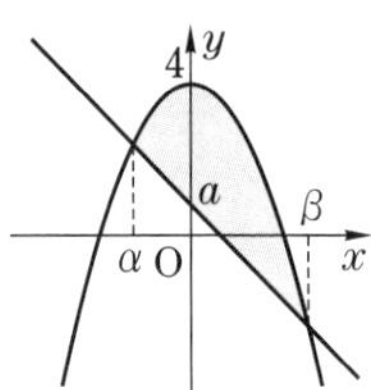

$$S=\int_{\alpha}^{\beta}\{(4-x^2)-(a-x)\}dx$$

$$=-\int_{\alpha}^{\beta}(x-\alpha)(x-\beta)dx$$

$$=\frac{(\beta-\alpha)^3}{6}=\frac{4}{3}$$

$\therefore\quad (\beta-\alpha)^3=8$

$(\beta-\alpha)^2=D=4$ より

$17-4a=4\qquad \therefore\quad a=\mathbf{\dfrac{13}{4}}$

109

(1)　①上の点 $(t,\ t^2-6t+4)$ における接線は，$y'=2x-6$ より

$y-(t^2-6t+4)=(2t-6)(x-t)$

$\therefore\quad y=2(t-3)x-t^2+4$

これが原点を通るので，

$0=-t^2+4$

$\therefore\quad t=\pm 2$

求める接線は，

$\boldsymbol{y=-2x}$，

$\boldsymbol{y=-10x}$

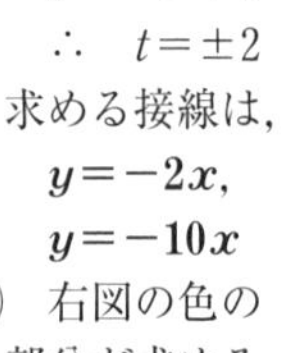

(2)　右図の色の部分が求める面積 S で，

$$S=\int_{-2}^{0}\{(x^2-6x+4)-(-10x)\}dx+\int_{0}^{2}\{(x^2-6x+4)-(-2x)\}dx$$

$$=\int_{-2}^{0}(x+2)^2dx+\int_{0}^{2}(x-2)^2dx$$

$$=\left[\frac{(x+2)^3}{3}\right]_{-2}^{0}+\left[\frac{(x-2)^3}{3}\right]_{0}^{2}$$

$=\frac{8}{3}+\frac{8}{3}=\mathbf{\frac{16}{3}}$

110

(1) $f(x)=x^2+ax+b$ より，
$f'(x)=2x+a$
$f(1)=1$，$f'(1)=0$ より，
$\begin{cases}1+a+b=1\\2+a=0\end{cases}$ $\therefore$ $\begin{cases}a=\mathbf{-2}\\b=\mathbf{2}\end{cases}$

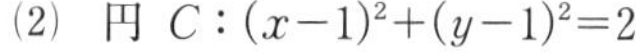

(2) 円 $C:(x-1)^2+(y-1)^2=2$

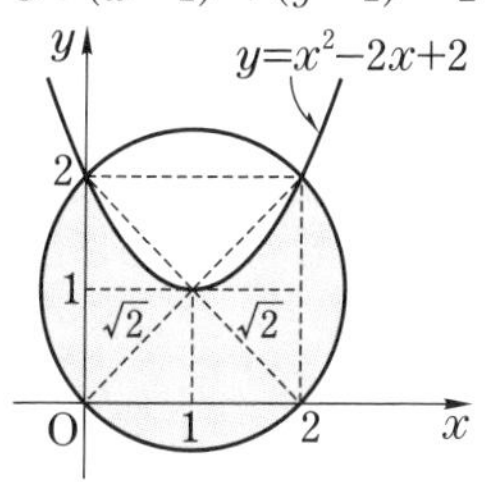

$S=\int_0^2(x^2-2x+2)dx$
$\quad+3\left\{\frac{\pi}{4}\times(\sqrt{2})^2-\frac{1}{2}\cdot2\cdot1\right\}$
$=\left[\frac{x^3}{3}-x^2+2x\right]_0^2+3\left(\frac{\pi}{2}-1\right)$
$=\mathbf{\frac{3}{2}\pi-\frac{1}{3}}$

111

(1) $a+7d=22$ ……①
$a+19d=-14$ ……②
①，②より，$d=\mathbf{-3}$，$a=\mathbf{43}$

(2) $a_n=43-3(n-1)=\mathbf{46-3n}$
$a_n>0$ より，$n<\frac{46}{3}$
n は自然数だから，
$\mathbf{1\leqq n\leqq 15}$

112

(1) $a+4d=84$ ……①
$a+19d=-51$ ……②
①，②より，$d=\mathbf{-9}$，$a=\mathbf{120}$

(2) $a_n=120-9(n-1)=129-9n$
$S_n=\frac{n}{2}(120+129-9n)$
$=\mathbf{\frac{n(249-9n)}{2}}$

(3) $a_n>0 \rightleftarrows n<\frac{129}{9}$
よって，a_1～a_{14} までは正で，a_{15} 以後はすべて負だから，
$n=\mathbf{14}$ のとき，S_n が最大で，最大値は，
$S_{14}=\frac{14(249-9\times14)}{2}=\mathbf{861}$

113

(1) $a_3=125\div5=25$，
$a_5=504\div9=56$
であるから，初項を a，公差を d とすると
$\begin{cases}a+2d=25 & \cdots\cdots①\\a+4d=56 & \cdots\cdots②\end{cases}$
①，②より，$d=\mathbf{\frac{31}{2}}$，$a=\mathbf{-6}$

(2) $a_n=-6+\frac{31}{2}(n-1)=\frac{31}{2}n-\frac{43}{2}$
であるから $a_{10}=\frac{267}{2}$，$a_{20}=\frac{577}{2}$ より，
$a_{10}+a_{11}+\cdots+a_{20}=\frac{11}{2}(a_{10}+a_{20})=\mathbf{2321}$

114

2 でわると 1 余り，3 でわると 2 余る自然数は，6 でわると 1 不足する自然数だから，小さい順に，5，11，17，… と並んでおり，これは初項 5，公差 6 の等差数列を表すので，一般項は
$5+6(n-1)=6n-1 \quad (n=1,\ 2,\ \cdots)$
$6n-1\leqq100$ より，$n\leqq16$
よって，**初項 5，公差 6，項数 16** である。

115

(1) $ar=4$ ……①
$ar^5=64$ ……②

となり，②÷① より $r^2=4$

$\therefore\ r=\pm 2,\ a=\pm 2$ **(複号同順)**

(2) $\boldsymbol{r=2}$ **のとき，**

$$S_n=\frac{2(1-2^n)}{1-2}=\boldsymbol{2^{n+1}-2}$$

$\boldsymbol{r=-2}$ **のとき，**

$$S_n=\frac{-2\{1-(-2)^n\}}{1-(-2)}$$
$$=-\boldsymbol{\frac{(-2)^{n+1}+2}{3}}$$

116

$a(1+r+r^2)=80$ ……①

$a(r^3+r^4+r^5)=640$ ……②

②÷① より $r^3=8$

$\therefore\ r=\boldsymbol{2}$

117

$\alpha<0,\ \beta>0,\ \alpha\beta<0$ より，3 数が等比数列をなすとき，β が等比中項であるから

$\beta^2=\alpha^2\beta$

$\therefore\ \beta=\alpha^2$ ……① $(\because\ \beta\neq 0)$

また，等差数列をなすとき，等差中項は $\alpha\beta$ または α

$\therefore\ 2\alpha\beta=\alpha+\beta$ ……②

または $2\alpha=\alpha\beta+\beta$ ……③

①，②より $(\alpha,\ \beta)=\boldsymbol{\left(-\frac{1}{2},\ \frac{1}{4}\right)}$

①，③より $(\alpha,\ \beta)=\boldsymbol{(-2,\ 4)}$

118

与えられた数列の一般項は，

$1+3+5+\cdots+(2n-1)=\boldsymbol{n^2}$

よって，求める数列の和を S とすると，

$$S=\sum_{k=1}^{n}k^2=\boldsymbol{\frac{1}{6}n(n+1)(2n+1)}$$

119

与えられた数列の一般項は，

$1+(-3)+(-3)^2+\cdots+(-3)^{n-1}$

$$=\frac{1-(-3)^n}{1-(-3)}=\boldsymbol{\frac{1}{4}\{1-(-3)^n\}}$$

よって，求める数列の和を S とすると，

$$S=\sum_{k=1}^{n}\frac{1}{4}\{1-(-3)^k\}$$
$$=\frac{1}{4}\left\{\sum_{k=1}^{n}1-\sum_{k=1}^{n}(-3)^k\right\}$$
$$=\frac{1}{4}\left[n-\frac{(-3)\{1-(-3)^n\}}{1-(-3)}\right]$$
$$=\boldsymbol{\frac{1}{16}\{4n+3+(-3)^{n+1}\}}$$

120

与えられた数列の一般項は，

$$\boldsymbol{\frac{1}{(2n-1)(2n+1)}}=\frac{1}{2}\left(\frac{1}{2n-1}-\frac{1}{2n+1}\right)$$

よって，求める数列の和を S とすると，

$$S=\sum_{k=1}^{n}\frac{1}{(2k-1)(2k+1)}$$
$$=\sum_{k=1}^{n}\frac{1}{2}\left(\frac{1}{2k-1}-\frac{1}{2k+1}\right)$$
$$=\frac{1}{2}\left\{\left(1-\frac{1}{3}\right)+\left(\frac{1}{3}-\frac{1}{5}\right)+\cdots+\left(\frac{1}{2n-1}-\frac{1}{2n+1}\right)\right\}$$
$$=\frac{1}{2}\left(1-\frac{1}{2n+1}\right)=\boldsymbol{\frac{n}{2n+1}}$$

121

(1) $S=1\cdot 2^1+3\cdot 2^2+5\cdot 2^3+\cdots+(2n-1)\cdot 2^n$

$2S=1\cdot 2^2+3\cdot 2^3+\cdots+(2n-3)\cdot 2^n+(2n-1)\cdot 2^{n+1}$

$\therefore\ S-2S$

$=2+2\cdot 2^2+\cdots+2\cdot 2^n-(2n-1)\cdot 2^{n+1}$

$=2(2^{n+1}-1)-4-(2n-1)\cdot 2^{n+1}$

$=-6-(2n-3)\cdot 2^{n+1}$

$\therefore\ S=\boldsymbol{(2n-3)\cdot 2^{n+1}+6}$

(2) $T=1\cdot 2^1+2\cdot 2^3+3\cdot 2^5+\cdots+n\cdot 2^{2n-1}$

$2^2T=1\cdot 2^3+2\cdot 2^5+\cdots+(n-1)\cdot 2^{2n-1}+n\cdot 2^{2n+1}$

$\therefore\ T-2^2T$

$=2^1+2^3+2^5+\cdots+2^{2n-1}-n\cdot 2^{2n+1}$

$$=\frac{2(1-4^n)}{1-4}-n\cdot 2^{2n+1}$$

$$=-\frac{2}{3}-\left(n-\frac{1}{3}\right)\cdot 2^{2n+1}$$

$$\therefore\quad T=\frac{2}{9}+\left(\frac{n}{3}-\frac{1}{9}\right)\cdot 2^{2n+1}$$

122

(1) 与えられた数列の階差数列をとると，

1，4，7，10，…

となり，初項 1，公差 3 の等差数列．

よって，求める数列の一般項は，

$n\geqq 2$ のとき

$$1+\sum_{k=1}^{n-1}(3k-2)=1+\frac{(n-1)(1+3n-5)}{2}$$

$$=\frac{3n^2-7n+6}{2}$$

これは $n=1$ のときも成立．

次に初項から第 n 項までの和は

$$\sum_{k=1}^{n}\frac{3k^2-7k+6}{2}$$

$$=\frac{3}{2}\sum_{k=1}^{n}k^2-\frac{7}{2}\sum_{k=1}^{n}k+\sum_{k=1}^{n}3$$

$$=\frac{1}{4}n(n+1)(2n+1)-\frac{7}{4}n(n+1)+3n$$

$$=\frac{1}{2}n(n^2-2n+3)$$

(2) 与えられた数列の階差数列をとると，

1，3，9，27，…

となり，初項 1，公比 3 の等比数列．

よって，求める数列の一般項は，

$n\geqq 2$ のとき

$$1+\sum_{k=1}^{n-1}3^{k-1}=1+\frac{1-3^{n-1}}{1-3}=\frac{3^{n-1}}{2}+\frac{1}{2}$$

これは，$n=1$ のときも成立．

次に初項から第 n 項までの和は，

$$\sum_{k=1}^{n}\left(\frac{3^{k-1}}{2}+\frac{1}{2}\right)=\sum_{k=1}^{n}\frac{1}{2}\cdot 3^{k-1}+\sum_{k=1}^{n}\frac{1}{2}$$

$$=\frac{\frac{1}{2}(1-3^n)}{1-3}+\frac{1}{2}n=\frac{3^n}{4}-\frac{1}{4}+\frac{1}{2}n$$

123

$a_{n+1}-a_n=2^{n-1}$ より，$\{a_n\}$ の階差数列の一般項は 2^{n-1}

よって，$n\geqq 2$ のとき，

$$a_n=1+\sum_{k=1}^{n-1}2^{k-1}=1+\frac{1-2^{n-1}}{1-2}=2^{n-1}$$

これは，$n=1$ のときも成立．

$$\therefore\quad a_n=2^{n-1}$$

124

与えられた漸化式は，$a_{n+1}+3=2(a_n+3)$ と変形できるので，

$$a_n+3=2^{n-1}(a_1+3)=2^{n+1}$$

よって，$a_n=2^{n+1}-3$

125

(1) $a_n=b_n-\alpha n-\beta$,

$a_{n+1}=b_{n+1}-\alpha(n+1)-\beta$

を代入すると

$b_{n+1}=3b_n-2(\alpha+3)n+\alpha-2\beta-5$

となり，これが等比数列を表す漸化式となるためには，

$\alpha+3=0$，$\alpha-2\beta-5=0$

$\therefore\quad \alpha=-3$，$\beta=-4$

(2) (1)より $b_{n+1}=3b_n$

$\therefore\quad b_n=b_1\cdot 3^{n-1}=5\cdot 3^{n-1}$

(3) $a_n=b_n+3n+4=5\cdot 3^{n-1}+3n+4$

126

(1) 与えられた漸化式の両辺を 3^{n+1} でわると，

$$\frac{a_{n+1}}{3^{n+1}}=\frac{a_n}{3^n}+\frac{1}{3}\cdot\left(\frac{2}{3}\right)^n$$

$$\therefore\quad b_{n+1}=b_n+\frac{1}{3}\left(\frac{2}{3}\right)^n$$

(2) $b_{n+1}-b_n=\frac{1}{3}\left(\frac{2}{3}\right)^n$ より，

$\{b_n\}$ の階差数列の一般項は，$\frac{1}{3}\left(\frac{2}{3}\right)^n$

よって，$n\geqq 2$ のとき，

$$b_n=b_1+\sum_{k=1}^{n-1}\frac{1}{3}\cdot\left(\frac{2}{3}\right)^k$$

$$=\frac{a_1}{3}+\frac{\frac{2}{9}\left\{1-\left(\frac{2}{3}\right)^{n-1}\right\}}{1-\frac{2}{3}}$$

$$=1+\frac{2}{3}\left\{1-\left(\frac{2}{3}\right)^{n-1}\right\}$$

$$=\boldsymbol{\frac{5}{3}-\left(\frac{2}{3}\right)^n}$$

これは，$n=1$ のときも成立.

(3) $a_n=3^n b_n=3^n\left\{\frac{5}{3}-\left(\frac{2}{3}\right)^n\right\}$

$$=\boldsymbol{5\cdot3^{n-1}-2^n}$$

127

(1) 与式より $a_{n+1}=1+\frac{1}{3-a_n}$ ……①

また，$\frac{1}{a_n-2}=b_n$ より，$a_n=2+\frac{1}{b_n}$

よって，①に代入すると，

$$2+\frac{1}{b_{n+1}}=1+\frac{1}{1-\frac{1}{b_n}}$$

$$\therefore\ \frac{1}{b_{n+1}}=\frac{1}{b_n-1}$$

$$\therefore\ \boldsymbol{b_{n+1}=b_n-1}$$

(2) $b_{n+1}-b_n=-1$ より数列 $\{b_n\}$ は初項 -1，公差 -1 の等差数列.

よって，$b_n=-1-(n-1)=\boldsymbol{-n}$

(3) $\frac{1}{a_n-2}=-n$ より

$$a_n=2+\frac{1}{-n}=\boldsymbol{\frac{2n-1}{n}}$$

128

(1) (i) $T_n=S_n+\alpha n+\beta$ とおき，与式に代入すると

$T_{n+1}-\alpha(n+1)-\beta-3(T_n-\alpha n-\beta)$
$=n+1$

$\therefore\ T_{n+1}-3T_n+(2\alpha-1)n-\alpha+2\beta-1$
$=0$

ここで $2\alpha-1=0$，$-\alpha+2\beta-1=0$ をみたす α，β を考えると，

$$\alpha=\frac{1}{2},\ \beta=\frac{3}{4}$$

そこで $T_n=S_n+\frac{1}{2}n+\frac{3}{4}$ と定めると

$$T_{n+1}=3T_n$$

$$\therefore\ T_n=\left(S_1+\frac{1}{2}\cdot1+\frac{3}{4}\right)\cdot3^{n-1}$$

$$=\frac{9}{4}\cdot3^{n-1}$$

よって，

$$S_n=T_n-\frac{1}{2}n-\frac{3}{4}=\frac{9}{4}\cdot3^{n-1}-\frac{1}{2}n-\frac{3}{4}$$

$$=\boldsymbol{\frac{1}{4}(3^{n+1}-2n-3)}$$

(ii) $n\geqq2$ のとき，

$$a_n=S_n-S_{n-1}=\boldsymbol{\frac{1}{2}\cdot3^n-\frac{1}{2}}$$

これは，$n=1$ のときも成立.

(2) (i) $n\geqq2$ のとき，

$$\sum_{k=1}^{n}ka_k-\sum_{k=1}^{n-1}ka_k=na_n$$

であるから $na_n=n^2a_n-(n-1)^2a_{n-1}$

よって，$n\neq1$ だから

$$\boldsymbol{a_n=\frac{n-1}{n}a_{n-1}}\quad(n\geqq2)$$

(ii) $b_n=na_n$ とすると，(i)より

$b_n=b_{n-1}$ $(n\geqq2)$

$\therefore\ b_n=b_{n-1}=\cdots=b_1=1\cdot a_1=1$

$\therefore\ b_n=na_n=1\qquad\therefore\ a_n=\boldsymbol{\frac{1}{n}}$

これは，$n=1$ のときも成立.

129

(1) $a_{n+2}-\alpha a_{n+1}=\beta(a_{n+1}-\alpha a_n)$

より $a_{n+2}=(\alpha+\beta)a_{n+1}-\alpha\beta a_n$

与えられた漸化式と係数を比較して，

$$\alpha+\beta=3,\ \alpha\beta=2$$

$\therefore\ (\alpha,\ \beta)=\boldsymbol{(1,\ 2),\ (2,\ 1)}$

(2) $(\alpha,\ \beta)=(1,\ 2)$ として

$$a_{n+2}-a_{n+1}=2(a_{n+1}-a_n)$$

$\therefore\ a_{n+1}-a_n=(a_2-a_1)2^{n-1}=2^{n-1}$

$n \geqq 2$ のとき,

$a_n = a_1 + \sum_{k=1}^{n-1} 2^{k-1} = 1 + \frac{1-2^{n-1}}{1-2} = \mathbf{2^{n-1}}$

これは, $n=1$ のときも成立.

130

(1) $a_{n+1} + pb_{n+1}$

$= (2a_n + 3b_n) + p(a_n + 4b_n)$

$= (2+p)a_n + (3+4p)b_n$ ……①

より, 数列 $\{a_n + pb_n\}$ が等比数列になるためには,

$1 : p = (2+p) : (3+4p)$

$p(2+p) = 3+4p$

$p^2 - 2p - 3 = 0$

$(p-3)(p+1) = 0$

$\therefore \quad \mathbf{p = 3, \ -1}$

(2) $p=3$ のとき, ①は

$a_{n+1} + 3b_{n+1} = 5a_n + 15b_n$

$\therefore \quad a_{n+1} + 3b_{n+1} = 5(a_n + 3b_n)$

ここで $c_n = a_n + 3b_n$ とおくと,

$c_{n+1} = 5c_n$

$c_1 = a_1 + 3b_1 = 2 + 3 \cdot 1 = 5$ より

数列 $\{c_n\}$ は初項 5, 公比 5 の等比数列である.

よって, $c_n = 5 \cdot 5^{n-1} = 5^n$

$\therefore \quad a_n + 3b_n = 5^n$ ……②

また, $p=-1$ のとき, ①は

$a_{n+1} - b_{n+1} = a_n - b_n$

ここで, $d_n = a_n - b_n$ とおくと

$d_{n+1} = d_n$

$d_1 = a_1 - b_1 = 2 - 1 = 1$ より, 数列 $\{d_n\}$ は初項 1, 公比 1 の等比数列である.

よって, $d_n = 1$

$\therefore \quad a_n - b_n = 1$ ……③

②−③ より　$b_n = \mathbf{\frac{5^n - 1}{4}}$

③より　$a_n = 1 + b_n = \mathbf{\frac{5^n + 3}{4}}$

131

(1) 第 $(n-1)$ 群の最後の数は, 最初から数えて

$1 + 2 + \cdots + (n-1) = \frac{n(n-1)}{2}$ (番目)

よって, 第 n 群の最初の数は,

$\frac{n(n-1)}{2} + 1 = \mathbf{\frac{1}{2}(n^2 - n + 2)}$

(2) 第 n 群は, 初項 $\frac{1}{2}(n^2-n+2)$, 公差 1, 項数 n の等差数列だから, その和は,

$\frac{1}{2}n\{(n^2-n+2) + (n-1) \cdot 1\}$

$= \mathbf{\frac{1}{2}n(n^2+1)}$

(3) 100 は第 n 群に含まれているとすると

$\frac{1}{2}(n^2-n+2) \leqq 100$

$< \frac{1}{2}\{(n+1)^2 - (n+1) + 2\}$

これをみたす n は 14 であるから**第 14 群**にあり, この群の最初の数は 92 であるから **9 番目**になる.

132

(1) n が 2^{n-1} 個あるので, 総和は

$n \times 2^{n-1} = \mathbf{n \cdot 2^{n-1}}$

(2) 100 項目が第 n 群にあるとすると, 第 $(n-1)$ 群の最後の数は

$1 + 2 + 2^2 + \cdots + 2^{n-2} = \frac{1-2^{n-1}}{1-2} = 2^{n-1} - 1$

(項目) であるから

$2^{n-1} - 1 < 100 \leqq 2^n - 1$ が成りたつ.

$n=7$ のとき

$2^{n-1} - 1 = 2^6 - 1 = 63$

$2^n - 1 = 2^7 - 1 = 127$

よって, 求める n は 7 だから, 第 100 項は第 7 群にあるので, **7** である.

(3) (2)より第 100 項は, 第 7 群の $100 - 63 = 37$ (番目) である. 和は,

$1 + 2 \cdot 2 + 3 \cdot 2^2 + 4 \cdot 2^3 + 5 \cdot 2^4 + 6 \cdot 2^5$

$+ 7 \cdot 37 = \mathbf{580}$

133

(1) M 内の格子点のうち，直線 $x=k$ $(1\leqq k\leqq n)$ 上の格子点は，$(k,\ k^2)$，$(k,\ k^2+1)$，$\cdots$，$(k,\ n^2)$．

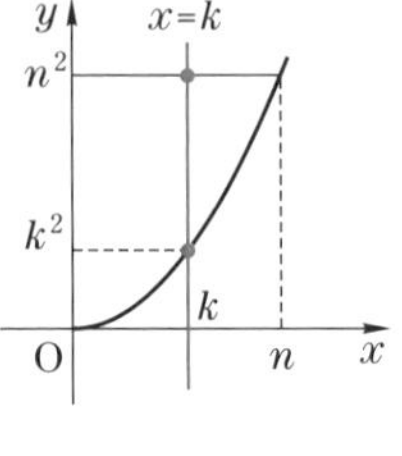

よって，$\boldsymbol{(n^2-k^2+1)}$ **個**ある．

(2) 求める格子点の個数は

$$2\sum_{k=1}^{n}(n^2-k^2+1)+(n^2+1) \qquad \cdots\cdots①$$

ここで，$S=\sum_{k=1}^{n}(n^2-k^2+1)$ とおくと

$$S=(n^2+1)\sum_{k=1}^{n}1-\sum_{k=1}^{n}k^2$$

$$=n(n^2+1)-\frac{1}{6}n(n+1)(2n+1)$$

$$\therefore\quad ①=2n(n^2+1)-\frac{1}{3}n(n+1)(2n+1)+(n^2+1)$$

$$=(2n+1)(n^2+1)-\frac{1}{3}n(n+1)(2n+1)$$

$$=\frac{1}{3}(2n+1)\{(3n^2+3)-(n^2+n)\}$$

$$=\boldsymbol{\frac{1}{3}(2n+1)(2n^2-n+3)}$$

134

(1)

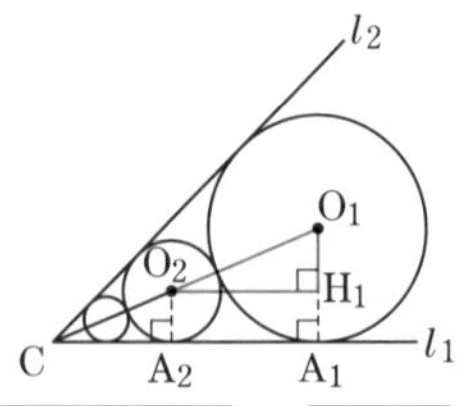

$O_1C=\sqrt{CA_1^2+O_1A_1^2}=\sqrt{12^2+5^2}=13$

であり，図から，$\triangle CA_1O_1\backsim\triangle O_2H_1O_1$ より

$$CO_1:O_1A_1=O_2O_1:O_1H_1$$

よって，

$$13:5=(r_2+5):(5-r_2)$$

$$\therefore\quad 5(r_2+5)=13(5-r_2)$$

$$\therefore\quad r_2=\boldsymbol{\frac{20}{9}}$$

(2)

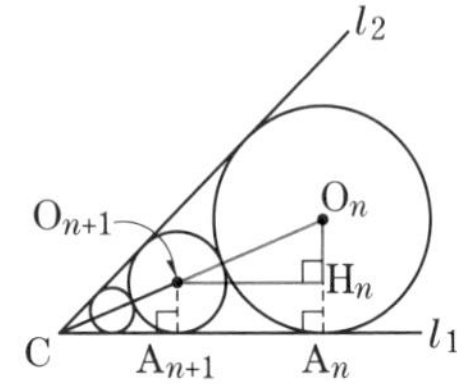

(1)と同様に，$\triangle CA_1O_1\backsim O_{n+1}H_nO_n$ より，$CO_1:O_1A_1=O_{n+1}O_n:O_nH_n$

よって，

$$13:5=(r_n+r_{n+1}):(r_n-r_{n+1})$$

$$\therefore\quad 5(r_n+r_{n+1})=13(r_n-r_{n+1})$$

$$\therefore\quad \boldsymbol{r_{n+1}=\frac{4}{9}r_n}$$

(3) (2)より $\{r_n\}$ は，初項5，公比 $\frac{4}{9}$ の等比数列．

$$\therefore\quad r_n=\boldsymbol{5\cdot\left(\frac{4}{9}\right)^{n-1}}$$

135

(1) (a_1 について) カード1枚の色のぬり方は3通りなので $a_1=\boldsymbol{3}$

(a_2 について) カード2枚それぞれの色のぬり方は3通りなので，

$3^2=9$（通り）のぬり方がある．

このうち，赤赤の1通りは条件に反する．

よって，$a_2=9-1=\boldsymbol{8}$

(2) $(n+2)$ 枚のカードの色のぬり方を，1枚目のカードの色で場合分けして考える．

① 1枚目が赤のとき，2枚目のぬり方は青，黄の2通り．残り n 枚のぬり方は3色使えるので a_n 通り．

よって，ぬり方は $2a_n$ 通り．

② 1枚目が青のとき，残りの $(n+1)$ 枚のぬり方は，3色使えるので a_{n+1} 通り．

③　1 枚目が黄のとき，②と同様に a_{n+1} 通り．

①，②，③は排反なので

$$\therefore\quad \boldsymbol{a_{n+2}=2a_{n+1}+2a_n}$$

(3)　$a_8=2a_7+2a_6=2(2a_6+2a_5)+2a_6$
$=6a_6+4a_5=6(2a_5+2a_4)+4a_5$
$=16a_5+12a_4=16(2a_4+2a_3)+12a_4$
$=44a_4+32a_3=44(2a_3+2a_2)+32a_3$
$=120a_3+88a_2=120(2a_2+2a_1)+88a_2$
$=328a_2+240a_1$
$=328\times8+240\times3=\boldsymbol{3344}$

136

(1)　(p_1 について)

1 回目に 4 以下の目が出ればよいので

$$p_1=\frac{4}{6}=\boldsymbol{\frac{2}{3}}$$

(p_2 について)

次の 2 つの場合が考えられる．

①　1 回目が 4 以下の目で 1 進み 2 回目が 5 以上の目でさらに 2 進む場合

②　1 回目が 5 以上の目で 2 進み 2 回目が 4 以下の目でさらに 1 進む場合

①，②は排反だから

$$p_2=\frac{2}{3}\times\frac{1}{3}+\frac{1}{3}\times\frac{2}{3}=\boldsymbol{\frac{4}{9}}$$

(2)　サイコロを $(n+1)$ 回投げたとき，点Ｐの座標が奇数になるのは，次の 2 つの場合が考えられる．

①　サイコロを n 回投げたとき，点Ｐの座標が奇数で $(n+1)$ 回目に 5 以上の目が出る

②　サイコロを n 回投げたとき，点Ｐの座標が偶数で $(n+1)$ 回目に 4 以下の目が出る

①，②は排反だから

$$p_{n+1}=p_n\times\frac{1}{3}+(1-p_n)\times\frac{2}{3}$$

$$\therefore\quad \boldsymbol{p_{n+1}=-\frac{1}{3}p_n+\frac{2}{3}}$$

(3)　$p_{n+1}=-\dfrac{1}{3}p_n+\dfrac{2}{3}$ より

$$p_{n+1}-\frac{1}{2}=-\frac{1}{3}\left(p_n-\frac{1}{2}\right)$$

$$\therefore\quad p_n-\frac{1}{2}=\left(p_1-\frac{1}{2}\right)\left(-\frac{1}{3}\right)^{n-1}$$

よって，$p_n=\dfrac{1}{2}+\dfrac{1}{6}\left(-\dfrac{1}{3}\right)^{n-1}$

$$=\frac{1}{2}-\frac{1}{2}\left(-\frac{1}{3}\right)\left(-\frac{1}{3}\right)^{n-1}$$

$$=\boldsymbol{\frac{1}{2}-\frac{1}{2}\left(-\frac{1}{3}\right)^{n}}$$

137

(1)　$a_2=\dfrac{1}{2-0}=\dfrac{1}{2}$，$a_3=\dfrac{1}{2-\dfrac{1}{2}}=\dfrac{2}{3}$，

$$a_4=\frac{1}{2-\dfrac{2}{3}}=\frac{3}{4}$$

よって，$\boldsymbol{a_n=\dfrac{n-1}{n}}$　……(＊) と推定できる．

(2)　ｉ）$n=1$ のとき，(＊) の右辺は 0 であり，与えられた条件より，$a_1=0$ であるから，$n=1$ のとき，(＊) は成りたつ．

ii）$n=k(k\geqq1)$ のとき

$a_k=\dfrac{k-1}{k}$ が成りたつと仮定すると

$$a_{k+1}=\frac{1}{2-a_k}=\frac{1}{2-\dfrac{k-1}{k}}$$

$$=\frac{k}{2k-(k-1)}=\frac{k}{k+1}$$

これは，(＊) が $n=k+1$ でも成りたつことを示している．

ｉ），ii）より，すべての自然数 n について，$a_n=\dfrac{n-1}{n}$ が成りたつ．

138

(1) $n=1$ のとき，左辺$=\dfrac{1}{1\cdot 2}=\dfrac{1}{2}$，

右辺$=\dfrac{1}{1+1}=\dfrac{1}{2}$ となり成立.

$n=k$ のとき，与式が成立すると仮定すると，

$$\frac{1}{1\cdot 2}+\frac{1}{2\cdot 3}+\cdots+\frac{1}{k(k+1)}=\frac{k}{k+1} \quad \cdots\cdots①$$

①の両辺に $\dfrac{1}{(k+1)(k+2)}$ を加えて，

$$左辺=\frac{1}{1\cdot 2}+\frac{1}{2\cdot 3}+\cdots+\frac{1}{k(k+1)}+\frac{1}{(k+1)(k+2)}$$

$$右辺=\frac{k}{k+1}+\frac{1}{(k+1)(k+2)}=\frac{(k+1)^2}{(k+1)(k+2)}=\frac{k+1}{k+2}$$

となり，これは与式のnに $k+1$ を代入したものである.

よって，$n=k+1$ のときも成立するので，すべての自然数nで成立.

(2) $n=1$ のとき，左辺$=\dfrac{1}{1^2}=1$，

右辺$=2-\dfrac{1}{1}=1$ となり成立.

$n=k$ のとき，与式が成立すると仮定すると，

$$\frac{1}{1^2}+\frac{1}{2^2}+\cdots+\frac{1}{k^2}\leqq 2-\frac{1}{k} \quad \cdots\cdots②$$

②の両辺に，$\dfrac{1}{(k+1)^2}$ を加えると，

$$左辺=\frac{1}{1^2}+\frac{1}{2^2}+\cdots+\frac{1}{k^2}+\frac{1}{(k+1)^2}$$

$$右辺=2-\frac{1}{k}+\frac{1}{(k+1)^2}=2-\frac{k^2+k+1}{k(k+1)^2}$$

ここで，$\left(2-\dfrac{1}{k+1}\right)-\left(2-\dfrac{k^2+k+1}{k(k+1)^2}\right)$

$$=\frac{1}{k(k+1)^2}>0$$

$$\therefore\ \frac{1}{1^2}+\frac{1}{2^2}+\cdots+\frac{1}{(k+1)^2}\leqq 2-\frac{k^2+k+1}{k(k+1)^2}<2-\frac{1}{k+1}$$

すなわち，

$$\frac{1}{1^2}+\frac{1}{2^2}+\cdots+\frac{1}{(k+1)^2}\leqq 2-\frac{1}{k+1}$$

となり $n=k+1$ のときも成立.

よって，すべての自然数nに対して成立する.

139

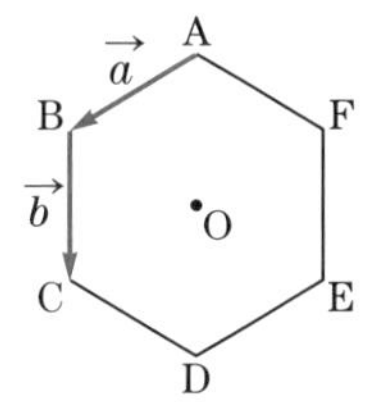

(1) $\overrightarrow{AC}=\overrightarrow{AB}+\overrightarrow{BC}=\boldsymbol{\vec{a}+\vec{b}}$
(2) $\overrightarrow{AD}=2\overrightarrow{BC}=\boldsymbol{2\vec{b}}$
(3) $\overrightarrow{AF}=\overrightarrow{BO}=\overrightarrow{AO}-\overrightarrow{AB}=\boldsymbol{\vec{b}-\vec{a}}$
(4) $\overrightarrow{AE}=\overrightarrow{AF}+\overrightarrow{FE}=(\vec{b}-\vec{a})+\vec{b}=\boldsymbol{2\vec{b}-\vec{a}}$

140

(1) AE=3, DC=2 だから，DF：FE=DC：AE=**2：3**
(∵ △AFE∽△CFD)

(2) $\overrightarrow{AF}=\dfrac{2\overrightarrow{AE}+3\overrightarrow{AD}}{3+2}=\dfrac{2}{5}\left(\dfrac{3}{4}\overrightarrow{AB}\right)+\dfrac{3}{5}\overrightarrow{AD}=\boldsymbol{\dfrac{3}{10}\overrightarrow{AB}+\dfrac{3}{5}\overrightarrow{AD}}$

141

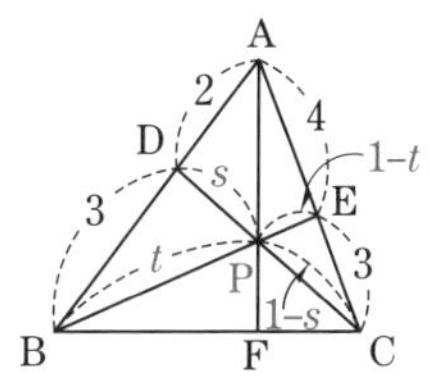

(1) BP：PE$=t:(1-t)$ とすると

$\overrightarrow{AP}=(1-t)\overrightarrow{AB}+t\overrightarrow{AE}=(1-t)\overrightarrow{AB}+\dfrac{4}{7}t\overrightarrow{AC}$ ……①

$\left(\because\ \overrightarrow{AE}=\dfrac{4}{7}\overrightarrow{AC}\right)$

DP：PC$=s:(1-s)$ とすると，

$\overrightarrow{AP}=(1-s)\overrightarrow{AD}+s\overrightarrow{AC}=\dfrac{2(1-s)}{5}\overrightarrow{AB}+s\overrightarrow{AC}$ ……②

$\left(\because\ \overrightarrow{AD}=\dfrac{2}{5}\overrightarrow{AB}\right)$

$\overrightarrow{AB}\neq\vec{0}$, $\overrightarrow{AC}\neq\vec{0}$, $\overrightarrow{AB}\not\parallel\overrightarrow{AC}$ だから，①，②より　$1-t=\dfrac{2(1-s)}{5}$, $\dfrac{4}{7}t=s$

$\therefore\quad t=\dfrac{7}{9},\ s=\dfrac{4}{9}$

よって，$\overrightarrow{AP}=\boldsymbol{\dfrac{2}{9}\overrightarrow{AB}+\dfrac{4}{9}\overrightarrow{AC}}$

(2) $\overrightarrow{AF}=k\overrightarrow{AP}$ とおけて，(1)より，$\overrightarrow{AF}=\dfrac{2}{9}k\overrightarrow{AB}+\dfrac{4}{9}k\overrightarrow{AC}$

F は BC 上より $\dfrac{2}{9}k+\dfrac{4}{9}k=1$　　$\therefore\quad k=\dfrac{3}{2}$

$\overrightarrow{AF}=\dfrac{1}{3}\overrightarrow{AB}+\dfrac{2}{3}\overrightarrow{AC}$ となり，BF：FC$=\dfrac{2}{3}:\dfrac{1}{3}=$**2：1**

142

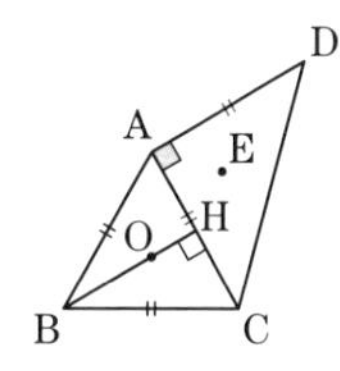

B から辺 AC に下ろした垂線の足を H とすると，
BH：AD=BH：AB$=\sqrt{3}:2$
であり，BH∥AD より，

$\overrightarrow{AD}=\dfrac{2}{\sqrt{3}}\overrightarrow{BH}$

ここで，Oは△ABC の重心でもあるので，BO：OH=2：1

∴　$\overrightarrow{BH}=-\dfrac{3}{2}\overrightarrow{OB}$

∴　$\overrightarrow{OD}=\overrightarrow{OA}+\overrightarrow{AD}=\overrightarrow{OA}+\dfrac{2}{\sqrt{3}}\left(-\dfrac{3}{2}\overrightarrow{OB}\right)=\mathbf{\overrightarrow{OA}-\sqrt{3}\,\overrightarrow{OB}}$

∴　$\overrightarrow{OE}=\dfrac{1}{3}(\overrightarrow{OA}+\overrightarrow{OC}+\overrightarrow{OD})=\dfrac{1}{3}\{\overrightarrow{OA}-(\overrightarrow{OA}+\overrightarrow{OB})+(\overrightarrow{OA}-\sqrt{3}\,\overrightarrow{OB})\}$

（∵　$\overrightarrow{OA}+\overrightarrow{OB}+\overrightarrow{OC}=\vec{0}$）

$=\mathbf{\dfrac{1}{3}\overrightarrow{OA}-\dfrac{1+\sqrt{3}}{3}\overrightarrow{OB}}$

143

(1)　$\vec{a}-2\vec{b}+3\vec{c}=(5+4+9,\ 4-6-15)=(\mathbf{18},\ \mathbf{-17})$

(2)　$m\vec{a}+n\vec{b}=(5m-2n,\ 4m+3n)=(3,\ -5)$

より，$\begin{cases}5m-2n=3\\4m+3n=-5\end{cases}$　∴　$m=\mathbf{-\dfrac{1}{23}}$，$n=\mathbf{-\dfrac{37}{23}}$

144

$\vec{a}+\vec{b}=(2+x,\ -\sqrt{5}+3)$，$\vec{a}-\vec{b}=(2-x,\ -\sqrt{5}-3)$

∴　$(2+x)(-\sqrt{5}-3)-(-\sqrt{5}+3)(2-x)=0$

∴　$-12-2\sqrt{5}\,x=0$

よって，$x=-\dfrac{6}{\sqrt{5}}=\mathbf{-\dfrac{6\sqrt{5}}{5}}$

145

(1)　$\vec{a}+\vec{b}=(5,\ 3)$　……①

$\vec{a}-3\vec{b}=(-7,\ 7)$　……②

①×3+② より，$4\vec{a}=(8,\ 16)$　∴　$\vec{a}=(\mathbf{2},\ \mathbf{4})$

①より，$\vec{b}=(5,\ 3)-\vec{a}=(\mathbf{3},\ \mathbf{-1})$

(2)　$\vec{a}-2\vec{b}=(2-6,\ 4+2)=(-4,\ 6)$ より，$|\vec{a}-2\vec{b}|=\sqrt{(-4)^2+6^2}=\mathbf{2\sqrt{13}}$

(3)　$\dfrac{\vec{a}-2\vec{b}}{|\vec{a}-2\vec{b}|}=\left(-\dfrac{2}{\sqrt{13}},\ \dfrac{3}{\sqrt{13}}\right)=\left(\mathbf{-\dfrac{2\sqrt{13}}{13}},\ \mathbf{\dfrac{3\sqrt{13}}{13}}\right)$

146

$|\vec{u}|^2=(2\cos\theta+3\sin\theta)^2+(\cos\theta+4\sin\theta)^2$

$=5\cos^2\theta+20\sin\theta\cos\theta+25\sin^2\theta$

$=10\sin2\theta-20\cos^2\theta+25=10\sin2\theta-10\cos2\theta+15$

$=10\sqrt{2}\sin\left(2\theta-\dfrac{\pi}{4}\right)+15$

$-\dfrac{\pi}{4}\leqq2\theta-\dfrac{\pi}{4}\leqq\dfrac{7\pi}{4}$ だから　$2\theta-\dfrac{\pi}{4}=\dfrac{\pi}{2}$

すなわち，$\theta=\dfrac{3\pi}{8}$ のとき，$|\vec{u}|$ の**最大値**$=\sqrt{10\sqrt{2}+15}=\sqrt{5(\sqrt{2}+1)^2}=\boldsymbol{\sqrt{10}+\sqrt{5}}$

147

$\vec{a}$ と $\vec{b}$ のなす角を二等分するベクトルの１つは　$\dfrac{\vec{a}}{|\vec{a}|}+\dfrac{\vec{b}}{|\vec{b}|}$

これを $\vec{c}$ とおくと，$|\vec{a}|=5$，$|\vec{b}|=13$ であるから，

$$\vec{c}=\frac{\vec{a}}{|\vec{a}|}+\frac{\vec{b}}{|\vec{b}|}=\left(\frac{3}{5},\ \frac{4}{5}\right)+\left(\frac{5}{13},\ \frac{12}{13}\right)=\left(\frac{64}{65},\ \frac{112}{65}\right)$$

ここで，$|\vec{c}|=\dfrac{16\sqrt{65}}{65}$ より　$\vec{e}=\dfrac{\vec{c}}{|\vec{c}|}=\left(\boldsymbol{\dfrac{4}{\sqrt{65}},\ \dfrac{7}{\sqrt{65}}}\right)$

148

(1)　BD：DC$=c:b$ より　$\overrightarrow{\mathrm{AD}}=\boldsymbol{\dfrac{b}{b+c}\overrightarrow{\mathrm{AB}}+\dfrac{c}{b+c}\overrightarrow{\mathrm{AC}}}$

(2)　AI：ID＝BA：BD

であり，ここで，

$$\mathrm{BD}=\frac{c}{b+c}\mathrm{BC}=\frac{ca}{b+c}$$

$\therefore$　AI：ID$=c:\dfrac{ca}{b+c}=\boldsymbol{(b+c):a}$

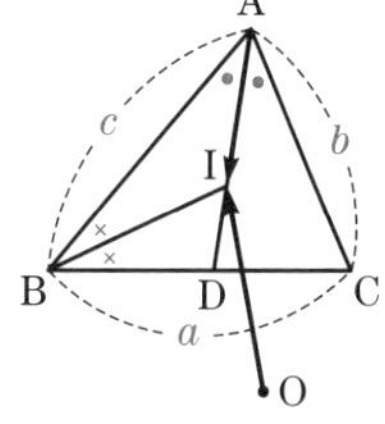

(3)　(2)より

$$\overrightarrow{\mathrm{AI}}=\frac{b+c}{(b+c)+a}\overrightarrow{\mathrm{AD}}=\boldsymbol{\frac{b}{a+b+c}\overrightarrow{\mathrm{AB}}+\frac{c}{a+b+c}\overrightarrow{\mathrm{AC}}}$$

(4)　$\overrightarrow{\mathrm{OI}}=\overrightarrow{\mathrm{OA}}+\overrightarrow{\mathrm{AI}}=\overrightarrow{\mathrm{OA}}+\dfrac{1}{a+b+c}\{b(\overrightarrow{\mathrm{OB}}-\overrightarrow{\mathrm{OA}})+c(\overrightarrow{\mathrm{OC}}-\overrightarrow{\mathrm{OA}})\}$

$$=\boldsymbol{\frac{a\overrightarrow{\mathrm{OA}}+b\overrightarrow{\mathrm{OB}}+c\overrightarrow{\mathrm{OC}}}{a+b+c}}$$

149

(1)　$\overrightarrow{\mathrm{PA}}+3\overrightarrow{\mathrm{PB}}+5\overrightarrow{\mathrm{PC}}=\vec{0}$ より

$$-\overrightarrow{\mathrm{AP}}+3(\overrightarrow{\mathrm{AB}}-\overrightarrow{\mathrm{AP}})+5(\overrightarrow{\mathrm{AC}}-\overrightarrow{\mathrm{AP}})=\vec{0}$$

$\therefore$　$-9\overrightarrow{\mathrm{AP}}+3\overrightarrow{\mathrm{AB}}+5\overrightarrow{\mathrm{AC}}=\vec{0}$

$\therefore$　$\overrightarrow{\mathrm{AP}}=\boldsymbol{\dfrac{1}{3}\overrightarrow{\mathrm{AB}}+\dfrac{5}{9}\overrightarrow{\mathrm{AC}}}$

(2)　Dは直線 AP 上にあるので，$\overrightarrow{\mathrm{AD}}=k\overrightarrow{\mathrm{AP}}$ とすると

$$\overrightarrow{\mathrm{AD}}=\frac{k}{3}\overrightarrow{\mathrm{AB}}+\frac{5}{9}k\overrightarrow{\mathrm{AC}}$$

また，DはBC上にあるので

$$\frac{k}{3}+\frac{5}{9}k=1$$

$\therefore$　$k=\dfrac{9}{8}$　　$\therefore$　AP：PD＝**8：1**

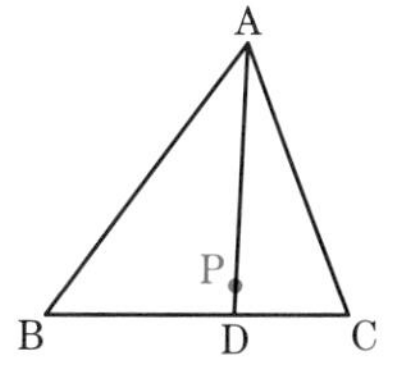

また，$\overrightarrow{\mathrm{AD}}=\frac{3}{8}\overrightarrow{\mathrm{AB}}+\frac{5}{8}\overrightarrow{\mathrm{AC}}$ より　BD：DC＝**5：3**

(3)　$\triangle\mathrm{PAB}=\frac{8}{9}\triangle\mathrm{DAB}=\frac{8}{9}\times\frac{5}{8}\triangle\mathrm{ABC}=\frac{5}{9}\triangle\mathrm{ABC}$

$\triangle\mathrm{PBC}=\frac{1}{9}\triangle\mathrm{ABC}$

$\triangle\mathrm{PCA}=\frac{8}{9}\triangle\mathrm{DCA}=\frac{8}{9}\times\frac{3}{8}\triangle\mathrm{ABC}=\frac{3}{9}\triangle\mathrm{ABC}$

よって，△PAB：△PBC：△PCA＝**5：1：3**

150

(1)　$|2\vec{a}+\vec{b}|^2=4|\vec{a}|^2+4\vec{a}\cdot\vec{b}+|\vec{b}|^2=36+4\vec{a}\cdot\vec{b}+4=52$　　∴　$\vec{a}\cdot\vec{b}=\mathbf{3}$

(2)　$\cos\theta=\frac{\vec{a}\cdot\vec{b}}{|\vec{a}||\vec{b}|}=\frac{3}{3\cdot2}=\frac{1}{2}$ より，$\theta=\boldsymbol{\frac{\pi}{3}}$

151

$|\vec{a}|=t\ (t>0)$ とおくと　$\vec{a}\cdot\vec{b}=|\vec{a}||\vec{b}|\cos\frac{\pi}{3}=\frac{t}{2}$

また，$(\vec{a}+\vec{b})\cdot(\vec{a}-\vec{b})=|\vec{a}|^2-|\vec{b}|^2=t^2-1$

次に，$\begin{cases}|\vec{a}+\vec{b}|^2=|\vec{a}|^2+2\vec{a}\cdot\vec{b}+|\vec{b}|^2=t^2+t+1\\|\vec{a}-\vec{b}|^2=|\vec{a}|^2-2\vec{a}\cdot\vec{b}+|\vec{b}|^2=t^2-t+1\end{cases}$ より，

$(\vec{a}+\vec{b})\cdot(\vec{a}-\vec{b})=|\vec{a}+\vec{b}||\vec{a}-\vec{b}|\cos\frac{\pi}{3}=\frac{\sqrt{(t^2+t+1)(t^2-t+1)}}{2}$

∴　$2(t^2-1)=\sqrt{(t^2+t+1)(t^2-t+1)}$

ここで，右辺>0 だから，$t>1$　（∵　$t>0$）

両辺を 2 乗し，整理すると，$t^4-3t^2+1=0$　　∴　$t^2=\frac{3\pm\sqrt{5}}{2}$

$t>1$ より，$t=\sqrt{\frac{3+\sqrt{5}}{2}}=\sqrt{\frac{(\sqrt{5}+1)^2}{4}}$　　∴　$|\vec{a}|=\boldsymbol{\frac{\sqrt{5}+1}{2}}$

152

(1)　$|x\vec{a}+\vec{b}|^2=x^2|\vec{a}|^2+2x(\vec{a}\cdot\vec{b})+|\vec{b}|^2=\mathbf{2x^2+12x+20}$

注　(1)では **153** で扱う内積の公式を用いているが，$x\vec{a}+\vec{b}=(x+2,\ x+4)$ から

$|x\vec{a}+\vec{b}|^2=(x+2)^2+(x+4)^2$

$=2x^2+12x+20$ としてもよい．

(2)　(1)より　$|x\vec{a}+\vec{b}|^2=2(x+3)^2+2$

よって，$x=\mathbf{-3}$ のとき，$|x\vec{a}+\vec{b}|$ は**最小値 $\sqrt{2}$** をとる．

153

$\vec{a}+t\vec{b}=(3t+1,\ -t+2)$，$\vec{a}-\vec{b}=(-2,\ 3)$ であるから

$(\vec{a}+t\vec{b})\cdot(\vec{a}-\vec{b})=0$ より

$-2(3t+1)+3(-t+2)=0$　　∴　$t=\boldsymbol{\frac{4}{9}}$

154

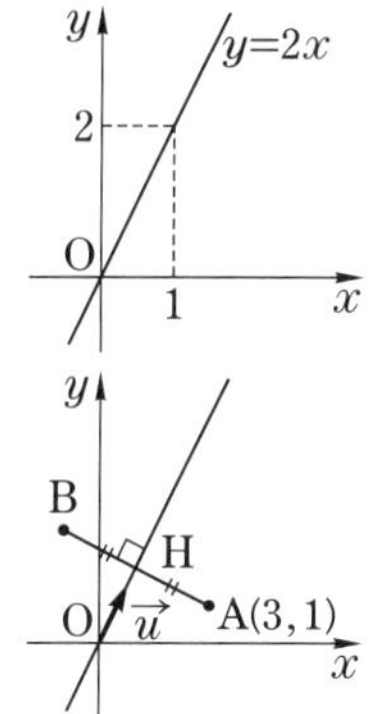

(1)　$y=2x$ 上に点 P(1, 2) があるので，$\overrightarrow{\mathrm{OP}}=(1,\ 2)$

$|\overrightarrow{\mathrm{OP}}|=\sqrt{5}$ だから

$\vec{u}=\dfrac{\overrightarrow{\mathrm{OP}}}{|\overrightarrow{\mathrm{OP}}|}=\left(\dfrac{\mathbf{1}}{\sqrt{\mathbf{5}}},\ \dfrac{\mathbf{2}}{\sqrt{\mathbf{5}}}\right)$

(2)　$\overrightarrow{\mathrm{OH}}=\left(\dfrac{\overrightarrow{\mathrm{OA}}\cdot\vec{u}}{|\vec{u}|^2}\right)\vec{u}=\left(\dfrac{3}{\sqrt{5}}+\dfrac{2}{\sqrt{5}}\right)\vec{u}=\sqrt{\mathbf{5}}\,\boldsymbol{\vec{u}}$

(3)　H は線分 AB の中点だから　$\overrightarrow{\mathrm{OH}}=\dfrac{\overrightarrow{\mathrm{OA}}+\overrightarrow{\mathrm{OB}}}{2}$

$\therefore$　$\overrightarrow{\mathrm{OB}}=2\overrightarrow{\mathrm{OH}}-\overrightarrow{\mathrm{OA}}=2\sqrt{5}\left(\dfrac{1}{\sqrt{5}},\ \dfrac{2}{\sqrt{5}}\right)-(3,\ 1)$

$=(2,\ 4)-(3,\ 1)=(-1,\ 3)$

よって，**B(−1, 3)**

155

直線上の任意の点を $(x,\ y)$ とすると

$(x,\ y)=(2,\ 1)+t(1,\ 2)=(t+2,\ 2t+1)$

$\therefore$　$\begin{cases}\boldsymbol{x=t+2}\\ \boldsymbol{y=2t+1}\end{cases}$　$\therefore$　$\boldsymbol{y=2x-3}$

156

(1)　$\overrightarrow{\mathrm{CA}}+2\overrightarrow{\mathrm{CB}}+3\overrightarrow{\mathrm{CO}}=\vec{0}$ より，$(\overrightarrow{\mathrm{OA}}-\overrightarrow{\mathrm{OC}})+2(\overrightarrow{\mathrm{OB}}-\overrightarrow{\mathrm{OC}})-3\overrightarrow{\mathrm{OC}}=\vec{0}$

$\therefore$　$\vec{a}+2\vec{b}-6\overrightarrow{\mathrm{OC}}=\vec{0}$

よって，$\overrightarrow{\mathrm{OC}}=\dfrac{\mathbf{1}}{\mathbf{6}}\boldsymbol{\vec{a}}+\dfrac{\mathbf{1}}{\mathbf{3}}\boldsymbol{\vec{b}}$

(2)　$\overrightarrow{\mathrm{OD}}=\dfrac{1}{1+2}\overrightarrow{\mathrm{OB}}=\dfrac{\mathbf{1}}{\mathbf{3}}\boldsymbol{\vec{b}}$

(3)　(1)，(2)より，$\overrightarrow{\mathrm{OC}}-\overrightarrow{\mathrm{OD}}=\dfrac{1}{6}\vec{a}$，

ここで $|\vec{a}|=12$ であることと，$|\overrightarrow{\mathrm{OC}}-\overrightarrow{\mathrm{OD}}|=\dfrac{1}{6}|\vec{a}|$ であることより　$|\overrightarrow{\mathrm{DC}}|=2$

よって，**C は点 D を中心とする半径 2 の円周上を動く．**

157

$\alpha=1-2\beta$ より，$\overrightarrow{\mathrm{OP}}=(1-2\beta)\overrightarrow{\mathrm{OA}}+\beta\overrightarrow{\mathrm{OB}}=\overrightarrow{\mathrm{OA}}+\beta(\overrightarrow{\mathrm{OB}}-2\overrightarrow{\mathrm{OA}})$

$\therefore$　$(x,\ y)=(2-6\beta,\ 4-4\beta)$　$\therefore$　$\begin{cases}x=2-6\beta\\ y=4-4\beta\end{cases}$　$\therefore$　$\boldsymbol{2x-3y+8=0}$

(別解)　$\overrightarrow{\mathrm{OP}}=\alpha\overrightarrow{\mathrm{OA}}+2\beta\left(\dfrac{1}{2}\overrightarrow{\mathrm{OB}}\right)$

$(\alpha+2\beta=1)$ だから P は，(2, 4)，(−1, 2) を通る直線上を動く．

∴　$2x-3y+8=0$

158

(1)　①より　$(\overrightarrow{CA}-\overrightarrow{CP})+2(\overrightarrow{CB}-\overrightarrow{CP})-3\overrightarrow{CP}=k\overrightarrow{CB}$

∴　$6\overrightarrow{CP}=\overrightarrow{CA}+(2-k)\overrightarrow{CB}$

∴　$\overrightarrow{CP}=\boldsymbol{\frac{1}{6}\overrightarrow{CA}+\frac{2-k}{6}\overrightarrow{CB}}$

(2)　AC, AB を 5：1 に内分する点をそれぞれ, D, E とすると, (1)より P は直線 DE 上にあるので, △ABC の周, および内部にあるためには, 線分 DE 上になければいけない.

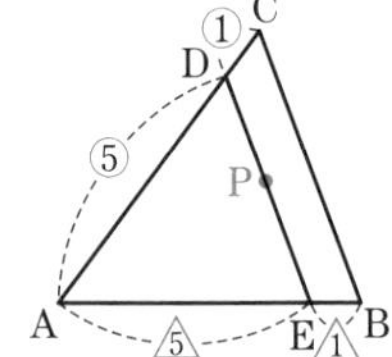

$\overrightarrow{DE}=\frac{5}{6}\overrightarrow{CB}$ より　$0\leqq\frac{2-k}{6}\leqq\frac{5}{6}$　　∴　$\boldsymbol{-3\leqq k\leqq 2}$

159

(1)　四角形 ABCD が平行四辺形になるとき　$\overrightarrow{DC}=\overrightarrow{AB}$

∴　$\overrightarrow{OC}-\overrightarrow{OD}=\overrightarrow{OB}-\overrightarrow{OA}$

∴　$\overrightarrow{OD}=\overrightarrow{OA}-\overrightarrow{OB}+\overrightarrow{OC}=(2,\ a)-(1,\ 2)+(6,\ 3)=(7,\ a+1)$

よって, $\mathbf{D}(\boldsymbol{7,\ a+1})$

(2)　$\overrightarrow{AE}=t\overrightarrow{AD}$ とおくと,

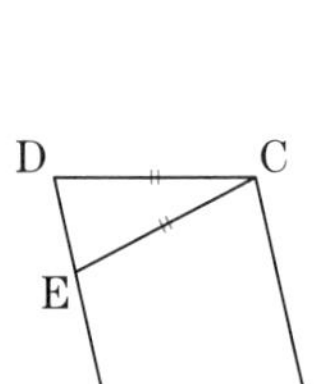

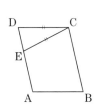

$\overrightarrow{OE}=(1-t)\overrightarrow{OA}+t\overrightarrow{OD}=(2-2t,\ a-at)+(7t,\ at+t)$

$=(2+5t,\ t+a)$

∴　$\overrightarrow{CE}=\overrightarrow{OE}-\overrightarrow{OC}=(5t-4,\ t+a-3)$

よって, $|\overrightarrow{CE}|^2=(5t-4)^2+(t+a-3)^2$

$=26t^2+2(a-23)t+(a-3)^2+16$

$=26t^2+2(a-23)t+a^2-6a+25$

また, $|\overrightarrow{CD}|^2=|\overrightarrow{AB}|^2=1+(a-2)^2$

$=a^2-4a+5$

$|\overrightarrow{CE}|^2=|\overrightarrow{CD}|^2$ だから, $26t^2+2(a-23)t-2a+20=0$

∴　$13t^2+(a-23)t-(a-10)=0$

$(t-1)(13t+a-10)=0$

E≠D より, $t\neq 1$ だから $t=\frac{10-a}{13}$

このとき, $3<a<10$ より, $0<10-a<7$ だから　$0<t<\frac{7}{13}$

よって, E は AD の内分点で, $\mathbf{E}\left(\boldsymbol{\frac{76-5a}{13},\ \frac{10+12a}{13}}\right)$

(3)　$\triangle CDE=\frac{1}{4}$(四角形 ABCD) であることより E は AD の中点である.

したがって, $t=\frac{1}{2}$　　∴　$\frac{10-a}{13}=\frac{1}{2}$　　∴　$a=\boldsymbol{\frac{7}{2}}$

160

P$(x,\ y,\ z)$とおくと $AP^2=\dfrac{5}{4}$ より,

$$(x-1)^2+(y-2)^2+(z-2)^2=\frac{5}{4}$$

$\therefore\ 4x^2+4y^2+4z^2-8x-16y-16z+31=0$ ……①

$BP^2=\dfrac{5}{4}$ より,

$$(x-3)^2+(y-1)^2+(z-2)^2=\frac{5}{4}$$

$\therefore\ 4x^2+4y^2+4z^2-24x-8y-16z+51=0$ ……②

$CP^2=\dfrac{5}{4}$ より,

$$(x-2)^2+(y-1)^2+(z-1)^2=\frac{5}{4}$$

$\therefore\ 4x^2+4y^2+4z^2-16x-8y-8z+19=0$ ……③

①−② より, $4x-2y=5$ ……④

③−② より, $x+z=4$ ……⑤

④, ⑤より, $y=2x-\dfrac{5}{2},\ z=4-x$

②に代入して, $x^2-4x+4=0$ $\therefore\ (x-2)^2=0$

$\therefore\ x=2,\ y=\dfrac{3}{2},\ z=2$ $\therefore\ (x,\ y,\ z)=\left(\mathbf{2},\ \dfrac{\mathbf{3}}{\mathbf{2}},\ \mathbf{2}\right)$

161

$$|\vec{a}+\vec{b}+\vec{c}|^2=|\vec{a}|^2+|\vec{b}|^2+|\vec{c}|^2+2\vec{a}\cdot\vec{b}+2\vec{b}\cdot\vec{c}+2\vec{c}\cdot\vec{a}$$
$$=1+2+3+2|\vec{a}||\vec{b}|\cos\frac{\pi}{3}+2|\vec{b}||\vec{c}|\cos\frac{\pi}{2}+2|\vec{c}||\vec{a}|\cos\frac{2\pi}{3}$$
$$=6+\sqrt{2}+0-\sqrt{3}$$
$$=6+\sqrt{2}-\sqrt{3}$$

$\therefore\ |\vec{a}+\vec{b}+\vec{c}|=\boldsymbol{\sqrt{6+\sqrt{2}-\sqrt{3}}}$

162

$\overrightarrow{AB}=(-2,\ 4,\ 2)$, $\overrightarrow{AC}=(-2,\ 1,\ -2)$ より

$|\overrightarrow{AB}|^2=(-2)^2+4^2+2^2=24$,

$|\overrightarrow{AC}|^2=(-2)^2+1^2+(-2)^2=9$

$\overrightarrow{AB}\cdot\overrightarrow{AC}=(-2)\cdot(-2)+4\cdot1+2\cdot(-2)=4$

$\therefore\ \triangle ABC=\dfrac{1}{2}\sqrt{|\overrightarrow{AB}|^2|\overrightarrow{AC}|^2-(\overrightarrow{AB}\cdot\overrightarrow{AC})^2}=\dfrac{1}{2}\sqrt{24\cdot9-4^2}=\mathbf{5\sqrt{2}}$

163

(1) $\begin{cases} \overrightarrow{AG}=\overrightarrow{AB}+\overrightarrow{AD}+\overrightarrow{AE} & \cdots\cdots① \\ \overrightarrow{AC}=\overrightarrow{AB}+\overrightarrow{AD} & \cdots\cdots② \\ \overrightarrow{BH}=\overrightarrow{AD}+\overrightarrow{AE}-\overrightarrow{AB} & \cdots\cdots③ \end{cases}$

①，②より，

$\overrightarrow{AE}=\overrightarrow{AG}-\overrightarrow{AC}=\mathbf{(2,\ 4,\ -5)}$

①，③より，

$2\overrightarrow{AB}=\overrightarrow{AG}-\overrightarrow{BH}=(2,\ 4,\ 4)$ $\quad\therefore\quad \overrightarrow{AB}=\mathbf{(1,\ 2,\ 2)}$

②より，

$\overrightarrow{AD}=\overrightarrow{AC}-\overrightarrow{AB}=\mathbf{(2,\ -1,\ 0)}$

(2) (ア) $\overrightarrow{AH}=\overrightarrow{AD}+\overrightarrow{AE}$ だから

$\overrightarrow{AH}\cdot\overrightarrow{AB}=(\overrightarrow{AD}+\overrightarrow{AE})\cdot\overrightarrow{AB}=\overrightarrow{AD}\cdot\overrightarrow{AB}+\overrightarrow{AE}\cdot\overrightarrow{AB}=0$

$\left(\because\quad \angle BAD=\angle BAE=\dfrac{\pi}{2}\right)$

よって，$\angle BAH=\dfrac{\pi}{2}$

(イ) (ア)より，△ABP が二等辺三角形となるのは AB=AP のときだから，

$AB=\sqrt{1+4+4}=3$

$AP=|t|AH=|t|\sqrt{AD^2+AE^2}=|t|\sqrt{5+45}=\sqrt{50}\,|t|$

$\therefore\quad \sqrt{50}\,|t|=3$

よって，$t=\pm\dfrac{3}{\sqrt{50}}=\pm\dfrac{\mathbf{3}}{\mathbf{5\sqrt{2}}}$

164

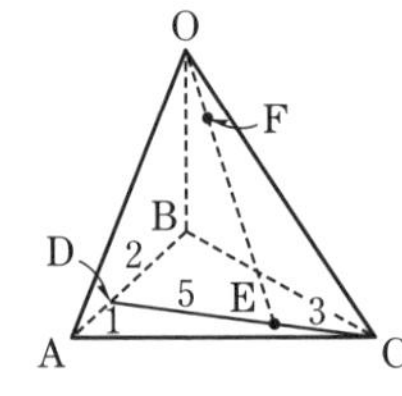

(1) $\overrightarrow{OE}=\dfrac{3}{8}\overrightarrow{OD}+\dfrac{5}{8}\overrightarrow{OC}$ に，

$\overrightarrow{OD}=\dfrac{2}{3}\overrightarrow{OA}+\dfrac{1}{3}\overrightarrow{OB}$ を代入して，

$\overrightarrow{OE}=\mathbf{\dfrac{1}{4}\overrightarrow{OA}+\dfrac{1}{8}\overrightarrow{OB}+\dfrac{5}{8}\overrightarrow{OC}}$

$\overrightarrow{OF}=\dfrac{1}{4}\overrightarrow{OE}=\mathbf{\dfrac{1}{16}\overrightarrow{OA}+\dfrac{1}{32}\overrightarrow{OB}+\dfrac{5}{32}\overrightarrow{OC}}$

(2) $\overrightarrow{AG}=k\overrightarrow{AF}$ とすると，$\overrightarrow{OG}=\overrightarrow{OA}+\overrightarrow{AG}=\overrightarrow{OA}+k(\overrightarrow{OF}-\overrightarrow{OA})$

$\therefore\quad \overrightarrow{OG}=(1-k)\overrightarrow{OA}+\dfrac{k}{16}\overrightarrow{OA}+\dfrac{k}{32}\overrightarrow{OB}+\dfrac{5}{32}k\overrightarrow{OC}$

$=\left(1-\dfrac{15}{16}k\right)\overrightarrow{OA}+\dfrac{k}{32}\overrightarrow{OB}+\dfrac{5}{32}k\overrightarrow{OC}$

ここで，$\overrightarrow{OG}$ は平面 OBC 上のベクトルだから，$\overrightarrow{OA}$ の係数=0

ゆえに，$1-\dfrac{15}{16}k=0$ より，$k=\dfrac{16}{15}$ $\quad\therefore\quad$ AG：FG=**16：1**

165

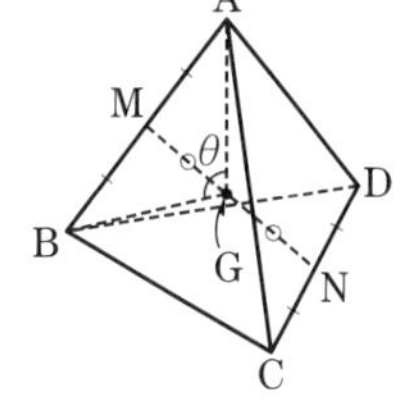

(1) $\overrightarrow{\mathrm{AG}}=\frac{1}{2}\overrightarrow{\mathrm{AM}}+\frac{1}{2}\overrightarrow{\mathrm{AN}}$ に，$\overrightarrow{\mathrm{AM}}=\frac{1}{2}\overrightarrow{\mathrm{AB}}$,

$\overrightarrow{\mathrm{AN}}=\frac{1}{2}\overrightarrow{\mathrm{AC}}+\frac{1}{2}\overrightarrow{\mathrm{AD}}$ を代入して，

$\overrightarrow{\mathrm{AG}}=\frac{1}{4}\overrightarrow{\mathrm{AB}}+\frac{1}{4}\overrightarrow{\mathrm{AC}}+\frac{1}{4}\overrightarrow{\mathrm{AD}}$

$\therefore\quad \overrightarrow{\mathrm{GA}}=-\overrightarrow{\mathrm{AG}}=\boldsymbol{-\frac{1}{4}\overrightarrow{\mathbf{AB}}-\frac{1}{4}\overrightarrow{\mathbf{AC}}-\frac{1}{4}\overrightarrow{\mathbf{AD}}}$

$\overrightarrow{\mathrm{GB}}=\overrightarrow{\mathrm{GA}}+\overrightarrow{\mathrm{AB}}$ より　$\overrightarrow{\mathrm{GB}}=\boldsymbol{\frac{3}{4}\overrightarrow{\mathbf{AB}}-\frac{1}{4}\overrightarrow{\mathbf{AC}}-\frac{1}{4}\overrightarrow{\mathbf{AD}}}$

(2) $\mathrm{AB}=\mathrm{AC}=\mathrm{AD}=2$, $\angle\mathrm{BAC}=\angle\mathrm{CAD}=\angle\mathrm{DAB}=\frac{\pi}{3}$ より

$\overrightarrow{\mathrm{AB}}\cdot\overrightarrow{\mathrm{AC}}=\overrightarrow{\mathrm{AC}}\cdot\overrightarrow{\mathrm{AD}}=\overrightarrow{\mathrm{AD}}\cdot\overrightarrow{\mathrm{AB}}=2\cdot2\cos\frac{\pi}{3}=2$

$\therefore\quad |\overrightarrow{\mathrm{GA}}|^2=\frac{1}{16}(|\overrightarrow{\mathrm{AB}}|^2+|\overrightarrow{\mathrm{AC}}|^2+|\overrightarrow{\mathrm{AD}}|^2+2\overrightarrow{\mathrm{AB}}\cdot\overrightarrow{\mathrm{AC}}+2\overrightarrow{\mathrm{AC}}\cdot\overrightarrow{\mathrm{AD}}+2\overrightarrow{\mathrm{AD}}\cdot\overrightarrow{\mathrm{AB}})$

$=\frac{1}{16}\times24=\frac{3}{2}$

$\therefore\quad |\overrightarrow{\mathrm{GA}}|=\boldsymbol{\frac{\sqrt{6}}{2}}$

$|\overrightarrow{\mathrm{GB}}|^2=\frac{1}{16}\{9|\overrightarrow{\mathrm{AB}}|^2+|\overrightarrow{\mathrm{AC}}|^2+|\overrightarrow{\mathrm{AD}}|^2-6\overrightarrow{\mathrm{AB}}\cdot\overrightarrow{\mathrm{AC}}+2\overrightarrow{\mathrm{AC}}\cdot\overrightarrow{\mathrm{AD}}-6\overrightarrow{\mathrm{AD}}\cdot\overrightarrow{\mathrm{AB}}\}$

$=\frac{1}{16}\times24=\frac{3}{2}$

$\therefore\quad |\overrightarrow{\mathrm{GB}}|=\boldsymbol{\frac{\sqrt{6}}{2}}$

$\overrightarrow{\mathrm{AB}}=\overrightarrow{\mathrm{GB}}-\overrightarrow{\mathrm{GA}}$ より，両辺を 2 乗すると，

$|\overrightarrow{\mathrm{AB}}|^2=|\overrightarrow{\mathrm{GB}}|^2-2\overrightarrow{\mathrm{GB}}\cdot\overrightarrow{\mathrm{GA}}+|\overrightarrow{\mathrm{GA}}|^2$

$\therefore\quad 4=\frac{3}{2}-2\overrightarrow{\mathrm{GA}}\cdot\overrightarrow{\mathrm{GB}}+\frac{3}{2}$　　$\therefore\quad \overrightarrow{\mathrm{GA}}\cdot\overrightarrow{\mathrm{GB}}=\boldsymbol{-\frac{1}{2}}$

(3) $\cos\theta=\dfrac{\overrightarrow{\mathrm{GA}}\cdot\overrightarrow{\mathrm{GB}}}{|\overrightarrow{\mathrm{GA}}||\overrightarrow{\mathrm{GB}}|}=\dfrac{-\frac{1}{2}}{\frac{3}{2}}=\boldsymbol{-\frac{1}{3}}$

166

(1) $|\overrightarrow{\mathrm{AB}}|^2=|\vec{b}-\vec{a}|^2=|\vec{b}|^2-2\vec{a}\cdot\vec{b}+|\vec{a}|^2$

$\therefore\quad 4-2\vec{a}\cdot\vec{b}+4=1$

よって，$\vec{a}\cdot\vec{b}=\boldsymbol{\frac{7}{2}}$

(2)　$\overrightarrow{\mathrm{OP}}=k\vec{b}$ とおくと，$\overrightarrow{\mathrm{AP}}=\overrightarrow{\mathrm{OP}}-\overrightarrow{\mathrm{OA}}=k\vec{b}-\vec{a}$

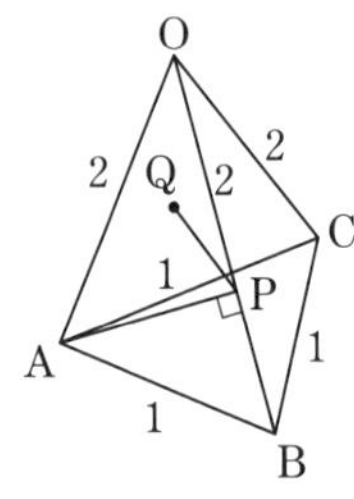

$\overrightarrow{\mathrm{AP}}\cdot\vec{b}=0$ だから，$(k\vec{b}-\vec{a})\cdot\vec{b}=0$

$\therefore\quad k|\vec{b}|^2-\vec{a}\cdot\vec{b}=0$

よって，$k=\dfrac{7}{8}$

$\therefore\quad \overrightarrow{\mathrm{OP}}=\dfrac{\mathbf{7}}{\mathbf{8}}\vec{\boldsymbol{b}}$

(3)　4点O，A，C，Qは同一平面上にあるので $\overrightarrow{\mathrm{OQ}}=s\vec{a}+t\vec{c}$ とおける．

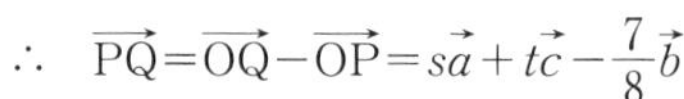

$\therefore\quad \overrightarrow{\mathrm{PQ}}=\overrightarrow{\mathrm{OQ}}-\overrightarrow{\mathrm{OP}}=s\vec{a}+t\vec{c}-\dfrac{7}{8}\vec{b}$

$\overrightarrow{\mathrm{PQ}}\perp\vec{a}$，$\overrightarrow{\mathrm{PQ}}\perp\vec{c}$ だから　$\overrightarrow{\mathrm{PQ}}\cdot\vec{a}=\overrightarrow{\mathrm{PQ}}\cdot\vec{c}=0$

$$\therefore\quad \begin{cases} s|\vec{a}|^2+t\vec{c}\cdot\vec{a}-\dfrac{7}{8}\vec{a}\cdot\vec{b}=0 \\ s\vec{c}\cdot\vec{a}+t|\vec{c}|^2-\dfrac{7}{8}\vec{b}\cdot\vec{c}=0 \end{cases}$$

$|\vec{a}|^2=|\vec{b}|^2=|\vec{c}|^2=4$，$\vec{a}\cdot\vec{b}=\vec{b}\cdot\vec{c}=\vec{c}\cdot\vec{a}=\dfrac{7}{2}$

だから，これらを上式に代入して　$\begin{cases} 4s+\dfrac{7}{2}t-\dfrac{49}{16}=0 \\ \dfrac{7}{2}s+4t-\dfrac{49}{16}=0 \end{cases}$

$\therefore\quad s=t=\dfrac{49}{120}$

よって，$\overrightarrow{\mathrm{OQ}}=\dfrac{\mathbf{49}}{\mathbf{120}}(\vec{\boldsymbol{a}}+\vec{\boldsymbol{c}})$

167

(1)　$\mathrm{OA}=2$，$\mathrm{OB}=\sqrt{1^2+(\sqrt{3})^2}=2$

$\mathrm{AB}=\sqrt{(2-1)^2+(0-\sqrt{3})^2}=2$

よって，OA＝OB＝AB なので △OAB は正三角形である．

(2)　Cから △OAB に下ろした垂線の足をHとすると

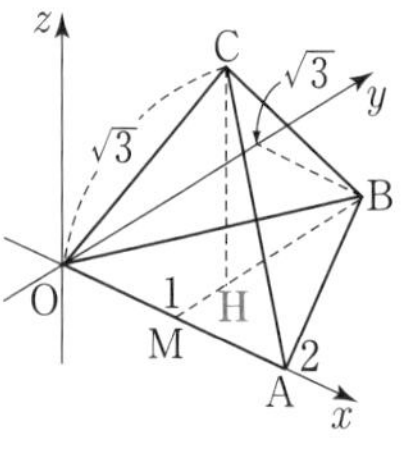

△CHO≡△CHA≡△CHB

だから，HO＝HA＝HB

である．よって，Hは △OAB の外心であり，正三角形の外心と重心は一致するので重心でもある．

$\therefore\quad \mathrm{H}\left(1,\ \dfrac{\sqrt{3}}{3},\ 0\right)\qquad \therefore\quad c_1=\mathbf{1},\ c_2=\dfrac{\sqrt{\mathbf{3}}}{\mathbf{3}}$

また，△CHO において三平方の定理より，M(1, 0, 0) として

$\mathrm{CH}^2=\mathrm{OC}^2-\mathrm{OH}^2=3-(\mathrm{OM}^2+\mathrm{HM}^2)=3-\left\{1+\left(\dfrac{\sqrt{3}}{3}\right)^2\right\}=\dfrac{5}{3}$

$\therefore\quad c_3=\mathrm{CH}=\sqrt{\dfrac{5}{3}}=\dfrac{\sqrt{\mathbf{15}}}{\mathbf{3}}$

168

(1) $\angle \mathrm{POQ}=\dfrac{\pi}{3}$ から，$\angle \mathrm{POH}=\dfrac{\pi}{6}$

よって，$\mathrm{OH}=\dfrac{\sqrt{3}}{2}\mathrm{OP}=\dfrac{\sqrt{3}}{2}$

$\therefore\quad \dfrac{\sqrt{6}}{3}(a-1)=\dfrac{\sqrt{3}}{2}$

$\therefore\quad a=\mathbf{1+\dfrac{3\sqrt{2}}{4}}$

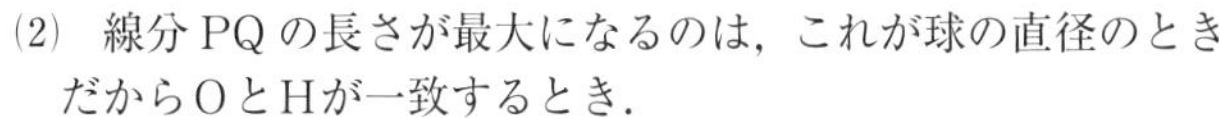

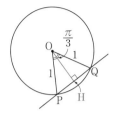

(2) 線分PQの長さが最大になるのは，これが球の直径のときだからOとHが一致するとき．

$\therefore\quad a=1$

次に，A(1, 1, 1) より，$\mathrm{OA}=\sqrt{3}>1$

よって，Aは球面Cの外部にある．

ゆえに，ARが最小になるとき，Rは，線分OAと球面Cの交点．

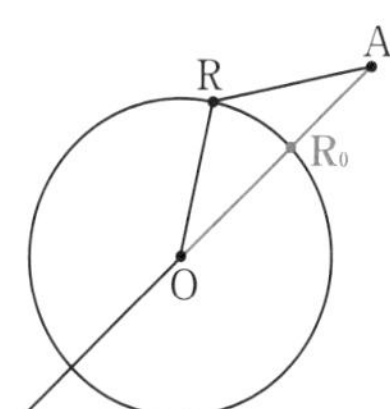

よって，$\overrightarrow{\mathrm{OR_0}}=\dfrac{1}{\sqrt{3}}\overrightarrow{\mathrm{OA}}=\left(\dfrac{1}{\sqrt{3}},\ \dfrac{1}{\sqrt{3}},\ \dfrac{1}{\sqrt{3}}\right)$

$\therefore\quad \mathbf{R_0\left(\dfrac{1}{\sqrt{3}},\ \dfrac{1}{\sqrt{3}},\ \dfrac{1}{\sqrt{3}}\right)}$

169

Xのとり得る値は　$X=1,\ 2,\ 3,\ 4,\ 5,\ 6$

◀確率変数Xの値を取りこぼしなく調べあげる

それぞれの値をとる確率は

$$P(X=1)=\left(\frac{1}{6}\right)^2=\frac{1}{36}$$

◀$X=1$ となるのは，2個のサイコロがともに1が出るときに限られる

$$P(X=2)=\left(\frac{2}{6}\right)^2-\left(\frac{1}{6}\right)^2=\frac{3}{36}$$

◀$X=2$ となるのは，2個のサイコロがともに1または2が出るときと間違えないように注意！
この場合には，2個のサイコロがともに1が出る，すなわち，最大数 $X=1$ となるときも含んでしまうので，この場合を除かなければならない

$$P(X=3)=\left(\frac{3}{6}\right)^2-\left(\frac{2}{6}\right)^2=\frac{5}{36}$$

$$P(X=4)=\left(\frac{4}{6}\right)^2-\left(\frac{3}{6}\right)^2=\frac{7}{36}$$

$$P(X=5)=\left(\frac{5}{6}\right)^2-\left(\frac{4}{6}\right)^2=\frac{9}{36}$$

◀$X=3$ となるのは，2個のサイコロがともに1または2または3が出るときと間違えないように注意！　この場合には，最大数 $X=1$ または $X=2$ となるときも含んでしまうので，この場合を除かなければならない

$$P(X=6)=1-\left(\frac{5}{6}\right)^2=\frac{11}{36}$$

◀$P(X=6)$ を求める際に，全事象の起こる確率が1を用いても構わない

よって，求める確率分布は次の表のようになる．

X	1	2	3	4	5	6	計
P	$\frac{1}{36}$	$\frac{3}{36}$	$\frac{5}{36}$	$\frac{7}{36}$	$\frac{9}{36}$	$\frac{11}{36}$	1

◀約分しない方が全事象の起こる確率が1になっているかがすぐに確認できる
1にならなければ，どこかで間違えている

170

表の出た枚数をXとする． ◀まず，確率変数を設定しておく
Xのとり得る値は，$X=0,\ 1,\ 2,\ 3,\ 4$
それぞれの値をとる確率は

$$P(X=0)={}_4C_0\left(\frac{1}{2}\right)^0\left(\frac{1}{2}\right)^4=\frac{1}{16}$$

$$P(X=1)={}_4C_1\left(\frac{1}{2}\right)\left(\frac{1}{2}\right)^3=\frac{4}{16}$$

◀表が1枚（奇数枚）出たので，コイン1枚を獲得

$$P(X=2)={}_4C_2\left(\frac{1}{2}\right)^2\left(\frac{1}{2}\right)^2=\frac{6}{16}$$

$$P(X=3)={}_4C_3\left(\frac{1}{2}\right)^3\left(\frac{1}{2}\right)=\frac{4}{16}$$

◀表が3枚（奇数枚）出たので，コイン3枚を獲得

$$P(X=4)={}_4C_4\left(\frac{1}{2}\right)^4\left(\frac{1}{2}\right)^0=\frac{1}{16}$$

よって，求める期待値は

$$0\cdot\frac{1}{16}+1\cdot\frac{4}{16}+0\cdot\frac{6}{16}+3\cdot\frac{4}{16}+0\cdot\frac{1}{16}$$

$$=\frac{1}{16}(4+12)=\mathbf{1}$$

171

(1) 期待値$E(X)$は

$$E(X)=1\cdot\frac{1}{6}+2\cdot\frac{1}{6}+3\cdot\frac{1}{6}+4\cdot\frac{1}{6}+5\cdot\frac{1}{6}+6\cdot\frac{1}{6}$$

◀170

$$=(1+2+3+4+5+6)\cdot\frac{1}{6}=\frac{21}{6}=\frac{7}{2}$$

よって，求める期待値$E(Z)$は

$$E(Z)=E(2X+3)=2E(X)+3=\mathbf{10}$$

◀$E(aX+b)=aE(X)+b$

(2) 期待値$E(Z)$は

$$E(Z)=E(X+Y)=E(X)+E(Y)=2E(X)=\mathbf{7}$$

◀「和の期待値」は「期待値の和」

172

(1) Xのとり得る値は　$X=2,\ 3,\ 4,\ 5,\ 6$
それぞれの値をとる確率は

$$P(X=2)=\frac{1}{{}_6C_2}=\frac{1}{15}$$

◀$X=2$ となるのは，(1, 2) のカードを引くときに限られる

$$P(X=3)=\frac{2}{{}_6C_2}=\frac{2}{15}$$

◀$X=3$ となるのは，(1, 3)，(2, 3) のカードを引くとき

$P(X=4)=\dfrac{3}{{}_6C_2}=\dfrac{3}{15}$ ◀$X=4$ となるのは，(1, 4)，(2, 4)，(3, 4) のカードを引くとき

$P(X=5)=\dfrac{4}{{}_6C_2}=\dfrac{4}{15}$

$P(X=6)=\dfrac{5}{{}_6C_2}=\dfrac{5}{15}$

よって，X の確率分布は次の表のようになる．

X	2	3	4	5	6	計
P	$\frac{1}{15}$	$\frac{2}{15}$	$\frac{3}{15}$	$\frac{4}{15}$	$\frac{5}{15}$	1

(2) $E(X)=2\cdot\dfrac{1}{15}+3\cdot\dfrac{2}{15}+4\cdot\dfrac{3}{15}+5\cdot\dfrac{4}{15}+6\cdot\dfrac{5}{15}$ ◀170

$=\dfrac{1}{15}(2+6+12+20+30)$ ◀先に $\dfrac{1}{15}$ でくくると，計算がしやすくなる

$=\dfrac{70}{15}=\mathbf{\dfrac{14}{3}}$

(3) X の分散 $V(X)$ は，

$V(X)=E(X^2)-\{E(X)\}^2$ ◀分散は，X^2 の期待値と (X の期待値)^2 の差

$=4\cdot\dfrac{1}{15}+9\cdot\dfrac{2}{15}+16\cdot\dfrac{3}{15}+25\cdot\dfrac{4}{15}+36\cdot\dfrac{5}{15}-\left(\dfrac{14}{3}\right)^2$

$=\dfrac{350}{15}-\dfrac{196}{9}$

$=\dfrac{70}{3}-\dfrac{196}{9}=\dfrac{14}{9}$ ◀分散 $V(X)$ は，負になることはない

よって，

$\sigma(X)=\sqrt{V(X)}=\sqrt{\dfrac{14}{9}}=\mathbf{\dfrac{\sqrt{14}}{3}}$ ◀標準偏差 $\sigma(X)$ は分散 $V(X)$ の正の平方根

173

X のとり得る値は　$X=1,\ 2,\ 3,\ 4$ ◀確率変数Xの値を取りこぼしなく調べること

それぞれの値をとる確率は

$P(X=1)=\dfrac{4}{{}_5C_2}=\dfrac{4}{10}$ ◀$X=1$ となるのは，2 枚のカードが (1, 2)，(2, 3)，(3, 4)，(4, 5) のとき

$P(X=2)=\dfrac{3}{{}_5C_2}=\dfrac{3}{10}$ ◀$X=2$ となるのは，2 枚のカードが (1, 3)，(2, 4)，(3, 5) のとき

$P(X=3)=\dfrac{2}{{}_5C_2}=\dfrac{2}{10}$ ◀$X=3$ となるのは，2 枚のカードが (1, 4)，(2, 5) のとき

$P(X=4)=\dfrac{1}{{}_5C_2}=\dfrac{1}{10}$ ◀$X=4$ となるのは，2 枚のカードが (1, 5) のとき

X の確率分布は次の表のようになる．

X	1	2	3	4	計
$P(X)$	$\frac{4}{10}$	$\frac{3}{10}$	$\frac{2}{10}$	$\frac{1}{10}$	1

$E(X)=1\cdot\frac{4}{10}+2\cdot\frac{3}{10}+3\cdot\frac{2}{10}+4\cdot\frac{1}{10}=\frac{20}{10}=2$ ◀170

$E(X^2)=1^2\cdot\frac{4}{10}+2^2\cdot\frac{3}{10}+3^2\cdot\frac{2}{10}+4^2\cdot\frac{1}{10}=\frac{50}{10}$ ◀170

$=5$

よって，$V(X)=E(X^2)-\{E(X)\}^2=5-2^2=1$ ◀分散は，X^2 の期待値と（X の期待値）^{2} の差

これより，

$E(Y)=E(2X+3)=2E(X)+3=2\cdot2+3=\mathbf{7}$ ◀$E(aX+b)=aE(X)+b$

$V(Y)=V(2X+3)=2^2V(X)=4\cdot1=\mathbf{4}$ ◀$V(aX+b)=a^2V(X)$

$\sigma(Y)=\sqrt{V(Y)}=\sqrt{4}=\mathbf{2}$ ◀標準偏差 $\sigma(Y)$ は分散 $V(Y)$ の正の平方根

(別解) $\sigma(Y)$ を求める際に，

$\sigma(Y)=\sigma(2X+3)=|2|\sigma(X)=2\sqrt{V(X)}=2\cdot1=2$ ◀$\sigma(aX+b)=|a|\sigma(X)$

としてもよい．

174

(1) 2枚のカードの抜き出し方は $_6C_2=15$（通り）

X のとり得る値は　$X=2,\ 3,\ 4,\ 5,\ 6$

Y のとり得る値は　$Y=1,\ 2,\ 3,\ 4,\ 5$

$X>Y$ に注意すると，X，Y を組み合わせた同時確率分布は右の表のようになる．

X \ Y	1	2	3	4	5	計
2	$\frac{1}{15}$	0	0	0	0	$\frac{1}{15}$
3	$\frac{1}{15}$	$\frac{1}{15}$	0	0	0	$\frac{2}{15}$
4	$\frac{1}{15}$	$\frac{1}{15}$	$\frac{1}{15}$	0	0	$\frac{3}{15}$
5	$\frac{1}{15}$	$\frac{1}{15}$	$\frac{1}{15}$	$\frac{1}{15}$	0	$\frac{4}{15}$
6	$\frac{1}{15}$	$\frac{1}{15}$	$\frac{1}{15}$	$\frac{1}{15}$	$\frac{1}{15}$	$\frac{5}{15}$
計	$\frac{5}{15}$	$\frac{4}{15}$	$\frac{3}{15}$	$\frac{2}{15}$	$\frac{1}{15}$	1

$P(X=2)=\frac{1}{15}$

$P(Y=1)=\frac{5}{15}=\frac{1}{3}$

◀$P(X=2)$ は，$P(X=2,\ Y$ は任意）
$P(Y=1)$ は，$P(X$ は任意，$Y=1)$

であるから

$P(X=2)P(Y=1)=\frac{1}{15}\cdot\frac{1}{3}=\frac{1}{45}$

また，$P(X=2,\ Y=1)=\frac{1}{15}$ より

$P(X=2,\ Y=1)\neq P(X=2)P(Y=1)$ であるから，

X と Y は互いに独立でない．

◀$P(X=x_i,\ Y=y_j)\neq P(X=x_i)P(Y=y_j)$ となる x_i，y_j が一組でも存在すれば，X，Y は互いに独立でない

(2) (1)の表より

$E(XY)=2\cdot1\cdot\frac{1}{15}+3\cdot1\cdot\frac{1}{15}+3\cdot2\cdot\frac{1}{15}$

$+4\cdot1\cdot\frac{1}{15}+4\cdot2\cdot\frac{1}{15}+4\cdot3\cdot\frac{1}{15}+5\cdot1\cdot\frac{1}{15}+5\cdot2\cdot\frac{1}{15}+5\cdot3\cdot\frac{1}{15}+5\cdot4\cdot\frac{1}{15}$

$+6\cdot1\cdot\frac{1}{15}+6\cdot2\cdot\frac{1}{15}+6\cdot3\cdot\frac{1}{15}+6\cdot4\cdot\frac{1}{15}+6\cdot5\cdot\frac{1}{15}$

$=\dfrac{175}{15}=\mathbf{\dfrac{35}{3}}$ ◀ X と Y が互いに独立でないので，$E(XY)=E(X)E(Y)$ は不成立

175

(1) $E(X)=E(Y)$ より，

$$E(T)=E(2X-Y)$$
$$=2E(X)-E(Y)$$
$$=2\cdot\frac{7}{2}-\frac{7}{2}=\mathbf{\frac{7}{2}}$$

◀ X，Y が独立，従属に関わらず，$E(aX+bY)=aE(X)+bE(Y)$ が成立

(2) $V(X)=V(Y)=\dfrac{35}{12}$

X，Y は互いに独立であるから，

$$V(T)=V(2X-Y)$$
$$=2^2V(X)+(-1)^2V(Y)$$
$$=4\cdot\frac{35}{12}+1\cdot\frac{35}{12}=\mathbf{\frac{175}{12}}$$

◀ X，Y が独立のときに限り，$V(aX+bY)=a^2V(X)+b^2V(Y)$ が成立

176

(1) X は二項分布 $B\left(3,\ \dfrac{1}{2}\right)$ に従うから

$$E(X)=3\cdot\frac{1}{2}=\mathbf{\frac{3}{2}},\quad V(X)=3\cdot\frac{1}{2}\cdot\left(1-\frac{1}{2}\right)=\mathbf{\frac{3}{4}}$$

(2) Y は二項分布 $B\left(4,\ \dfrac{1}{2}\right)$ に従うから

$$E(Y)=4\cdot\frac{1}{2}=2,\quad V(Y)=4\cdot\frac{1}{2}\cdot\left(1-\frac{1}{2}\right)=1$$

よって，

$$E(Z)=E(X+Y)$$
$$=E(X)+E(Y)$$ ◀ 171
$$=\frac{3}{2}+2=\mathbf{\frac{7}{2}}$$

また，X と Y は互いに独立であるから

$$V(Z)=V(X+Y)$$
$$=V(X)+V(Y)$$ ◀ 175
$$=\frac{3}{4}+1=\mathbf{\frac{7}{4}}$$

177

(1) $\displaystyle\int_{20}^{50}\left(kx+\frac{13}{180}\right)dx=\left[\frac{k}{2}x^2+\frac{13}{180}x\right]_{20}^{50}$

$$=\frac{k}{2}(2500-400)+\frac{13}{180}(50-20)$$

$=1050k+\dfrac{13}{6}$

$\displaystyle\int_{20}^{50} f(x)\,dx=1$ であるから　　◀全確率は 1

$1050k+\dfrac{13}{6}=1$　$1050k=-\dfrac{7}{6}$　∴　$k=-\mathbf{\dfrac{1}{900}}$

(2)　$P(a\leqq X\leqq b)=\displaystyle\int_a^b\left(-\frac{1}{900}x+\frac{13}{180}\right)dx$　◀$P(a\leqq X\leqq b)=\displaystyle\int_a^b f(x)\,dx$

$=\left[-\dfrac{1}{1800}x^2+\dfrac{13}{180}x\right]_a^b$

$=-\mathbf{\dfrac{1}{1800}(b^2-a^2)+\dfrac{13}{180}(b-a)}$

(3)　$20\leqq t<t+10\leqq 50$ より　　$20\leqq t\leqq 40$　……①

(2)において，$a=t$，$b=t+10$ とすると，

$P(t\leqq X\leqq t+10)=-\dfrac{1}{1800}\{(t+10)^2-t^2\}+\dfrac{13}{180}\{(t+10)-t\}$

$=-\dfrac{1}{1800}(20t+100)+\dfrac{13}{18}=-\dfrac{1}{90}(t+5)+\dfrac{13}{18}$

$P(t\leqq X\leqq t+10)=\dfrac{1}{3}$ であるから

$-\dfrac{1}{90}(t+5)+\dfrac{13}{18}=\dfrac{1}{3}$　$\dfrac{1}{90}(t+5)=\dfrac{7}{18}$　　∴　$t=\mathbf{30}$

（これは①を満たしている）

178

応募者の入社試験の点数を X（点），合格最低点を x（点）とする．
X は正規分布 $N(245,\ 50^2)$ に従う．

$Z=\dfrac{X-245}{50}$ とおいて X を標準化すると，
Z は $N(0,\ 1)$ に従う．

◀X が正規分布 $N(m,\ \sigma^2)$ に従うとき，$Z=\dfrac{X-m}{\sigma}$ とおき X を標準化すると，Z は $N(0,\ 1)$ に従う

$P(X\geqq x)=P\left(\dfrac{X-245}{50}\geqq\dfrac{x-245}{50}\right)=P\left(Z\geqq\dfrac{x-245}{50}\right)$

ここで，$P(X\geqq x)=\dfrac{300}{500}=0.6$ であるから　$P\left(Z\geqq\dfrac{x-245}{50}\right)=0.6$　…①

$P(Z>0.25)=0.4$ であるから，正規分布曲線の対称性より，

$P(Z<-0.25)=0.4 \iff P(Z\geqq -0.25)=1-P(Z<-0.25)=0.6$　…②

①，②より　$\dfrac{x-245}{50}=-0.25$

∴　$x=245-12.5=232.5$

よって，合格最低点は，**約 233 点**である．

179

表の割合をすべて足すと 100 (%) であるから，
今回投票かつ前回棄権の人の割合は

$100-(45+3+10+29+1)=\mathbf{12}$ (%)　アイ

よって，今回投票した人の割合は

$45+12+3=60$ (%)

ゆえに，この有権者全体から無作為に 1 人を選ぶとき，
今回投票の人が選ばれる確率は

$\mathbf{0.60}$　ウエ

また，前回投票した人の割合は

$45+10=55$ (%)

よって，この有権者全体から無作為に 1 人を選ぶとき，
前回投票の人が選ばれる確率は

$\mathbf{0.55}$　オカ

また，今回棄権かつ前回投票した人の割合は 10% であるから，
X は二項分布 $B(900,\ 0.\mathbf{10})$ に従う．　キク
X の平均 (期待値) $E(X)$ は

$E(X)=900\cdot 0.10=\mathbf{90}$　ケコ　◀$B(n,\ p)$ に従うとき　$E(X)=np$

X の標準偏差 $\sigma(X)$ は

$\sigma(X)=\sqrt{900\cdot 0.10(1-0.10)}=\mathbf{9.0}$　サシ　◀$B(n,\ p)$ に従うとき　$\sigma=\sqrt{np(1-p)}$

$Z=\dfrac{X-90}{9.0}$ とおいて X を標準化すると，
Z は近似的に $N(0,\ 1)$ に従う．

◀X が正規分布 $N(m,\ \sigma^2)$ に従うとき，$Z=\dfrac{X-m}{\sigma}$ とおき X を標準化し，正規分布表を使える土台を作る

正規分布表より

$$
\begin{aligned}
P(X\geqq 105)&=P\left(Z\geqq\frac{105-90}{9.0}\right)\\
&=P\left(Z\geqq\frac{5}{3}\right)\\
&=P(Z\geqq 0)-P\left(0\leqq Z\leqq\frac{5}{3}\right)\\
&=P(Z\geqq 0)-P(0\leqq Z\leqq 1.66\cdots\cdots)\\
&\fallingdotseq 0.5-0.4525=0.0475\fallingdotseq 0.\mathbf{05}
\end{aligned}
$$

スセ

◀正規分布表を利用するために $P(0\leqq Z\leqq u)$ の形に変形する

180

$\overline{X}$ は $N\left(m,\ \dfrac{\sigma^2}{n}\right)$ に従うので，$Z=\dfrac{\overline{X}-m}{\dfrac{\sigma}{\sqrt{n}}}$ とおいて $\overline{X}$ を標準化すると，Z は $N(0,\ 1)$ に従う．

◀標本平均 $\overline{X}$ の平均は $E(\overline{X})=m$ 標準偏差は $\sigma(\overline{X})=\dfrac{\sigma}{\sqrt{n}}$

$\overline{X}-m=\dfrac{\sigma}{\sqrt{n}}Z$ より

$$P\left(|\overline{X}-m|\geqq\frac{\sigma}{4}\right)=P\left(\left|\frac{\sigma}{\sqrt{n}}Z\right|\geqq\frac{\sigma}{4}\right)$$
$$=P\left(|Z|\geqq\frac{\sqrt{n}}{4}\right)\qquad\left(\because\quad\frac{\sigma}{\sqrt{n}}>0\right)$$
$$=2P\left(Z\geqq\frac{\sqrt{n}}{4}\right)$$
$$=1-2P\left(0\leqq Z\leqq\frac{\sqrt{n}}{4}\right)$$

◀正規分布曲線

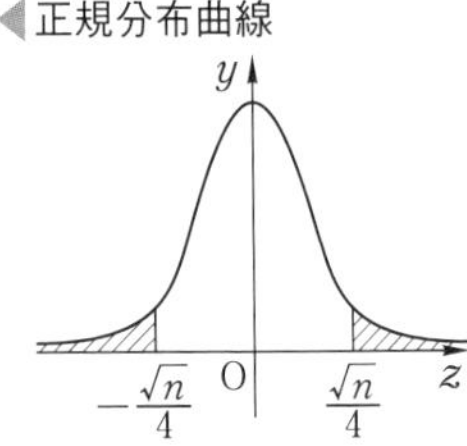

$P\left(|\overline{X}-m|\geqq\dfrac{\sigma}{4}\right)\leqq 0.02$ より

$$1-2P\left(0\leqq Z\leqq\frac{\sqrt{n}}{4}\right)\leqq 0.02$$
$$\therefore\quad P\left(0\leqq Z\leqq\frac{\sqrt{n}}{4}\right)\geqq 0.49$$

正規分布表より，$P(0\leqq Z\leqq 2.33)=0.4901$ であるから

$$\frac{\sqrt{n}}{4}\geqq 2.33$$
$$\therefore\quad\sqrt{n}\geqq 9.32$$
$$\therefore\quad n\geqq 86.8624$$

よって，求める最小の n は

$n=$**87**

181

(1) 母平均を m とする．標本の大きさは 96 名，標本平均の値は 99 点，母標準偏差の値が 20 点であるから，m に対する信頼度 95% の信頼区間は

$$99-1.96\cdot\frac{20}{\sqrt{96}}\leqq m\leqq 99+1.96\cdot\frac{20}{\sqrt{96}}$$
$$\therefore\quad 99-1.96\cdot\frac{20}{4\sqrt{6}}\leqq m\leqq 99+1.96\cdot\frac{20}{4\sqrt{6}}$$

$\sqrt{6}=2.45$ より

$$95\leqq m\leqq 103$$

よって，m に対する信頼度 95% の信頼区間は，**95 点以上 103 点以下**である．

(2) 標本平均の値は 99 点，母標準偏差の値が 15 点であるから，
m に対する信頼度 95% の信頼区間の幅は

$$2\cdot 1.96\cdot\frac{15}{\sqrt{96}}=2\cdot 1.96\cdot\frac{15}{4\sqrt{6}}=2\cdot 1.96\cdot\frac{15}{4\cdot 2.45}=\mathbf{6}\ (\textbf{点})$$

182

n 回のうち，正の向きに移動した回数を Y とすると，
負の向きに移動した回数が $n-Y$ であるから

$$X=3Y+(-1)\cdot(n-Y)=-n+4Y \quad \cdots\cdots ①$$

①に $n=2400$，$X=1440$ を代入して

$$1440=-2400+4Y$$
$$\therefore\quad Y=960$$

よって，標本比率 R は，

$$R=\frac{960}{2400}=0.4$$

したがって，p に対する信頼度 95% の信頼区間は

$$0.4-1.96\sqrt{\frac{0.4\cdot(1-0.4)}{2400}}\leqq p\leqq 0.4+1.96\sqrt{\frac{0.4\cdot(1-0.4)}{2400}}$$
$$\therefore\quad 0.4-0.0196\leqq p\leqq 0.4+0.0196$$
$$\therefore\quad \mathbf{0.3804\leqq p\leqq 0.4196}$$

183

帰無仮説を「この日のポップコーンの重さは正常である」とし，この仮説が正しいとする．
ポップコーンの重さを X g とすると，X は $N(200,\ 5^2)$ に従う．
このとき，標本平均 $\overline{X}$ は $N\left(200,\ \dfrac{5^2}{100}\right)$ に従うので，$Z=\dfrac{\overline{X}-200}{\dfrac{5}{\sqrt{100}}}$ とおいて $\overline{X}$ を標準化すると，Z は $N(0,\ 1)$ に従う．
両側検定において，有意水準 5% の棄却域は

$$Z\leqq -1.96 \quad \text{または} \quad 1.96\leqq Z$$

$\overline{X}=198$ のとき，$Z=\dfrac{198-200}{\dfrac{5}{\sqrt{100}}}=-4$ は棄却域に入るので，帰無仮説は棄却される．
したがって，この日の購入したポップコーンの重さは**異常である．**

「購入したポップコーンの重さは異常であるか」すなわち，「重さが重くなっている」場合と「重さが軽くなっている」場合の両方の可能性を考える必要があり，どちらの方に異常な値をとっても仮説を棄却できるように，棄却域が両側にある両側検定を用いる．

正規分布表

次の表は，標準正規分布の分布曲線における右図の斜線部分の面積の値をまとめたものである．

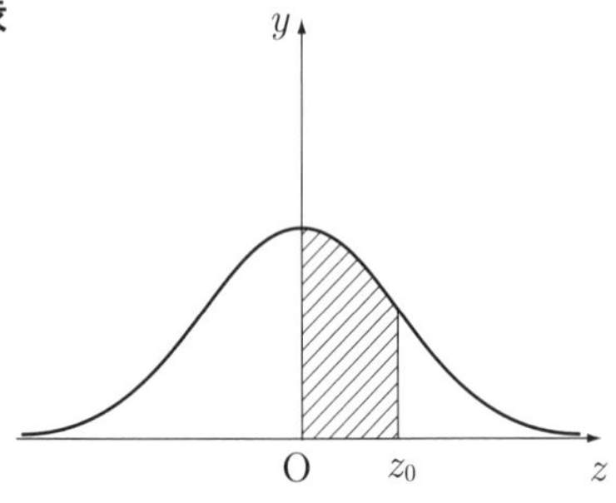

z_0	0.00	0.01	0.02	0.03	0.04	0.05	0.06	0.07	0.08	0.09
0.0	0.0000	0.0040	0.0080	0.0120	0.0160	0.0199	0.0239	0.0279	0.0319	0.0359
0.1	0.0398	0.0438	0.0478	0.0517	0.0557	0.0596	0.0636	0.0675	0.0714	0.0753
0.2	0.0793	0.0832	0.0871	0.0910	0.0948	0.0987	0.1026	0.1064	0.1103	0.1141
0.3	0.1179	0.1217	0.1255	0.1293	0.1331	0.1368	0.1406	0.1443	0.1480	0.1517
0.4	0.1554	0.1591	0.1628	0.1664	0.1700	0.1736	0.1772	0.1808	0.1844	0.1879
0.5	0.1915	0.1950	0.1985	0.2019	0.2054	0.2088	0.2123	0.2157	0.2190	0.2224
0.6	0.2257	0.2291	0.2324	0.2357	0.2389	0.2422	0.2454	0.2486	0.2517	0.2549
0.7	0.2580	0.2611	0.2642	0.2673	0.2704	0.2734	0.2764	0.2794	0.2823	0.2852
0.8	0.2881	0.2910	0.2939	0.2967	0.2995	0.3023	0.3051	0.3078	0.3106	0.3133
0.9	0.3159	0.3186	0.3212	0.3238	0.3264	0.3289	0.3315	0.3340	0.3365	0.3389
1.0	0.3413	0.3438	0.3461	0.3485	0.3508	0.3531	0.3554	0.3577	0.3599	0.3621
1.1	0.3643	0.3665	0.3686	0.3708	0.3729	0.3749	0.3770	0.3790	0.3810	0.3830
1.2	0.3849	0.3869	0.3888	0.3907	0.3925	0.3944	0.3962	0.3980	0.3997	0.4015
1.3	0.4032	0.4049	0.4066	0.4082	0.4099	0.4115	0.4131	0.4147	0.4162	0.4177
1.4	0.4192	0.4207	0.4222	0.4236	0.4251	0.4265	0.4279	0.4292	0.4306	0.4319
1.5	0.4332	0.4345	0.4357	0.4370	0.4382	0.4394	0.4406	0.4418	0.4429	0.4441
1.6	0.4452	0.4463	0.4474	0.4484	0.4495	0.4505	0.4515	0.4525	0.4535	0.4545
1.7	0.4554	0.4564	0.4573	0.4582	0.4591	0.4599	0.4608	0.4616	0.4625	0.4633
1.8	0.4641	0.4649	0.4656	0.4664	0.4671	0.4678	0.4686	0.4693	0.4699	0.4706
1.9	0.4713	0.4719	0.4726	0.4732	0.4738	0.4744	0.4750	0.4756	0.4761	0.4767
2.0	0.4772	0.4778	0.4783	0.4788	0.4793	0.4798	0.4803	0.4808	0.4812	0.4817
2.1	0.4821	0.4826	0.4830	0.4834	0.4838	0.4842	0.4846	0.4850	0.4854	0.4857
2.2	0.4861	0.4864	0.4868	0.4871	0.4875	0.4878	0.4881	0.4884	0.4887	0.4890
2.3	0.4893	0.4896	0.4898	0.4901	0.4904	0.4906	0.4909	0.4911	0.4913	0.4916
2.4	0.4918	0.4920	0.4922	0.4925	0.4927	0.4929	0.4931	0.4932	0.4934	0.4936
2.5	0.4938	0.4940	0.4941	0.4943	0.4945	0.4946	0.4948	0.4949	0.4951	0.4952
2.6	0.4953	0.4955	0.4956	0.4957	0.4959	0.4960	0.4961	0.4962	0.4963	0.4964
2.7	0.4965	0.4966	0.4967	0.4968	0.4969	0.4970	0.4971	0.4972	0.4973	0.4974
2.8	0.4974	0.4975	0.4976	0.4977	0.4977	0.4978	0.4979	0.4979	0.4980	0.4981
2.9	0.4981	0.4982	0.4982	0.4983	0.4984	0.4984	0.4985	0.4985	0.4986	0.4986
3.0	0.4987	0.4987	0.4987	0.4988	0.4988	0.4989	0.4989	0.4989	0.4990	0.4990